柴达木盆地盐类成藏系统

潘彤等 著

科学出版社
北京

内 容 简 介

本书是地质勘查单位生产研究人员以多年生产成果为基础，以"源、运、储、变、保"为核心，反映柴达木盆地盐类资源时空分布规律、成矿机理，落脚到找矿潜力及找矿方向。

本书根据柴达木盆地钾盐成矿的成矿环境及特征，精细厘定了柴达木盆地不同类型盐类矿产成矿模式，系统划分了柴达木盆地盐湖IV级、V级成藏单元，针对典型矿床开展野外调查及室内分析，综合考虑盐类矿产源、运、储、变、保5个方面，建立了柴达木盆地盐类成藏系统理论。以成藏系统理论指导成矿预测，提出了柴达木盆地深层盐类矿产的找矿靶区。

本书内容丰富，资料翔实，可供从事钾盐矿床学研究、找矿勘查、开发利用及相关领域的研究人员和行业管理人员参考。

审图号：GS京（2025）1055号

图书在版编目（CIP）数据

柴达木盆地盐类成藏系统 / 潘彤等著. -- 北京：科学出版社，2025.6. -- ISBN 978-7-03-081711-2

I. P619.21

中国国家版本馆 CIP 数据核字第 202538W7Q1 号

责任编辑：韩　鹏　徐诗颖 / 责任校对：何艳萍
责任印制：肖　兴 / 封面设计：无极书装

科学出版社 出版
北京东黄城根北街 16 号
邮政编码：100717
http://www.sciencep.com

北京中科印刷有限公司印刷
科学出版社发行　各地新华书店经销

*

2025 年 6 月第　一　版　　开本：787×1092　1/16
2025 年 6 月第一次印刷　　印张：17 1/2
字数：409 000
定价：259.00 元
（如有印装质量问题，我社负责调换）

作者名单

潘　彤　李东生　韩　光　张金明　贾建团

刘久波　胡　燕　汪青川　张晓冬　朱传宝

陈金牛　徐　倩　陈建洲　樊启顺　张绍栋

苗　青　敬志成　付彦文　成康楠　范增林

曹毅章　杨玉珍　路　超　郭瑞芮

序

  青海省是我国的矿产资源大省，柴达木盆地的盐类矿产是青海省优势矿种之一，且资源非常丰富，被誉为"聚宝盆"。开发利用这些资源对于推动地方经济发展、维护国家能源安全具有重要意义。作者通过对资料系统收集、成矿认识不断梳理、成果及时应用于生产等的凝练，将成果以专著的形式呈现给读者。

  （1）本书资料收集丰富，基础工作扎实。对柴达木盆地盐类勘查历史、研究程度进行了系统收集，针对近年新发现的深藏卤水，通过评价、现代测试分析及综合研究后，建立了盐类矿产成矿模式。

  （2）作者以成藏系统理论为指导，从盐类矿产源、运、储、变、保5个方面，建立了柴达木盆地盐类成藏系统理论。将柴达木盆地新生代陆相盐类成矿划分为"古近纪—新近纪沉积作用及深部流体叠加有关的盐类成矿系统"和"第四纪与沉积作用有关的盐类成矿系统"两个成矿系统。提升了我国陆相盐类理论研究水平，为找矿、成矿预测提供了理论依据。

  （3）作者以成藏系统理论为指导，开展了柴达木盆地盐类矿产资源潜力评价，其中划分钾盐靶区63处，锂矿靶区65处，通过工程验证在碱石山构造、红三旱四号构造、鸭湖构造等区域取得找矿突破，使柴达木盆地进一步成为国家钾资源战略安全供应核心区，为保障国家钾矿资源安全提供了"压舱石"。

  总的来说，该书是对柴达木盆地盐类矿产，特别是对近十年的勘查成果进行的又一次系统的总结与理论提升，既有扎实的工作基础，又有对柴达木盆地盐类深层含钾卤水成藏作用认识的有益探讨，构建成藏系列理论，为今后深入开展柴达木盆地盐类矿产研究奠定了基础，也为我国盐类矿产下一步找矿突破提供了新的理论依据。

  借此专著出版之际，我向作者们祝贺，并向长期在柴达木盆地从事盐类矿产勘查研究的地质工作者表示诚挚的敬意！

中国科学院院士

2024年9月2日

前　　言

柴达木盆地以"聚宝盆"而闻名于世。是我国最大的盐类矿产沉积盆地，通过 60 多年的盐湖资源勘查与开发，目前已成为我国最大的钾肥生产基地。这些资源发现者为青海省柴达木综合地质矿产勘查院（青海省盐湖地质调查院），如何记住他们和他们的成就，用"123"即可：柴达木盆地的第一口油井是他们发现；出了两位中国科学院院士——朱夏院士和金翔龙院士；经过三个阶段的调查勘探，矿产资源潜在价值达百亿元，奠定了柴达木盆地"聚宝盆"的地位。柴达木盆地的地质演化具多旋回性、复杂性，所形成的盐湖矿产资源是全国的战略性资源。

随着盐湖产业的不断发展，盐湖勘查、资源利用过程中出现了制约盐湖可持续发展的科学技术问题。例如，对柴达木盆地盐类矿产控矿因素、成矿条件和成藏规律厘清不够，缺乏对盐类成藏系统的认识；新发现的深层含钾卤水资源找矿潜力不明，是否可以工业利用尚无定论。

为解决上述问题，需创新运用当代科学方法论改善矿床研究思维，其中的一个重点是加强对成矿系统的研究。成矿系统作为地球系统中的一个特殊子系统，它凸显出地球中的有用物质从分散到聚集成矿的机制、过程和产物。它是现代矿床学中日益受到重视和应用的一个基本理念。

围绕上述关键科学问题、技术问题，依托国家级、省部级科研项目，以及地质勘探基金、商业投入，围绕盐类资源保障，课题组成员在长达十年的时间里，坚持科研与生产结合，抓住一个关键，即柴达木盆地盐类矿产成矿理论创新，构建了柴达木盆地盐湖"源、运、储、变、保"成藏系统，为盐湖矿产资源勘查开发提供理论技术支撑。本书一方面解决了两个问题：一是针对深藏卤水的勘查评价建立有效体系，解决快速有效评价问题；二是开展深藏卤水开发利用试验研究，为工业利用提供技术指标。另一方面聚焦资源保障：一是成矿预测靶区，通过工程验证，提交了靶区、矿产地；二是有效指导"青海省茫崖市马海地区砂砾孔隙卤水钾矿普查"等省级基金项目，使青海省盐类矿产资源量大幅提升；三是发现了盐湖型锂矿，拓展了找矿空间，为世界级盐湖产业基地建设提供了新的后备资源保障。

笔者对成矿系统的研究和认识有一个过程。先是从 2005 年出版的《青海省东昆仑钴矿成矿系列研究》，到 2018 年《初论青海省金矿成矿系列》，再到 2019 年《青海矿床成矿系列探讨》《柴达木盆地南北缘成矿系列及找矿预测》，最后到近年来的《柴达木盆地盐类及地下水矿床成矿系列与找矿方向》的研究。在研究中我们注重运用整体观和历史观分析问题，在成矿预测、找矿发现中屡见成效。近年来，对翟裕生院士倡导的成矿系统方法论的深入学习，也使我们深受教益。这样，既有新的科学方法论的指导，又有我们在成矿系统方面的多年研究积累，在此基础上再前进一步，从成矿系统分析入手探索成矿规律，已是顺理成章的事。因此，从 2018 年开始，我和研究团队一道对柴达木盆地成矿系统的理论与方法做了较全面的探索，运用成矿系统的思路与方法，研究了柴达木盆地不同类型盐类矿床形成机理和区域成矿规律，将研究成果和思路及时用于指导生产，特别是深层含钾卤水找矿。

经过理论与实践的结合，反复研讨和思辨，我们逐步形成了对盐类矿产成藏系统的整体认识，经反复修改和完善，最终完成本书。

本书介绍了成藏系统分析如何运用于找矿的思路与方法，其特色和着重点包括：

（1）地球系统—成藏系统—评价系统三个系统的结合，即成藏系统研究要建立在地球系统科学基础之上，又要主动为盐类矿产评价系统服务。这三者是基础研究—应用研究—开发研究的良性循环，是现代成矿学研究的依托和目的。

（2）提出盐类矿床产出的"源、运、储、变、保"演化过程及盐类矿床形成—变化—保存"来龙去脉"模式，将柴达木盆地新生代陆相盐类成矿划分为"古近纪—新近纪沉积作用及深部流体叠加有关的盐类成矿系统"和"第四纪与沉积作用有关的盐类成矿系统"2个成藏系统，是系统论与发展观相结合研究矿床的一个进步。

（3）针对典型矿床开展野外调查及室内分析，高度概括柴达木盆地第四纪现代盐湖成藏模型、阿尔金—赛什腾山山前砂砾石型孔隙含钾卤水成藏模型、古近纪—新近纪背斜构造裂隙孔隙富锂卤水成藏模式，作为研究成矿动力学的一个尝试。

（4）依据盆地内的地层背景、沉积中心迁移、盐类矿产特征等要素，系统将柴达木盆地划分出5个Ⅳ级成矿亚带和21个Ⅴ级矿集区，以此为基础，在成藏系统指导下，开展成矿预测，明确找矿潜力和进一步工作方向，以拓宽成藏系统找矿的思路。

（5）预测优选的多处靶区，经工程验证，新增氯化钾潜在资源约 $7.9×10^8$ t、氯化锂潜在资源约 $260.15×10^4$ t，潜在经济价值约3.5万亿元。此外，发现了盐湖型黏土型锂矿，拓宽了找矿空间。成藏系统理论实现了成果的转化。

本书是我们多年盐湖盐类矿产实践与研究工作的积累。此外，还参考了郑绵平院士、刘成林教授、王弭力教授等关于柴达木盆地盐类矿产的研究成果及文献，引用了一些单位的相关地质资料，对他们的帮助和支持，我们深表谢意。

本书的素材源于我们主持并直接参加的地质勘探及科研项目，主要有第二次青藏高原综合科学考察项目专题青藏高原盐湖资源变化调查与远景评价（SQ2019QZKK2706）、青海省茫崖市马海地区深层卤水钾矿预查（2019048059kc001）、青海省柴达木盆地锂资源潜力及利用调查评价（2018JSB047kc011）、中央地质勘查基金项目青海省冷湖镇昆特依矿区深层卤水钾矿资源预查（2013630003）、青海省大柴旦行委西台吉乃尔湖东北深层卤水钾矿普查及详查（青地矿〔2024〕4号）、《中国矿产地质志·青海卷》（DD20190379）。笔者在此感谢参加这些项目的专家、学者的支持。

需要说明的是，柴达木盆地成藏系统研究的广度和深度均较大，成矿机理需要深入探索，定量研究更需加强。随着新一轮找矿突破战略行动的启动，这些都会给成矿系统的全面深入研究带来新的机遇。希望本书的问世能对柴达木盆地盐类成矿规律的深入研究提供有益的借鉴，也能对钾盐找矿工作有实际的帮助。

全书撰写分工：序由翟裕生院士撰写，前言由潘彤执笔；第1章由李东生、张晓冬、韩光、贾建团、朱传宝执笔；第2章由潘彤、张金明、韩光、贾建团、陈金牛、敬志成、付彦文执笔；第 3 章由潘彤、汪青川、徐倩、刘久波、樊启顺、朱传宝、成康楠执笔；第 4 章由潘彤执笔；第 5 章由李东生、胡燕、陈建洲执笔；第 6 章由贾建团执笔；第 7 章由汪青川、韩光、贾建团、陈金牛、张晓冬、范增林执笔；参考文献由张绍栋、苗青、曹毅章整理；图版由苗青、曹毅章、杨玉珍、路超、郭瑞芮完成；最后全书由潘彤统稿。

全书地层划分说明如下。青海省地质矿产局 1991 年编著的《青海省区域地质志》中对柴达木盆地古近纪—新近纪地层的划分依据是古生物地层年龄，划分方案为路乐河组属古新统—始新统（E_{1-2}），下干柴沟组属渐新统（E_3），上干柴沟组、下油砂山组属中新统（N_1），上油砂山组和狮子沟组属上新统（N_2），故以往老资料均使用该划分法。根据近年来业内学者对柴达木盆地不同剖面古地磁年龄、生物地层年龄与国际标准地层划分方案进行对比研究的结果，本书将古近纪—新近纪地层年龄重新梳理，确定划分方案为：路乐河组（$E_{1-2}l$）、下干柴沟组（E_2g）、上干柴沟组（E_3g）、下油砂山组（N_1^1y）、上油砂山组（N_1^2y）、狮子沟组（N_2s）。本书为了与以往资料衔接，凡是引用老资料的内容（引用文献、典型矿床等）依然沿用了以往的划分方案，本书新的研究成果均使用新的划分方案。

最后，对柴达木盆地盐类资源勘探相关的野外工作者，关心本书相关研究工作的盐湖地质工作者、专家学者，以及为本书作序的翟裕生院士为本书出版付出的辛苦劳动，一并致以诚挚感谢。

由于受研究水平、时间等因素的限制，书中难免出现疏漏或不足，敬请读者批评指正。

作 者

2024 年 8 月 18 日于西宁

目 录

序
前言
1 绪论···1
   1.1 柴达木盆地盐类地质工作···1
   1.2 成矿系统研究现状···8
   1.3 制约盐湖地质工作的关键问题··10
   1.4 技术思路及路线···11
   1.5 完成的主要工作量···12
   1.6 主要成果及创新点···14
2 柴达木盆地成矿地质环境··16
   2.1 柴达木盆地地层分布特征··16
   2.2 柴达木盆地矿产资源分布特征··31
   2.3 柴达木盆地水文地质特征··40
   2.4 柴达木盆地新生代气候演化特征··47
   2.5 柴达木盆地新生代岩相古地理··58
   2.6 柴达木盆地Ⅴ级成矿单元划分···74
   2.7 柴达木盆地成矿环境演化··87
3 柴达木盆地成矿要素··90
   3.1 柴达木盆地盐类成矿物质来源··90
   3.2 柴达木盆地流体特征···113
   3.3 柴达木盆地成矿热动力···116
   3.4 柴达木盆地盐类成矿时代···124
   3.5 柴达木盆地盐类成矿空间···129
4 柴达木盆地成矿作用过程··136
   4.1 柴达木盆地成矿作用的发生···136
   4.2 柴达木盆地盐类成矿作用的持续···143
   4.3 柴达木盆地成矿的结束···150
5 柴达木盆地盐类成矿产物··156
   5.1 与古近纪—新近纪沉积作用及深部流体叠加有关的钾、石盐、镁、锂、
      硼、锶、石膏、芒硝矿床成矿系列··157
   5.2 与第四纪沉积作用有关的钾、石盐、镁、锂、硼、天然碱矿床成矿系列·································180
6 柴达木盆地盐类成矿改造与保存···220
   6.1 隆升与剥蚀··220

  6.2 沉降深埋 ·· 221
  6.3 构造变形 ·· 222
  6.4 热力作用 ·· 227
  6.5 气候与流体 ·· 228
  6.6 蒸发作用 ·· 230
  6.7 人力扰动 ·· 230
7 **柴达木盆地成藏系统与实践** ·· 233
  7.1 深藏卤水找矿技术方法组合 ·· 233
  7.2 深藏卤水成矿预测 ··· 237
  7.3 深藏卤水找矿突破 ··· 248
结语 ·· 251
参考文献 ·· 253

1 绪 论

1.1 柴达木盆地盐类地质工作

巍巍昆仑山，茫茫柴达木。在被誉为"世界屋脊""地球第三极"的青藏高原上，镶嵌着一颗璀璨的明珠——柴达木盆地。柴达木盆地位于青藏高原东北部、青海省西北部，是中国三大内陆盆地中海拔最高的盆地，为高原型、封闭型盆地。位于东经 90°16′~99°16′、北纬 35°00′~39°20′。四周被昆仑山、阿尔金山、祁连山等山脉环抱，东西长约 800 km，南北宽约 100~300 km，呈箕形展布（西宽东窄），盆内面积约 $12×10^4$ km²，汇水总面积约 $25×10^4$ km²。

柴达木盆地是盐的世界，分布有大量盐湖，盐湖盐类矿产资源极其丰富，以品位高、储量大、矿种齐全、矿床成因类型多、便于开采等优势著称于世。盆地内察尔汗、东西台吉乃尔、一里坪、大浪滩、马海等地的钾盐矿和锂盐矿都很有名，化学沉积层平均厚 4~8 m，最厚达 60 m，蕴藏丰富的有益元素（或化合物），主要有钾、钠、镁、硼、锂、溴、碘、铷、铯、锶、石膏、芒硝、天然碱等。此外，盆地内还有丰富的石油和天然气，在盆地中部的涩北地区，盆地西部的南翼山、东坪、英雄岭、狮子沟等地区，都有丰富的石油和天然气资源。因此，柴达木盆地有"聚宝盆"的美称。

自 1955 年开始的石油和盐类地质勘查工作，揭开了柴达木盆地矿产资源的神秘面纱。柴达木盆地的地质勘查工作历经近 70 年，毫不夸张地说，柴达木盐湖资源勘查和开发史，是青海省的发展史上最重要、最辉煌的一页，这光辉的伟大历程大致可分为四个阶段。

1.1.1 第一阶段（1955~1968 年）：调查评价，绘制钾盐轮廓

柴达木盆地钾盐的发现，可从中国盐矿地质奠基人袁见齐在 1946 年发表的"西北盐矿概论"一文算起。袁先生在文中提出了青海茶卡盐湖母液中含有钾的成分，并指出了中国找钾矿的意义（中国科学院青海盐湖研究所，2015；青海省地方志编纂委员会办公室，2019）。新中国成立以后，中国盐湖考察及钾盐找矿受到了政府和老一辈科学家的重视。

1955 年 1 月 10~17 日，青海省委一届二次全体会议举行，通过了《青海省发展国民经济的第一个五年（1953~1957 年）计划纲要（草案）》，会议确定大力支援柴达木盆地资源勘探工作。同年 2 月 8 日，青海省委向中央呈送了《关于柴达木资源情况报告》，提出开发柴达木的初步意见（青海省地方志编纂委员会办公室，2019）。

1955 年 3 月 22 日，中央地质部西北地质局 632 普查队［青海省柴达木综合地质矿产勘查院（以下简称"柴综院"）前身］在北京组建，并于 4 月 7 日来到了沉睡的柴达木盆地（图 1-1），拉开了柴达木盆地地质勘查工作的序幕（青海省柴达木综合地质矿产勘查院院志编撰委员会，2012）。同年，632 普查队二分队对察尔汗盐湖进行了调查，第一次肯定了察

尔汗盐湖是一个巨大的盐库（杨谦，2021）。

图 1-1　骆驼背上的勘探人（来源：柴综院院志）

1956 年，地质学家孙殿卿、关佐蜀、朱夏等指出察尔汗盐层硼含量为 0.4%，估计钾含量在 10%以上。同年，地质矿产部矿床地质研究所主任郑绵平等专家对察尔汗盐湖进行了预查，指出察尔汗盐湖卤水钾含量较高（杨谦，2021）。

1957 年 7 月，大柴旦地质队对察尔汗盐湖做了路线调查和取样工作，发现每升卤水中含钾量一般为 13000 mg；同年 9 月，由著名化学家柳大纲教授和盐矿地质学家袁见齐教授领导的中国科学院盐湖科学调查队再赴察尔汗。其间，考察队员郑绵平和高仕扬在察尔汗机场首次发现了光卤石晶体。此次调查结束后，郑绵平主笔撰写了第一份柴达木盐湖的科考报告，论证了察尔汗盐湖的陆相成因及其经济价值，该报告首次估算了察尔汗氯化钾（KCl）资源量，为 1.508×10^8 t，并指出"卤水中 KCl 含量一般达 2%，达布逊湖水 KCl 含量平均在 2%以上，估算 KCl 储量为 1000×10^4 t"，并提出"必须进行重点深钻（100～500 m）"的建议，为下一年转入初步勘探提供了依据，中国从此告别了无钾盐矿床的时代（中国地质科学院矿产资源研究所，2015；宣之强，2000）。

自 1957 年开始，柴达木盆地系统的盐湖盐类矿产地质普查勘探工作（第一轮盐湖勘查工作）正式开展，此项工作主要是由青海省柴达木综合地质矿产勘查院（前身为 632 普查队、柴达木地质队、海西地质队、青海省第一地质队、青海省地质局盐湖研究室）完成的。这一阶段的盐湖勘查工作，以固体硼钾矿普查为主，也包括卤水钾矿、锂矿，主要在盆地中东部开展了全面的普查、详查、勘探工作，共发现 80 余处盐类化学沉积区（点）和各类湖泊，重点评价了察尔汗钾镁石盐矿、大小柴旦湖硼矿、雅沙图硼矿、马海钾盐矿、大浪滩钾镁盐矿、台吉乃尔湖钾镁盐矿等一批有重大工业意义的典型矿床，描绘了柴达木盐湖资源轮廓，为柴达木盆地盐矿资源的开发奠定了坚实的基础。

第一阶段盐湖勘查工作中，由于条件差，没有地形图、地质图，也缺乏物探、遥感等手段，全靠地质人员的两条腿、"三大件"（地质锤、罗盘、放大镜），采用"拉网"战术进行地面地质草测，测量精度难以保证；加之经验不足，揭露深度不够，工作系统性尚低。但是第一代盐湖地质人艰苦努力、反复摸索，积累了宝贵的经验，尤其是大柴旦、察尔汗两个矿床的地质勘探工作和报告，勘探成果的质量还是相当高的（王沛生等，1993）。该阶段盐湖化工与钾肥工业也同步开创，并为后续产业发展奠定了基础。1957年科学考察结束后，中国科学院盐湖科学调查队队长柳大纲先生向青海省政府作了汇报，并提出建议，促使1958年青海省成立化工局，兴建察尔汗钾肥厂和大柴旦化工厂，分别生产钾肥和硼砂。从此，我国钾肥工业开始起步，走出来一条从无到有、从小到大的发展之路。察尔汗盐湖成为我国最早、最大的钾盐工业基地。1965年，中国科学院盐湖研究所、盐湖化工综合利用研究所成立，两所于1966年合并、1970年定名为中国科学院青海盐湖研究所，汇集了全国第一批致力于盐湖科技事业的有生力量，标志着盐湖科技事业即将进入一个新的阶段（中国科学院青海盐湖研究所，2015）。

在此阶段，青海省柴达木综合地质矿产勘查院前身的分支单位之一，成立于1964年的青海省地质局盐湖研究室于1969年4月并入成立于1965年的青海省第一地质队（柴综院前身的另一个分支），1982年，青海省第一地质队与其他分支重组为青海省第一地质水文地质大队和青海省第一探矿工程大队，然而在那个特殊的历史时期，部分盐湖地质人转入以寻找铬铁矿等矿产为主的综合矿产地质普查工作，致使1969~1979年间盐湖资源勘查工作处于停滞状态。

1.1.2 第二阶段（1980~1999年）：全面勘查，奠定资源"聚宝盆"

1980~1999年为第二阶段（或称第二轮盐湖勘查），主要是在盆地中西部开展的以卤水钾矿为重点的盐类矿产普查、详查和勘探工作（图1-2）。勘查中贯彻了综合找矿，综合评价，固液相结合，以卤水矿、液体矿为主的思路，先后对大浪滩、昆特依、马海、尕斯库勒钾矿田（钾矿床）、察汗斯拉图芒硝矿床等进行了普查或详查，取得了一批重要的勘查成果。

图1-2 军民协力共渡难关（来源：柴综院院志）

经过前两轮的地质工作，柴达木盆地内已查明的第四纪盐湖盐类矿床，若以主矿种计算，大中型矿床共计有15处；若以共伴生矿种计算，大中型矿床共计44处之多。在按主矿种统计的15处大中型矿床中，列为勘探阶段的矿床有大柴旦硼矿床、察尔汗钾镁盐矿床、柯柯石盐矿床（由轻工业部盐业勘探队勘探）、小柴旦硼矿床、一里坪锂矿床、西台吉乃尔锂矿床；列为详查阶段矿床的有大浪滩钾矿床、察汗斯拉图芒硝矿床及其他矿床的个别矿段；属于普查阶段的矿床有昆特依钾矿床、马海钾矿床、东台吉乃尔锂钾矿床、尕斯库勒镁盐—石盐及钾矿床、一里沟芒硝矿床。以上发现的柴达木盆地矿产资源潜在经济价值约99万亿元，奠定了柴达木盆地"聚宝盆"的历史地位，为青海省经济发展乃至全国盐化工业发展奠定了坚实基础。也正是因为这一项项的地质找矿成果和发现，1991年12月青海省地质矿产局柴达木综合地质勘查大队被国家四部委（地质矿产部、人事部、国家计划委员会、全国总工会）联合授予"全国地质勘查功勋单位"荣誉称号（图1-3）。

图1-3 全国地质勘查功勋单位（拍摄：李伟华，2005年）

在第二轮工作中，按照"区域展开、重点突破"的原则部署地质工作，综合运用多种勘查手段和先进的技术方法，深入开展成矿地质条件的研究，扩大找矿领域，运用成矿模式找矿提高找矿"命中率"等等，这一系列做法，使地质找矿和科学研究都取得了突破性进展。同时还选择了成钾条件较好的次级沉积盆地，开展了更为详细的含盐系地层划分、新构造运动表现、富钾盐湖的物质组分及沉积特征的研究，大大提高了盆地盐类矿产的地质研究程度（王沛生等，1993）。

第二轮工作中还创立了有效的勘查模式：圈定成盐盆地→重力、地震勘探→地质剖面测量→钻探验证。即首先通过区域构造、成矿条件的研究和遥感解译圈定成盐盆地，再用地震和重力资料确定沉降中心，通过地质剖面测量查明含盐系地层的分布，最后用钻探验证，配合物探测井向四周扩展。这样既缩短了评价周期又节省了工作量（王沛生等，1993）。

值得一提的是，第二轮盐湖勘查期间，随着科技体制改革的不断深入，广大地质科技工作者的热情被激发，涌现出一大批理论水平高、对地质勘探、生产和找矿工作具有实际指导意义的研究成果。其中，青海省盐湖勘查开发研究院（柴综院前身之一，1989年成立，由青海省第一地质水文地质大队和青海省第一探矿工程大队合并重组而成）将前两轮盐湖勘查工作的经验和成果进行了系统总结，通过对历年来各类盐湖矿床勘查资料的归纳分析，完成了《青海省柴达木盆地第四纪盐湖矿床普查勘探及评价方法总结》、《柴达木盆地第四纪含盐地层划分及沉积环境》等研究成果（王沛生等，1993；沈振枢等，1993）。这些研究成果，主要集中在对典型矿床的成矿特征和找矿方向，第四纪盐湖矿产评价方法总结，矿产资源战略分析，柴达木盆地地层和沉积环境、新构造运动、物质组分研究，以及针对盐湖生产工艺的探讨等方面。时至今日，这些成果仍然是柴达木盆地盐湖矿产勘查、评价及生产的工作指南，指引着一代代盐湖地质人继续前行。

1.1.3 第三阶段（2000～2017 年）：不断探索，拓展找矿空间

2000～2017 年为深藏卤水钾矿的发现和拓展阶段。以往未针对第四纪—新近纪的深藏卤水钾盐矿开展系统的地质工作，仅从石油钻井中间接地得到一些零星的有关深藏卤水的信息。自 2000 年起，深藏卤水找钾工作才在探索中起步，但只是少量的综合研究及调查评价工作。2008 年以来，随着国土资源大调查和青海省"358 地质勘查工程"及"找矿突破战略行动"的实施和推进，中央财政及青海省地质勘查基金在柴达木盆地西部资助了大量深层卤水钾矿项目（图 1-4），其主要承担单位为青海省柴达木综合地质矿产勘查院，中国地质科学院矿产资源研究所、中国石油青海油田分公司等单位也参与了部分评价和科研工作。

图 1-4 深藏卤水钻探（摄影：刘久波，2021 年）

2000～2002 年，青海省地质调查院对青海油田近 50 年来在柴达木盆地西部（柴西）取得的有关构造裂隙孔隙卤水方面的资料进行收集整理、分析和综合研究，对油水湖进行了系统的调查和取样，提交了《青海省柴达木盆地西部富钾、硼、锂油田水资源远景评价报告》，是在柴达木盆地内首次针对深藏卤水开展的评价工作。2008 年，柴综院首次在柴达木盆地西部大浪滩矿区的山前冲洪积地层中发现了第四纪砂砾石型深藏卤水型钾矿，钾

盐找矿取得重大突破，此后又通过十几年的探索，相继在尕斯库勒湖、大浪滩、察汗斯拉图、昆特依、马海等矿区开展了盐类矿产的评价和验证工作，共估算得到深藏卤水中 KCl 潜在矿产资源为 8.03×10^8 t（截至2024年底）。在此过程中，深藏卤水钾矿的找矿方向也逐渐清晰，随着认识的加深，找矿定位经历了"背斜构造区→向斜凹地中心→山前冲洪积沉积区"的演变，最终明确了深藏卤水钾矿的找矿空间为次级成盐盆地的山前冲洪积区，含钾卤水赋存层位主要为第四纪冲洪积相砂砾石地层，为以后的深藏卤水钾矿的地质勘查提供了基本理论依据[1]。

因找矿成果突出，2013年5月青海省地矿局柴达木综合地质矿产勘查院获得"首届中国百强地质队"称号（图1-5），并先后两次获得全国文明单位荣誉。

图1-5 首届中国百强地质队（拍摄：李伟华，2013年）

1.1.4 第四阶段（2018年至今）：科技引领，担当资源保供

2016年、2021年和2024年，习近平总书记三次视察青海时指出："盐湖是青海最重要的资源，要制定正确的战略，加强顶层设计""在保护生态环境的前提下搞好开发利用"，"加快建设世界级盐湖产业基地""持续推进青藏高原生态保护和高质量发展，奋力谱写中国式现代化青海篇章"。党和国家对青海盐湖产业的高度重视，使青海盐湖勘查事业迎来新的发展机遇。自2018年起，针对柴达木盆地的地质基础理论研究逐步深入、对盐类成矿的认识不断提升、勘查方法手段也不断创新，引领了深藏卤水钾矿找矿的重大突破、新类型锂矿的发现和可利用资源的查明。在此阶段呈现地质基础、找矿理论、找矿方法的创新，与浅部核（调）查、深部调（勘）查、动态监测体系建设同步推进的多元化发展趋势，主要表现为以下几个方面。

（1）深入开展盐湖成矿机理研究，形成盐类系统成矿理论

此阶段柴达木盆地的基础地质理论研究工作不断深入，开展了柴达木盆地成矿系统研究，精细划分了柴达木盆地盐类矿产成矿单元，预测了找矿靶区，为深藏卤水成矿机理、

---

[1] 张晓冬，杨晓龙，吴琼，等. 2021. 青海省茫崖市马海地区深层卤水钾矿预查报告（技术报告）.

勘查方法等研究提供了理论依据。

2018年，青海省地质矿产勘查开发局总工程师潘彤入选首届"青海学者"计划，其负责的科研项目"柴达木盆地及周缘战略性矿产成矿作用及找矿突破"提出了开展柴达木盆地盐类矿产成矿系统研究的总体思路。2020~2022年期间，潘彤牵头实施的"青海省高端创新创业人才·昆仑英才"——青海学者专项项目子课题——"柴达木盆地成矿系统研究"，将十余年来深层卤水勘查的资料进行系统收集、梳理并开展了深入的综合研究工作，综合分析了盐类矿产的岩相、古气候、水文条件等特征，总结背斜构造锂矿物质来源、赋存特征、成矿规律等，科学划分了柴达木盆地成矿单元，解决了深藏卤水源、运、储关键技术问题，指导了后续的深藏卤水找矿工作，并实现了找矿突破。

（2）古近纪—新近纪背斜构造区发现新型富锂硼卤水，实现了找矿重大突破

2018~2019年青海省地质勘查基金项目"青海省柴达木盆地锂资源潜力及利用调查评价"的实施，推动了在柴达木盆地各背斜构造系统开展针对古近纪—新近纪深藏卤水锂矿的调查工作，发现了大量找矿线索，并引领了青海省基金项目、商业项目的锂、硼资源勘查，实现了找矿突破。2018~2023年，依托青海省地质勘查基金项目及部分商业资金投入，盐湖勘查工作先后在落雁山、红三旱四号、鸭湖、碱石山等背斜构造区取得了找矿突破，发现了分布范围广、富水性较好的裂隙孔隙型含锂卤水，该类型卤水具有高承压自流、镁锂比低的特点，其锂含量为200~900 mg/L，硼、溴、碘等元素均达到综合评价指标。经初步评价，盆地内古近纪—新近纪背斜构造裂隙孔隙型卤水显示出巨大的资源潜力。

（3）继续开展砂砾孔隙深藏卤水钾矿普查，提高勘查程度

在第三阶段，盐湖勘查的工作重点为砂砾孔隙卤水，也取得了令人瞩目的工作成果，预测出巨量的卤水钾矿潜在资源，但大部分矿区工作程度尚低，控制程度不足，难以提交资源量。为此，青海省地质矿产勘查开发局提前部署，通过多个渠道积极申报和争取砂砾孔隙卤水钾矿普查项目。2022~2023年，在前期成果和充分论证的基础上，依托青海省地质勘查基金，柴综院在马海地区开展了深藏卤水钾矿普查工作（图1-6），并创新性实施了产能测试、盐田蒸发试验、选冶试验等配套的开发利用研究。该项目通过野外盐田自然蒸发试验，析出优质光卤石（图1-7），选矿实验取得了成功，这一划时代的成果令人振奋，必将为今后工业化开发利用提供技术支撑。

图1-6 深藏卤水抽水试验（摄影：拜红奎，2022年）

图 1-7 马海深藏卤水已产出优质光卤石（摄影：刘久波，2023 年）

（4）全面开展第四纪现代盐湖储量核查，摸清盐湖资源家底

2021 年，青海省自然资源厅响应"加快世界级盐湖产业基地建设"的要求，提前谋划论证，部署了"柴达木盆地第四系现代盐湖可利用资源核查及动态监测"项目。该项目于 2022 年首先在察尔汗矿区实施，青海省地质矿产勘查开发局以高度的责任感，举全局之力，在短短三个月的时间内，圆满完成了原定计划两年完成的"察尔汗大会战"，查清了察尔汗矿区 5856 km^2 的盐湖资源家底，为青海省盐湖产业开发和规划提供了科学依据。

综上所述，柴达木盆地深藏卤水勘查和开发利用研究取得了重大突破。通过深层卤水勘查、资源评价和开发利用等相关研究，提交了盐湖接续资源量，解决了深藏卤水钾、锂、硼等战略性资源开发利用的关键技术难题，证明了两类深藏卤水资源量可观，且可采、可选、可用！

目前，柴达木盆地的盐湖勘查工作有序开展、势头正劲，在党、国家及地方政府高瞻远瞩的战略部署之下，一代代盐湖地质和科技工作者们将继续勇毅前行，牢记国家粮食安全"国之大者"，主动担当、科学谋划，将深藏卤水勘查开发作为核心任务，加强开发利用研究。由此可满怀信心地展望，预期在十四五末，这两种新类型深藏卤水可进入实质性开发阶段，为世界级盐湖产业基地建设提供资源保障！

1.2 成矿系统研究现状

成矿系统研究是以翟裕生院士为代表的中国矿产地质专家通过大量实践和研究，探索、完善、丰富的具有整体观的矿床学系统科学理论体系，是中国学者对矿床学发展的重要贡献。

1.2.1 成矿系统概念的提出

成矿系统一词最早出现在俄文地质词典（1973，卷 2）中，解释为"由成矿物质来源、运移通道和矿化堆积场所组成的一个自然系统"。此后在 20 世纪 80 年代，苏联地质学家对成矿系统进行了探索研究，例如马祖洛夫在 1985 年提出，成矿系统是导致矿床形成的地质体、地质现象和地质作用的总和；切科夫在 1987 年提出，成矿系统是在一定空间导致成矿物质高度浓集的构造物质因素和流体因素相互作用的总和。以上这些都是成矿系统的基本内容，也是成矿系统研究的起步。

西方的地质文献中也有类似名词"成矿系统"的应用，例如斑岩成矿系统、热液成矿系统等，但很少有具体的定义和系统的研究。

1.2.2 成矿系统的发展与建立

中国独特的地质构造演化、成矿环境，加上多元、多阶段、多类型的复杂成矿机制，造就了地质学家从单一找矿到以整体观、系统观的视角研究矿床学、总结成矿规律的过程，最终发展建立了成矿系统理论。

20 世纪 70 年代，程裕淇等（1979）从矿床类型组合的角度开始研究成矿系列，首次提出"成矿系列"术语及分类框架。章少华和蔡克勤（1993）系统阐述了成矿系列的定义与内涵，提出"成矿系列是在一定地质时期和一定地质环境中，在一定的主导地质成矿作用下形成的一组矿床类型组合"，即"地质时期-地质环境-主导成矿作用"三要素控制模型。陈毓川（1999）等将成矿系列定义为产出于地质环境四维空间内的、具有内在联系的矿床自然组合，在后期提出了"成矿谱系""成矿系列组合"等概念。翟裕生等（1979，1992）以长江中下游成矿带为主要研究对象开展了成矿系列研究，后又探索成矿系统，开创了我国成矿系统研究的先河，翟裕生（1996a，1996b）从系统论角度定义成矿系统，提出"四维时空域内物质-能量-信息传递"分析框架，奠定我国成矿系统方法论基础。於崇文（1994，1998）从复杂性科学的角度，探讨了成矿动力学系统的自组织临界性，提出"成矿系统是一个多组成耦合和多过程耦合的动力学系统"。李人澍（1996）所著《成矿系统分析的理论与实践》中认为"成矿系统为特定时空域从矿源生成到矿质定位全过程形成的工业与非工业矿化"，首次提出"矿源生成→矿质定位"全过程分析框架，奠定成矿系统研究的基础范式，这是我国首部探讨有关成矿系统的理论与方法的专著，起到了开拓性作用。翟裕生（1999）针对成矿系统的特殊性，又补充了矿床形成后的保存作用的内容，最终将成矿系统定义为"成矿系统是在一定时空域中，控制矿床形成和保存的全部地质要素和成矿作用动力过程，以及所形成的矿床系列、异常系列构成的整体，是具有成矿功能的一个自然系统"。这个概念中包括了成矿环境、控矿要素、成矿作用过程、形成的矿床系列和异常系列，以及成矿后变化保存五个方面的基本内容，体现了与矿床形成有关的物质、运动、时间、空间、形成、演化的统一性、整体性和历史观（翟裕生，2010）。

成矿系列与成矿系统是相关联的，矿床成矿系列主要从矿床类型组合的角度研究相关矿床之间的联系，突出了成矿的最终产物是矿床类型组合。成矿系统涵盖了成矿的环境、物质来源、成矿作用、成矿过程及成矿后的改造保存等各个方面，它包括了成矿系列，是成矿系列的继承和深化，更具有成矿历史的整体观。按照不同的层次，成矿系统与成矿系列相对应，成矿亚系统与成矿亚系列相对应。

由以上内容看，成矿系统的研究，深化推动了成矿规律的研究，提高了找矿的效率，对矿床特征的深入研究、矿床环境质量的评价,为合理开发利用资源、改善矿区生态环境提供了理论和技术支撑,更具有理论指导找矿的意义和环境保护的意义,展现出了矿床学研究的整体性和历史观。

1.3 制约盐湖地质工作的关键问题

自 20 世纪 50 年代柴达木盆地油气及盐类矿产发现以来,国内外科研单位、专家学者围绕气候演化、构造演化、沉积演化,以及盐类矿产物质来源、形成机制、控制因素、赋存特征等开展了大量研究工作,初步建立了新生代以来的气候、构造及沉积演化框架。笔者及团队结合盐湖调查实际及思考认为,柴达木盆地盐湖研究及成果转化应构建柴达木盆地盐湖"源、运、储、变、保"成藏系统,为盐湖矿产资源勘查开发提供理论技术支撑。解决了两个问题:一是针对深藏卤水的勘查评价建立有效体系,解决快速有效评价问题;二是开展深藏卤水开发利用试验研究,为工业利用提供技术指标。聚焦资源保障:一是提交了靶区、矿产地;二是有效指导调查评价工作,大幅提升资源量;三是拓展了找矿空间,为世界级盐湖产业基地建设提供新的后备资源保障。

对前人研究成果进行梳理后,仍有以下科学问题亟待解决:

(1) 区域盐类成矿背景研究程度较低,应划分盐类矿产的Ⅳ级、Ⅴ级成矿单元。

柴达木盆地专门针对盐类矿产成矿背景的研究工作开展较少,有一些学者(郑绵平等,2010;潘彤,2017;商朋强等,2017)从宏观角度展开的探讨涉及了柴达木盆地,也有一些学者(和钟铧等,2002;戴俊生等,2003;杨超等,2012)针对柴达木盆地构造单元划分开展过工作,均取得了一些成果和认识。然而依据基底性质、构造特征、柴达木盆地构造单元划分,前人研究总体上是对盆地内油气分布特点和沉积中心的迁移规律进行探讨,与盐类的成矿特征有差异,而且与最新的勘查成果结合不够,要满足指导柴达木盆地盐类矿产找矿工作部署的要求,仍有一定差距。

(2) 不同类型盐类矿产的成矿机理有待进一步梳理。

自 20 世纪 50 年代以来,袁见齐(1959,1981,1983)、张彭熹(1991)、朱允铸(1990)等先后提出了"高山深盆""浓缩迁移""古湖袭夺"等一系列成矿理论,这些理论均从宏观上阐述了柴达木盆地第四纪现代盐湖在不同因素控制下的成矿作用过程,但由于直接证据较为缺乏、对不同类型盐湖的成因差异性研究存在不足,目前察尔汗、大浪滩等盐类矿产在形成机制方面仍存在较大争议。此外,以往针对盐类矿产的气候、构造、沉积演化研究工作也主要局限于第四纪,而对古近纪—新近纪时期这方面的研究工作涉及较少,近年来,一些研究表明,从古新世至今(~6 ka)柴达木盆地在不同构造演化阶段、不同气候条件、不同沉积环境的共同作用下,形成了不同期次、不同类型的盐类矿产,需要对其成矿机理进行详细梳理。

(3) 柴达木盆地盐类矿产控矿因素、成矿条件和成藏规律厘清不够,缺乏对盐类成藏系统的认识,成藏系统理论有待建立。

自 20 世纪 90 年代成矿系统理论(於崇文,1994;李人澍,1996;翟裕生,1999)被提出以来,成矿系统理论为矿床学和区域成矿学研究提供了新思维和新方法,与金属矿床有关的岩浆和热液（水）成矿系统已积累了丰硕的研究成果，如典型的胶东金成矿系统、锂铍成矿系统等（杨立强等，2014；徐兴旺等，2020），然而该理论在钾盐矿床成因研究方面却鲜有应用，仅部分学者围绕蒸发岩矿床成因研究开展了一些工作，如成盐模式、成盐岩相古地理、成盐物质来源、卤水掺杂演化、成盐水深等（袁见齐，1980；张彭熹，1992；陈从喜等，1998；刘成林，2013；刘成林等，2016；郑绵平等，2016），但其出发点和研究视角并未提及成矿系统概念。柴达木盆地盐类矿产从物源补给、迁移、富集、储存到后期改造与保存，要素齐全，成藏系统理论建立具备研究的条件。

1.4 技术思路及路线

1.4.1 技术思路

（1）系统收集石油及地质部门完成的柴达木盆地新生代以来构造-沉积演化、气候变化、地层盐度变化及年代学研究方面的相关资料，以构造-沉积演化为主线，阐明柴达木盆地新生代以来成盐作用过程。

（2）应用岩石地球化学、沉积学、年代学、矿物学、卤水同位素地球化学等研究方法，通过物源区岩石地球化学对比分析、古近纪—新近纪古盐层分布特征及淋滤作用研究、卤水特征离子分析、同位素分析等手段，大致查明不同成盐盆地、不同类型卤水的主要成矿特征及形成机制。

（3）运用成矿系统研究思维，系统分析各类型盐湖物源条件、迁移途径、富集规律、储存空间、后期改造情况、保存条件等，建立典型矿床成矿模型，构建柴达木盆地盐类矿产成藏系统。

（4）以盐类矿产成藏系统为指导，集成分析前期研究成果，开展成矿预测，为下一步勘查提交靶区。

1.4.2 技术路线

成矿系统是本书研究核心，其技术路线制定尤为重要。成矿系统是由相互作用和相互依存的若干部分结合成的有机整体。系统中各部分间的相互关联和相互作用，即"成矿系统的结构"。一个成矿系统的结构一般包括以下五个部分：①成矿要素，包括矿源、流体、能量、时间、空间；②成矿作用过程，包括成矿的发生、持续和终结；③成矿产物（结果），包括由不同矿种和不同成因类型组成的矿床系列，以及由地质、地球物理、地球化学等异常组成的异常系列；④成矿后变化，包括矿床形成后的改造与保存；⑤保存现状。因此，盐类成藏系统的研究技术路线可以总结为以下三点：①以盐类成矿环境为基础；②突出不同的控矿因素；③落脚到盐类成藏系统本身。而成矿环境、控矿因素和成矿系统都是随时间而变化的，它们是一个动态的相互作用过程，即具有四维特征。研究工作的技术路线见图1-8。

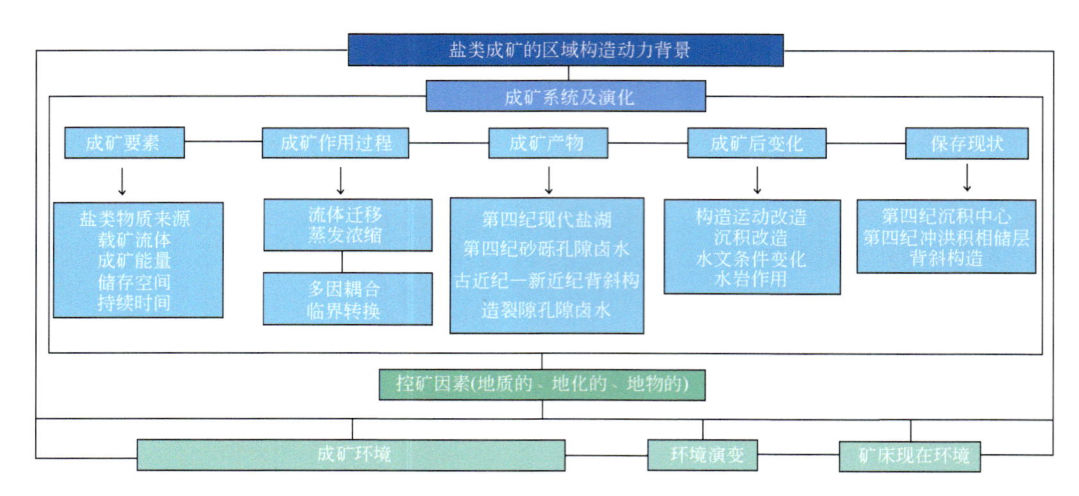

图 1-8 柴达木盆地盐类矿产成藏系统研究技术路线图（据翟裕生，2010）

1.5 完成的主要工作量

本书在系统收集了柴达木盆地地质资料基础上编制了系列图件，开展了典型矿床研究，在典型矿区进行了详细的调研、取样，系统总结了柴达木盆地成矿地质环境、成矿要素、成矿作用过程、成矿产物及成矿后的改造与保存，取得了较系统、深入的认识，同时在野外调研与研讨中与地质矿产勘查项目组进行实地研讨交流，指导勘查生产，圆满完成了各项任务，实现了预期目标。具体实物工作量见表1-1。针对典型矿区开展了C、H、O、S、Sr、B、Li、Mg同位素与孢粉研究，具体采样位置见图1-9。

表 1-1 完成的主要实物工作量统计表

序号	工作项目	计量单位	完成工作量
1	收集基础资料（主要包括基础地质、勘查报告、科研报告、学术论文、地质图件等）	份	426
2	系列图件编制	张	16
3	孢粉样	件	100
4	固体盐样	件	61
5	卤水多项分析样	件	130
6	卤水全分析样	件	31
7	同位素分析样	件	34
8	典型矿床研究	个	3
9	技术研讨会	次	8

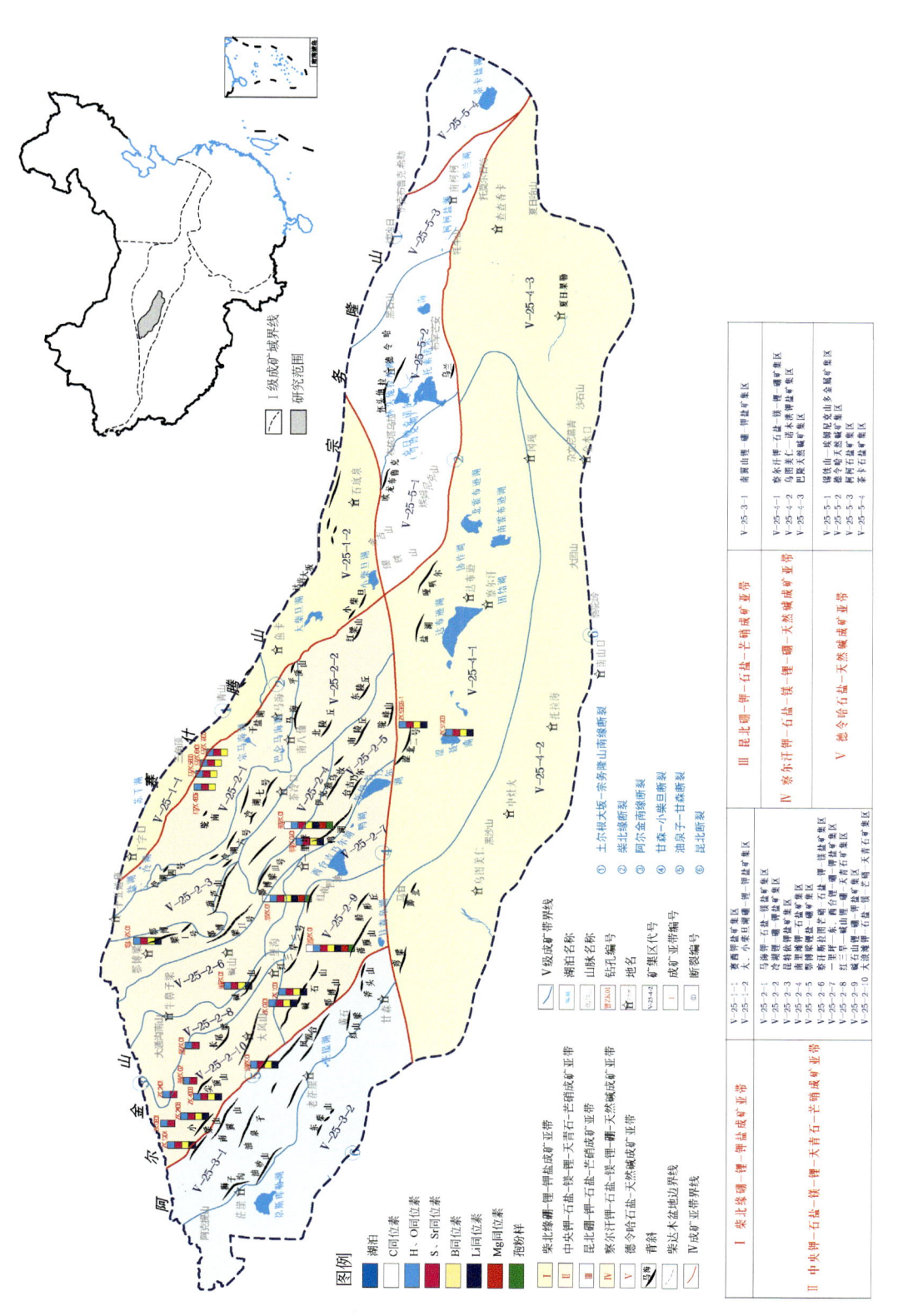

图1-9 同位素和孢粉样品采样点位图

1.6 主要成果及创新点

1.6.1 主要成果

（1）以柴达木盆地构造演化为基础，突出盐类矿产，依据构造环境、成矿作用、成矿时代和成矿规律，将柴达木盆地盐类成矿带重新科学划分出 5 个Ⅳ级成矿亚带，首次详细划分出 21 个Ⅴ级成矿单元（矿集区），为成矿系统研究提供了基础资料。

（2）通过孢粉研究，验证并明确了下、上油砂山组、狮子沟组形成时为较湿润-较干燥的草原-亚热带气候。

（3）在盆地区域水文资料研究基础上，结合矿区深部钻探水文成果，划分出与成矿有关的碎屑岩类裂隙-孔隙型深藏卤水、孔隙型深藏卤水、松散岩类孔隙卤水、化学盐岩类晶间卤水，并详细研究了各类型地下水的补给、径流、排泄条件，为盆地液体盐类矿的源、运、储研究提供了水文地质依据。

（4）以岩石地球化学、同位素研究资料为基础，系统分析总结出盆地成矿盐类的来源：第四纪现代盐湖中 K、Na、Mg 主要来源于盆地周缘海西期—印支期中酸性岩体的剥蚀淋滤，B、Li 主要来源于深部流体补给，部分来源于东昆仑山脉—可可西里盆地、南祁连山脉—柴达木盆地北缘古近纪—新近纪的火山活动及火山的剥蚀淋滤；第四纪砂砾孔隙卤水中的 K、Na 主要来源于阿尔金山脉—赛什腾山山前古近纪—新近纪含盐地层的淋滤；古近纪—新近纪深藏卤水中的 B、Li 等主要来源于与基底断裂有关的深部流体，氢同位素研究表明该深部流体来源于上地壳。

（5）通过钻孔微电阻成像技术和精细编录，对构造演化与盐类矿床储层的变化保存进行了详细研究，提出了全面新认识：古近纪—新近纪深藏裂隙孔隙卤水主要受背斜构造及相关次级断裂的改造控制，第四纪砂砾孔隙卤水主要受冲洪积相的沉积过程控制并接受后期盐水、淡水的补给改造，第四纪现代盐湖矿床是继承性盐湖卤水，在大气降水、山区淡水、深部热水补给的混合作用下，主要受温度、压力变化引起的化学结晶作用控制，也受到后期水动力条件变化的改造作用。

（6）首次开展了以"源、运、储、变、保"为核心的盐类成藏系统研究，建立了两个成矿系统：古近纪—新近纪沉积作用及深部流体叠加有关的盐类成矿系统、第四纪与沉积作用有关的盐类成矿系统，为今后盐类矿产勘查开发和环境研究提供了理论依据。

（7）新发现了盐湖型黏土锂矿。富矿地质体在第四纪晚期为黏土层，该类型矿床规模大，与液体矿、固体盐矿相生相伴，是盐湖资源重要的组成部分，拓展了柴达木盆地盐类矿产的找矿空间。

（8）以成藏系统理论指导开展了柴达木盆地盐类矿产资源潜力评价，其中划分钾盐靶区 63 处，锂矿靶区 65 处。对靶区进行钻探验证，提交新增 KCl 推断资源 2.29×10^8 t（马海凹陷区），估算新增氯化锂（LiCl）潜在资源 312.95×10^4 t（鸭湖、红三旱四号、落雁山背斜构造区等）。

1.6.2 主要创新点

（1）系统划分了柴达木盆地盐类矿产成矿单元，即 5 个Ⅳ级成矿亚带和 21 个Ⅴ级矿集区，为柴达木盆地盐类矿产找矿勘查及成矿预测提供了技术支撑。

（2）精细厘定了柴达木盆地不同类型盐类矿产成矿模式。即柴达木盆地第四纪现代盐湖成矿模式、阿尔金—赛什腾山山前砂砾石型孔隙卤水成藏模式、古近纪—新近纪背斜构造裂隙-孔隙卤水成藏模式。

（3）创立了柴达木盆地盐类成藏系统理论，并划分为"古近纪—新近纪沉积作用及深部流体叠加有关的盐类成矿系统"和"第四纪与沉积作用有关的盐类成矿系统"两个成矿亚系统。

（4）在典型矿床研究、成矿规律研究基础上，系统总结、提出了柴达木盆地盐类成矿"两个时段、多来源、多因素、多过程"区域成矿新认识。

（5）解决了深藏卤水评价方法关键技术。通过典型矿床的研究建立了柴达木盆地成藏理论，成矿单元，确定深藏卤水类型；通过区域地球物理、区域遥感开展靶区圈定，根据地震数据、广域成果、油井资料、岩相古地理、成矿模式综合分析，识别含卤水层位；最后进行钻探验证，实现找矿突破。实践证明该组合有效、高效。

2 柴达木盆地成矿地质环境

2.1 柴达木盆地地层分布特征

柴达木盆地位于欧亚大陆腹地，属于塔里木—中朝板块，可能是由中朝地块分裂出来的微型古陆，夹持在秦岭—祁连山—昆仑山（秦祁昆）古生代褶皱带之间。狭义的柴达木盆地是指被柴达木中生代—新生代陆内盆地覆盖且主体由元古宙结晶基底和岩浆岩席组成的块体，长期以来被视为中间地块或稳定的地台（黄汲清等，1977；李春昱等，1980；祁生胜，2013）。20 世纪 70 年代末，黄汲清等（1977）提出柴达木盆地基底是个"拼盘"；新一轮地质志认为柴达木盆地是散布于秦祁昆多岛洋内的一个列岛，而后被卷到秦祁昆造山系中（青海省地质调查院，2023），是一个双层结构不明显，个头小，成熟度不高，被强烈改造过的，而后被卷入到秦祁昆造山系中的一个中间地块。

柴达木盆地是印支运动之后发展起来的中生代、新生代山间含油气盆地，发育并保存了完整、巨厚（平均厚度约 6 km）的新生代沉积物。北侧和南侧分别以祁连山和昆仑山为界，阿尔金断裂处于盆地西侧，将柴达木盆地与塔里木盆地分隔开，因而形成青藏高原北部具有特殊的盆-山构造格局。

2.1.1 柴达木盆地基底特征

前人对柴达木盆地基底性质的认识存在较大争议，归纳起来有三种观点：其一，认为柴达木盆地基底是古老的结晶基底（张文佑，1984）；其二，认为柴达木盆地具有古生代褶皱基底和元古宙结晶基底的双重基底结构（黄汲清等，1977；汤良杰等，1999；张津宁等，2016）；其三，认为柴达木盆地基底是古生代褶皱基底（张以弗，1982）。

根据露头资料、钻井资料及区域重、磁、电资料，结合近几年来盆地非地震勘探等资料，柴达木盆地基底具有元古宙结晶基底和古生代褶皱基底的双重基底结构，基底上部分布有元古宙深变质岩和火成岩体、古生代变质岩、古生代末期浅变质岩，根据其分布特征可将其分为三大区：柴达木盆地西南地区、西北地区和东部地区，每个区的基底岩性各具特征（图 2-1）。

1）柴达木盆地西南地区

柴达木盆地西南区位于柴北—油北—塔尔丁断裂的西南。基底变质程度较高，由元古宙、古生代变质岩和侵入岩体组成，刚性较强；早期（古生代）曾受过强烈的构造运动的改造，发育多条东西（EW）向延伸、近等间距排列的深大断裂，基底岩系的分布严格受 EW 向断裂的控制。结合钻井、电法、重力等其他资料，我们认为柴西南区基底岩性主要由中、新元古代中-深变质岩、古生代岩系及海西期花岗岩组成，与昆仑山有着极其相似的岩性分布特征。正是这种特殊的结构造成柴西南地区基底刚性程度增强，并在随后（中、新生代）各期的构造运动中，基本都沿 EW 向深大断裂发生断块升降运动。进而影响到柴

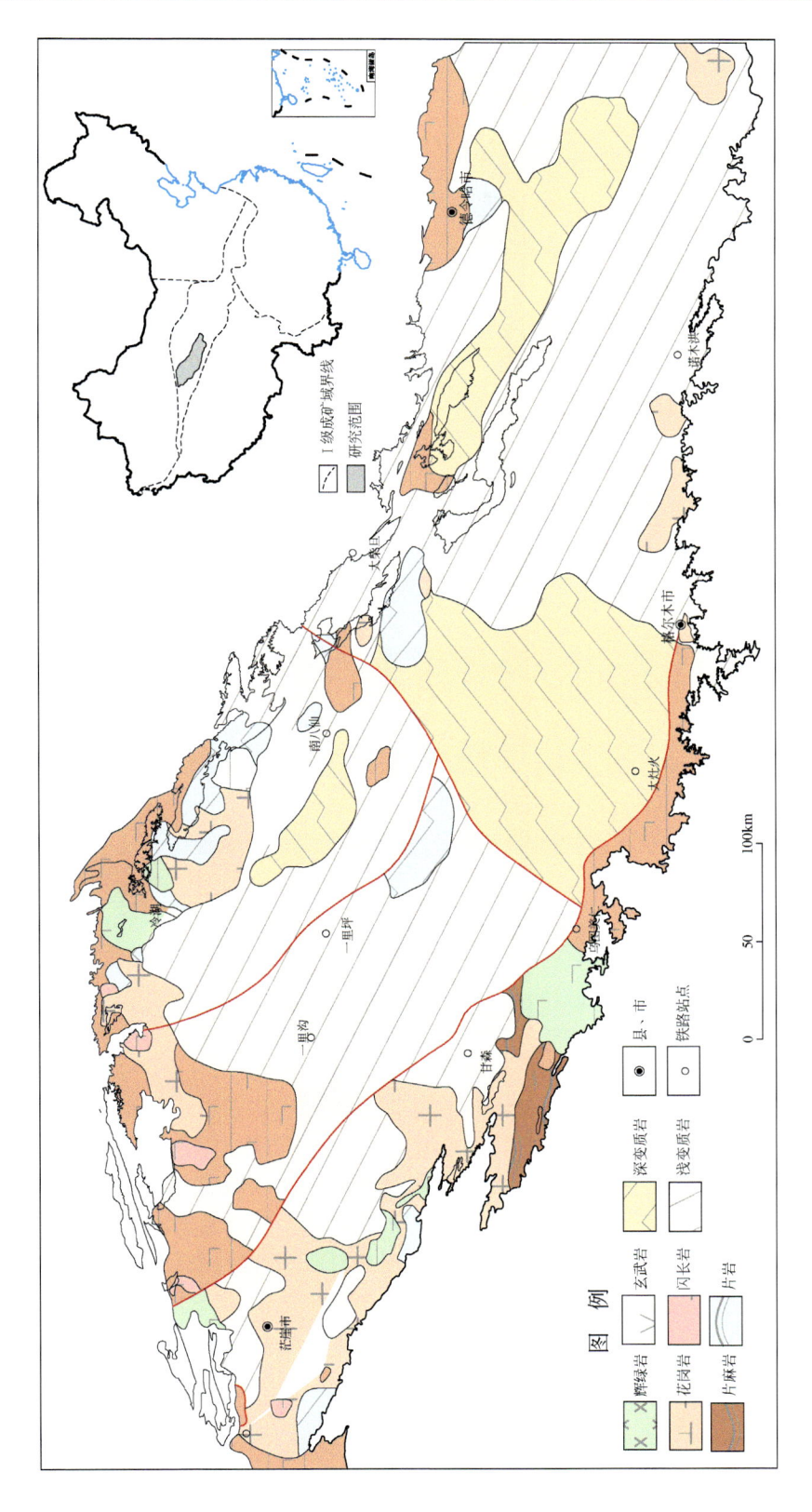

图2-1 柴达木盆地基底岩性分布图（据青海石油管理局，1990）

达木盆地西南区甚至整个柴西地区的沉积、构造特征以及油气赋存规律。

2）柴达木盆地西北地区

基底类型可划分为元古宙中-深变质岩系、古生代中-浅变质岩系和古生代花岗岩侵入体。阿尔金山山前牛鼻子梁一带基底为古生代末期变质-浅变质岩层，局部地区发育磁性较强的古生代中-浅变质岩；花岗岩基底主要分布在北部赛什腾山的山前，出露为一些小岩株或岩脉，数量比较多但分布很零碎；元古宙基底主要分布在盆地北缘西区及西南部地区。

3）柴达木盆地东部地区

乌图美仁—鱼卡北东（NE）向断裂以东区域的基底主要由元古宙中-深变质岩系、古生代岩系和花岗岩侵入体组成，其中元古宙中-深变质岩基底主要分布在乌图美仁、鱼卡、格尔木这一三角区域；另一块元古宙基岩分布在北部欧龙布鲁克与埃姆尼克山之间，向东形成剪刀状分支，北支伸向德令哈拗陷东部，南支向埃姆尼克山倾端延伸。南部山前火成岩侵入体发育，主要为花岗岩，其他广大地区为古生界中-浅变质岩基底。东部区域勘探程度较低，对基底岩性的解释建立在 1∶50 万或更小比例尺的区域重力和航磁资料基础上，精度和可靠程度都比较低。

2.1.1.1　元古宙基底特征

古元古界在阿尔金山中、东段南坡区为安南坝群，在祁漫塔格山区和布尔汉布达山区为金水口岩群，是一套变质程度较深，经历了程度不一的混合岩化作用，具类复理石建造，由泥、砂质为主的沉积岩变质而成的结晶片岩、片麻岩系。中元古界以变质的碳酸盐岩为主，盆地南缘山区及北缘山区的东端、下部（大体相当于蓟县系）见有火山岩。新元古界仅见于阿尔金山区、柴北缘山区和祁漫塔格山区，阿尔金山区是一套浅变质的碳酸盐岩和碎屑岩；祁漫塔格山区以变质碳酸盐岩为主，夹碎屑岩，该岩群的底部及中部遭受轻度变质作用，见有石英岩、板岩和千枚岩。

2.1.1.2　古生代基底特征

寒武系：阿尔金山仅见上寒武统，中-薄层状粉砂岩夹少量钙质泥岩及泥晶灰岩。

奥陶系：阿尔金山中、下奥陶统厚 357～1030 m，底部为海岸混合坪相杂色砂岩与介壳滩相间，向上为浅滩相-陆棚相深灰色微晶灰岩和灰色块状生物（屑）灰岩、砂屑灰岩，顶部发育砂屑滩与层孔虫生物丘。上奥陶统在祁漫塔格山区称铁石达斯群，在阿尔金山称拉配泉群，为一套以灰绿色为主的片理化安山岩、安山玄武岩、中性火山碎屑岩、绿片岩、凝灰岩、板岩夹变质砂砾岩和大理岩，厚达 3600 m 以上。

志留系、泥盆系：志留系和泥盆系在现今柴达木盆地范围内未见出露。

石炭系：柴达木南缘石炭系以生物灰岩、生物碎屑灰岩、白云岩为主夹碎屑岩，厚约 1100 m。

二叠系：下二叠统层序在柴达木盆地内部未见出露，仅在柴达木南缘出露下二叠统打柴沟组，为灰岩夹白云岩和页岩，厚 40～176 m。上二叠统在柴达木盆地未见出露。

2.1.2　柴达木盆地新生代沉积序列

柴达木盆地内沉积了大约 6000 m 厚的新生代的地层，部分地区最厚大约可达到万米以上，盆地新生代的地层主要出露于盆地东西边缘的山前地带，中部腹地被大面积的第四系覆盖。

从重力和地震解释的基岩形态和沉积厚度可以看出，基岩由西北向东南抬起，呈一斜坡。新近纪沉积亦西北厚东南薄，西北端沉积厚达 13400 m，往东南方向，在格尔木附近只沉积了 3000 m 以上的厚度。由于多期构造运动，地层之间存在多期角度不整合，它们分别是印支运动、燕山运动和喜马拉雅运动的产物。由于喜马拉雅运动，青藏高原在新近纪末期强烈隆升，在柴达木盆地三湖地区形成新的凹陷，沉积了厚达 3000 m 的第四系。

盆地内古近纪—新近纪地层分布较广，尤其是在各背斜构造部位出露较多，层位较全。均属山麓堆积及河、湖相沉积。第四系分布面积广大，岩性主要为泥岩、钙质泥岩、页岩、含石膏泥岩、砂质泥岩夹砂岩、鲕状砂岩、粉砂岩及盐岩、石膏、芒硝层等。柴达木盆地边部，第四系与下伏的上新统狮子沟组呈不整合接触，第四系岩性以砾岩、砂岩为主，夹砂质泥岩透镜体，多为洪积相沉积，厚度较小。但在柴达木盆地中东部，第四系则以湖相沉积为主，与下伏的上新统狮子沟组多为连续沉积接触（图 2-2）。

2.1.2.1 古近纪—新近纪地层

柴达木盆地古近纪—新近纪地层划分依据最早使用的是古生物地层年龄，传统划分方法中路乐河组属古新统—始新统（E_{1-2}），下干柴沟组属渐新统（E_3），上干柴沟组、下油砂山组属中新统（N_1），上油砂山组和狮子沟组属上新统（N_2）（青海省地质矿产局，1991）。近年来，随着不同剖面古地磁年龄的揭示，根据绝对年龄和生物地层年龄组合与国际标准地层划分方案进行对比，新生代地层年龄更正较大，如青海油田惯用的上干柴沟组地层实际是渐新世地层。综合各剖面的古地磁年龄，本书梳理地层年龄（表 2-1）：路乐河组时代为 >52～44.2 Ma（E_{1-2}）、下干柴沟组时代为 44.2～34.2 Ma（E_2）、上干柴沟组时代为 34.2～19.5 Ma（E_3）、下油砂山组时代为 19.5～12.9 Ma（N_1）、上油砂山组时代为 12.9～8.1 Ma（N_1）、狮子沟组时代为 8.1～2.58 Ma（N_2）（Zhang et al.，2010；张克信等，2013；Ji et al.，2017；宋博文等，2020）。

表 2-1 柴达木盆地古近纪—新近纪地层年龄统计表

地层	古地磁年龄/Ma						本书采用年龄/Ma
	大红沟剖面	花土沟剖面	七个泉剖面	大红沟剖面	怀头他拉剖面	红三旱剖面	
狮子沟组	—	—	>6.5～2.5	—	8.1～2.5	—	8.1～2.58
上油砂山组	12.9～8.1	<12.44	—	13～<8.5	15.3～8.1	—	12.9～8.1
下油砂山组	19.5～12.9	23～12.44	—	(22～20)～13	>15.3	—	19.5～12.9
上干柴沟组	34.2～19.5	>23	—	>34～(22～20)	—	35.5～<26.5	34.2～19.5
下干柴沟组	44.2～34.2	—	—	—	—	>40～35.5	44.2～34.2
路乐河组	>52～44.2	—	—	—	—	—	>52～44.2
数据来源	Ji et al.，2017	Chang et al.，2015	Zhang et al.，2013	Lu et al.，2019	方小敏等，2008	Sun et al.，2005	

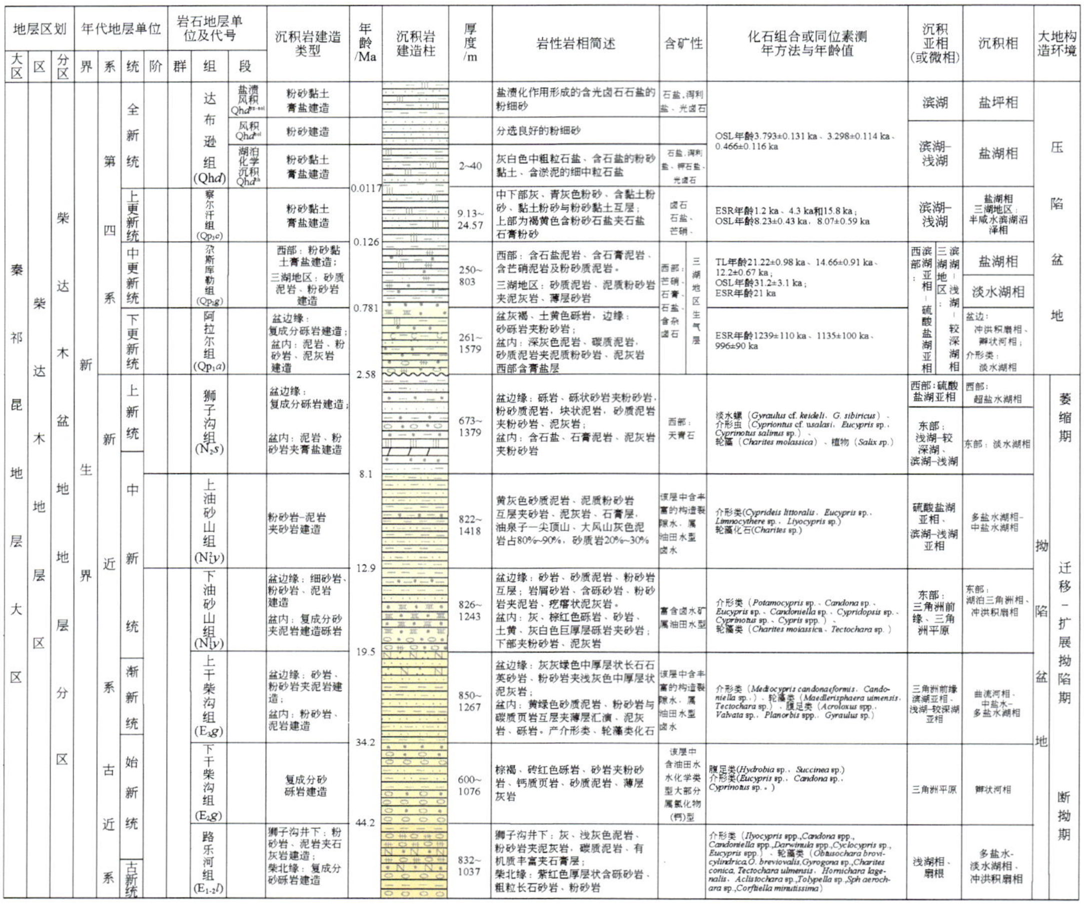

图 2-2 柴达木盆地新生代填充序列图

1）路乐河组（$E_{1-2}l$）

路乐河组距今 52～44.2 Ma，为古新世—始新世地层。经燕山晚期构造运动的剥蚀夷平作用后，路乐河组地层大面积覆于中生界或更老的地层之上，盆地南部及东部开始接受沉积。路乐河组主要分布于柴西地区及柴北缘西段，沿乌图美仁—大柴旦一线向东超覆、尖灭。埃姆尼克山、大风山、马海等隆起形态较为清晰，盆地主要发育三个沉降中心，其中一里坪拗陷面积最大，柴北缘西段昆特依凹陷及一里坪拗陷一带厚度最大，最大厚度为1500 m，向东、向北变薄，到埃姆尼克山尖灭。干柴沟—狮子沟一带最大厚度为 1000 m，向东迅速减薄，东柴山—黄石地区一般厚 300～500 m。此外，甘森以东、乌图美仁以北地区也发育 1000 m 的最大厚度。

路乐河组在盆地各地区岩性差异性较大，在牛鼻子梁以西，水鸭子墩等地区岩性组合为暗红、褐红、棕红色泥岩、砾岩、砂砾岩、砂岩；在阿喀及红垭豁一带岩性为砖红、紫红、灰紫色，厚层-巨厚层，复成分砾岩、含砾粗砂岩、中粒长石石英砂岩夹粉砂质泥岩、粉砂岩；在高泉煤矿周边、绿草山煤矿以北及锡铁山北西等地段，岩性组合为灰紫、灰褐、紫红色厚-巨厚层复成分砾岩、含砂砾岩夹长石质岩屑砂岩、长石石英砂岩及泥质粉砂岩。

本组地层化石稀少，在冷湖三号、红三旱一号井产介形类（*Ilyocypris* spp., *Candona* spp., *Candoniella* spp., *Darwinula* spp., *Cyclocypris* sp., *Eucypris* spp.）、轮藻类（*Obtusochara brovicylindrica*, *O. breviovalis*, *Gyrogona* sp., *Charites conica*, *Tectochara ulmensis*, *Hornichara lagenalis*, *Aclistochara* sp., *Tolypella* sp., *Sphaerochara* sp., *Corftiella minutissima*）及双壳类、腹足类（青海省地质调查院，2023）。

2）下干柴沟组（E_2g）

下干柴沟组距今 44.2～34.2 Ma，为始新世晚期地层。出露范围广泛，范围超过下伏路乐河组，是柴达木盆地中新生界各组中出露范围最广、连片面积最大的地层单位，断续出露在西起犬牙沟，东止绿草山，北起冷湖三号，南达昆仑山北坡泥盆山、盆地周边老山山前的环形地带中。

本组在区域上岩性及厚度变化均较大。跃进一号到红柳泉一带，下干柴沟组下部以棕红色泥岩为主，夹灰色粉细砂岩、砾状砂岩、棕褐色粉细砂岩及棕黄色泥灰岩，厚度为200～300 m；上部以灰色泥岩、灰质泥岩为主，夹薄层灰岩、页岩，厚度为500～600 m，为典型的湖泊相沉积。狮子沟构造深层则以灰色、绿灰色泥岩、钙质泥岩为主。红三旱一号、尖顶山一带岩性明显变红，下部以暗土红色、土红色、暗棕灰色泥岩、含砂泥岩、粉砂质泥岩为主，夹紫灰色粉砂岩、泥灰岩及暗土红色大套砾岩夹薄层砂质泥岩；上部为土红色、灰绿色、棕黄色泥岩为主，与灰色粉砂岩、砂岩成互层。研究区内一般分布厚度为 327～1980 m。

该组地层含腹足类（*Hydrobia* sp., *Succinea* sp.）介形类（*Eucypris* sp., *Candona* sp., *Cyprinotus* sp.）（青海省地质矿产局，1991；青海省地质调查院，2023）。孢粉组合以松粉-栎粉组合为特征，反映了温暖带针阔叶林混交。

3）上干柴沟组（E_3g）

上干柴沟组距今 34.2～19.5 Ma，主体为渐新世地层。上干柴沟组的分布特征与下干柴沟组基本相同只是盆地周缘开始收缩，上干柴沟组沉积时断陷作用已逐渐减弱，盆地进入拗陷演化阶段。仅黄石以北地区可见断陷特征，从该层段厚度分布来看其最大厚度区逐渐向盆地中部转移，与下干柴沟组相比厚度在全盆地内变化小，一般为500～800 m，发育一近 EW 向展布的沉降中心，与下干柴沟组相比沉降中心有明显的向东迁移。茫崖凹陷最大沉积厚度为1400 m；一里坪凹陷为此阶段规模最大的沉积凹陷，面积约 $1.50×10^4$ km²，北西（NW）向碟状展布，最大沉积厚度为1800 m，沉降中心与下干柴沟组基本相同。

整体来看沉积物粒度较细，除阿尔金山南麓个别地区外，普遍缺失山麓洪积相的巨厚砾岩层，砾岩薄层也很少见，为一套河流相碎屑岩与半咸水-咸水湖相碎屑岩、黏土岩与化学沉积岩组成的内陆沉积物。盆地西部地区以咸水湖、半咸水湖相泥质岩为主、河流相泥质岩为次的沉积，西部南区，自下而上地层颜色由灰变红，岩性变粗。在盆地西部阿尔金山脉山前，岩性向盆地中心迅速变细，由砾岩、砂岩为主或砂岩、泥岩互层过渡为基本上以暗色泥质岩和碳酸盐岩为主的地层。碳酸盐岩的平面分布与下干柴沟组略有不同，是以南翼山—油泉子地区为富集中心，而狮子沟地区碳酸盐岩厚度已减薄、含量减少，出现膏盐和芒硝沉积，上干柴沟组中碳酸盐岩的厚度较下干柴沟组明显减薄，并且只集中于下段。

本组岩性在纵向上变化不明显，横向上变化也不大，主要由河流相、三角洲相的灰绿色、灰色砂质岩和河泛平原相的棕红色泥质岩的不等厚互层组成，总体具有向上变粗的特征。产出的化石主要有介形类（*Mediocypris candonaeformis*，*Candoniella* sp.）、轮藻类（*Maedlerisphaera uimensis*，*Tectochara* sp.）、腹足类（*Acroloxus* spp.，*Valvata* sp.，*Planorbis* spp.，*Gyraulus* sp.）（青海省地质矿产局，1991；青海省地质调查院，2023）。

4）下油砂山组（N_1^1y）

下油砂山组距今 19.5～12.9 Ma，沉积于中新世早-中期。下油砂山组地层分布范围较广，基本上连片分布于全盆地，与下伏上干柴沟组基本相同。盆地边缘隆起更加明显，整体表现为拗陷特征，地层最大厚度区位于以一里坪为中心的盆地中部地区，考虑到东柴山、黄石地区后期遭受剥蚀，沉积中心的整体呈近 EW 向、局部凹陷呈 NW 向展布。与上干柴沟相比一里坪凹陷范围略有东扩，沉降中心稍有南移，最大沉积厚度为 2500 m。在盆地西部大部分地区厚度为 800～1000 m，在盆地中央区厚度为 1500～2500 m。

本组地层在柴西地区边缘地带岩性较粗，以棕灰色及灰色砾岩、砾状砂岩为主；盆地中东部地区其岩性以黄绿色砂岩、粉砂岩、泥质粉砂岩和粉砂质泥岩为主，夹杂色泥岩和泥灰岩，盆地中部渐变为灰色砂泥岩，过渡为浅湖相沉积。下油砂山组在中部地区最厚超过 2400 m（碱石山构造），在东部地区地层厚度一般为数百米至千余米。

下油砂山组化石丰富，所含介形类化石主要有柴达木花介属、真湖花介属等，属喜盐介形类。上述两类化石大量出现在盆地西北部，往往单属种占绝对优势。在盆地东部，由于水体较浅，水质变淡，这类化石的数量迅速减少，而多门类浅水生物迅速增多，如玻璃介属、带星介属、达尔文介属、油砂山介属、斗星介属、球星介属、美星介属等，介形类（*Potamocypris* sp.、*Candona* sp.、*Eucypris* sp.、*Candoniella* sp.、*Cypridopsis* sp.、*Cyprinotus* sp.、*Cypris* spp.）、轮藻类（*Charites moiassica*、*Tectochara* sp.）；孢粉为针叶林—森林草原型植物的孢粉组合。此外还含有丰富的腹足类和轮藻化石（青海省地质矿产局，1991；青海省地质调查院，2023），这一浅水生物组合反映了水体较浅且较淡的沉积环境。

5）上油砂山组（N_1^2y）

上油砂山组距今 12.9～8.1 Ma，沉积于中新世中-晚期。分布范围大致与下油砂山组相似，露头几乎遍及全盆地。由于受下油砂山组地层沉积末期的构造运动和多期的晚喜马拉雅运动的影响，从该层段地层厚度图上来看，盆地周缘该段地层遭受剥蚀或缺失，从厚度分布上看西部地区及柴北缘西段迅速减薄，而三湖及其以东地区地层厚度迅速增厚，最大厚度区仍以一里坪为中心，存在茫崖、一里坪两个厚度分布区，与下油砂山组相比地层明显向东扩展，最大沉积厚度在 2000 m 以上。上油砂山组地层沉积时一里坪凹陷明显南扩，形成两个明显的局部沉降中心，一个位于旱 2 井以北，另一个位于其南侧，最大沉积厚度为 2100 m。黄石以北的茫崖凹陷，推测原始沉积为拗陷型，最大沉积厚度为 2400 m。在三湖及其以东地区发育有数个近 EW 向的串珠状小型沉降中心。

岩性以黄色、黄褐色、棕灰色泥岩、砂质泥岩和泥质粉砂岩为主，夹灰色、灰白色粉砂岩、砂岩和含砾砂岩。在柴西地区边缘岩性较粗，一般以灰色厚层状砾岩为主，夹浅黄绿色砂岩及浅棕红色泥岩，向盆地中心部位岩性变细，在油泉子、大风山一带井下出现较多灰色、深灰色泥岩及泥质粉砂岩、砂质泥岩，并夹有泥灰岩，在盆地中东部地区的最大厚度超过 2300 m，主要分布在台吉乃尔湖以南，与下油砂山组相比，沉积中心已向东偏移。

上油砂山组所含的介形类化石以正星介属为代表，是典型的喜盐介形类。该属介形类的分布基本上反映了咸化湖泊区，而且西部比东部更加丰富。另外多门类浅水生物绝大多数由下油砂山组延续而来，真星介属、湖花介属、美星介属等所占比例不断增加，介形类属多达 20 余属，如 *Cyprideis littoralis*，*Eucypris* sp.，*Limnocythere* sp.，*Liyocypris* sp.等；孢粉组合以草本植物为主，并且还有丰富的多科属腹足类及轮藻化石（如 *Charites* sp.等），这一浅水生物组合反映的特点是水体较浅且较淡，正星介属与多门类浅水生物交替出现或共生，代表了水体的咸淡交替（青海省地质矿产局，1991；青海省地质调查院，2023）。

6）狮子沟组（N₂s）

狮子沟组距今 8.1～2.58 Ma，为上新世地层，分布范围略小于上油砂山组。在柴西及柴北缘地区，由于剥蚀严重，残余地层厚度较小，靠近山前及构造高地的部位甚至剥蚀殆尽。该段地层的最大厚度达到 1500 m，此时沉降中心已迁移至伊克雅乌汝及台南地区，原有的数个串珠状小型沉降中心已连为一体，三湖凹陷形成，最大沉积厚度为 1400 m，一里坪坳陷最大沉积厚度为 1500 m，属小型次凹。

本组岩性比较稳定，主要为灰色、棕灰色、土黄色泥岩和砂质泥岩为主，夹浅灰色、土黄色粉砂岩、泥质粉砂岩以及灰白色泥灰岩、石膏层和灰黑色碳质泥岩。盆地边缘常为灰色、黄灰色和土黄色粗砂岩、含砾砂岩和砾岩。与下伏地层上油砂山组相比，狮子沟组中碳酸岩盐减少，膏盐类明显增多，常形成白色岩盐层与黑灰色石膏层的互层。盆地中心以咸水湖相、沼相的泥质岩为主，富含碳质及膏盐。在西部南区，与下伏上油砂山组相比岩性变细、颜色变灰；在盆地西部北区，本组与下伏上油砂山组的岩性及颜色变化不明显，但碳酸盐岩减少，膏盐层增加。到盆地中心的三湖地区变为以碳质泥岩和泥岩为主。

狮子沟组富含化石，主要有淡水螺（*Gyraulus* cf. *keideli*，*G. sibiricus*）、介形虫（*Cyprinotus* cf. *usalasi*，*Eucypris* sp.，*Cyprinotus salinus* sp.）、轮藻（*Charites molassica*）、植物（*Salix* sp.）。其形成时代为新近纪上新世。另在该套地层中获得的电子自旋共振测年年龄为 4.5 Ma。

2.1.2.2 第四纪地层

《青海省区域地质志》对于柴达木盆地第四纪地层主要根据沉积相和古生物化石进行了划分，将下更新统—中更新统划分为七个泉组，上更新统—全新统没建立起岩石地层单位，成因类型主要为洪积、洪冲积、湖积、湖沼积和化学沉积，其中对盐类成矿作用关系密切的是化学沉积和湖积（青海省地质矿产局，1991）。七个泉组为一套粗碎屑岩层系，时代归属早-中更新世，为一套土黄或灰色厚层砾岩与灰黄色薄层—厚层砾岩、砂质泥岩互层，厚 261m，含介形类（*Eucypris concinna*，*E. inflata*，*Schuleridea* sp.，*Qinghaicypris crassa*，*Limnocythere* sp.）、腹足类（*Valvata naticina*，*V. cristata palustris*，*Gyraulus sibiricus*，*Carrouges* cf. *crista*）（青海省地质矿产局，1991；青海省地质调查院，2023）。

七个泉组在起止年代、生物地层、气候地层及岩石地层等方面，界限均不甚明确，不利于区域对比。沈振枢等（1993）和潘彤等（2022）将盆地中心以湖相为主的地层岩心钻孔剖面经多学科综合研究后，结合微体化石介形虫、孢粉分析、古地磁及同位素测年划分为下更新统阿尔拉组（Qp₁a）、中更新统尕斯库勒组（Qp₂g）、上更新统察尔汗组（Qp₃c）和全新统达布逊组（Qhd）4 个组。本书沿用以上划分方案。

第四纪地层年龄值采用2018年国际地层委员会编修的国际年代地层表：阿拉尔组沉积时代为2.58～0.781 Ma（更新世早期），尕斯库勒组沉积时代为0.781～0.126 Ma（更新世中晚期），察尔汗组沉积时代为0.126～0.0117 Ma（更新世晚期），达布逊组沉积时代为0.0117 Ma～现今（全新世）。

1）阿拉尔组（Qp$_1$a）

阿拉尔组分布于柴达木西部边缘地区，阿拉尔组下部主要为土黄、黄褐色砂砾、含砾中粗砂、中粗砂与黏土粉砂、含黏土细粉砂互层，为冲积扇三角洲前缘与浅滨湖交替沉积；上部岩性为黄褐色含石膏黏土粉砂、含黏土粉砂及黄褐色含石膏的砂质黏土，为滨湖及浅湖外带沉积。阿拉尔组的盐类沉积分布于大浪滩、察汗斯拉图及一里坪西部地区。在大浪滩为石盐与含石膏的粉砂淤泥或粉砂黏土互层，岩层厚度较上新统狮子沟组明显增加，碎屑层中褐色色调减少，灰、黑色调增加；碳酸盐除石膏及钙芒硝外，开始出现易溶的芒硝及白钠镁矾。在察汗斯拉图为灰褐、灰黑色粉砂淤泥夹石盐薄层，在一里坪为褐黄、黑褐、灰色含黏土粉砂、含粉砂黏土，夹薄层石盐，这两个地区以预备盐湖阶段为主。盆地西北部东端的马海为一套灰绿色与棕褐色互层的含石膏砂质黏土，属浅滨湖相沉积，也进入预备盐湖阶段。在盆地东南部的三湖凹陷带仍为淡水-微咸水湖相细碎屑沉积，无任何盐类矿物，与下伏狮子沟组呈假整合接触。

2）尕斯库勒组（Qp$_2$g）

尕斯库勒组在柴达木盆地西北部均普遍出现石盐沉积，均已达到自析盐湖阶段，且石盐在地层中均逐渐居于主导地位；易溶的硫酸盐芒硝、白钠镁矾增加，并出现含钾矿物杂卤石沉积。大浪滩地层中盐层比例继续增加，硫酸盐除芒硝及白钠镁矾外，还出现了泻利盐和杂卤石，碎屑层比例下降。盆地西北部的其他地区，中更新世中期之后开始陆续出现石盐沉积，并逐渐占据主导地位。一里坪地区恰好相反，本组下部还夹有部分石盐薄层，上部石盐完全消失，仅含少量石膏，说明盐湖明显淡化。三湖凹陷带仍为一套灰色、灰黑色的粉细砂、含粉砂黏土、碳酸盐黏土的淡水-微咸水湖相细碎屑沉积，无任何盐类矿物。与下伏下更新统阿拉尔组呈假整合接触。

3）察尔汗组（Qp$_3$c）

察尔汗组在柴达木盆地西北部各地区，除一里坪外，均以石盐为主，特别在上部，盐层占绝对优势，并出现较多的芒硝层或白钠镁矾、泻利盐，亦有杂卤石出现。大浪滩、尕斯库勒湖、石盐层中普遍含有白钠镁矾和泻利盐，部分含少量钾石盐。在察汗斯拉图、昆特依和马海也都反映了晚更新世中晚期盐湖明显浓缩的趋势，普遍进入干盐湖阶段，并于晚更新世晚期，大多数盐湖相继干涸。但在大浪滩中更新世晚期到晚更新世早期，盐湖曾出现明显淡化，碎屑层明显增加。三湖凹陷带，本组中下部为一套灰、青灰、灰黄色含黏土粉砂夹粉砂黏土的微咸-半咸水滨湖沼泽交互沉积；其上部则以含粉砂石盐为主，夹石盐粉砂薄层。这套在晚更新世晚期形成的石盐沉积广泛分布于察尔汗、东台吉乃尔湖、西台吉乃尔湖、一里坪、大柴旦等地，可以进行区域上的对比，与下伏中更新统尕斯库勒组呈整合接触。

4）达布逊组（Qh*d*）

达布逊组在柴达木西北部仅局限于范围很小的凹地中。西台吉乃尔湖边部靠近淡水补给一侧有棕红色含粉砂黏土，其余各孔石盐均占绝对优势。大浪滩含有较多的钾石盐，形成有工业价值、分布集中、高品位的固体钾盐富矿床。察尔汗、昆特依的钾湖、马海东北部等矿区，石盐层含少量光卤石或钾石盐，说明卤水已浓缩至钾镁盐沉积阶段，并在全新世中期，多数盐湖的主体均全面干涸，处于盐湖的消亡阶段，仅在其边缘靠近淡水补给一侧形成一些规模较小的残留盐湖，继续接受盐类沉积。

在本组底部普遍出现一组厚度不大的碎屑层或含盐碎屑层，将上更新统盐层与全新统盐层隔开，这一碎屑层在柴达木盆地东南部的广大地区均有分布，可以作为全新统达布逊组的底界标志，与下伏上更新统察尔汗组呈整合接触。

2.1.3 柴达木盆地新生代沉积充填

2.1.3.1 沉积充填特征

本书在收集前人的钻井和地震剖面资料基础上，综合《中国石油地质志卷 14：青藏油气区》（青藏油气区石油地质志编写组，1990）、《柴达木盆地地质与油气预测——立体地质·三维应力·聚油模式》（黄汉纯等，1996）等的研究成果，分析了柴达木盆地新生代的沉积充填特征。书中沉积等厚图件的绘制资料主要参考《中国石油地质志卷 14：青藏油气区》中的研究成果。

1）路乐河组

分布于达布逊湖以西地区，地层分布特征上呈现近北北西向展布的特征；以牛鼻子梁—茫崖一线为界分为东西两个沉积中心，位于一里沟—黄石以东至冷湖一里坪—乌图美仁一线的东部沉积中心带沉积厚度最大达 2000 m，向东逐渐变薄；西部的油砂山东部地区最厚处超过 1200 m。在东西两个沉积中心之间为近南北向展布的隆起带（图 2-3）。

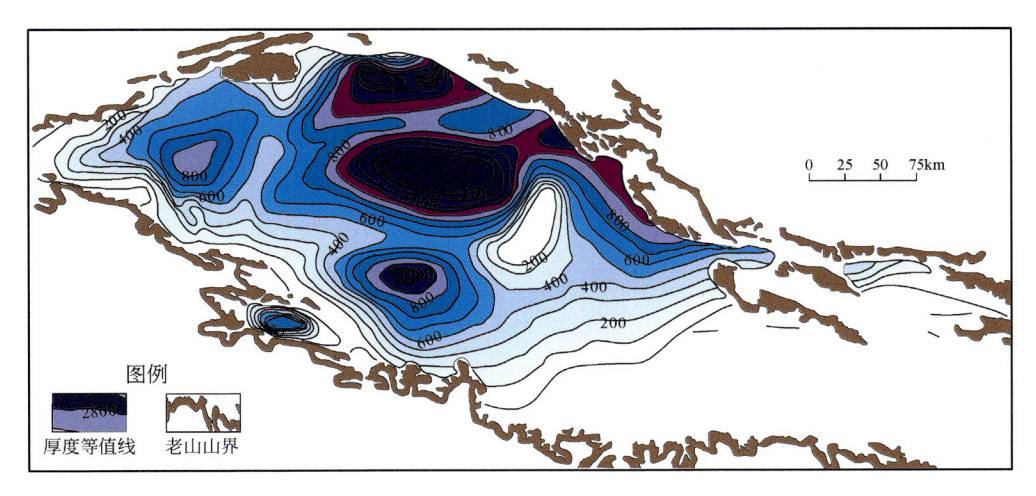

图 2-3 路乐河组沉积等厚图

岩性特征和横向变化：下部以棕褐色、紫红色巨砾岩、含砾砂岩为主，中部为砂岩和泥岩互层，上部泥岩、钙质泥岩进一步增多，构成了向上变细的沉积序列；沉积中心部位的路乐河组泥岩比例较大，泥岩最高占总厚度的75%；沉积中心向外砂岩和砾岩的占比增多，总体上看盆地东北缘岩性较粗。

2）下干柴沟组

沉积范围向东扩展到察尔汗东部，地层分布近北西向，总体上呈中部和南部厚、北部和东部薄的特征。油砂山北—茫崖—黄石北一线沉积厚度最大达2600 m，向东可延续到格尔木地区，延伸方向与山前断裂走向一致。中部的一里沟——里坪—南八仙一线沉积厚度也超过2200 m，两线之间存在一近北西向的水下低隆起带，隆起带的方向与沉降中心的展布方向一致（图2-4）。

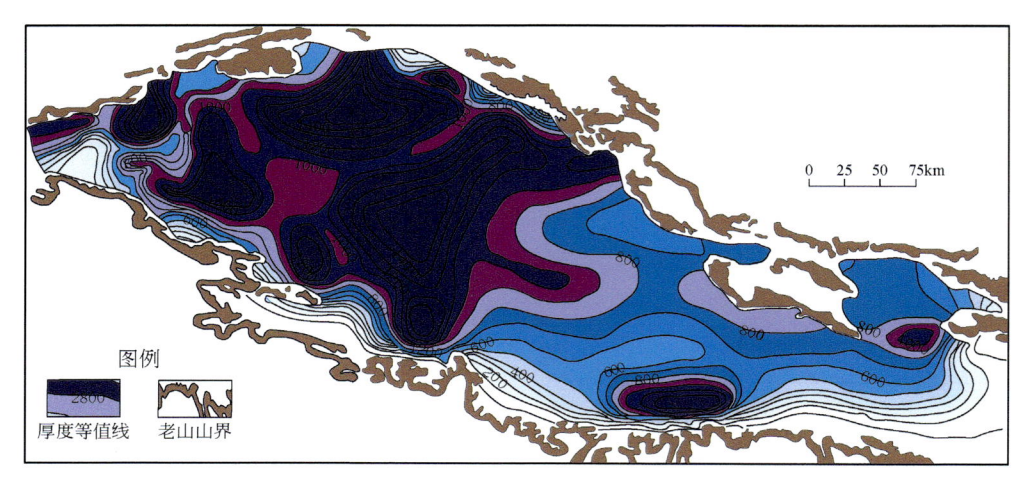

图2-4 下干柴沟组沉积等厚图

岩性特征和横向变化：下干柴沟组岩性呈下粗上细的特征；下部以棕红色砂岩、砾岩为主，上部为灰—深灰色泥岩、泥灰岩夹薄层灰岩，顶部为膏盐沉积。在横向上，盆地西部和南部泥灰岩和膏盐沉积较多，北部和东部地区紫红色砂岩、砂质泥岩和砾岩为主。

3）上干柴沟组

上干柴沟组与下干柴沟组分布范围相似，沉积中心呈北西向展布，南部中心为茫崖—黄石东一线，中部为一里沟——里坪东一线，北部中心为冷湖南部带，其中，中部的一里沟——里坪沉积厚度最大，达2000 m，在赛什腾山的南部有一深度超过1300 m的沉降带。在沉积中心之间为北西向的水下低隆起带分隔，而且在盆地的西北部靠近阿尔金断裂的地区形成一系列的北西向低凹、低隆相间的格局，总体上形成沉积中心向盆地中东部转移的特征（图2-5）。

岩性特征和横向变化：上干柴沟组的下部以暗色泥岩和泥灰岩为主，夹砂岩；上部为灰色、砖红色砂岩与泥岩互层；上干柴沟组在垂向上呈从还原色向氧化色过渡的特征；在横向上，中部和西部暗色和灰色泥岩居多，东部为黄绿、灰绿色巨厚层砂岩与杂色泥岩互层。

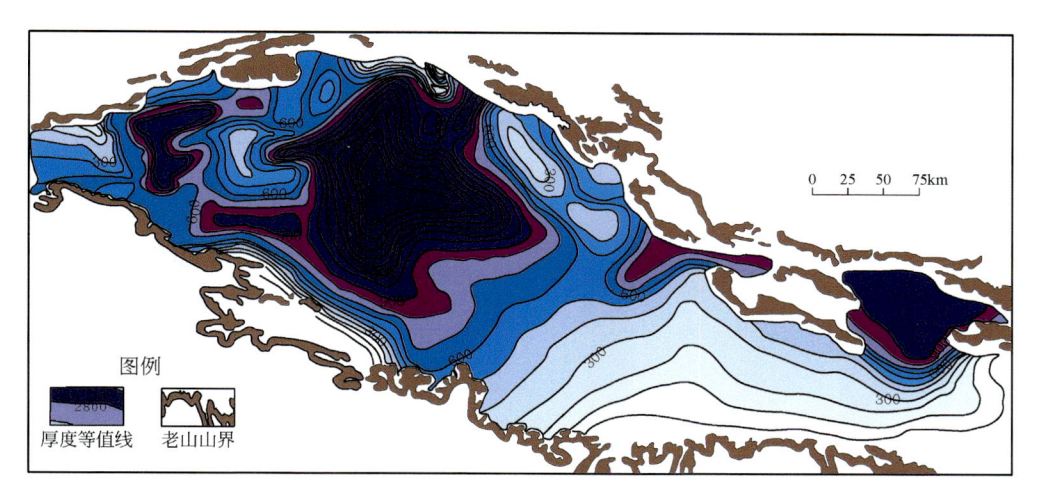

图 2-5　上干柴沟组沉积等厚图

4）下油砂山组

下油砂山组分布范围和沉积中心的展布方式与上干柴沟组相似，只是北部的沉积中心不明显，中部的一里沟——一里坪一线的沉积中心厚度最大达 2600 m。南部油砂山—茫崖—黄石沉积中心向东与中部沉积中心汇合并呈加深的趋势。在靠近阿尔金断裂的盆地西北部，"隆-凹"相间的格局十分明显。在南八仙南部发育一不对称沉积拗陷，拗陷呈北陡南缓（图 2-6）。

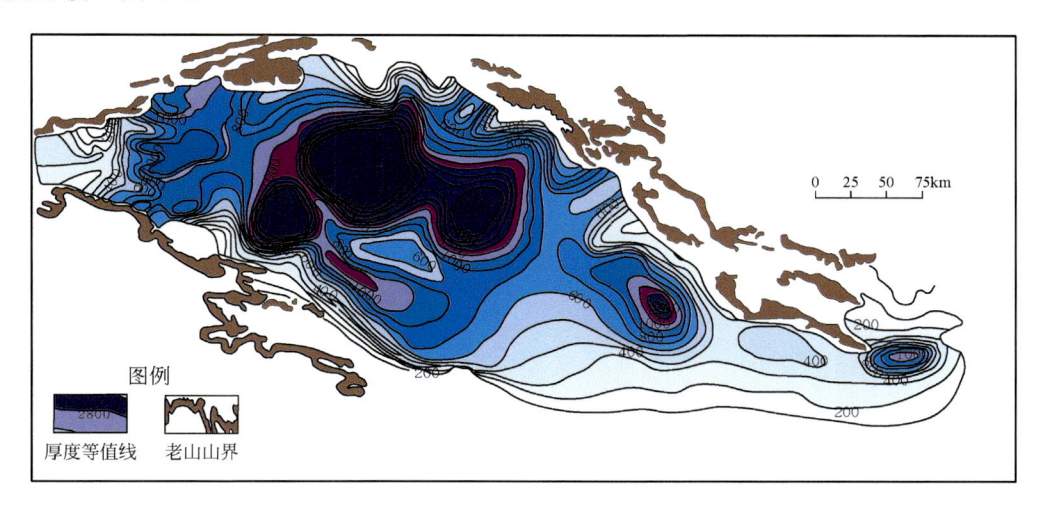

图 2-6　下油砂山组沉积等厚图

岩性特征及横向变化：下油砂山组较上干柴沟组岩性变粗，在沉积拗陷的中心区域以黄绿、灰色钙质泥岩、褐色砂质泥岩与灰色粉砂岩互层为主，暗色泥岩超过 40%，沉积拗陷的边缘以灰绿、棕灰色砂岩为主，夹少量砾岩和泥灰岩。

5）上油砂山组

上油砂山组的分布范围与下油砂山组大致相同，沉积中心位于中部和南部，最厚的沉积地区在一里沟东部，达 2500 m。盆地的北部和东部沉积厚度较小，在茫崖北部和油砂山北部的沉积中心呈北西向展布，西台吉乃尔湖与东台吉乃尔湖的北部有一北西向的水下隆起带分隔了南北两个沉积中心（图 2-7）。

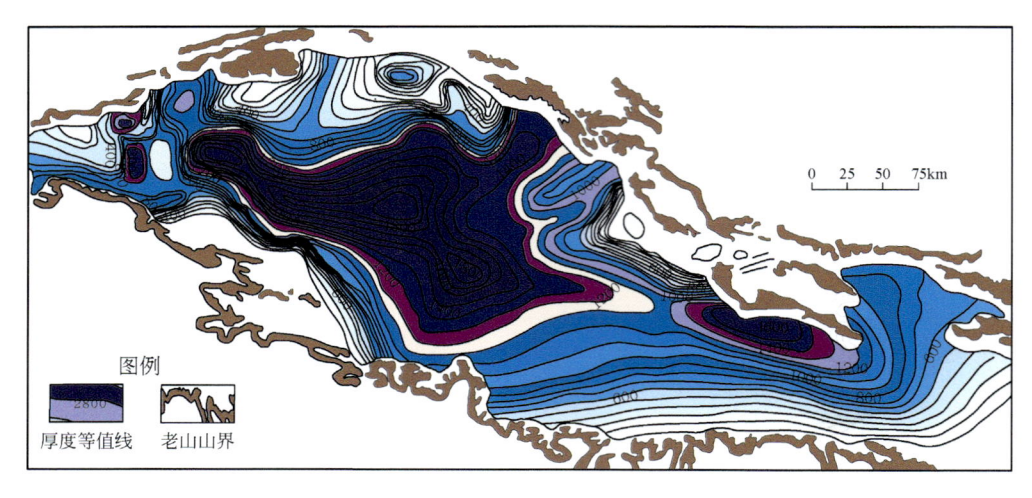

图 2-7 上油砂山组沉积等厚图

岩性特征及横向变化：沉积拗陷中心带上的上油砂山组岩性与下油砂山组相比变化不大，总体上呈向上变细的趋势，泥灰岩的比例降低。在靠近西部和南部的山前带附近岩性有变粗的趋势，以砾岩和含砾砂岩为主，夹棕黄色泥岩、砂质泥岩。靠近北部的山前带岩性以黄褐色、棕黄色砂质泥岩为主，并表现出向上变细的特征。

6）狮子沟组

狮子沟组的分布范围与上油砂山组相比向西南部萎缩，在北部的冷湖以北地区和东部的达布逊湖地区，第四系直接超覆于上油砂山组之上。在西部的阿拉尔地区狮子沟组不整合超覆于上油砂山组之上（图 2-8）。

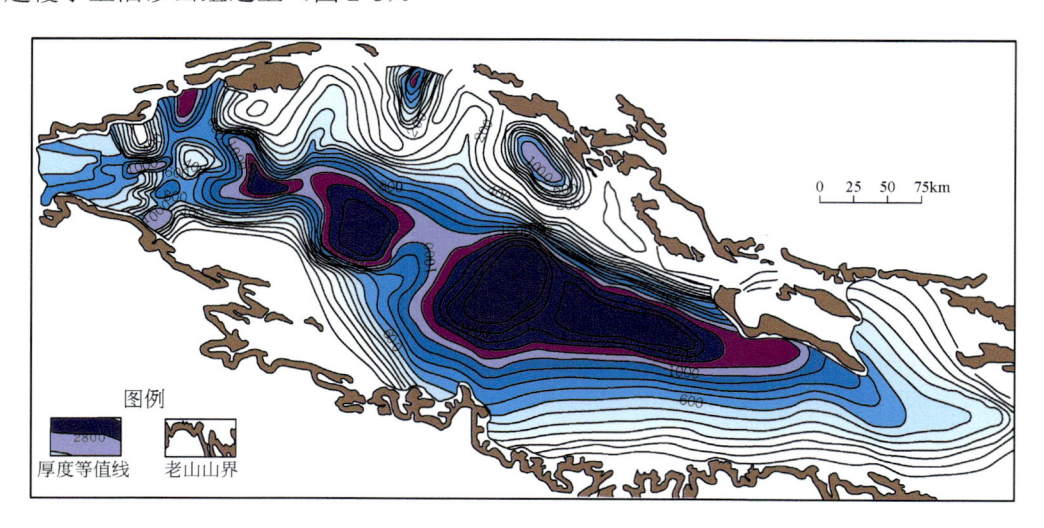

图 2-8 狮子沟组沉积等厚图

岩性特征和横向变化：在中部和南部的沉积拗陷中心地区，狮子沟组以灰色砂质泥岩、泥岩为主，夹灰色砂岩、泥灰岩、含膏泥岩及棕灰色砾岩；黄石地区还见有黑灰色石膏夹层。盆地的北部发育棕色砾岩夹砂岩。

7）阿拉尔组—尕斯库勒组

沉积范围几乎覆盖了整个柴达木盆地，向东的范围扩展到了诺木洪的北部和东部地区，但沉积拗陷中心向东南部转移到三湖地区，呈北西西方向，沉降幅度达2500～3200 m。盆地的西北部北西向的隆凹相间的格局依然存在（图2-9）。

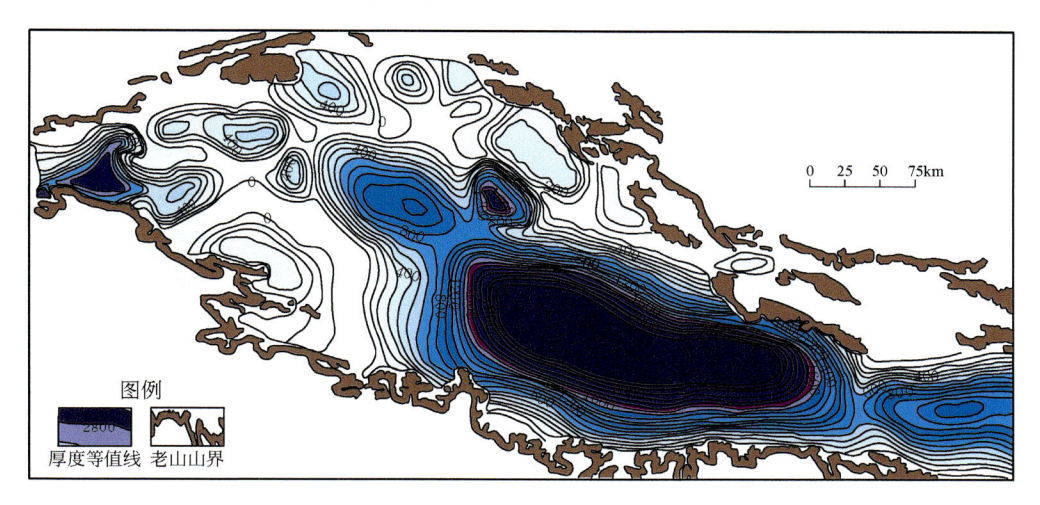

图2-9 阿拉尔组—尕斯库勒组沉积等厚图

岩性特征和横向变化：为一套碎屑岩沉积。在横向上呈从沉积拗陷中心向山前带变粗的特征，三湖地区为灰色、灰黑色泥岩；一里坪地区为含天青石灰绿色泥岩、泥灰岩和粉砂岩；西部的油砂山地区为巨厚层灰色砾岩夹少量灰黄、灰绿色泥岩。

8）察尔汗组—达布逊组

分布于柴达木内部及周边山区，主要是灰、灰黄色的砂、砾石层及粉砂、黏土层，在盆地中心地区，岩性较细，以粉砂、黏土和盐类沉积为主，厚度大于400 m。在盆地周边山区与阿拉尔组不整合接触，岩性较粗，厚度较小，一般不超过100 m。

2.1.3.2 沉积充填演化

柴达木盆地的沉积序列反映了盆地的沉积具有多旋回性特征：路乐河组为向上变细的沉积特征，下干柴沟组和上干柴沟组自下向上为粗-细-粗的沉积旋回，下油砂山组—狮子沟组由一系列小型的向上变粗旋回构成了总体向上变细的沉积旋回，更新世又是一个向上变细的沉积旋回。从盆地充填特征分析可以看出，盆地的充填样式、沉积中心和沉积范围经历了一系列的变化过程，早期的路乐河组的沉积中心呈南北向分布，下干柴沟组开始到狮子沟组沉积中心呈北西西向延长的带状分布，在靠近阿尔金断裂带的西北部呈"隆-凹"相间的沉积格局；更新世沉积中心向盆地的东部转移，盆地的西部地区发生抬升。

由于不同构造层具有不同的沉积充填特征，盆地性质及其沉降沉积中心也随之发生改变。因而与构造层相适应，将沉积充填演化分为古新世—中新世早期和中新世晚期—第四纪两个阶段。

1）古新世—中新世早期

古新世—始新世，柴达木盆地在东西方向上远小于现在的规模，其东部边界位于格尔木市和花石沟以西。路乐河组最大沉降中心在盆地的西北部，路乐河组在柴达木东部地区厚薄分布不等，岩性以棕红色粗碎屑岩为主，自下而上由粗变细，呈明显的正韵律旋回。

渐新世下干柴沟组下段沉积时期，盆地沉积范围整体向东扩展，东部的边界迁移到格尔木市以东。沉积中心向南部迁移，占据盆地的中央位置。下干柴沟组上段分布连片，几乎遍及全盆地。

中新世上干柴沟组下段沉积时期，柴达木湖盆面积最为广阔。柴达木东部地区以滨浅湖和冲积平原为主，水下低突起较为发育。上干柴沟组上段沉积时期，柴达木东部地区水体整体变浅，以发育冲积平原为主，边缘地区的快速堆积相带分布较窄，表现为缓坡条件下的滨浅湖和三角洲沉积。

下油砂山组沉积于中新世，其分布范围与上干柴沟组相似，该时期昆仑山迅速抬升，湖盆面积迅速缩小，新近纪湖盆进入收缩期。河流作用进一步增强，三角洲-扇三角洲相对较发育。

2）中新世晚期—第四纪

上新世上油砂山组沉积时期湖盆进一步收缩、衰退，整个湖盆基本上以滨湖、浅湖水体沉积为主，河流沉积作用增强，河流泛滥平原相沉积分布更为广泛。

上新世狮子沟组沉积时期，沉积中心向东迁移了大约 100 km。狮子沟组沉积是柴达木盆地新近纪湖盆演化的最后阶段，即衰亡期，湖水面积最小，水体普遍较浅。盆缘（如鱼卡凹陷）冲积扇发育，盆地内广泛分布泛滥平原相沉积，而正常的湖泊相沉积只限于盆地东部三湖地区到一里坪一带。

新近纪晚期，受喜马拉雅运动的影响，柴达木西部逐步抬升，湖泊沉积自西向东不断迁移，到第四纪湖泊沉积已完全转移到三湖地区。柴达木中东部地区在更新世早期发生湖进，东部湖泊面积有所扩大，西部湖泊面积减小，沉积中心向东移动至西台吉乃尔湖—涩聂湖—别勒湖以东一带；到更新世中期水体相对加深，为湖泊面积最大时期；更新世中晚期湖泊面积相对较大，沉积水体深而稳定，盆地南部的昆仑山仍为湖盆水体和物源的主要供给者；到更新世晚期，发生明显的湖退，湖水面积大为减小，沉降中心继续向东转移至达布逊湖一带，东北缘的冲积扇-河流-三角洲向盆地方向明显推进。全新世时期湖盆收缩并逐渐消亡，水体浓缩，形成盐湖和盐沼。

2.1.3.3 新生代盆地原型

关于柴达木盆地在新生代时期的盆地性质，不同学者也给出了不同的解释。对盆地新生代层序和沉积相的研究认为柴达木盆地在中新世之前为上地幔上涌形成的裂谷盆地，之后在印度-欧亚板块碰撞的远程效应作用下发生挤压反转；曹国强等（2005）认为柴达木盆地古近纪至新近纪时期为祁连山造山带与昆仑山造山带之间形成的双侧挤压型前陆盆地，第四纪为挤压拗陷型盆地；Yin 等（2008）认为柴达木盆地在新生代早期与其南侧的可可西里盆地相连,后来由于昆仑山断裂向南仰冲而成为背驮盆地。Meng 和 Fang（2008）通过数值模拟以及盆地分析认为柴达木盆地在渐新世之前与塔里木盆地相连,渐新世时阿尔金断裂开始走滑,青藏高原北部地壳受到挤压发生褶皱或挠曲引起构造沉降,使得柴达木盆地成为一个挤压型的向斜拗陷。

从柴达木盆地厚度等值线图中可以看出,盆地的沉积中心新生代以来都大致沿着盆地的中轴线自西向东迁移,这是盆地周缘山系不断隆升的结果,不具备典型的前陆盆地迁移的特点,并且盆地西部古近纪—新近纪沉积呈南北对称分布,不存在典型前陆盆地前渊的沉积特征,因此否定了其在新生代时期为前陆盆地的观点。

综合新生界沉积层序、残余厚度图的分析,古新世—渐新世时期,即路乐河组和下干柴沟组沉积时期盆地表现为受到晚中生代古构造格局的古地貌控制,具有填平补齐性质的多沉积、多沉降中心的挤压拗陷型盆地。对古近纪—新近纪古柴达木盆地原型的分布,目前主要有两种不同的看法：一种观点认为柴达木盆地在古近纪早期为一个与塔里木盆地、库木库里盆地甚至与可可西里盆地相连通的泛湖盆（方小敏等,2008）;另一种观点认为古近纪—新近纪古柴达木盆地与现今盆地的分布范围基本一致,即其南侧的祁漫塔格山、西侧的阿尔金山和北侧的赛什腾山—祁连山是当时盆地的沉积边界和物源区（金之钧等,2004）。综合分析后,本书认为古近纪—新近纪的柴达木盆地的分布范围要比现今范围更大。

古近纪晚期—新近纪早期,盆地的沉积中心和沉降中心与早期的拗陷有继承性,盆地开始向着统一的大型拗陷过渡和演化,并且沉积中心均逐渐向东缓慢迁移至盆地中西部地区。吴磊等（2011）认为可能是由于阿尔金山的大规模隆升,导致盆地西部地区不断抬升,盆地西侧可能以阿尔金古隆起为界,渐新世时期尽管盆地东北缘的沉积范围有所增大,但盆地的东南侧昆仑山山前由次凹逐渐转变为向南倾的斜坡带,对柴达木盆地新生代原始沉积厚度的研究表明盆地南部东昆仑山山前的沉积范围急剧缩小,反映东昆仑山在此期间发生过隆升。本书认为上油砂山组在中新世中晚期的沉积中心出现了微弱的向西迁移的现象,并且在盆地西北缘靠近阿尔金山的地方,该时期地层不整合覆盖于下伏地层之上,在平面上向着阿尔金方向发生大规模的超覆,这是由于阿尔金断裂在该时期突破地表开始走滑,造成早期韧性剪切聚集的应力逐渐释放,阿尔金山隆升范围有所减小;中新世晚期沉积中心又向东迁移至盆地中部地区;上新世时期,盆地内部沉积环境一直很稳定,变形微弱,说明此时盆地内部处于一个相对稳定的沉积阶段。

上新世晚期至早更新世时期以后,柴达木盆地开始发生强烈的变形,形成了一系列平行于盆地轴线的褶皱带,如英雄岭、鄂博梁和冷湖构造带,造成了盆地强烈的NE—SW向收缩,逐渐形成现今的盆地格局。这可能是周缘的三大边界山系复活或者开始活动造成的,也可能是在构造因素控制下,气候变化加剧了变形而引起的（魏岩岩等,2017）。

2.2 柴达木盆地矿产资源分布特征

柴达木盆地为一大型断陷盆地,受构造运动的影响,盆内形成许多次级凹地及背斜构造,形成盐类物质沉积和含矿卤水储集的主要场所,直接或间接控制着盆地盐类矿产的空间分布。

柴达木盆地盐湖、盐类资源具有资源量丰富、组分复杂、固液相并存、全区成矿但各类矿产分布相对集中的特点。盆地内的卤水按赋存深度划分为浅藏卤水和深藏卤水，其中浅藏卤水主要为盐类晶间卤水，储卤层以固体盐类为主，埋深一般在 0~60 m，最大埋深可达 200~230 m，钾、钠、镁、锂、硼组分含量较高，伴生溴、碘、铷、铯等有益组分；深藏卤水可进一步划分为砂砾孔隙卤水和构造裂隙孔隙卤水，埋深一般大于 200 m，富含钾、锂、硼等主要组分，同时也伴生溴、碘等有益组分。

柴达木盆地已发现和评价的盐湖、盐类矿产地共 55 处（表 2-2），其中查明资源量的矿产地 46 处，潜在资源矿产地 9 处；按资源量规模划分：大型规模矿产地 31 处，中型规模矿产地 11 处，小型规模矿产地 13 处；根据矿产组合特征和空间位置可分为东部盐湖矿产分布区、中部盐湖矿产分布区和西部盐湖、盐类矿产分布区，其中东部盐湖矿产分布区以石盐为主，中部盐湖矿产分布区以钾、锂、镁、硼、石盐为主，西部盐湖、盐类矿产分布区以钾、锂、石盐为主（潘彤等，2024）。

表 2-2　柴达木盆地矿产分布概况表

成矿带编号及名称		矿产地数量/处		矿产地规模及数量/处			成矿时代：数量
				大型	中型	小型	
Ⅳ1	柴北缘硼-锂-钾盐成矿亚带	2	查明：2	2	0	0	Q：2 处
Ⅳ2	中央钾-石盐-镁-锂-天青石-芒硝成矿亚带	35	查明：26 潜在：9	25	6	4	Q：28 处 N：7 处
Ⅳ3	昆北硼-钾-石盐-芒硝成矿亚带	5	查明：5	2	1	2	Q：4 处 N：1 处
Ⅳ4	察尔汗钾-石盐-镁-锂-硼-天然碱成矿亚带	8	查明：8	2	2	4	Q：8 处
Ⅳ5	德令哈石盐-天然碱成矿亚带	5	查明：5	0	2	3	Q：5 处

按成矿区带划分（图 2-10）：位于柴北缘硼-锂-钾盐成矿亚带（Ⅳ1）的矿产地有 2 处；位于中央钾-石盐-镁-锂-天青石-芒硝成矿亚带（Ⅳ2）的矿产地有 35 处；位于昆北硼-钾-石盐-芒硝成矿亚带（Ⅳ3）的矿产地有 5 处；位于察尔汗钾-石盐-镁-锂-硼-天然碱成矿亚带（Ⅳ4）的矿产地有 8 处；位于德令哈石盐-天然碱成矿亚带（Ⅳ5）的矿产地有 5 处（表 2-2）。可以看出，大部分矿产地分布于Ⅳ2 成矿亚带内，但分布在Ⅳ4 成矿亚带内的格尔木市察尔汗钾镁盐矿别勒滩矿区、格尔木市察尔汗盐湖钾镁盐矿察尔汗矿区是全盆地钾、锂、镁资源储量最大、开发程度最高的矿区。

盆地内的现代盐湖盐类矿产工作程度很高，钾、硼、锂、石盐、镁盐、芒硝、溴、碘、锶及天然碱 10 种盐湖盐类矿产资源累计查明资源储量为 3843.5×10^8 t[①]。潜在资源以深藏卤水为主，分为盆地西部的砂砾孔隙卤水型钾矿和中西部背斜构造区深藏卤水型锂矿两种类型。现评价了第四纪深藏孔隙卤水钾矿 5 处，分别为阿尔金山南麓山前的大浪滩—黑北

---

① 青海省自然资源厅. 2024. 截至二〇二三年底青海省矿产资源储量简表（内部资料）.

凹地深藏卤水钾矿、阿拉巴斯套地区深藏卤水钾矿、察汗斯拉图地区深藏卤水钾矿、昆特依地区深藏卤水钾矿及赛什腾山山前西南缘的马海—巴伦马海深藏卤水钾矿，证明资源潜力巨大，KCl 含量一般为 0.36%~0.71%[①②③④⑤]，为柴达木盆地钾资源可持续开发提供了后备资源保障。古近纪—新近纪背斜构造深藏卤水锂矿 3 处，分别在落雁山构造、红三旱四号构造及鸭湖构造，具有分布范围广、富水性较好、高承压自流、镁锂比低的特点，资源前景可观。

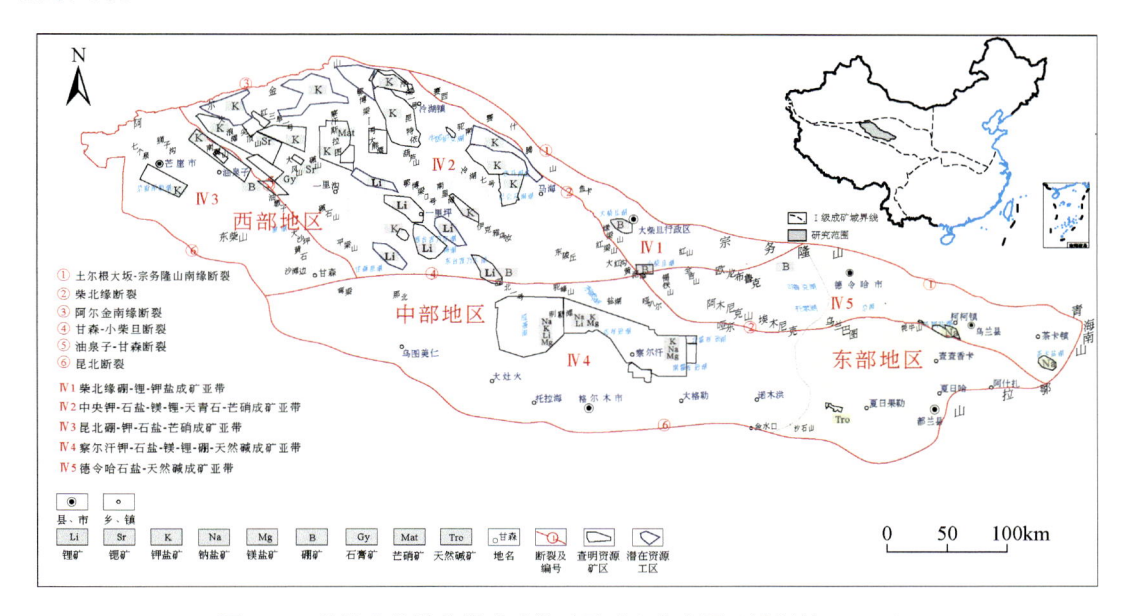

图 2-10　柴达木盆地盐类成矿单元及矿产分布图（潘彤等，2024）

2.2.1　钾矿资源分布特征

柴达木盆地内共有钾盐矿产地 37 处，其中大型 10 处，中型 7 处，小型 17 处，综合利用 3 处，钾盐资源量共计 18.17×10^4 万 t（表 2-3、图 2-11）。按成矿亚带划分：Ⅳ2 成矿亚带有 25 处，钾盐资源量 134761.1 万 t，占钾盐总量的 74.18%；Ⅳ4 成矿亚带有 5 处，钾盐资源量 41680.25 万 t，占钾盐总量的 22.94%；Ⅳ1 成矿亚带有 2 处、Ⅳ3 成矿亚带有 3 处、Ⅳ5 成矿亚带有 2 处，资源量合计 5221.55 万 t，占钾盐总量的 2.87%。成矿时代均为第四纪，深藏卤水钾盐矿成矿时代为早更新世—晚更新世，浅部盐类矿产成矿时代为晚更新世—全新世。

---

① 青海省柴达木综合地质矿产勘查院. 2018. 青海省冷湖镇昆特依矿区深层卤水钾矿预查报告（技术报告）.
② 青海省柴达木综合地质矿产勘查院. 2018. 青海省茫崖镇察汗斯拉图地区深层卤水钾矿预查（技术报告）.
③ 青海省柴达木综合地质矿产勘查院. 2020. 柴达木盆地大浪滩—黑北凹地勘查报告（技术报告）.
④ 青海省柴达木综合地质矿产勘查院. 2021. 青海省茫崖市阿拉巴斯套地区卤水钾矿预查报告（技术报告）.
⑤ 青海省柴达木综合地质矿产勘查院. 2024. 青海省茫崖市马海地区砂砾孔隙卤水钾矿普查报告（技术报告）.

表 2-3　柴达木盆地钾矿资源统计表

序号	矿带名称	资源量（含潜在）/万 t	矿产地数量/处
1	柴北缘硼-锂-钾盐成矿亚带（Ⅳ1）	444.55	2
2	中央钾-石盐-镁-锂-天青石-芒硝成矿亚带（Ⅳ2）	134761.10	25
3	昆北硼-钾-石盐-芒硝成矿亚带（Ⅳ3）	4481.31	3
4	察尔汗钾-石盐-镁-锂-硼-天然碱成矿亚带（Ⅳ4）	41680.25	5
5	德令哈石盐-天然碱成矿亚带（Ⅳ5）	295.69	2
	合计	18.17×10^4	37

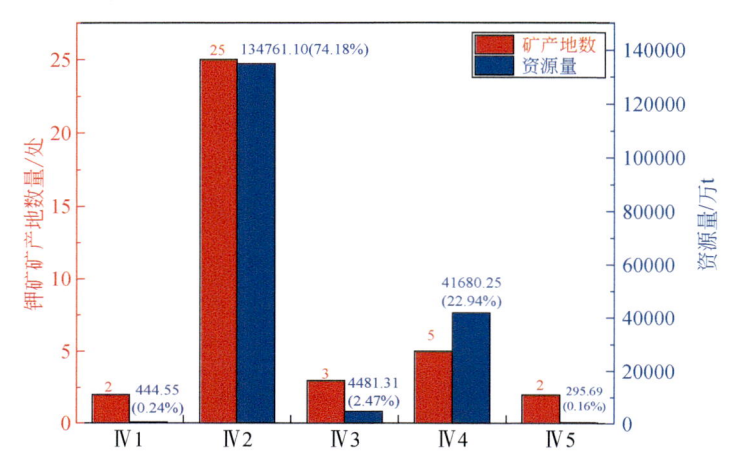

图 2-11　柴达木盆地钾矿资源统计图

2.2.2　锂矿资源分布特征

柴达木盆地内共有锂矿矿产地 16 处，其中大型 8 处，小型 1 处，综合利用 7 处，锂资源量共计约 2027.8 万 t（表 2-4、图 2-12）。按成矿亚带划分：Ⅳ2 成矿亚带 8 处，锂资源量 928.62 万 t，占总量的 45.79%；Ⅳ4 成矿亚带 5 处，锂资源量 1031.13 万 t，占总量的 50.85%；Ⅳ1 成矿亚带 2 处、Ⅳ3 成矿亚带 1 处、Ⅳ5 成矿亚带 0 处，锂资源量 68.06 万 t，占总量的 3.36%。

表 2-4　柴达木盆地锂矿资源统计表

序号	矿带名称	资源量（含潜在）/万 t	矿产地数量/处
1	柴北缘硼-锂-钾盐成矿亚带（Ⅳ1）	43.42	2
2	中央钾-石盐-镁-锂-天青石-芒硝成矿亚带（Ⅳ2）	928.62	8
3	昆北硼-钾-石盐-芒硝成矿亚带（Ⅳ3）	24.64	1
4	察尔汗钾-石盐-镁-锂-硼-天然碱成矿亚带（Ⅳ4）	1031.13	5
5	德令哈石盐-天然碱成矿亚带（Ⅳ5）	0	0
	合计	2027.80	16

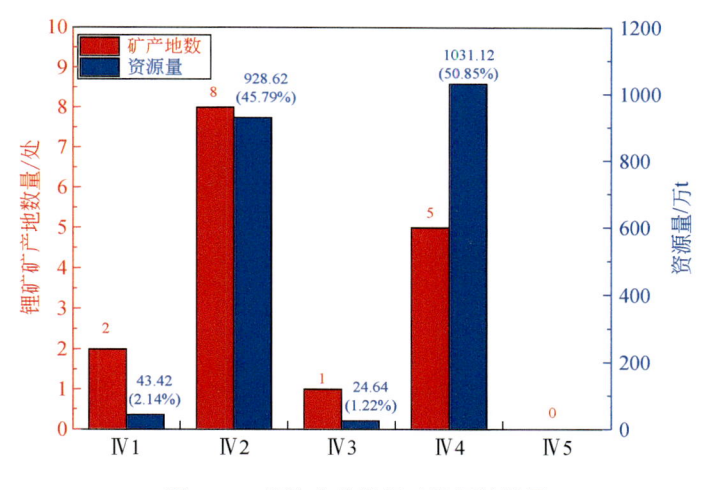

图 2-12 柴达木盆地锂矿资源统计图

2.2.3 硼矿资源分布特征

柴达木盆地内共有硼矿矿产地 19 处,其中大型 5 处,小型 5 处,综合利用 9 处,硼资源量共计约 2733.98 万 t（表 2-5、图 2-13）。独立的硼矿以固体硼矿形式产出,主要分布在开特米里克、南八仙和居红土地区,大柴旦湖和小柴旦湖地区以固液相硼矿并存为特色,三湖地区主要为共生液体硼矿,其他地区以伴生液体硼矿产出,深藏含锂卤水中亦有共伴生硼矿产出。按成矿亚带划分：Ⅳ1 成矿亚带 2 处,硼资源量约 860.71 万 t,占总量的 31.48%；Ⅳ2 成矿亚带 9 处,硼资源量约 1245.58 万 t,占总量的 45.56%；Ⅳ4 成矿亚带 5 处,硼资源量约 625.14 万 t,占总量的 22.87%；Ⅳ3 和 Ⅳ5 成矿亚带共 3 处独立硼矿,但资源量非常少,资源量合计仅 25.51 t,资源占比不足 1%。

表 2-5 柴达木盆地硼矿资源统计表

序号	矿带名称	资源量（含潜在）/万 t	矿产地数量/处
1	柴北缘硼-锂-钾盐成矿亚带（Ⅳ1）	860.71	2
2	中央钾-石盐-镁-锂-天青石-芒硝成矿亚带（Ⅳ2）	1245.58	9
3	昆北硼-钾-石盐-芒硝成矿亚带（Ⅳ3）	0.12	1
4	察尔汗钾-石盐-镁-锂-硼-天然碱成矿亚带（Ⅳ4）	625.14	5
5	德令哈石盐-天然碱成矿亚带（Ⅳ5）	2.43	2
	合计	2733.98	19

2.2.4 镁矿资源分布特征

柴达木盆地内有镁盐矿产地 32 处,均为共生矿产,其中大型 10 处,中型 10 处,小型 12 处,镁盐资源量共计约 72.22×10^4 万 t（表 2-6、图 2-14）,主要分布于察尔汗地区及盆地西部的大浪滩梁中凹地一带。按成矿亚带划分：Ⅳ2 成矿亚带 20 处,镁盐资源量约 331666.46 万 t,占总量的 45.92%；Ⅳ4 成矿亚带 5 处,镁盐资源量约 356311.88 万 t,占总量的49.34%；Ⅳ1成矿亚带、Ⅳ3成矿亚带和Ⅳ5成矿亚带共7处，镁盐资源量约34218.8万t，共占总量的4.73%。

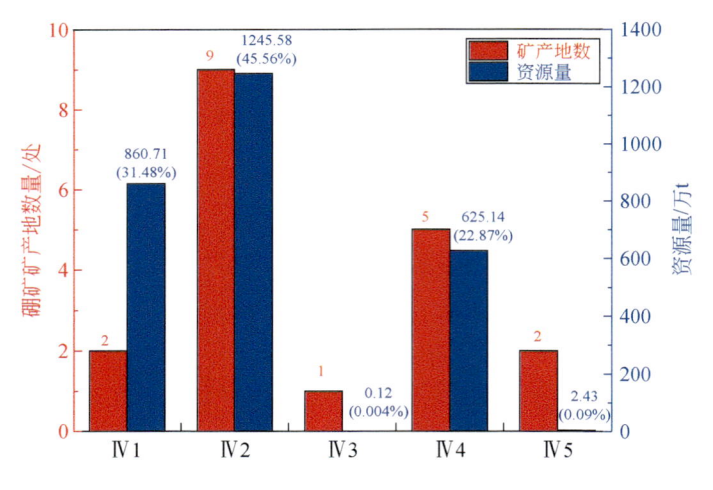

图2-13 柴达木盆地硼矿资源统计图

表2-6 柴达木盆地镁盐资源统计表

序号	矿带名称	资源量/万t	矿产地数量/处
1	柴北缘硼-锂-钾盐成矿亚带（Ⅳ1）	3848.33	2
2	中央钾-石盐-镁-锂-天青石-芒硝成矿亚带（Ⅳ2）	331666.46	20
3	昆北硼-钾-石盐-芒硝成矿亚带（Ⅳ3）	26154.88	3
4	察尔汗钾-石盐-镁-锂-硼-天然碱成矿亚带（Ⅳ4）	356311.88	5
5	德令哈石盐-天然碱成矿亚带（Ⅳ5）	4215.59	2
	合计	72.22×10^4	32

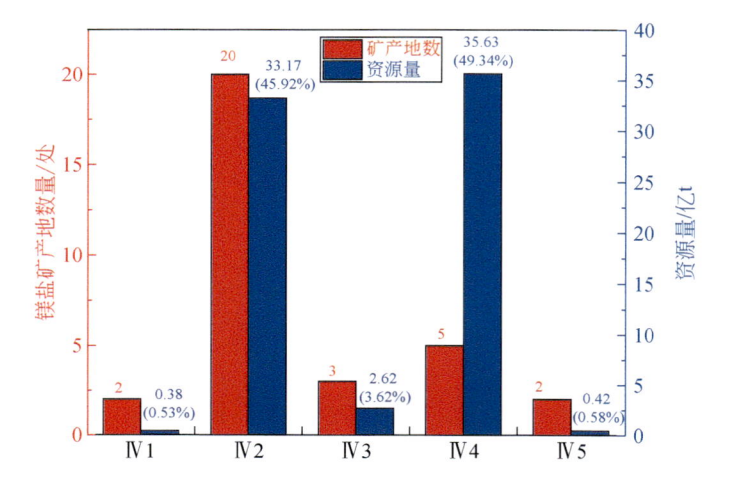

图2-14 柴达木盆地镁盐资源统计图

2.2.5 石盐矿资源分布特征

柴达木盆地内查明石盐资源的矿床类型有湖盐矿床和古代盐类矿床，在全盆地均有分布，提交资源量的矿产地共 36 处，其中大型 22 处，中型 6 处，小型 7 处，综合评价 1 处，查明石盐矿资源量共计约 3698.93 亿 t（表 2-7、图 2-15）。按成矿亚带划分：Ⅳ2 成矿亚带 21 处，石盐矿资源量约 3012.89 亿 t，占总量的 81.45%；Ⅳ4 成矿亚带 6 处，石盐矿资源量约 553.88 亿 t，占总量的 14.97%；Ⅳ1、Ⅳ3 和 Ⅳ5 成矿亚带共 9 处且多为独立石盐矿，但总量占比较小，石盐矿资源量约 132.15 亿 t，仅占全盆地石盐资源的 3.57%。

表 2-7　柴达木盆地石盐资源统计表

序号	矿带名称	资源量/亿 t	矿产地数量/处
1	柴北缘硼-锂-钾盐成矿亚带（Ⅳ1）	12.93	2
2	中央钾-石盐-镁-锂-天青石-芒硝成矿亚带（Ⅳ2）	3012.89	21
3	昆北硼-钾-石盐-芒硝成矿亚带（Ⅳ3）	102.04	4
4	察尔汗钾-石盐-镁-锂-硼-天然碱成矿亚带（Ⅳ4）	553.88	6
5	德令哈石盐-天然碱成矿亚带（Ⅳ5）	17.19	3
	合计	3698.93	36

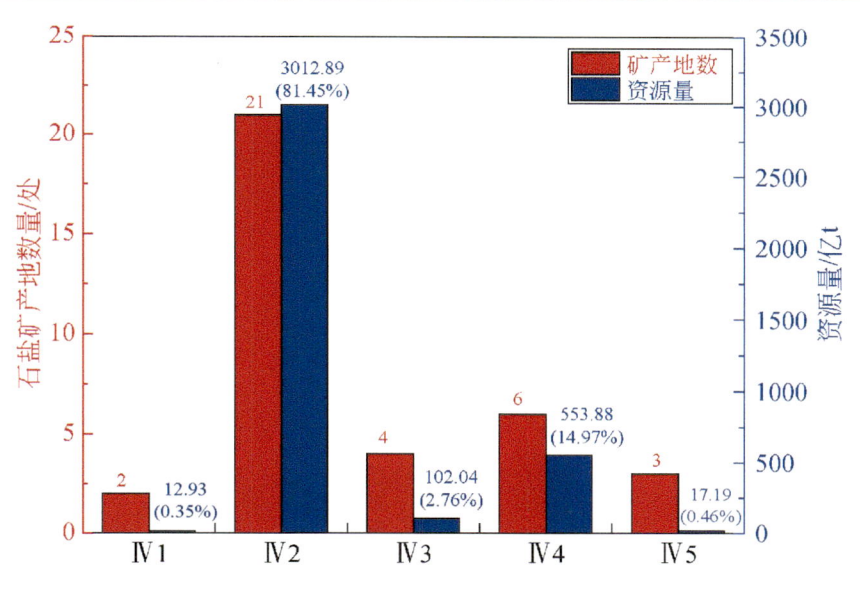

图 2-15　柴达木盆地石盐资源统计图

2.2.6 芒硝矿资源分布特征

柴达木盆地内共有芒硝矿矿产地 12 处，其中 1 处大型矿床为独立矿床，其他 11 处均为共生矿产，查明芒硝矿资源量共计约 81.14 亿 t（表 2-8、图 2-16）。按成矿亚带划分：Ⅳ2 成矿亚带 8 处，芒硝矿资源量为 77.80 亿 t，占总量的 95.89%；Ⅳ1 和 Ⅳ3 成矿亚带有 4 处芒硝矿，芒硝矿资源量为 3.33 亿 t，仅占总量的 4.11%；Ⅳ、Ⅴ成矿亚带无芒硝矿产出。

表 2-8 柴达木盆地芒硝资源统计表

序号	矿带名称	资源量/亿 t	矿产地数量/处
1	柴北缘硼-锂-钾盐成矿亚带（Ⅳ1）	1.84	2
2	中央钾-石盐-镁-锂-天青石-芒硝成矿亚带（Ⅳ2）	77.80	8
3	昆北硼-钾-石盐-芒硝成矿亚带（Ⅳ3）	1.50	2
4	察尔汗钾-石盐-镁-锂-硼-天然碱成矿亚带（Ⅳ4）	0	0
5	德令哈石盐-天然碱成矿亚带（Ⅳ5）	0	0
	合计	81.14	12

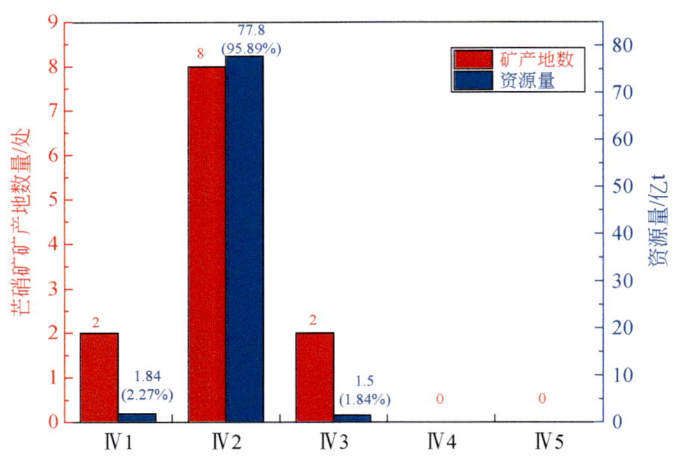

图 2-16 柴达木盆地芒硝资源统计图

2.2.7 碱矿资源分布特征

柴达木盆地内共有 3 处小型天然碱矿，查明资源量共计 48.2 万 t，均产于察尔汗钾-石盐-镁-锂-硼-天然碱成矿亚带（Ⅳ4），均为独立矿床（表 2-9）。

表 2-9 柴达木盆地天然碱资源统计表

序号	矿带名称	资源量/万 t	矿产地数量/处
1	柴北缘硼-锂-钾盐成矿亚带（Ⅳ1）	0	0
2	中央钾-石盐-镁-锂-天青石-芒硝成矿亚带（Ⅳ2）	0	0
3	昆北硼-钾-石盐-芒硝成矿亚带（Ⅳ3）	0	0
4	察尔汗钾-石盐-镁-锂-硼-天然碱成矿亚带（Ⅳ4）	48.2	3
5	德令哈石盐-天然碱成矿亚带（Ⅳ5）	0	0
	合计	48.2	3

2.2.8 锶矿资源分布特征

柴达木盆地内锶矿矿产地共 4 处,其中大型 2 处,中型 2 处,查明资源量共计 2328.47 万 t,均产于中央钾-石盐-镁-锂-天青石-芒硝成矿亚带(Ⅳ2)(表 2-10)。

表 2-10 柴达木盆地锶矿资源表

序号	矿带名称	资源量/万 t	矿产地数量/处
1	柴北缘硼-锂-钾盐成矿亚带(Ⅳ1)	0	0
2	中央钾-石盐-镁-锂-天青石-芒硝成矿亚带(Ⅳ2)	2328.47	4
3	昆北硼-钾-石盐-芒硝成矿亚带(Ⅳ3)	0	0
4	察尔汗钾-石盐-镁-锂-硼-天然碱成矿亚带(Ⅳ4)	0	0
5	德令哈石盐-天然碱成矿亚带(Ⅳ5)	0	0
	合计	2328.47	4

2.2.9 溴矿、碘矿资源分布特征

盆地内溴、碘资源主要分布在大浪滩梁中凹地、察尔汗别勒滩矿区,背斜构造区深藏卤水中与锂矿伴生的溴碘资源具较好的找矿前景。目前已评价的伴生溴矿矿产地 9 处,其中查明溴资源量 31.94 万 t,潜在溴矿资源 26.24 万 t;已评价的伴生碘矿矿产地 6 处,查明碘资源量 1.2 万 t,潜在碘资源 10.4 万 t。按成矿亚带划分,溴、碘查明资源主要分布在Ⅳ4 成矿亚带,潜在资源主要分布在Ⅳ2 成矿亚带(表 2-11、图 2-17)。

表 2-11 柴达木盆地溴、碘资源统计表

序号	矿带名称	资源量/万 t 溴	资源量/万 t 碘	矿产地数量/处 溴	矿产地数量/处 碘
1	柴北缘硼-锂-钾盐成矿亚带(Ⅳ1)	1.77	0	1	0
2	中央钾-石盐-镁-锂-天青石-芒硝成矿亚带(Ⅳ2)	38.68	10.59	5	5
3	昆北硼-钾-石盐-芒硝成矿亚带(Ⅳ3)	0	0	0	0
4	察尔汗钾-石盐-镁-锂-硼-天然碱成矿亚带(Ⅳ4)	17.05	1.01	2	1
5	德令哈石盐-天然碱成矿亚带(Ⅳ5)	0.69	0	1	0
	合计	58.18	11.6	9	6

综上统计分析,柴达木盆地大多盐类矿产地分布于中央钾-石盐-镁-锂-天青石-芒硝成矿亚带(Ⅳ2),其次为察尔汗钾-石盐-镁-锂-硼-天然碱成矿亚带(Ⅳ4)。钾盐、石盐、芒硝、锶、溴、碘矿产主要产于Ⅳ2 亚带内,Ⅳ4 亚带也有较丰富的钾盐资源产出,锶矿为独立矿产地,其他矿产均为共伴生形式产出;锂矿主要产于Ⅳ2 和Ⅳ4 两个成矿亚带内;硼矿产于Ⅳ2 亚带内,其次为Ⅳ1 和Ⅳ4 两个成矿亚带,在Ⅳ1 亚带内多以独立硼矿产出;镁盐矿多以共生形式较均匀分布于Ⅳ2 和Ⅳ4 两个成矿亚带内;天然碱则仅产于Ⅳ4 亚带内。Ⅳ1、Ⅳ3、Ⅳ5 成矿亚带内盐类矿产相对匮乏,但也各具特色,Ⅳ1 成矿亚带以硼矿为主,Ⅳ3

成矿亚带内石盐、钾、镁、芒硝均有少量分布，Ⅳ5 成矿亚带内资源占比少但拥有较特色的茶卡、柯柯等石盐矿。

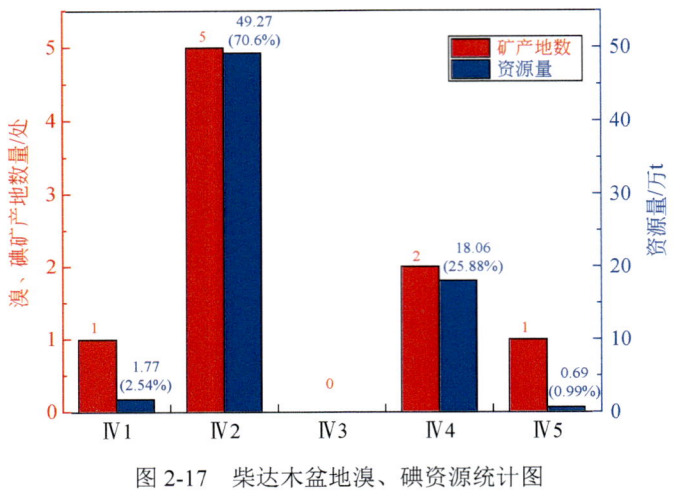

图 2-17　柴达木盆地溴、碘资源统计图

2.3　柴达木盆地水文地质特征

2.3.1　水文地质分区

柴达木盆地地下水系统是隶属我国西北内陆盆地地下水系统区的一级地下水系统，主要以盆地周边的地表分水岭为界，东以青海南山和鄂拉山地表分水岭为界，与黄河上游一级地下水系统相邻；北界为党河南山地表分水岭，与河西走廊一级地下水系统相隔；西界为阿尔金山地表分水岭，与塔里木盆地一级地下水系统相邻；南界为昆仑山地表分水岭，与藏北高原地下水系统区和长江地下水系统分界。盆地属典型的中温带干旱、半干旱气候区，降雨稀少，蒸发强烈，受构造、地貌和气候条件的影响，盆地拥有独立的水循环系统，与外界基本不存在水量和水质的交换。根据地下水系统结构、水动力或水化学特征等将柴达木盆地地下水系统划分为若干二级地下水系统，其边界分别为次级盆地尾闾湖的汇流范围（即次级盆地的地表分水岭、地下水分水岭和岩相古地理界线）和一级地下水系统的界线。其划分原则：①具有相对独立和完整的地下水循环演化体系（次级水循环）；②与邻近的地下水系统没有或只有少量的物质、能量交换；③充分考虑地表水系的汇流中心——尾闾湖，以尾闾湖的汇流范围来划分地下水系统；④充分考虑地貌因素，根据柴达木盆地结构特征，按次级盆地范围来划分地下水系统；⑤柴达木盆地新生代时期的红色碎屑岩地层发育，常形成层状裂隙孔隙含水层，盆地西部主要分布油气共生的油田水，为古封存水，因此将油田水作为一种单独的二级地下水系统划分出来。依据以上地下水系统划分原则，按柴达木盆地结构特征，以次级盆地尾闾湖的汇流范围，将柴达木盆地一级地下水系统划分为 15 个二级地下水系统，即花土沟盆地、大浪滩、冷湖盆地、花海子盆地、马海盆地、大柴旦盆地、小柴旦盆地、德令哈盆地、乌兰盆地、茫崖盆地、东西台吉乃尔湖、西达布逊

湖、东达布逊湖、南北霍布逊湖和碎屑岩类裂隙孔隙油田水二级地下水系统。

2.3.2 地下水特征

1. 盆地地下水平面上具环带状结构特征，与地表景观带具有一定的对应关系

柴达木盆地（包括次级山间盆地）从山前到盆地中心，含水层特征、地下水富水性及水质等，具有环带状或半环带状分带规律，不同的景观带具有各自的含水层特征（图 2-18）。具体表现如下。

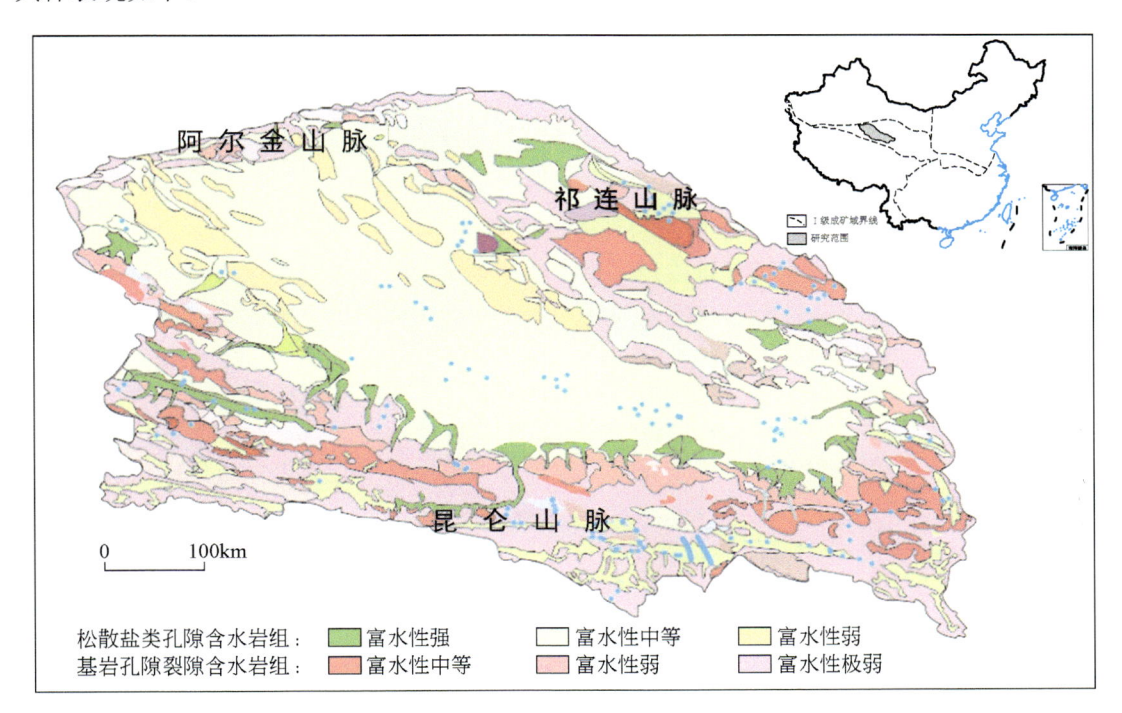

图 2-18 柴达木盆地水文地质图（据王永贵，2008）

1) 山前冲洪积平原深藏潜水带

分布在山前至冲洪积扇的中部，含水层岩性以砂卵砾石为主，地下水埋藏深度一般大于 50 m，近山前地带埋深大于 100 m，含水层厚度大于 200 m，透水性好，径流迅速，水循环交替积极，富水性强，单井涌水量多大于 5000 m³/d，水质好，水化学类型因地而异，一般以 $HCO_3 \cdot Cl\text{-}Na$、$Cl \cdot HCO_3\text{-}Na \cdot Ca$ 型为主，矿化度一般小于 1 g/L。

2) 冲洪积平原浅藏潜水带

在扇前缘呈片状或线状溢出，含水层岩性为中粗砂、粉砂，富水性强，单井涌水量为 1000~5000 m³/d，水质好，矿化度小于 1 g/L。

3) 冲洪积平原上部弱矿化潜水与下部淡、微咸承压-自流水带

本带地下水是前两带地下水的延续和分异，分布区宽 10~30 km，潜水埋藏深度一般小于 20 m，含水层岩性以细粉砂为主，单井涌水量为 100~1000 m³/d。该带承压水含水层厚度、岩性、水头均呈不规则变化，含水层一般有 3 层以上，格尔木西侧可达 7 层，水位埋深 8~10 m，诺木洪北部最高达 37 m，单井涌水量一般为 100~1000 m³/d。水化学类型以 HCO₃·Cl·SO₄-Na·Ca·Mg 型居多，水质较好，矿化度多小于 1 g/L。

4）湖积平原咸水、卤水带

分布于盆地中央现代湖泊及其周边地区，地下径流近于停滞，矿化度高。该带上部潜水埋深小于 1 m，含水层厚度为 5~26 m，单井涌水量一般大于 5000 m³/d，矿化度为 350~383 g/L，在 60 m 以浅有多层卤水。

显然，山前戈壁砾石带的溶滤型潜水区是本带主要富水区，水量丰富，水质好。河流出山口后大量渗漏地下，成为地下水的丰富源泉。

盆地的地貌岩相带、生态景观与地下水分带大致的对应关系表现为：中高山及中低山基岩带对应基岩裂隙水；山前戈壁砾石带对应第四纪溶滤型孔隙潜水、局部承压水；绿洲细土带对应第四纪大陆盐渍化潜水-承压-自流水；盐壳湖沼带对应第四纪大陆盐渍化咸潜水及卤水、咸承压-自流水。

2. 地下水水质受地域或含水层沉积环境控制明显

从水化学成因类型来看，盆地内地下水水化学具宏观的水平演化规律与分带特征，可分为：渗入成因地下水、沉积（埋藏）成因地下水和内生成因地下水。前两种类型之间还存在着溶滤-沉积过渡型。

溶滤型地下水主要分布在盆地周边山区的基岩裂隙、溶隙和冻结层，以及河谷、山间盆地的第四系孔隙中，山区溶滤水起源于山区现代大气降水和河水；在平原区，溶滤型地下水主要分布在冲洪积扇、冲洪积平原中下部，分布范围基本与盐壳分布界线相吻合的第四系松散层的孔隙中。

柴达木盆地内河水大部分矿化度小于 0.5 g/L，水化学类型一般为 HCO₃·Cl-Na、Cl·HCO₃-Ca·Na 型或 Cl·HCO₃-Na·Ca（Mg）型，巴音河矿化度最小，为 0.29 g/L，全集河和脑儿河矿化度较高，分别为 4.6 g/L 和 4.3 g/L。

沉积水主要分布在冲洪积、湖积平原。上部潜水一般是微咸水、半咸水、咸水和卤水，下部承压-自流水在冲洪积平原一般为淡水。在湖积平原虽有数层承压-自流水，但水量极小，一般为咸水和卤水，水化学类型为 Cl-Na·Mg 型及 Cl-Na 型。

盆地地下水化学纵向变化极为明显，规律性强，水化学成因由溶滤型过渡到沉积型，其化学成分与地下水的运移有密切的关系：①山区裂隙水接受降水的补给，通过基岩裂隙或断裂以泉出露转化为地表水，或沿周边侧向补给冲洪积扇潜水，由于裂隙发育，裂隙水运移速度较快，溶滤作用短促，基本保留大气降水的水化学特征；②在冲洪积扇，河水下渗量较大，水力坡度大，径流速度快，而且常年性河流沿途都有补给，溶滤作用时间较短，故潜水保持了裂隙水和河水的水化学特性；③在排泄区，潜水以泉集河的形式排泄，水化学特征仍保持潜水的水化学特征；④到冲洪积平原中下部和湖积平原，水化学演化过程是在蒸发作用下进行的。在蒸发作用下，HCO_3^- 和 CO_3^{2-} 不再聚集，其含量受钙盐和镁盐的溶解度限制，Ca^{2+} 的聚集则限制在硫酸镁的溶解度范围内，由各离子变化曲线直观地反映了这一变化规律，这从根本上限定了潜水的演化方向逐渐向着 K^+、Na^+、Mg^{2+} 和 Cl^-、SO_4^{2-} 五元体系的卤水演化。

深藏型地下水分布在盆地西北部古近系、新近系和第四系下更新统油田水中，它们基本上处于封闭状态而不参加水循环，埋藏在数百米以至数千米以深，具高承压性，钻孔揭露后多形成自喷井，水化学类型为氯化钙型，矿化度188.2～326 g/L。内生成因地下水是来源于地壳深部的地下水沿深部断裂构造向上运移而成（李洪普等，2021），柴达木盆地内锂、硼含量高的卤水与该类型地下水有关。

3. 喜马拉雅期构造运动对柴达木盆地地下水分布具有重要影响

在地质演化上，柴达木盆地主要经历了：早-中侏罗世陷落型前陆盆地发展阶段、晚侏罗世—白垩纪盆地挤压反转阶段、古近纪挤压走滑阶段和新近纪—第四纪周边造山带向盆挤压推覆。其中，晚侏罗世—白垩纪盆地挤压反转阶段使得阿尔金山不断隆起，形成完全封闭的湖盆。古近纪挤压走滑阶段和新近纪—第四纪周边造山带向盆挤压推覆作用使柴达木盆地现代大陆水圈逐步形成。该阶段受新近纪以来形成的逆冲褶皱构造影响，在盆地内由边部向盆地中心依次发育盆内断层三角构造带（如，那北构造带）和盆内冲起构造带（如，诺木洪北早更新世地层中的冲起构造带）。在周边逆冲褶皱构造带与盆内断层三角构造带之间多发育山前冲洪积平原，发育山前戈壁带单层型潜水；受盆地内逆冲构造带阻挡，由构造带向次级盆地中心的沉积物颗粒变细，地层相变趋于复杂，形成双层型潜水，或一层承压水，或局部地下水，水化学表现为多层型咸水、盐卤水，局部呈过渡型。随着新近纪—第四纪周边造山带的向盆挤压推覆，特别是第四纪，在柴南缘断裂、柴北缘断裂和阿尔金南断裂组成的三组构造耦合作用下，周边造山带向盆地挤压、逆冲推覆，从逆冲推覆山链剥蚀下来的碎屑随水流搬运至盆地，形成在垂向上向上变粗，水平方向上由盆地边缘冲洪积扇的粗颗粒沉积为主向冲积扇细粒沉积、盆地中心湖积相沉积过渡的特征充填序列，由此形成相应的砂砾孔隙卤水型地下水。

2.3.3 地下水分类及含水岩组的划分

1. 地下水分类及含水岩组的划分

按含水层岩性组合地下水的赋存条件、水力性质和水动力特征等的不同，可将盆地内地下水分为基岩裂隙水、构造裂隙孔隙水（油田水）、松散岩类孔隙（卤）水。基岩裂隙水根据含水岩性进一步划分为碳酸盐岩类裂隙岩溶水、岩浆岩类孔隙裂隙水和变质岩类裂隙水三种类型。松散岩类孔隙（卤）水进一步分为砂砾孔隙卤水和砂砾孔隙淡水、化学盐类晶间卤水。砂砾孔隙卤水按埋藏深度可分为浅层砂砾孔隙卤水和深层砂砾孔隙卤水，盐类晶间卤水按埋藏深度可分为浅层盐类晶间卤水和深层盐类晶间卤水（图2-19）。

2. 含水岩组的分布

1）松散岩类孔隙含水岩组特征

此岩组根据含水层结构、水力特征及埋藏条件，可划分为潜水含水层与承压水含水层。含水层的特征具体表现为由山前到湖盆中心，由单一的潜水含水层变为多层承压-自流水含水层，含水层岩性由粗到细，厚度由大变到小，富水性由强到弱，径流条件由强到弱，再到停滞，地下水中的盐分在溶滤、搬运、积聚过程中，矿化度由低变高，水质逐渐变差。其中盆地周边的山间河谷区赋存松散岩类孔隙含水层；山前冲洪积平原分布单层结构松散岩类孔隙潜水含水层与多层结构孔隙潜水-承压水含水层；冲洪积及湖积平原分布多层孔隙承压自流水含水层。其中，盆地北部山前冲洪积相地层中孔隙水一般分布于高矿化度的卤

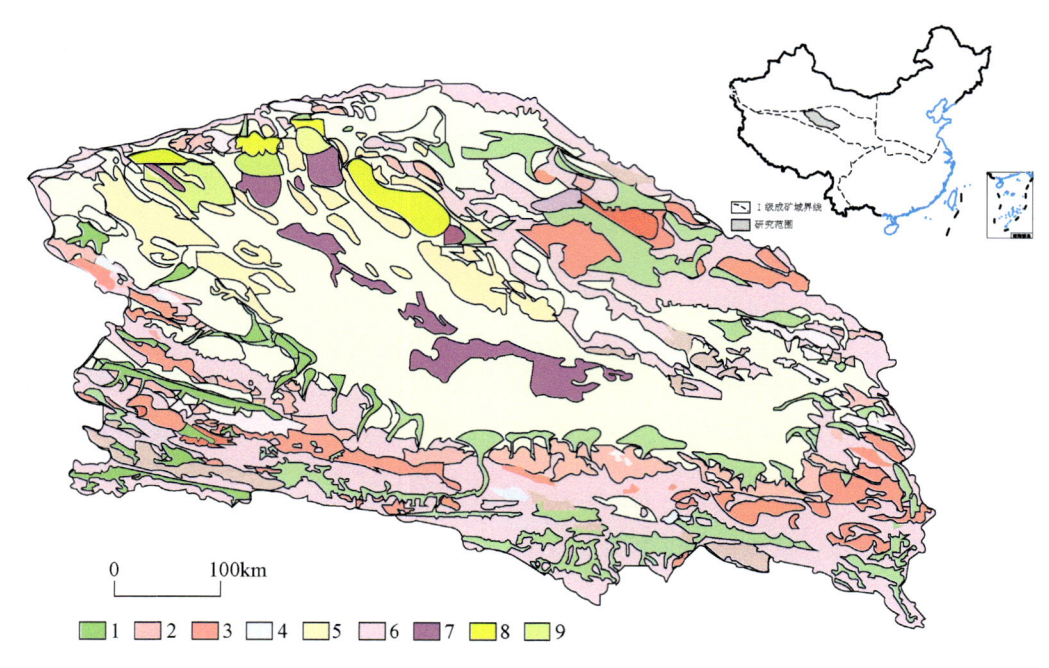

水含水层，冲洪积相及湖积相平原中分布有多层型孔隙咸水及卤水含水层。

图 2-19 柴达木盆地含水岩组划分图

1.松散岩类孔隙含水岩组；2.碎屑岩类含水岩组；3.岩浆岩类孔隙裂隙含水岩组；4.碳酸盐岩类裂隙岩溶含水岩组；5.构造裂隙孔隙卤水（油田水）；6.变质岩类裂隙含水岩组；7.盐类晶间卤水；8.砂砾孔隙卤水；9.上部晶间卤水、下部砂砾孔隙卤水

2）构造裂隙孔隙含水岩组特征

构造裂隙孔隙含水岩组又称构造裂隙孔隙卤水（油田水）含水层，在柴达木盆地新生界碎屑岩层发育，褶皱比较平缓，常形成比较稳定的层状裂隙孔隙含水岩组，指储存在古近系—新近系砂岩、砾岩等碎屑岩及第四系下更新统半胶结的砂层中的地下水的含水层。在盆地西部主要为储存在储油构造中的与油、气共生的油田水，与地表水无水力联系，水质较差。

在盆地内这些储油构造分布在西北部地区，呈北西向展布。古近系、新近系碎屑岩类形成的储油构造分布在冷湖、鄂博梁、红三旱、尖顶山、大风山、油墩子、油泉子、咸水泉等地；第四系下更新统湖相沉积形成的储油构造分布在小梁山和碱山等地，在这些构造中均储存着丰富的油田水。其涌水量大，矿化度高。

3）基岩裂隙含水岩组特征

基岩裂隙含水岩组分为碳酸盐岩类裂隙岩溶含水岩组、岩浆岩类孔隙裂隙含水岩组和变质岩类裂隙含水岩组。

（1）碳酸盐岩类裂隙岩溶含水岩组主要为碳酸盐岩形成的裂隙溶洞水，按其岩性特征与地层结构，可划分为两个亚类：一是以碳酸盐岩为主的岩溶含水层；二是碳酸盐岩夹碎屑岩（碎屑岩占 30%～50%）组成的岩溶含水层。昆仑山区碳酸盐岩类地层分布广泛，自寒武系至三叠系均有出露，出露的泉多为裸露型岩溶裂隙水。大横山地区的恰尔托、狼牙

山一带在大面积出露的奥陶系碎屑岩夹碳酸盐岩中发育裂隙岩溶水，单泉流量为 6.64～27.3 m³/d。在诺木洪山区，裂隙岩溶水主要出露在冰沟群灰岩、大理岩中，溶洞发育最大直径达 50 cm，单泉流量为 100～1000 m³/d，泉群流量大于 1000 m³/d，如出露在洪水河东岸结晶灰岩中的低温泉水，其单泉流量为 1650.24 m³/d，泉群流量超过 2000 m³/d，水温为 17 ℃，水化学类型主要为 $HCO_3·Cl-Na·Ca$ 型，次为 $Cl·HCO_3-Na·Ca$ 型，矿化度为 0.5～1 g/L。祁连山区出露的碳酸盐岩及碳酸盐岩夹碎屑岩，单泉流量为 100～4000 m³/d。出露于德令哈北部前震旦系白云岩中的岩溶泉，单泉流量为 4147.2 m³/d，水化学类型为 $HCO_3-Ca·Mg$ 型，矿化度为 0.8 g/L。在德令哈泽令沟水文站西侧，沿断裂阻水带分布的岩溶泉，均在陡崖下溶洞中流出，单泉流量为 30.69～368 L/s，矿化度小于 1 g/L。据新生煤矿钻孔资料（李洪普等，2021），在奥陶系灰岩中发育溶洞，钻孔出水量为 1924.18 m³/d，水化学类型为 $Cl·HCO_3·SO_4-Na·Mg$ 型，矿化度为 3.0 g/L。阿尔金山区碳酸盐类分布不广泛，在南坡前震旦系和震旦系地层中发育有碎屑岩夹大理岩及灰岩，仅在当金山口西侧山体南坡沿断裂出露了数个裂隙岩溶泉，单泉流量为 44.93 m³/d，泉群流量为 100 m³/d，水化学类型为 $SO_4·Cl-Na·Ca$ 型，矿化度为 0.13 g/L。

（2）岩浆岩类孔隙裂隙含水岩组分布于柴达木盆地周边的昆仑山、祁连山、阿尔金山等山区，主要为各类火山岩体组成的含水层系统，地下水赋存于岩浆岩、火山岩的构造裂隙、成岩孔隙及网状风化裂隙中，缺乏比较稳定的含水层，受岩性和地形地貌的控制，富水性和水质因地而异。昆仑山区出露了大面积的不同时期的侵入岩体，其出露面积约占基岩出露面积的 60%以上，赋存有较丰富的孔隙裂隙水。该含水岩组出露了较多的泉，单泉流量为 0.86～172.8 m³/d；侵入岩体出露的泉流量一般大于变质岩体出露的泉。水化学类型多为 $HCO_3·Cl·SO_4-Na·Ca$ 型、$Cl·SO_4-Na$、$Cl-Na$ 型，其矿化度一般为 0.17～7.21 g/L。祁连山区出露有加里东期、海西期和印支期的花岗岩、花岗闪长岩和石英闪长岩等，岩浆岩类在赛什腾山、埃姆尼克山仅零星出露。岩浆岩含水岩组分布面积约占基岩出露面积的 45%左右，虽然出露面积较广泛，但一般在海拔 4400 m 以上的冻土区，仅在构造带和山体边缘出露泉，其单泉流量为 20 m³/d，水化学类型一般为 $SO_4·Cl-Na·Mg（Ca）$ 型，矿化度在 2.5 g/L 左右。阿尔金山出露的岩浆岩含水岩组分布面积较小，约占基岩出露面积的 20%左右。岩体虽然多次经受构造变动，褶皱、断裂发育，但该区域降水稀少，补给条件极差，岩浆岩岩体中几乎未见泉水出露，整个山区无常年性水流，暂时性流水也寥寥无几。据冷湖西北的 18 号钻孔揭露[①]，埋深在 57.50 m 的花岗岩岩体中见有基岩裂隙水，水位埋深 56.98 m，其涌水量为 23.93 m³/d，单位涌水量为 0.16 m³/(d·m)，水化学类型为 $SO_4·HCO_3·Cl-Na·Ca$ 型，矿化度为 0.248 g/L。

（3）变质岩类裂隙含水岩组赋存于柴达木盆地周边的昆仑山、祁连山、阿尔金山及盆地北部山区的各类不同变质岩体之中，构造较为复杂，在地下水系统中处于补给区。主要接受山区降水、冰雪融水补给，一般在河流源区泄出地表，大部分以泉的形式转化为地表水，一部分成为河谷潜流，补给山前平原地下水。受地层岩性和地形地貌的控制，富水性和水质因地而异。昆仑山区变质岩裂隙含水层中出露了大量的泉水，单泉流量一般为

---

① 袁文虎等. 2017. 柴达木盆地水文地质图（内部资料）.

2.074~43.2 m³/d，个别大于 200 m³/d；此类水水质较好，矿化度一般小于 1.0 g/L，水化学类型一般为 HCO₃·Cl-Ca·Na 型，次为 Cl-Na 型，也有 Cl·SO₄-Na 型，矿化度 0.21~8.5 g/L。祁连山山区变质岩裂隙含水岩组中出露的泉，单泉流量一般为 5.00~50.00 m³/d，个别大于 100 m³/d，水化学类型一般为 Cl·SO₄-Ca·Na 型，矿化度 1~3 g/L。马海大坂山前，钻孔在 33.5 m 深度揭露到片岩中的裂隙水，含水层厚度 115.8 m，降深 3.72 m 时，涌水量 543 m³/d，矿化度 8.08 g/L，为咸水。阿尔金山变质岩类裂隙含水岩组同岩浆岩类裂隙含水岩组一样，水量较贫乏、富水性差，仅在金泉山地区石英岩中出露有两处泉水，单泉流量为 1.21 m³/d 及 67.39 m³/d，水化学类型分别为 HCO₃·SO₄-Na·Ca 型和 HCO₃-Ca·Na 型，矿化度分别为 0.11 g/L 和 0.1 g/L（李洪普等，2021）。

2.3.4　地下水补给、径流、排泄特征

盆地内干旱的气候、封闭的地形条件以及独特的地质构造特点，决定了盆地地下水的补给、径流和排泄特征。自山区至山前平原区、湖盆中心，依次为补给区、径流区、排泄区，具环带状水平分布规律（图 2-20）。

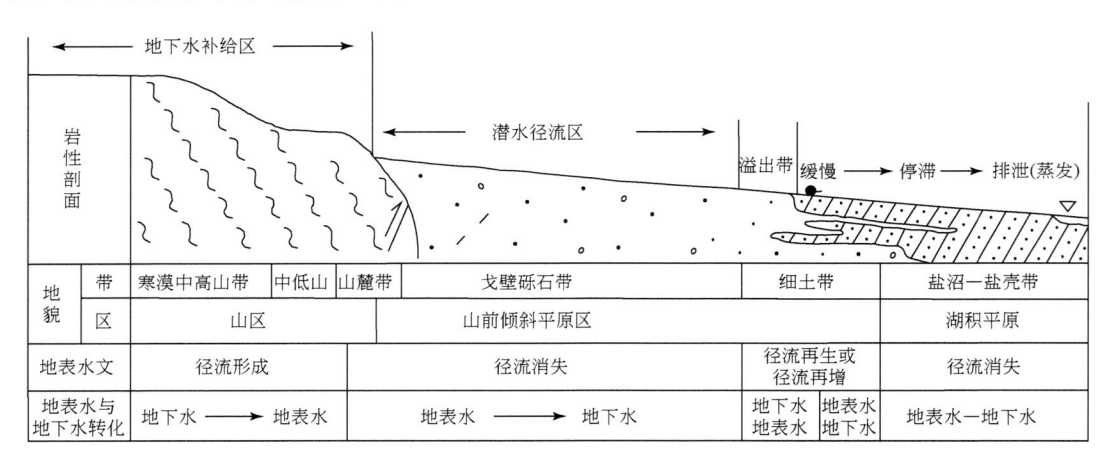

图 2-20　柴达木盆地地下水补给、径流、排泄示意图①

1）地下水的补给

盆地四周基岩山区，地势高，气候冷湿，海拔 5000 m 以上终年积雪，4300 m 以上为多年冻土区。山区降水集中于 6~8 月，3 个月累计降水占全年的 60%~70%（李洪普等，2021）。此时降雨强度易形成洪水，加之适逢山区冰雪融化盛期，融雪、融冰水会和大气降水一起形成地表径流向盆地倾泻，构成流域内水资源的来源，也为地下水补给创造了条件。因基岩的构造裂隙发育，地形坡度大，大气降水的一部分形成地表河流沿沟谷向山前排泄，另一部分沿基岩裂隙渗入河谷地下水和侧向补给，并以地下潜流形式径流至山前平原。河水在流出山口进入冲洪积平原后，水流运动在松散透水的砂卵砾石的河床之中，便产生了垂向渗漏，尤其在戈壁带前缘，地下水位埋藏较浅，良好的渗透性能和梳状河道为地下水

---
① 袁文虎等. 2021. 青海省柴达木盆地锂资源潜力及利用调查评价报告（技术报告）.

补给提供有利条件，使得河水大量渗漏补给地下水。那陵郭勒河出山口流量为 31.79 m³/s（5 月），向北径流距离 23 km 处，河流流量只有 11.66 m³/s（李洪普等，2021），这充分说明了大量地表水流经垂直渗漏，成为本区地下水补给的主导因素。

2）地下水的径流

柴达木盆地内地下水的径流方向具有一定的规律性：山区地下水一般向河谷或山间沟谷方向径流；冲洪积平原地下水向盆地对应的湖区径流，山区地下水的水力坡度一般大于10‰。山前冲洪积扇后缘由于地形突然开阔，冲洪积扇地形坡度较大，加之山前多沉积松散的砾卵石，地下水径流畅通，向扇前方向随着含水岩性的变细，地形变缓，地下水由单一潜水变为潜水和承压自流水。到达冲洪积平原前缘，水力坡度在 1‰左右，地下水的径流极为缓慢。在冲洪积平原的前缘，地下水往往以泉的形式出露。而在湖盆区，化学沉积平原的地下水处于一个封闭的盆地中，不再向外界补给，地下水径流基本停止。

3）地下水的排泄

山区基岩裂隙水一般在河谷底或在断裂通过地段以泉的形式流出地表，补给地表河流。冲洪积平原地下水在细土带一部分消耗于蒸发排泄，另一部分以地下径流和泉集河的形式补给盆地内低洼的盐湖地区，盐湖是区域地下水的最终排泄区，盐湖内排泄方式以陆面蒸发、卤水开采等为主。

2.4 柴达木盆地新生代气候演化特征

2.4.1 柴达木盆地古气候研究现状

柴达木盆地自渐新世以来沉积了一套连续的湖相地层，其沉积速率适中，赋存了多种可靠灵敏的古气候波动信息，因此涉及柴达木盆地晚新生代以来的气候环境演化研究工作开展较多（陈克造和 Bowler，1985；沈振枢等，1990；黄麒和韩凤清，2007；赵振明等，2007）。很多研究者利用湖泊沉积物、测井曲线和微体古生物等不同的研究手段，探讨了柴达木盆地不同时间尺度的环境变化特征。其研究内容大致可分为古近纪—新近纪古气候研究和第四纪古气候研究两个方面。

2.4.1.1 古近纪—新近纪油气储层古气候研究现状

柴达木盆地古近纪—新近纪油气储层古气候研究工作与油气勘探工作几乎同步开展。1956 年，原青海石油勘探局中心实验室设立孢粉研究组，在柴西洪积相和河流沉积相的露头剖面获得了大量孢粉化石（徐仁等，1958）。1985 年，青海石油管理局勘探开发研究院、中国科学院南京地质古生物研究所依据在柴达木盆地 30 年来获得的大量孢粉鉴定成果资料，出版了《柴达木盆地第三纪孢粉学研究》，讨论了柴达木盆地古近纪—新近纪的 9 个孢粉组合的特征和地质时代的归属，根据盆地古近纪—新近纪被子植物花粉发展的 4 个阶段，讨论了各时期的植被类型，得出草原植被在柴达木盆地发源最早（晚渐新世或早中新世）的结论，认为柴达木盆地是亚洲及非洲草原植物辐射的最重要中心。该书共描述孢粉种属62 科、167 属、546 种（包括 112 个未定种），其中新属 5 个，新种 165 个，新组合 22 个，并结合喜马拉雅期构造运动探讨了柴周缘山系隆升、古湖盆发展及气候变化等问题。

此后，李玉梅和赵澄林（1998）采用岩性组合、孢粉、古盐度、生物标志化合物、微量金属元素、黏土矿物特征等研究方法构建了柴达木盆地古近纪—新近纪气候及古湖水演化序列。古气候演化序列为：古新世晚期至渐新世早期为柴达木盆地古近纪—新近纪最温暖的时期，亚热带及热带孢粉组合占 32%～52%，反映当时气候比较炎热。中晚渐新世亚热带及热带成分占 5.63%～5.76%，气温有所下降。中新世早期亚热带植物分子占 6.64%～8.45%，气温回升。晚中新世亚热带成分降至 4.42%，气温再度下降。早-中上新世亚热带植物花粉占 9.39%，气候属亚热带山区。晚上新世亚热带植物花粉占 4.58%，仍为亚热带气候。古水体演化序列为：柴达木盆地古近纪—新近纪水体大致经历了两次咸化旋回，第一个旋回发生在古新统、始新统（路乐河组），岩石的碳酸钙含量在 50%左右，主要沉积物为泥灰岩、泥云岩、泥晶灰岩、夹粉砂岩，底部出现少量砾岩，岩石氯离子含量为 1000～3000 ppm（1 ppm=10^{-6}），属于半咸水环境。第二个旋回发生在渐新世—中新世早期，为硫酸盐湖和氯化物湖以及碳酸盐湖的混合沉积，岩石的氯离子含量高可达 438328 ppm，一般在 10000 ppm 以上，沉积了巨厚的石盐、石膏及钙芒硝层。

近年来，柴达木盆地古气候研究方法趋于多样化：李星波等（2021）对盆地北缘大红沟剖面古近纪—新近纪河湖相沉积物进行了颜色测量，首次获得了 52～7 Ma 的色度参数变化序列，综合沉积相、区域构造和古气候记录，探讨了影响河湖相沉积物颜色参数的因素及柴达木盆地古近纪—新近纪的气候演变。杜建军等（2017）从碎屑岩地球化学特征角度探讨了柴达木盆地北缘早-中侏罗世古地理、古环境特征，研究认为，柴达木盆地北缘中-下侏罗统碎屑岩主量元素与大陆上地壳整体一致，MgO、Na_2O、K_2O 含量轻微亏损，稀土元素含量整体中等偏高，化学风化程度中等偏高，显示出温暖潮湿的气候背景。梁文君等（2015）在研究七 23 井 GR 测井曲线的基础上，利用水体盐度、古生物化石资料加以验证，发现 GR 曲线可以敏感地反映古气候、沉积环境的变迁，并据此完整恢复了七个泉地区古近纪—新近纪干旱→暖湿→干旱的气候波动。

综上，柴达木盆地古近纪—新近纪古气候演化工作主要由石油部门开展，研究区域主要集中于柴西地区，对柴达木盆地中部涉及较少。另外，油气勘探部门研究的重点层位为富含有机质的中深湖相的以泥岩、灰岩、泥灰岩为主的石油、天然气生成层位，对以滨浅湖相粉细砂岩为主要储层的深藏卤水赋存层位研究程度较低。因此，加强盆地中部古近纪—新近纪滨浅湖相地层沉积期气候演化研究对于了解深藏卤水迁移演化规律及形成机制具有重要意义。

2.4.1.2 晚上新世以来成盐期古气候研究现状

陈克造和 Bowler（1985）将察尔汗盐湖成盐阶段的沉积物粒度及矿物分析结果与马兰黄土进行对比，并结合钻孔剖面氯离子含量、黏土和碳酸盐含量及石膏形态，绘制出距今 30 ka 的古气候波动曲线，认为察尔汗盐湖大量蒸发岩开始出现于距今约 2.4～2.5 ka，在此之前，有过一段相对湿润期；距今 16～9 ka，气候最为干旱，察尔汗盐湖出现钾盐沉积并成为干盐湖；距今 9 ka 后，又出现相对湿润期。

沈振枢等（1990，1993）通过对柴西大浪滩及察汗斯拉图地区的上新世晚期以来的沉积物及其孢粉化石的研究，结合古地磁、同位素年代测定，建立了9个孢粉带、9个植被演变期、30次气候波动及两个成盐阶段。分析了本区主要成盐时期的古气候特征。研究结果显示：早更新世晚期至中更新世晚期柴西地区气候极为干旱，湖水浓缩，是本区的主要成盐阶段；晚更新世早期气候相对湿润，湖水淡化；晚更新世晚期以后气候再度干冷，湖水浓缩直至干涸，是第二个重要成盐阶段。

黄麒和韩凤清（2007）通过有机碳、有机氮、$\delta^{13}C$、$\delta^{18}O$、元素地球化学、盐类矿物、岩盐地层等古气候波动变化规律研究，根据同位素年代学数据和古地磁极性时与极性亚时，建立了时代标准剖面，结合古气候波动纪录探讨了4 Ma以来的古气候波动特征。同时结合古气候与湖泊演化两方面的研究成果，以时间为纵坐标，对4 Ma以来柴达木盆地盐湖的演化史进行了初步的探讨。

侯献华等（2011）对大浪滩北部钻孔中90.5 m以上含石膏粉砂淤泥层中34个样品进行了孢粉分析研究，结果表明：山地主要被含温性针叶林覆盖，如松、云杉、冷杉，而盆地则主要是由蒿属、菊科、禾本科等中旱生草本植物组成的温性草原。反映出该区域130 ka以来代表干冷气候的5次成盐期及其所夹的6次温湿期的变化韵律，由此可以推测，该区域主要植被和古环境的进程很可能受东亚夏季风的减弱或增强的影响，其气候旋回与青海湖QH-86钻孔的孢粉分析揭示的130 ka以来的古植被演替所反映的气候变化基本一致。

2.4.2 古近纪—新近纪气候特征

2.4.2.1 柴达木盆地西部古气候变化特征

1) 古新世—始新世

古新世—始新世时期是柴达木盆地西部最温暖时期，亚热带及热带孢粉组合占32%~52%，反映当时气候比较炎热。这一时期是柴达木西部湖盆发生、发展时期，湖盆面积小，水体浅，蒸发量相对较大。岩石的碳酸钙含量在50%左右，岩石氯离子含量为1000~3000 ppm，属于半咸水环境，形成了盆地第一个盐湖旋回，在湖盆分布区沉积了第一套较为发育的碳酸盐地层和膏盐层。

2) 渐新世—中新世

早渐新世柴达木盆地西部气候比较炎热，亚热带及热带孢粉组合占32%~52%；中晚渐新世，亚热带及热带成分占5.63%~5.76%，气温有所下降；早中新世亚热带植物分子占6.64%~8.45%，气温略有回升；晚中新世亚热带成分降至4.42%，气温再度下降。

早渐新世旱生植物以麻黄粉属和藜粉属为主，含量为26.65%，气候较为湿润；中渐新世时期，旱生分子有拟白刺粉属、藜粉属和麻黄粉属，以及凤尾蕨科，其总和一般大于45%，最高可达82.21%，气候干旱；晚中新世时期，旱生分子占36.43%，含量较以前明显降低。

3) 上新世

早上新世时期柴达木盆地西部岩心孢粉中亚热带植物花粉占9.39%，当时气候仍属亚热带山区。旱生植物花粉总含量一般大于49%，可达到67.67%，气候趋于干旱。晚上新世气候趋于干冷，为盐湖形成的初始阶段，湖水已浓缩到蒸发岩沉积阶段，岩性以石膏淤泥为主，夹灰白色石盐层，盐层占地层总厚度的32.9%。

2.4.2.2 柴达木盆地中部古气候研究进展

1. 样品采集与测试

本书在柴达木盆地中部选择鸭ZK01、冒ZK01、旱ZK01三个典型钻孔剖面采集了100件孢粉样品重点对古近纪—新近纪地层开展古气候研究工作（采样位置见图2-21）。

图2-21 孢粉样品采样钻孔分布图

鸭湖构造鸭ZK01钻孔剖面共采集孢粉样品33件（深度区间：1145.00～2461.10 m，表2-12）；落雁山构造冒ZK01钻孔共采集孢粉样品13件（深度区间：1925.40～2657.03 m，表2-13）；红三旱四号钻孔旱ZK01共采集孢粉样品54件（1251.10～2853.79 m，表2-14）。

表2-12 鸭湖构造鸭ZK01钻孔孢粉样品采样位置一览表

顺序号	样品编号	采样位置/m 自	采样位置/m 至	样长	岩矿石名称
55	鸭ZK01Bf01	1145	1148.01	3.01	灰褐色含砂质泥岩
56	鸭ZK01Bf03	1149.6	1153.67	4.07	青灰-灰黄色含砂质泥岩
57	鸭ZK01Bf05	1154.31	1162.72	8.41	黄褐色含砂质泥岩
58	鸭ZK01Bf07	1163.83	1169.82	5.98	灰褐色含砂质泥岩
59	鸭ZK01Bf09	1171.12	1173.57	2.45	灰褐色含砂质泥岩
60	鸭ZK01Bf11	1174.14	1176.6	2.46	青灰-灰褐色含砂质泥岩
61	鸭ZK01Bf15	1184.98	1187.97	2.99	灰褐色含砂质泥岩

续表

顺序号	样品编号	采样位置/m 自	采样位置/m 至	样长	岩矿石名称
62	鸭ZK01Bf17	1188.35	1189.66	1.31	灰褐色含砂质泥岩
63	鸭ZK01Bf19	1190.09	1190.7	0.61	灰褐色含砂质泥岩
64	鸭ZK01Bf21	1192.03	1195.2	3.17	灰褐色含砂质泥岩
65	鸭ZK01Bf22	1215	1219.96	4.96	青灰色砂质泥岩
66	鸭ZK01Bf24	1220.64	1222.27	1.63	灰褐色含砂质泥岩
67	鸭ZK01Bf26	1225.6	1230.45	4.85	灰褐色含砂质泥岩
68	鸭ZK01Bf28	1231.61	1233.9	2.29	青灰-灰褐色含砂质泥岩
69	鸭ZK01Bf29	1560	1563.8	3.8	灰褐色含砂质泥岩
70	鸭ZK01Bf32	1573.38	1580.78	7.4	灰褐-灰黑色砂质泥岩
71	鸭ZK01Bf39	1591.48	1595.05	3.57	灰褐色-灰黑色含砂质泥岩
72	鸭ZK01Bf42	1597.66	1601.47	3.81	灰褐色含砂质泥岩
73	鸭ZK01Bf45	1605.49	1610	4.51	红褐色-灰褐色含砂质泥岩
74	鸭ZK01Bf46	1820	1828.95	8.95	红棕色泥岩
75	鸭ZK01Bf50	1832.62	1838.79	6.17	青灰色泥岩
76	鸭ZK01Bf51	1838.79	1860	21.21	红棕色泥岩
77	鸭ZK01Bf54	2123.26	2128.97	5.71	红棕色泥岩
78	鸭ZK01Bf60	2138.73	2142.46	3.73	灰褐色泥岩
79	鸭ZK01Bf62	2148.35	2149.82	1.47	青灰色泥岩
80	鸭ZK01Bf64	2150.54	2155	4.46	灰褐色泥岩
81	鸭ZK01Bf65	2214.5	2216.84	2.34	红棕色泥岩
82	鸭ZK01Bf69	2224.75	2233.25	8.5	红棕色泥岩
83	鸭ZK01Bf73	2242.09	2249.5	7.41	红棕色泥岩
84	鸭ZK01Bf75	2252.74	2255.16	2.42	红棕色泥岩
85	鸭ZK01Bf79	2425.07	2425.17	0.1	棕红色泥岩
86	鸭ZK01Bf84	2443	2443.1	0.1	棕红色泥岩
87	鸭ZK01Bf87	2461	2461.1	0.1	棕红色泥岩

表 2-13 落雁山构造冒 ZK01 钻孔孢粉样品采样位置一览表

顺序号	样品编号	采样位置/m 自	采样位置/m 至	样长	岩矿石名称
88	冒ZK01BB01	1925.4	1925.52	0.12	青灰色含砂泥岩
89	冒ZK01BB02	1940.4	1940.5	0.1	青灰色含砂泥岩
90	冒ZK01BB05	1965.63	1965.74	0.11	灰褐色砂质泥岩

续表

顺序号	样品编号	采样位置/m 自	采样位置/m 至	样长	岩矿石名称
91	冒ZK01BB07	1972.05	1972.15	0.1	灰褐色含砂泥岩
92	冒ZK01BB11	2216.33	2216.47	0.14	青灰色含砂泥岩
93	冒ZK01BB13	2237.56	2237.7	0.14	青灰色含砂泥岩
94	冒ZK01BB15	2258.15	2258.27	0.12	青灰色含砂泥岩
95	冒ZK01BB16	2606.68	2606.8	0.12	青灰色含砂泥岩
96	冒ZK01BB18	2613.91	2614.05	0.14	青灰色含砂泥岩
97	冒ZK01BB19	2623.07	2623.22	0.15	红褐色含砂泥岩
98	冒ZK01BB20	2625.45	2625.55	0.1	青灰色含砂泥岩
99	冒ZK01BB21	2630.85	2630.95	0.1	青灰色含砂泥岩
100	冒ZK01BB27	2656.88	2657.03	0.15	红褐色砂质泥岩

表2-14 红三旱四号旱ZK01钻孔孢粉样品采样位置一览表

顺序号	样品编号	采样位置/m 自	采样位置/m 至	样长	岩矿石名称
1	旱ZK01BF132	1251.1	1251.35	0.25	灰色粉砂质泥岩
2	旱ZK01BF133	1270.88	1271.1	0.22	深灰-灰黑色泥岩
3	旱ZK01BF138	1298.5	1299	0.5	深灰-灰黑色粉砂质泥岩
4	旱ZK01BF140	1565.2	1565.45	0.25	深灰色粉砂质泥岩
5	旱ZK01BF148	1580.7	1580.92	0.22	深灰-灰黑色粉砂质泥岩
6	旱ZK01BF150	1606.65	1606.85	0.2	灰黑色粉砂质泥岩
7	旱ZK01BF152	1807.72	1807.95	0.23	深灰色泥岩
8	旱ZK01BF153	1813.82	1814.05	0.23	深灰色粉砂质泥岩
9	旱ZK01BF156	1829.92	1830.15	0.23	浅灰色泥岩
10	旱ZK01BF157	1838.5	1838.71	0.21	深灰-灰黑色粉砂质泥岩
11	旱ZK01BF159	1848.11	1848.3	0.19	深灰色粉砂质泥岩
12	旱ZK01BF161	1860.22	1860.45	0.23	深灰色粉砂质泥岩
13	旱ZK01BF163	1877.1	1877.3	0.2	灰黑色粉砂质泥岩
14	旱ZK01BF165	1889.2	1889.45	0.25	深灰色粉砂质泥岩
15	旱ZK01BF1	1898.7	1898.82	0.12	深灰色粉砂质泥岩
16	旱ZK01BF3	2049.4	2049.52	0.12	灰黑色泥岩
17	旱ZK01BF6	2058.15	2058.29	0.14	深灰色泥岩
18	旱ZK01BF8	2072.42	2072.57	0.15	灰褐色粉砂质泥岩
19	旱ZK01BF12	2085.5	2085.62	0.12	灰黑色泥岩
20	旱ZK01BF14	2101.2	2101.32	0.12	浅灰色粉砂质泥岩
21	旱ZK01BF16	2109.83	2110.01	0.18	灰黑色粉砂质泥岩
22	旱ZK01BF18	2118.07	2118.19	0.12	深灰色粉砂质泥岩

续表

顺序号	样品编号	采样位置/m 自	采样位置/m 至	样长	岩矿石名称
23	旱ZK01BF20	2130.87	2131.02	0.15	灰褐色粉砂质泥岩
24	旱ZK01BF22	2149.86	2149.98	0.12	深灰色泥岩
25	旱ZK01BF26	2177.22	2177.34	0.12	深灰色粉砂质泥岩
26	旱ZK01BF28	2189.17	2189.29	0.12	深灰色粉砂质泥岩
27	旱ZK01BF30	2217.73	2217.88	0.15	深灰色粉砂质泥岩
28	旱ZK01BF33	2232.1	2232.22	0.12	灰黑色粉砂质泥岩
29	旱ZK01BF38	2250.72	2250.87	0.15	灰黑色粉砂质泥岩
30	旱ZK01BF40	2260.6	2260.72	0.12	深灰色粉砂质泥岩
31	旱ZK01BF45	2284.08	2284.22	0.14	深灰色粉砂质泥岩
32	旱ZK01BF46	2294.22	2294.37	0.15	灰黑色粉砂质泥岩
33	旱ZK01BF49	2308.18	2308.33	0.15	深灰色粉砂质泥岩
34	旱ZK01BF53	2317.6	2317.73	0.13	深灰色粉砂质泥岩
35	旱ZK01BF55	2330.17	2330.3	0.13	灰黑色泥岩
36	旱ZK01BF57	2339.87	2340.01	0.14	深灰色泥岩
37	旱ZK01BF58	2353.88	2354	0.12	浅灰色粉砂质泥岩
38	旱ZK01BF63	2365.02	2365.16	0.14	深灰色粉砂质泥岩
39	旱ZK01BF69	2392.37	2392.48	0.11	深灰色粉砂质泥岩
40	旱ZK01BF72	2475.39	2475.41	0.02	灰黑色粉砂质泥岩
41	旱ZK01BF76	2498.53	2498.65	0.12	深灰色泥岩
42	旱ZK01BF78	2504.39	2504.52	0.13	灰色泥岩
43	旱ZK01BF80	2526.01	2526.14	0.13	深灰色粉砂质泥岩
44	旱ZK01BF84	2539.19	2539.32	0.13	深灰色粉砂质泥岩
45	旱ZK01BF86	2548.32	2548.44	0.12	深灰色泥岩
46	旱ZK01BF87	2617.3	2617.42	0.12	灰黑色粉砂质泥岩
47	旱ZK01BF90	2737.1	2737.23	0.13	深灰色泥岩
48	旱ZK01BF96	2758.46	2758.6	0.14	灰黑色粉砂质泥岩
49	旱ZK01BF99	2805.34	2805.49	0.15	深灰色粉砂质泥岩
50	旱ZK01BF102	2814.42	2814.55	0.13	浅灰色粉砂质泥岩
51	旱ZK01BF104	2823.33	2823.48	0.15	深灰色粉砂质泥岩
52	旱ZK01BF106	2832.1	2832.26	0.16	深灰色泥岩
53	旱ZK01BF108	2842.34	2842.46	0.12	深灰-灰黑色粉砂质泥岩
54	旱ZK01BF112	2853.65	2853.79	0.14	深灰色粉砂质泥岩

样品分析测试工作由中国科学院青海盐湖研究所承担，样品处理采用实验室孢粉标准分析方法（孢粉分析鉴定，SY/T 5915—2000），具体分析流程：①称量，将样品碎至约0.5 mm颗粒大小，称取50 g置于塑料烧杯中，根据含沙量适当增加样品量；②HCl酸处理，向样

品中缓慢加入稀 HCl（浓度为 15%），少量多次，至充分反应，静置过夜，次日注水，水洗 3～5 次，至样品呈中性；③HF 酸处理，向样品中缓慢加入 HF 至充分反应，每小时搅拌一次，3 天后注水，水洗至中性；④煮酸，向样品中加入稀 HCl，水浴约半小时，取下放凉，水洗至中性；⑤过筛，将样品用 10 μm 的筛子进行过筛处理；⑥离心，用 15 ml 离心管进行离心收集（2000 r/min），将样品转至 1.5 ml 离心管中，最后加入甘油在生物显微镜下进行鉴定与统计。

2. 测试结果

鸭湖构造鸭 ZK01 钻孔的 33 块样品中，有 17 块样品（鸭 ZK01Bf07，鸭 ZK01Bf17，鸭 ZK01Bf19，鸭 ZK01Bf22，鸭 ZK01Bf26，鸭 ZK01Bf28，鸭 ZK01Bf39，鸭 ZK01Bf45，鸭 ZK01Bf46，鸭 ZK01Bf62，鸭 ZK01Bf64，鸭 ZK01Bf69，鸭 ZK01Bf73，鸭 ZK01Bf75，鸭 ZK01Bf79，鸭 ZK01Bf84，鸭 ZK01Bf87）未发现孢粉颗粒或孢粉颗粒极少，不够分析，但是在这些样品中可见我们实验过程中加入的石松孢子，故排除实验过程损失孢粉化石的可能。其余样品中或多或少均有孢粉出现，但是个别样品中孢粉保存不佳，尽管样品中孢粉数量极为丰富，但是孢粉颗粒纹饰不清楚，给鉴定带来极大挑战和困难。此批次孢粉样品中共鉴定得到 120 个孢粉属种，多数属种少量出现，仅 44 个孢粉属种含量较为丰富。

孢粉组合总体面貌为（图 2-22）：①裸子植物花粉占绝对优势，被子植物花粉次之，蕨类孢子很少；②松柏类花粉类型多样，含量较高（0.5%～76%，平均含量为 34.2%），以双束松粉属及单束松粉属（0.5%～8.4%，平均含量为 4.1%）、云杉（0.5%～8.5%，平均含量

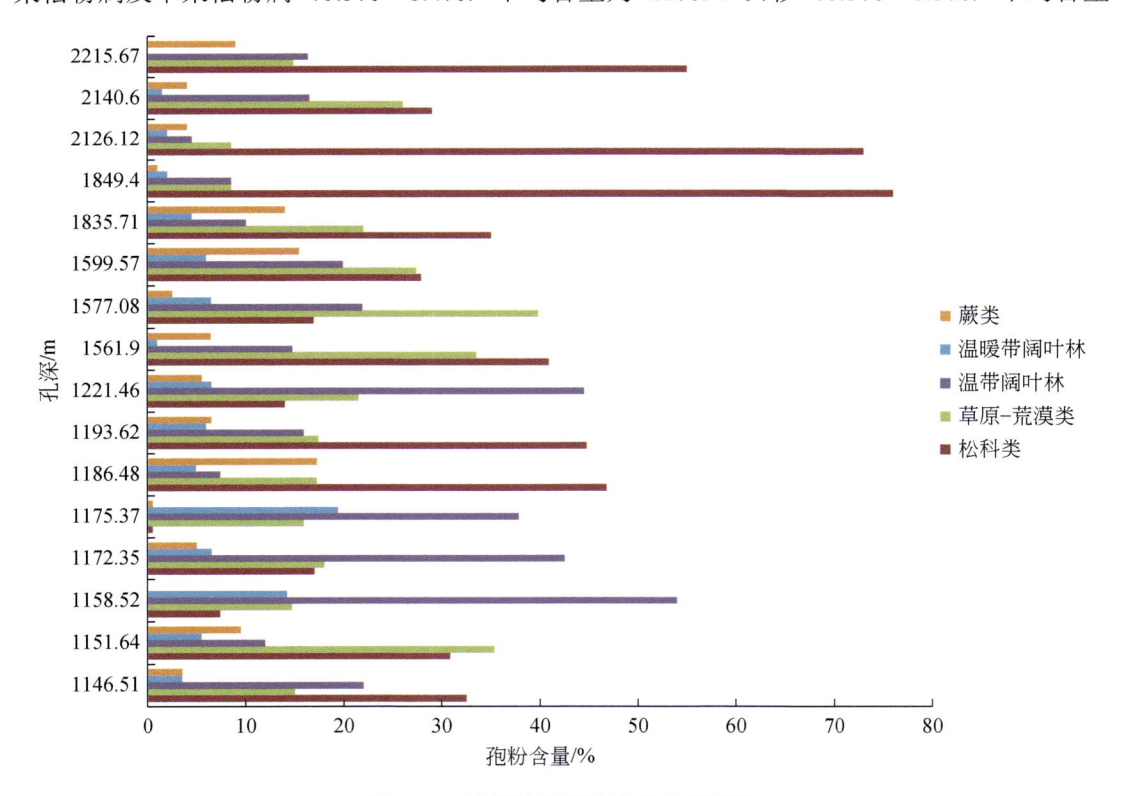

图 2-22 鸭湖构造钻孔孢粉大类图谱

为 2.8%)、雪松（0%~32%，平均含量为 8.1%）居多；③干旱分子包括麻黄粉属（0%~15.9%，平均含量为 5.6%）、白刺粉属（0%~7.49%，平均含量为 1.8%）、藜粉属（1.5%~8.9%，平均含量为 4.3%），偶见管花菊粉属、刺三孔沟粉属；④被子植物中三沟、三孔沟类花粉也很常见，单沟花粉中百合粉和木兰粉可见零星出现，乔木生活型被子植物包括栎粉属（0.5%~11.4%，平均含量为 9.7%）和栗粉属（0.5%~48%，平均含量为 3.5%）含量较高，桦木科、榆科花粉较为普遍，但含量均不高，其他尚有山核桃粉属、星形枫杨粉及械树粉属等；⑤蕨类植物在个别样品中含量较高，常见类群主要为凤尾蕨孢和紫萁孢，中生代的孑遗类群未发现。

落雁山构造冒 ZK01 钻孔的 13 块样品中，9 块样品中未发现孢粉颗粒或孢粉颗粒极少不够分析，其余 4 块样品孢粉丰富，松科花粉丰富且保存完整，利于拍照。此批次孢粉样品中共鉴定得到 34 个孢粉属种。

孢粉组合总体面貌：①裸子植物花粉占绝对优势，被子植物花粉次之，蕨类孢子很少；②松柏类花粉类型多样，含量较高（14%~68.5%，平均含量为 42.6%），以铁杉（5.5%~22%，平均含量为 13.7%）、雪松（4%~13%，平均含量为 5.6%）、云杉（1%~22%，平均含量为 6.7%）居多。③干旱分子包括麻黄粉属（1%~19%，平均含量为 9.1%）、藜粉属（0%~75%，平均含量为 27.8%），偶见白刺粉属、管花菊粉属、刺三孔沟粉属。④被子植物中三沟、三孔沟类花粉很常见，单沟类花粉中百合粉和木兰粉零星出现，乔木生活型被子植物中，仅发现栎粉属和山核桃粉属，且含量均不高，其他均未发现。⑤蕨类植物在个别样品中含量较高（2.5%~12%，平均含量为 7.5%），常见类群主要为凤尾蕨孢和紫萁孢，中生代的孑遗类群未发现。

红三旱四号构造旱 ZK01 钻孔的 54 块样品中，28 块样品中未发现孢粉颗粒或孢粉颗粒极少不够分析，其余 26 块样品中或多或少均有孢粉出现，个别样品孢粉丰富，松科花粉保存完整，利于拍照。但是个别样品孢粉保存不佳，尽管样品中孢粉数量极为丰富，但是孢粉颗粒纹饰不清楚，给鉴定带来极大挑战和困难。此批次孢粉样品中共鉴定得到 70 个孢粉属种。

孢粉组合总体面貌（图 2-23）：①被子植物花粉占优势，裸子植物花粉次之，蕨类孢子很少；②松柏类花粉类型多样，含量较高（7%~51%，平均含量为 19.7%），以铁杉（0%~14%，平均含量为 4.5%）、雪松（0%~13%，平均含量为 1.98%）、云杉（0%~12.5%，平均含量为 1.52%）居多；③干旱分子包括麻黄粉属（6.4%~41%，平均含量为 22.8%）、藜粉属（7.2%~52.4%，平均含量为 27.7%），偶见白刺粉属、管花菊粉属、刺三孔沟粉属；④被子植物中三沟、三孔沟类花粉很常见，单沟类花粉中百合粉和木兰粉零星出现，乔木生活型的被子植物中，栎粉属（0.5%~11.4%，平均含量为 9.7%）和栗粉属（0.5%~48%，平均含量为 3.5%）含量较高，桦木科、榆科花粉较为普遍，但含量均不高，其他尚有山核桃粉属、星形枫杨粉及械树粉属等；⑤蕨类植物在个别样品中含量较高，常见类群主要为凤尾蕨孢和紫萁孢，中生代的孑遗类群未发现。

3. 深藏卤水形成时代讨论
1）鸭湖构造
鸭湖构造钻孔样品（鸭 ZK01）的孢粉组合中所有类群均为新生代常见的孢粉属种，白垩纪的特征类群无突肋纹孢、希指蕨孢、克拉梭粉等在样品中均未有出现，所反映的地层时代为新生代无疑。

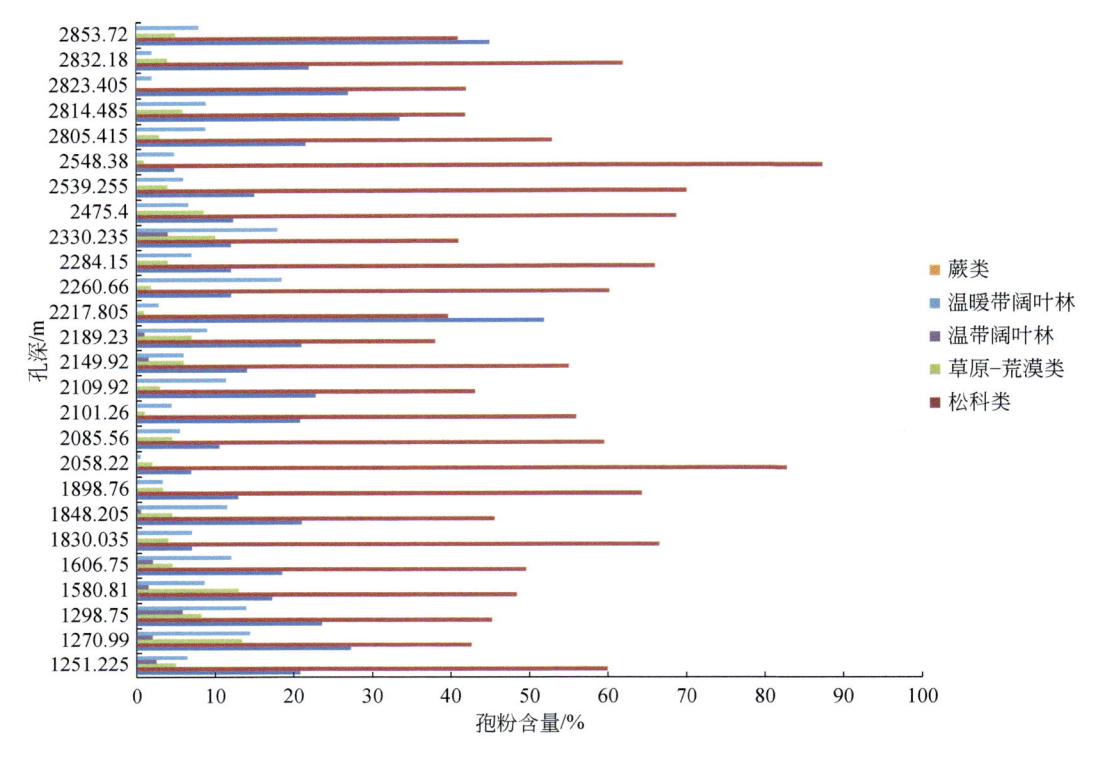

图 2-23 红三旱四号构造钻孔孢粉大类图谱

根据汇总的古近纪孢粉植物群概况，我国早古近纪—新近纪孢粉植物群大致可划分出6个发展时期：①早古新世为榆科花粉发育期，且常常含有一定数量的晚白垩世孑遗分子。②晚古新世为正型粉扩展期，这个时期孢粉植物群分异较大，北方以桦木科、榆科、胡桃科等具孔花粉最为发育；南方是榆科、胡桃科、杨梅科和木麻黄科等具孔花粉占优势；西北及河南西部则是榆科、山龙眼科和不明亲缘的刺面、瘤面三孔类及正型粉类具孔花粉繁盛；晚古新世鹰粉类也常出现。③早始新世与晚古新世植物群面貌相似而不易区分，以榆科、桦木科和胡桃科等具孔花粉为主。④中始新世具孔花粉减少，壳斗科具沟花粉较为发育。⑤晚始新世蒺藜科花粉发育，麻黄科花粉也一度繁盛，旱生植物较为发育。⑥渐新世松科花粉开始发育。本批次样品中，双气囊花粉发育，含量较高。而这些松柏类花粉在北半球中低纬度的始新世地层中都是很缺乏的，晚始新世有少许代表，至渐新世才较为普遍地分布。在研究波兰罗兹市附近的罗戈伊诺区褐煤层时，就是以具气囊的松柏类花粉的多寡作为划分始新世和渐新世地层的界线。本批次样品中具气囊的松柏类花粉表明此时鸭湖地区海拔较高，其地层时代必然是晚于渐新世。

样品鸭 ZK01 的孢粉组合显示松科花粉含量较高，指示当时柴达木盆地周围山地已经抬升，海拔较高，更适合松科植物，尤其是云杉属和冷杉属植物的生长。喜马拉雅运动第三期发生于早中新世（杨理华和刘东生，1974），这一运动促使了青藏高原的进一步的抬升，样品鸭 ZK01 以松科花粉占优势的孢粉组合很可能是在喜马拉雅第三期运动之后形成的，其地质时代可能属于早中新世至晚中新世。

将样品鸭 ZK01 的孢粉植物群与柴达木地区已有的研究对比可以发现，本组样品中双气囊松柏类花粉含量较高，以云杉属、松属、罗汉松属、铁杉属和雪松属，以及杉科花粉为主；干旱分子常见，以喜干的麻黄科、藜科、菊科花粉为主，偶见白刺属花粉；喜温属种含量偏高，以栗粉属、栎粉属、胡桃科、桦科、榆科为主。蕨类孢子含量较少。总体来看，本批次孢粉植物群面貌与南天山库车塔吾剖面、北天山金沟河剖面、北天山塔西河剖面、柴达木盆地红沟子剖面、柴达木西部 Kc-1 钻孔（Miao et al.，2011）的新生代植物群面貌可以对比。对南天山地区年代为 13.3～2.6 Ma 的库车塔吾剖面中的孢粉记录进行了分析，整个剖面的孢粉以乔木类（以松属、桦木属为主，含冷杉属、栎属、云杉属、榆属等）为主，草本类则以蒿属和藜科为主，自下而上划分为三带：①13.3～7 Ma，喜温属种含量较高，气候相对暖湿，受全球气候变化影响；②7～5.23 Ma，冷杉属含量增加，气候较之前变冷，受区域隆升影响较大；③5～2.6 Ma，耐旱属种含量增加，干旱化增强，受构造活动和全球气候变化影响。在北天山对年代为晚渐新世—上新世（26.5～2.6Ma）的塔西河剖面进行的孢粉分析表明，整个剖面的孢粉以乔木类为主，其中 18～15 Ma，温带桦木属、暖温带栎属和胡桃属含量较高，对应早中新世气候适宜期；6～2.6 Ma，蒿属、藜科等干旱草原属种增加，气候变更干冷。Miao 等（2011）对柴达木盆地西部年代为 18～5 Ma 的 Kc-1 钻孔的孢粉记录进行分析，主要可见云杉属、松属、罗汉松属、铁杉属和雪松属等针叶类花粉，以及藜科、麻黄属、菊科、蒿属、白刺属、禾本科等灌木及草本类花粉，栎属、胡桃科、榆科、桦木科等阔叶树种较少，藻类和孢子较少；18～14 Ma 时期样品中同样可见含量高的喜温属种，对应早中新世气候适宜期（Middle Miocene Climatic Optimum，MMCO）。鸭 ZK01 样品中除了松科花粉占优势以外，在深度 1150 m 处可见喜温属种达到峰值（含量达 68%），整个剖面中喜温属种含量平均达到 28%。因此，经过孢粉组合对比，总体来看，倾向于将此组样品代表的地层时代归为早中新世，不排除中新世晚期的可能，年代跨度大致为 20～7 Ma，沉积期间经历了早中新世最佳适宜期（MMCO）。综上所述，鸭 ZK01 样品的孢粉组合反映的地层时代可能为早中新世。

2）落雁山构造

落雁山构造钻孔样品（冒 ZK01）的孢粉组合中，所有类群均为新生代常见的孢粉属种，白垩纪的特征类群无突肋纹孢、希指蕨孢、克拉梭粉等在样品中均未有出现，所反映的地层时代为新生代无疑。且样品中大量发育双气囊花粉，与鸭湖构造钻孔样品表现出的特征相似，表明此时落雁山地区同样处于海拔较高位置，其地层时代也必然晚于渐新世。

柴达木盆地周围山地的隆升与早中新世时期喜马拉雅造山带的隆升有关（杨理华和刘东生，1974），落雁山地区以松科花粉占优势的孢粉组合很可能是在此之后形成的。将样品冒 ZK01 的孢粉植物群与柴达木地区其他区域的研究进行对比可以发现，落雁山构造钻孔样品的孢粉组合与鸭湖构造钻孔样品相似，均以含量较高的双气囊松柏类花粉、常见的干旱分子及含量较低的蕨类孢子（7.5%）为特征，区别在于落雁山钻孔样品中喜温属种含量很低，种类也较少，以枥粉属和山核桃粉属为主。此外，该钻孔样品的孢粉组合和红三旱四号构造钻样品也类似，均是以麻黄-藜-铁杉为特征，区别在于本组合中松科花粉含量较高，平均含量达到42%，且种类较多，可与西藏南木林上新统的当金堂组和才多组的组合对比，后两者的松科花粉占40%～50%。另外，西藏希夏邦马峰野博康加勒层（徐仁等，1973）和云南洱源三营组（陶君容和孔绍宸，1973）上新统的孢粉组合均以松科花粉占优势、草本植物花粉很多为特征，也可与当前组合比较。但是，在上新世一般更为发达的菊科花粉在本组合中数量仍不多。因此，经过综合分析对比，总体来看，本书倾向于将地层时代归为上新世初期，不排除中新世晚期的可能性，但是时代上肯定要晚于钻孔旱ZK01（中新世晚期）所代表的时代。

3）红三旱四号构造

与鸭ZK01和冒ZK01样品的孢粉组合类似，红三旱四号钻孔样品（旱ZK01）的孢粉组合同样显示松科花粉含量较高，指示其地质时代可能属于早中新世至晚中新世。

将样品旱ZK01的孢粉植物群与柴达木盆地中其他区域的研究进行对比可以发现相似的孢粉组合特征，均具有含量较高的双气囊松柏类花粉、常见的干旱分子及较低的蕨类孢子含量（7.9%）；喜温属种含量较钻孔鸭ZK01中的含量有所下降，以榆科、桦木科、栎属、胡桃科为主。沈振区等（1990）根据狮23孔、风2孔和ZK402的孢粉记录，建立了柴达木盆地西部的新生代孢粉序列，主要包含亚热带及热带阔叶树（漆树属、冬青属、栎属、栗属、楝科）、亚热带及热带山地针叶树（油杉属、雪松属、铁杉属和罗汉松科）、温带阔叶植物（桦木科、榆科、胡桃科、木樨科、槭属和忍冬等）和旱生植物（凤尾蕨、麻黄科、蒺藜科、藜科、菊科等）。从孢粉序列中看，中新世干旱属种孢粉含量较高。Miao等（2011）认为柴达木盆地西部18～5 Ma孢粉组合主要为针叶类、灌木类、草本类，阔叶树类较少，藻类和孢子较少。敦煌盆地南部年代为晚渐新世—上新世的西水沟剖面和铁匠沟剖面的孢粉自老至新可划分为①晚渐新世晚期—早中新世：麻黄粉属-白刺粉属-藜粉属和栎粉属；②早中新世：藜粉属-蒿粉属-榆粉属-杉粉属；③晚中新世：藜粉属-蒿粉属-铁杉粉属-麻黄粉属；④上新世：藜粉属-蒿粉属-麻黄粉属。总体来看，样品旱ZK01的孢粉植物群面貌与柴达木盆地西部的狮23孔、风2孔和ZK402的孢粉序列（王建等，1996；沈振区等，1990）、Kc-1钻孔、敦煌盆地南部晚渐新世—上新世时期的西水沟剖面和铁匠沟剖面、青藏高原北缘河西走廊酒西盆地老君庙剖面可以对比。

早中新世之后，喜马拉雅山脉随着第四期运动进一步隆起，气候趋于干旱，草原植被大面积分布，因此在受此影响的区域内获得的孢粉组合中，反映干旱气候的草本植物占有很高的含量，在当前样品旱ZK01的组合中，干旱分子含量平均达54%，便是证明。另外，在上新世一般更为发达的菊科花粉在本组合中数量仍不多。因此，经过综合分析对比，倾向于将样品旱ZK01的地层时代归为中新世晚期。

2.5 柴达木盆地新生代岩相古地理

2.5.1 新生代沉积相类型

柴达木盆地的形成可以追溯到古生代晚期—中生代的大陆碰撞过程，在形成喜马拉雅山脉的同时也诱发了柴达木盆地的形成；中生代晚期，板块运动导致盆地区域开始隆起，形成了一个相对较高的陆地，海相和湖相环境逐渐退去，取而代之的是陆相的沉积物；随着地壳板块的再次活动，柴达木盆地开始发生沉降，形成相对较低的拗陷地带；在新生代，印度板块和欧亚板块之间的构造运动仍在继续，导致盆地中的地壳继续隆起和沉降（王桂宏等，2006；Meng and Fang，2008；Cheng et al.，2015；潘彤等，2022），在复杂的地质演化过程中形成了丰富的油气和盐类矿产资源（张彭熹等，1987；王桂宏等，2006；潘彤等，2024）。

前人在柴达木盆地新生代沉积相特征、沉积相与储层评价等方面已取得了很多研究成果。杨治林等（1984）对柴达木盆地新生代岩相古地理及其演化做了初步分析，对寻找油气具有重要的指导意义；后期众多学者运用地质露头、钻井、测井和地震资料对盆地内油气和盐类矿产勘探区的沉积相类型、展布及物源等方面进行了研究（Sun et al.，2005；Zhang et al.，2013；张克信等，2013；张金明等，2021）。目前的研究工作大多以油气为对象，且主要集中在柴西、柴北缘等局部地区，而将柴达木全盆地作为一个整体的岩相古地理研究程度较低，沉积相划分较粗。

本书在前人研究基础上，根据地质剖面、钻井、岩心、测井、地震及地化等资料，通过岩心观察，沉积构造、古生物特征、地化特征等分析，对柴达木盆地新生代沉积相进行了研究，识别出冲积扇、辫状河、扇三角洲、辫状河三角洲和湖泊5类沉积相和10类沉积亚相（表2-15）。

表2-15 柴达木盆地新生代沉积相类型及相标志划分表

沉积相	亚相	岩性组合	沉积构造	古生物特征
冲积扇	—	灰红色砾岩为主，分选中等，砾石呈次棱角状-浑圆状，单层厚度大	板状交错层理、波状交错层理、槽状交错层理	极少见介形、轮藻化石碎片
扇三角洲	平原	红色、黄绿、灰色细砾岩为主，夹灰色砂岩、泥质粉砂岩、泥岩和少量泥灰岩	块状层理、槽状交错层理	见大量碳屑、植物屑化石
扇三角洲	前缘	黄绿、灰绿和相当多的深灰、灰黑色细砂岩、粉砂岩与泥岩，夹粗砂岩、细砾岩，偶见棕红色泥岩层	发育小型板状交错层理、平行层理	大量植物屑化石
辫状河	河道	棕红-灰色含砾砂岩，中细砂岩夹同色泥岩	流水波痕、板状交错层理、波状交错层理、槽状交错层理、叠瓦状组构	小玻璃介、球星介和少量轮藻化石
辫状河	泛滥平原	紫红色、褐色粉砂岩、泥岩为主，少量泥灰岩，偶含砂砾	均质层理、水平层理	破碎植物化石
辫状河三角洲	平原	灰-灰红色粉砂岩、泥岩和少量灰色泥岩，局部发育细砂岩；胶结物有泥、铁质及碳酸盐质	水平层理、板状交错层理，虫孔等沉积构造	少量植物碎片化石
辫状河三角洲	前缘	灰-紫红色粉砂岩、泥灰岩、泥岩，偶见鲕粒灰岩、生物碎屑灰岩等	楔形交错层理、波状交错层理、水平层理	少量植物碎片化石
湖泊	滨湖	浅灰色、黄灰色和浅棕色泥岩、砂质泥岩、泥灰岩，夹薄层片状粉砂岩，缺少紫红色彩	发育双向交错层理、脉状、透镜状层理	见柳水桥螺及介形类化石，生物潜穴和生物扰动构造
湖泊	浅湖	灰-灰黑色灰岩、泥岩、少量粉砂岩	最常见的是缓波状层理，其次是平行纹层理，微斜纹层理	含轮藻化石、介形类化石，少见生物潜穴
湖泊	半深-深湖	暗色泥岩建造，夹泥灰岩、钙质泥岩、粉砂质泥岩、泥质粉砂岩	水平层理，缓波状层理	见少量介形类化石，常见生物钻孔和生物扰动构造
湖泊	咸水湖	盐类为主，夹粉砂层及黏土层	微细水平层理发育，盐岩可有揉皱构造	仅见介形碎片

2.5.1.1 冲积扇相

冲积扇是组成山麓-洪积相的主体，它是在干旱-半干旱气候条件下由突发性洪水或暂时性河流携带大量的泥砂物质，在山前堆积而成。这是柴达木盆地西部地区广泛发育的边缘相带。

从柴达木盆地发育演化的过程来看，冲积扇主要形成于盆地发育初期和盆地萎缩期，主要发育地层为路乐河组、下油砂山组、上油砂山组和狮子沟组。冲积扇的形成受古构造、古地形、古气候的控制，在研究区冲积扇主要分布于坡度较陡的阿尔金山和昆仑山的老山山前，规模较大，连片分布。

岩性特征：冲积扇相沉积的岩石类型主要为砾岩、角砾岩、砾状砂岩、泥质砾岩，其次为砂岩、粉砂岩、泥质粉砂岩，可见少量泥岩。其中泥岩以棕红、紫红、棕褐色、紫褐颜色为主，其次为棕黄、灰黄色等。砾岩、砾状砂岩则主要表现为杂色，且砾石成分复杂，为石英、长石、燧石、花岗岩、片麻岩、灰岩及泥岩等，花岗岩砾石和片麻岩砾石的存在，说明物源区经历了较强烈的剥蚀作用，中生代和古生代的地层和岩体被剥蚀，出露古生界地层中的花岗岩和变质岩。

结构特征：扇根亚相沉积物粒度粗，分选和磨圆较差，常见较大的砾石呈漂浮状分布于中-细碎屑基质中。扇中和扇端亚相以粗、中粒为主，分选中等，属杂基支撑结构和碎屑支撑结构，呈杂乱块状堆积。

沉积构造特征：冲积扇沉积由于间歇性急流成因，层理发育程度较差或中等。扇根亚相底部具冲刷面；扇中亚相具叠瓦状构造、不明显平行层理、交错层理和冲刷面-充填构造，与下伏地层呈冲刷接触；扇端亚相具平行层理、交错层理、水平层理和冲刷面-充填构造，偶见干裂和雨痕。

2.5.1.2 辫状河相

柴达木盆地新生代河流相类型为辫状河相，辫状河相向盆地边缘可相变为冲积扇相，向下游方向则过渡为三角洲相。在七个泉、干柴沟、牛鼻子梁、弯西潜伏构造、乌南和绿草滩等地区都可见到该种沉积相的发育，是盆地内广泛发育的一种沉积相。

岩性特征：河流相发育的岩石类型以碎屑岩为主，次为黏土岩，碳酸盐较少出现；碎屑岩以砂岩和粉砂岩为主，成分复杂，主要与物源区以及河流流域的基岩成分有关。一般不稳定组分高，成熟度低。黏土矿物中高岭石较多，伊利石较少。

结构特征：碎屑沉积物分选差至中等，结构成熟度和成分成熟度低，以石英、长石、岩屑为主，胶结物主要为泥质，少量为钙质、铁质。

沉积构造特征：河流相层理发育，类型多样，以板状和大型槽状交错层理为特征。在河流沉积的剖面上，大型板状、槽状交错层理发育在下部，小型者发育在上部，波状层理发育在剖面顶部。可见砾石的叠瓦状排列，变平面向上游倾斜；底部具有明显的侵蚀、切割及冲刷构造，并常含泥砾及下伏层砾石；生物化石一般保存不好，通常是破碎植物枝、叶等。

沉积亚相划分

（1）辫状河河道亚相

以大套的杂色砾岩、砂砾岩、砂岩为主，顶部可见薄层粉砂岩。砂岩的成分成熟度低，杂基含量高，一般为岩屑杂砂岩和长石杂砂岩类。这指示典型的近源、陡坡、快速堆积的特点。砾石成分复杂，磨圆度以次圆-次棱角状为主，分选较差，混杂结构，碎屑（砂、砾）支撑。发育块状或大型交错层理、粒序层理。辫状河道可以是冲积扇上的河道，冲积平原上发育的辫状河流，能量高、迁移快，部分沉积具有重力流的特点。砂砾岩常见底部冲刷现象，冲刷面上见泥砾，向上依次发育粒序层理、块状层理、大型交错层理、平行层理；粉砂岩发育波状层理，含砂质团块。垂向上具明显的正韵律，反映一次洪流过程中能量由盛至弱的变化，即由下向上，粒度变细，从砾状砂岩依次变为含砾砂岩、粗砂岩、中砂岩、细砂岩、粉砂岩；层理规模由大变小，成因由重力流向牵引流转化，由递变层理、块状层理、大型交错层理递变至平行层理、波状层理。辫状河流能量高、迁移快，部分沉积具有重力流的特点与现代辫状河沉积物的实地观测结果基本吻合。

（2）辫状河洪泛平原亚相

一般为灰红-红褐色泥岩夹薄层粉砂质泥岩、泥质粉砂岩。类似于冲积扇上的漫溢沉积，是洪水越过河道悬浮细粒物质快速沉降而成的薄层席状沉积物，反映洪水期流体越岸后能量释放、动荡、骤减的环境特点。在垂向上，洪泛沉积位于水上辫状河道的上方，共同组成正韵律。

2.5.1.3 扇三角洲

扇三角洲是湖成三角洲的一种特殊类型，是指来自陡坡或较缓坡的碎屑物质推进到滨浅湖地区形成的扇形堆积体，沉积物以粗碎屑为主，在垂向序列上多具有自下而上变粗的特征。从湖盆的演化阶段来看扇三角洲主要发育于湖盆收缩或湖盆稳定阶段。

柴达木西部古近纪—新近纪盆地夹持在阿尔金造山带和祁漫塔格造山带之间，具有形成扇三角洲的条件，扇三角洲在平面上是扇形，纵向上是楔状，它由粗碎屑构成，插入细粒湖相之中，结构成熟度和矿物成熟度不高，含丰富的不稳定岩屑，反映出邻近物源区的特性。各时代地层中均发育扇三角洲相的沉积，从平面展布来看主要发育于阿尔金山山前地区。扇三角洲相可以划分为两个亚相，即扇三角洲平原亚相和扇三角洲前缘亚相。

岩性特征：扇三角洲相沉积物以中、粗粒碎屑岩为主，多为砾岩、砂砾岩、砾状砂岩、粗砂岩夹薄层粉细砂岩及泥岩，其中砾岩、砾状砂岩主要表现为杂色，且砾石成分复杂，为石英、长石、燧石、花岗岩、片麻岩、灰岩及泥岩等，花岗岩砾和片麻岩砾的存在泥岩以棕红、紫红、棕褐色、紫褐色为主，其次为棕黄、灰黄色等。此外，该区域还可见如方解石、石膏等的碳酸盐、硫酸盐等。

结构特征：砾石成分复杂，磨圆度以次圆-次棱角状为主，混杂结构，碎屑（砂、砾）支撑，杂基支撑，颗粒多为次棱角状，分选较差-中等；砾状砂岩、含砾砂岩中的砾石4%～8%，次棱角状。砂岩杂基支撑、颗粒支撑者均可见到。镜下观察见砂岩中长石含量较高，以长石砂岩、岩屑长石砂岩为主，颗粒接触关系为点接触—线接触。

沉积构造特征：砂砾岩常见底部冲刷现象，冲刷面附近有泥砾和灰绿色砂砾，向上依次发育粒序层理、块状层理、大型交错层理、平行层理，并常见叠覆冲刷构造；粉砂岩发育波状层理，含砂质团块；砂岩中可见板状交错层理和平行层理，见大量碳屑、植物屑以及滑塌变形造成的岩性搅混。由此可见，扇三角洲相沉积具有牵引流的沉积特征如各种交错层理等，同时扇三角洲相沉积有时还具有重力流的沉积特征，如递变层理、叠覆递变层理和块状层理等沉积构造，反映了暂时性、突发性水流所引起的快速沉降、快速堆积作用。

沉积亚相划分

（1）扇三角洲平原亚相

扇三角洲平原主要发育在冲积扇的扇端上，岩性以砾岩、砂砾岩、砾状砂岩为主，夹棕色、杂色泥岩。

（2）扇三角洲前缘亚相

扇三角洲前缘，岩性以砂砾岩、砂岩为主，夹灰绿色、暗色泥岩，前三角洲则以浅灰色—深灰色泥岩、钙质泥岩为主，夹少量砂岩、粉砂岩，与还原性的浅湖亚相形呈过渡关系。

2.5.1.4 辫状河三角洲

辫状河三角洲是辫状水流进入稳定水体形成的粗碎屑三角洲，其发育受季节性洪水流量或山区河流流量的控制。冲积扇末端和山顶侧缘的冲积平原或山区直接发育的辫状河道经短距离或较长距离的搬运后都可直接进入湖泊而形成辫状河三角洲。因此，同扇三角洲和正常三角洲相比，辫状河三角洲距源区距离介于两者之间，在远离无断裂带的古隆起、古构造高地的斜坡带，以及沉积盆地的长轴和短轴方向均可发育。发育辫状河三角洲所需沉积地形和坡度一般比扇三角洲缓，比正常三角洲陡，但也有在较大地形坡度下形成的辫状河三角洲。

辫状河三角洲界于正常三角洲与扇三角洲之间，沉积物以杂色粗粒碎屑为主，一般最粗为中砂，大多为细砂与粉砂，也见砾岩，其成分复杂，泥岩为紫红色与灰绿色。

辫状河三角洲碎屑成分复杂，磨圆度以次棱角状-次圆状为主，混杂结构，成分与结构成熟度都较扇三角洲好，以大型板状、槽状交错层理为主，也见块状、水平层理。

沉积亚相划分

（1）辫状河三角洲平原亚相

辫状河三角洲平原主要岩性为浅棕色、棕褐色、浅灰色含砾砂岩、砂岩和泥岩，其次为粉砂岩和砾岩。砂岩分选中-较差，块状层理为主，其他有交错层理。分为辫状分流河道和分流河道间两个微相。辫状分流河道的主要岩性为浅棕色、棕褐色和灰色的含砾砂岩、砂岩和砾岩夹泥岩和含粉砂泥岩，分流河道间的主要岩性为浅棕色、棕褐色泥岩和含粉砂泥岩，有时夹薄层含砾砂岩和砂砾岩，反映决口扇沉积。

（2）辫状河三角洲前缘亚相

辫状河三角洲前缘较发育，可以分出辫状河三角洲前缘的水下分流河道和河口坝-远砂坝沉积微相。水下分流河道的主要岩性为浅棕色、浅灰色含砾砂岩、砂岩、粉砂岩和泥岩，其层序结构显示正韵律；河口坝-远砂坝相沉积的主要岩性为浅灰色、灰色粉砂岩、泥岩和少量砂岩，夹滨湖相的泥灰岩。

2.5.1.5 湖泊沉积相

湖泊相在柴达木盆地极为发育，平面上从西边的阿拉尔地区到东边的鱼卡地区，从南边的昆仑山、大灶火到北边的冷湖、牛鼻子梁地区，在盆地演化的不同时期均有发育；时间上，从始新统到中更新统均有发育。盆地发育的每个阶段都出现有以泥岩和粉砂岩为主的湖泊相沉积，在平面上其与三角洲相沉积呈指状穿插过渡，垂向上因沉积中心逐渐东移、湖盆边缘老山不断逆冲推覆，沉积总体以进积型为主，呈向上变粗层序，但因各阶段的湖泊沉积发育的同沉积构造、气候和水动力条件不同，因此形成了不同类型的湖泊沉积，包括滨浅湖沉积和中深湖湖泊沉积，在古近纪时期，湖盆处于最大扩张期，所以主要发育还原的中深湖湖泊沉积，主要见于下干柴沟组上段沉积期，岩性组合以灰绿色、青灰色中薄层泥岩、粉砂岩为主，夹有砂屑灰岩、泥灰岩及含砾砂岩，深湖沉积的显著特征是暗色细粒沉积中夹有重力流及浊流成因的含砾砂岩或砂岩。

湖泊环境是陆盆沉积的汇水区，其沉积物根据粒度的大小，从湖边到湖心依次为砂-粉砂-黏土（或泥），呈环状分布。

据有关资料，在红地107井、尖7井、尖6井、碱1井、旱2井、柴6井、跃东110井、花101井、昆2井和东德1井的岩心观察，都见到了湖泊相的沉积。如在跃24井下干柴沟组上段的湖泊相，其中浅湖亚相岩性以青灰色、浅灰色泥岩、泥质灰岩为主，夹少量泥灰岩；滨湖岩性以灰色和红色泥岩为主，含少量泥灰岩，发育水平层理和波状层理，偶见生物扰动构造。

沉积亚相划分

（1）滨湖亚相

滨湖是指湖泊边缘地区，向湖泊内部，滨湖过渡为浅湖。对于滨湖与浅湖的界线认识不一，一般是把滨湖限于洪水期与枯木期水面之间的地带。滨湖带的水动力条件复杂，除受波浪强烈作用外，还受湖水频繁进退的影响。滨湖地区高水位时被水淹没，低水位时露出水面，氧化作用强，因此沉积物类型表现出多样性，常见暴露沉积构造和生物遗迹化石。

滨湖亚相沉积的特点是距岸最近，接受来自湖岸的粗碎屑物质沉积；水动力条件复杂，击岸浪和回流的冲刷、淘洗对沉积物的改造作用强烈；水位较浅，沉积物接近水面，有时出露水面，氧化作用强烈。滨湖水动力条件较强，以跳跃搬运方式为主，并具有双向水流的搬运特征。

由于滨湖地带沉积环境复杂，因此沉积物类型表现出多样性。在开阔湖岸的滨湖区，陆源碎屑物质供应充分，可形成砂质湖滩沉积。击岸浪的冲刷、簸选和淘洗，使碎屑物质成熟度增高，分选、圆度好，由岸边向湖心方向粒度由粗变细，沿湖岸附近常出现重矿物富集带，湖滩砂岩中可出现倾角平缓、向湖倾斜的中小型交错层理，多是击岸浪和回流作用不太强的情况下形成的。在湖滩上经常出现由湖浪从浅水地带搬运来的底栖生物化石碎片，有时可集中而形成生物介壳滩。当湖岸较陡、滨湖水动力作用较强，击岸浪侵蚀湖岸产生粗碎屑，或近物源河流提供粗碎屑物质的充分供应，滨湖地区也可形成砾质湖滩沉积。

当湖滨地形平缓，水动力较弱，波浪作用不能波及岸边，物质供应以泥质为主，则可形成滨湖泥滩或泥坪。其沉积物以棕灰、浅棕色、土黄色泥岩和粉砂岩为主，夹薄层粉砂岩、泥灰岩，在中顶部发育白云质泥岩薄层夹于紫红、暗紫红、灰色泥岩，以及浅棕色、浅灰色粉砂岩、泥质粉砂岩中。常见小型交错层理、波状纹层、上攀纹层等层理构造以及各种中小型浪成波痕；并见有泥裂、生物潜穴、生物扰动构造，以及植物的根、叶、枝干等化石碎片。由于该区域水体动荡，盐度变化较大，生物潜穴以垂直和倾斜形态为主。

（2）浅湖亚相

由于柴达木古近纪—新近纪盆地具有范围大、底形缓、水体浅等特点，因而浅湖亚相成为柴西主要的沉积相类型之一。浅湖亚相位于枯水期水面至浪基面之间的浅水地带，沉积物受波浪和湖流作用的影响明显。按照沉积物的不同，柴西地区浅湖相沉积可以分为两种类型，即泥质浅湖和碳酸盐浅湖。

①泥质浅湖或泥质浅滩相沉积主要发育在水动力条件微弱、陆源碎屑物质供应不足的地区，如小梁山地区、碱山地区、开特米里克地区、油墩子地区和红三旱地区，介于东柴山三角洲和黄石三角洲之间，以及七个泉、干柴沟、月牙山扇三角洲与大风山、尖顶山三角洲之间。岩石类型以黏土岩和粉砂岩为主，可夹有少量砂岩薄层或砂岩透镜体，陆源碎屑供应充分时可出现较多的细砂岩、砂岩胶结物以泥质、钙质为主，分选和圆度较好。层理类型多以水平层理、波状层理为主，水动力强度较大的浅湖区具小型交错层理，砂泥岩交互沉积时，可形成透镜状层理；有时层面可见对称浪成波痕；生物潜穴发育丰富，保存完好，少见菱铁矿等弱还原条件下的自生矿物。

②在柴达木盆地西部，碳酸盐浅湖亚相也有发育，可称之为泥坪或灰泥坪，主要发育于上干柴沟组上段的油泉子、南翼山和尖顶山，在这三个地区连片发育，尤其是油泉子地区，灰岩厚度（包括泥灰岩）已达 200 m，百分含量达到 60%；其次是下油砂山组，灰泥坪在油泉子、南翼山、尖顶山和大风山地区聚集成团，厚度达到了 200 m，百分含量达到 70%，但没有连成片；再次是上干柴沟组下段，灰泥坪主要分布在南翼山和油泉子，厚度最大为 100 m，百分含量为 20%；最后整个下干柴沟组和上油砂山组的地层灰泥坪发育较局限，主要是分布于狮子沟、南翼山和油泉子，最厚达 100 m，百分含量为 20%左右。其主要特点是碳酸盐组分含量高，岩性主要为灰色、浅灰色和深灰色的泥灰岩、泥晶灰岩、藻灰岩、白云质灰岩，以及灰质白云岩，含少量内碎屑灰岩、生物碎屑灰岩，以及灰质粉砂-细砂岩。沉积构造主要为块状层理、水平层理、波状层理，以及沙纹交错层理。

（3）半深湖-深湖亚相

半深湖位于正常浪基面与最大浪基面之间，水体较深位，地处少氧的弱还原-还原环境，沉积物主要受湖流作用的影响，以黏土岩为主，具有粉砂岩、化学岩的薄夹层或透镜体，黏土岩常为有机质丰富的暗色泥岩、页岩或粉砂质泥岩、页岩。水平层理发育，间有细波状层理。底栖生物不发育，可见菱铁矿和黄铁矿等自生矿物。

深湖位于盆中最大浪基面之下，水体最深，波浪作用已完全停止，水体安静，处于缺氧的还原环境，底栖生物完全不能共存，沉积物粒度细、颜色深、有机质含量高，以泥岩、页岩为主，并发育有灰岩、泥灰岩、油页岩；层理发育，主要为水平层理和细水平纹层；黄铁矿是常见的自生矿物，多呈分散状分布于黏土岩中。如在跃 II-264 井 1618.6 m 处半深湖相沉积中发育的黄铁矿。实际上，由于半深湖与深湖相沉积物性质相似，都主要为深颜色的泥岩或砂质泥岩，主要发育水平层理，可见黄铁矿等自生矿物，因此在大多数情况下笼统称之为半深湖-深湖亚相。

（4）咸水湖亚相

由于湖泊水体矿化度的增高，在地层中出现大量盐类矿物，如石膏、芒硝、岩盐等，从而形成咸化湖泊或盐湖相沉积，咸化湖泊在狮子沟地区和土林堡地区最为发育。

柴西古近纪—新近纪盐湖的演化大致经历了两期咸化旋回，沉积了两套膏盐层。第一个旋回发生在古新世、始新世，第二个旋回发生在渐新世—中新世早期，为一套完整的盐湖序列，其中沉积了较厚的石盐、石膏和钙芒硝层，反映干旱气候下的渐进气候条件。

其中路乐河组上部到下干柴沟组下段中下部为碳酸盐湖沉积，岩石的碳酸钙含量在50%左右，主要沉积物为泥灰岩、泥云岩、泥晶灰岩、夹粉砂岩，底部出现少量砾岩，岩石氯离子含量为1000~3000 ppm，属于半咸水环境。下干柴组下段上部为硫酸盐湖-碳酸盐湖的过渡沉积，岩石碳酸钙含量为30%~40%，主要沉积了石膏质或钙芒硝质的碳酸盐岩和泥质岩，岩石的氯离子含量为7000~20000 ppm，属咸水环境。下干柴沟组上段为硫酸盐湖和氯化物湖以及碳酸盐湖的混合沉积（间互出现），是该区域盐湖最咸化阶段，岩石的氯离子含量高可达438328 ppm，一般在10000 ppm以上，沉积了较厚的石盐、石膏及钙芒硝层。上干柴沟组随着尕斯断陷的逐渐抬升，物源区的影响增大，盐湖开始淡化，上干柴沟组下段为碳酸盐湖以及正常湖泊沉积，主要沉积了钙质泥岩、泥灰岩和石膏层，未出现石盐层，岩石的氯离子含量最高只有11335 ppm，一般在5000 ppm左右，上干柴沟组上段，除在底部发育短暂的碳酸盐湖沉积外，其余地层为碎屑岩沉积。

以上的咸化序列在狮子沟构造地区表现最为明显，但从其他构造来看，这一序列是普遍存在的，不过咸化程度不及狮子沟地区，并且其层位由狮子沟地区向北、向东逐渐变新。

2.5.2 新生代岩相古地理展布特征

2.5.2.1 古新世—始新世岩相古地理特征

古新世—始新世的路乐河组为一套洪泛至河流相红色粗碎屑岩系。岩性以棕褐色、紫灰色砾岩、砾状砂岩、含砾砂岩为主，夹棕褐色、棕红色砂岩、泥岩、砂质泥岩及泥质粉砂岩。在局部（柴西狮子沟—南翼山一带）可见灰色、深灰色泥岩、灰质泥岩和泥晶灰岩。

古新世—始新世为湖盆的形成—发展阶段。湖盆处于演化的早期，受青藏高原抬升影响，从古近纪早期开始，盆地周边老山继续隆升，盆地进入整体沉降阶段，路乐河组在东高西低的古地形基础上填平补齐，东部地区相对抬升，未接受沉积。盆地西部阿尔金山山前和北缘一带随印度洋板块向亚欧板块俯冲过程相对沉降较快，物源供给充分，结合砂岩等厚线图及地层等厚线图发现，沉降中心位于柴北缘，来自阿尔金山与祁连山的近源沉积物快速堆积形成了柴北缘巨厚沉积；沉积中心位于柴西油砂山和一里坪地区为半深湖-深湖相沉积，发育暗色泥岩；半深湖外围广泛发育滨浅湖亚相。阿尔金山山前和祁连山西段由于地形坡度较陡，发育冲积扇和冲积扇直接入湖形成的扇三角洲，沉积物以棕黄色砂砾岩与暗色泥岩互层为特征；柴北缘马海—小柴旦一带和柴南缘地区连片发育辫状河三角洲扇体，其砂体结构和成分成熟度都较高，属于远距离搬运，是很好的储集砂体。柴东地区此时期为超覆尖灭，未接受沉积。通过重矿物资料、砂砾岩百分含量资料分析路乐河组沉积期存在 6 个水系，阿尔金山的短程水系（包括西段的七个泉—阿哈堤水系、中段的索尔库里—干柴沟水系和东段的牛鼻子梁水系）、祁漫塔格山的较远程水系（包括切克里克水系、东柴山水系和黄石水系）、阿拉尔水系、赛什腾—冷湖水系、祁连山—路乐河水系和昆仑山远程水系（包括东柴山水系、乌图美仁水系和黄石水系）（图 2-24）。

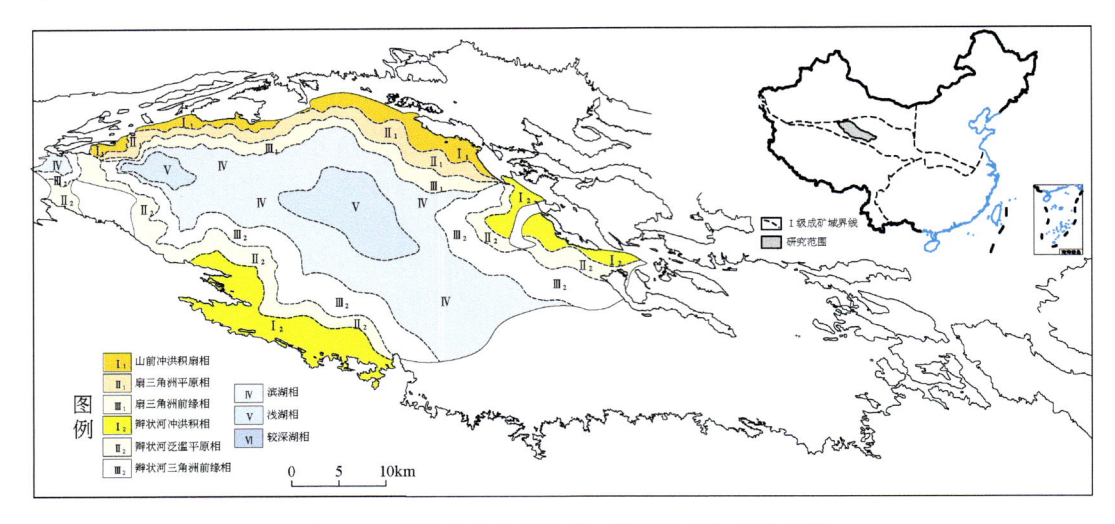

图 2-24　柴达木盆地古新世—始新世岩相古地理图

2.5.2.2　始新世晚期岩相古地理特征

始新世晚期沉积的下干柴沟组在盆地内广大地区基本上为一套洪泛相至河流相的红色粗碎屑岩系，岩性以棕红色砂砾岩、泥岩为主；在昆北沉积了以灰色、深灰色泥岩、灰质泥岩和泥晶灰岩等为主的湖相地层。

下干柴沟组与路乐河组相比此阶段沉积格局变化主要体现在：湖平面上升，湖盆面积扩大，向西推进到达阿尔金山边缘，向北到达大风山、鄂博梁地区，向南推进到昆仑山边缘，东部至德令哈一带；半深湖仍然继承性地分布在油砂山和一里坪地区，但面积较路乐河时期更大，范围明显往北、往东和往西扩张，油砂山地区半深湖中发育灰质泥岩。由于地形坡度大，阿尔金山西段连片发育扇三角洲，阿尔金山中段的尖顶山、大风山、鄂博梁地区主要发育辫状河三角洲。柴北缘祁连山山前主要发育辫状河-辫状河三角洲。柴南缘的甘森、格尔木地区发育辫状河三角洲。柴东地区在此时期开始接受沉积，山前发育泛滥平原相的红色碎屑沉积，大部分地区广泛发育滨湖相。

始新世晚期在狮子沟地区局部形成盐湖，由于当时的阿尔金山、昆仑山相对低，高耸的祁连山系是盆地的主要物质补给区，鱼卡河、路乐河等河流携带大量的盐类物质补给盆地，始新世晚期转化成半干旱-干旱气候，热蒸发作用变强，在狮子沟地区由于湖水浓缩形成了盐湖。通过钻孔资料显示盐湖平面分布范围主要为北以狮 22 井为界，南以狮 25 井为界，西以狮 36 井为界，东以狮 20、24 井为界，分布范围为几十平方千米（图 2-25）。

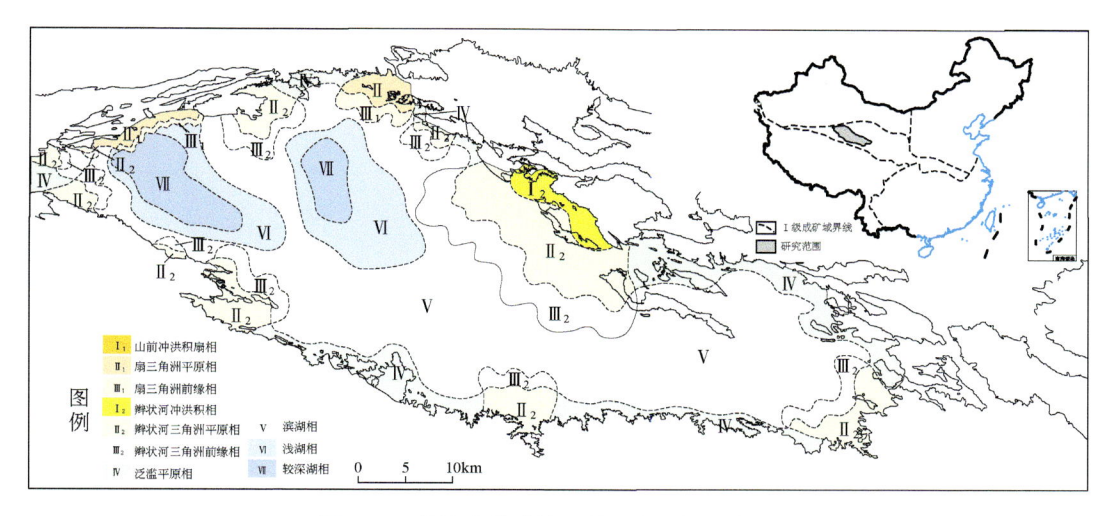

图 2-25　柴达木盆地始新世晚期岩相古地理图

2.5.2.3　渐新世岩相古地理特征

上干柴沟组岩性以黄绿、灰绿、灰色的砂岩和棕红色泥岩为主,柴西地区以灰色细粒沉积为主。上干柴沟组沉积初期,柴达木湖盆面积最为广阔,深湖-半深湖区在狮子沟至茫崖一带,但分布面积更为广泛,在咸水泉至小梁山地区、一里沟地区、一里坪地区分布有半深湖亚相沉积,在台吉乃尔湖和涩聂湖附近水体也较深,该时期进一步表现为多个沉降中心。浅湖亚相的分布范围更为广阔,油泉子、南翼山、大风山一带为水下隆起带,发育浅湖滩坝亚相沉积;其他地区的沉积相类型基本上没有大的变化。铁路以东地区仍然以滨浅湖和冲积平原为主,水下低突起较为发育,其他沉积相类型没有大的变化。上干柴沟组沉积末期,由于柴西南缘昆仑山的抬升,湖盆开始由南向北、由西向东迁移,由于油泉子—南翼山一带水下隆起的存在,半深湖亚相在西部地区分布不连续,分布面积也有所减少,分别位于狮子沟至茫崖北部地区、咸水泉及小泉子、尖顶山一带,大风山、一里沟一带的较深水沉积连成一片,但总面积缩小;铁路以东地区水体整体变浅,滨湖的发育范围缩小,冲积平原的分布范围增大,边缘地区的快速堆积相带分布较窄。

上干柴沟组沉积格局与之前相比有了较大变化,盆地达到最大湖泛面,沉积范围往东扩至德令哈地区,广泛分布至全盆地,沉积展布范围呈西北—南东向,地层整体西薄东厚,沉降中心往东略有偏移,仍位于柴北缘,沉积中心仍位于柴西狮子沟—茫崖地区和一里坪地区,发育半深-深湖相,浅湖相围绕半深湖-深湖相大面积分布,周缘为滨湖相。小梁山—油墩子地区发育灰质泥岩沉积。阿尔金山的扇体规模变小,逐渐往东迁移;盆地西南缘发育辫状河三角洲扇体,其规模较之前增大,表明物源区更近、物源供给更充足;盆地南缘昆仑山山前开始出现三角洲沉积,扇体从东柴山一带入湖。

渐新世时期地层的主要物源为昆仑山阿拉尔物源、阿尔金山牛鼻子梁物源和干柴沟物源;次要物源为昆仑山绿草滩—南乌斯物源、赛什腾冷湖四号物源、冷湖六号物源、赛什腾山马海南八仙物源;此外阿尔金山红沟子物源、赛什腾山冷湖七号物源和昆仑山弯梁子物源也可能向盆地提供沉积物。盆地西部跃进地区三角洲相展布向盆内延伸更远,阿尔金山山前咸水泉至月牙山一带仍是以边缘相带快速入湖形成的窄相带为特征,北缘地区则表现为缓坡条件下的滨浅湖和三角洲沉积(图2-26)。

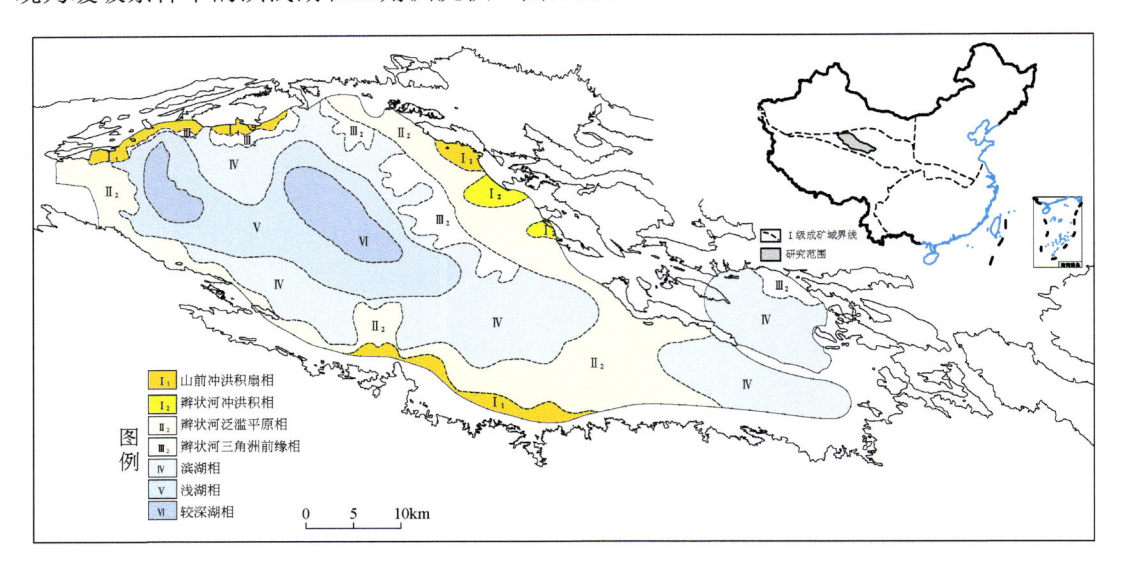

图2-26 柴达木盆地渐新世岩相古地理图

2.5.2.4 中新世早-中期岩相古地理特征

下油砂山组沉积初期,昆仑山迅速抬升,湖盆面积迅速缩小,湖盆进入收缩期,盆地水体变浅,深湖-半深湖相在下油砂山组下段沉积时期,仅分布在茫崖附近,在旱2井区附近也有一个沉积中心。而下油砂山组在沉积末期,昆仑山持续抬升,湖盆面积进一步缩小,盆地水体继续变浅,沉积中心往茫崖东部迁移,为半深湖-浅湖沉积,且分布更为局限;旱2井区的沉积中心分裂为两个小的凹陷。

本时期开始阶段,物源以昆仑山山前物源为主,在阿尔金山山前西段的扇三角洲、三角洲相沉积分布面积逐渐变小,并向山前逐渐收缩;同时由于坡度变缓,扇三角洲-湖底扇体系不再发育,而转化为辫状河三角洲和三角洲沉积。沉积相特征变化较大的是西部跃进地区,由于昆仑山的抬升和湖水的衰退,该地区古地形坡度变陡,河流作用相对增强,在古阿拉尔水系的作用下形成水退环境下的扇三角洲相沉积。北缘地区河流作用增强,三角洲相相对较发育。到了后期,来自阿尔金山昆特依—牛鼻子梁一带的物源增加,其他无太大变化;在阿尔金山山前由于湖盆向山前逐渐收缩,河流流程变长,可形成三角洲沉积,但规模逐渐变小;由于昆仑山的持续抬升使古阿拉尔水系形成水退环境下的扇三角洲相沉积向盆地内部延伸更远。北缘地区河流作用进一步增强,三角洲-扇三角洲相对较发育。

该阶段沉积相发育得比较齐全。油墩子和一里坪地区为沉积沉降中心。浅湖、半深湖面积有所扩大,并且半深湖有向东迁移的趋势。半深湖相分布略呈北西走向的椭圆形主要在东台吉乃尔湖以西;河流泛滥平原相、河流三角洲相主要分布在东昆仑西段与阿尔金山交汇处、柴北缘东陵丘—大红沟一带，以及德令哈凹地。柴西阿拉尔地区、柴北缘发育辫状河-辫状河三角洲沉积，辫状河三角洲沉积范围有所扩大。柴南缘主要发育辫状河-洪泛平原沉积，干柴沟、咸水泉、月牙山地区仍继承性发育扇三角洲沉积（图2-27）。

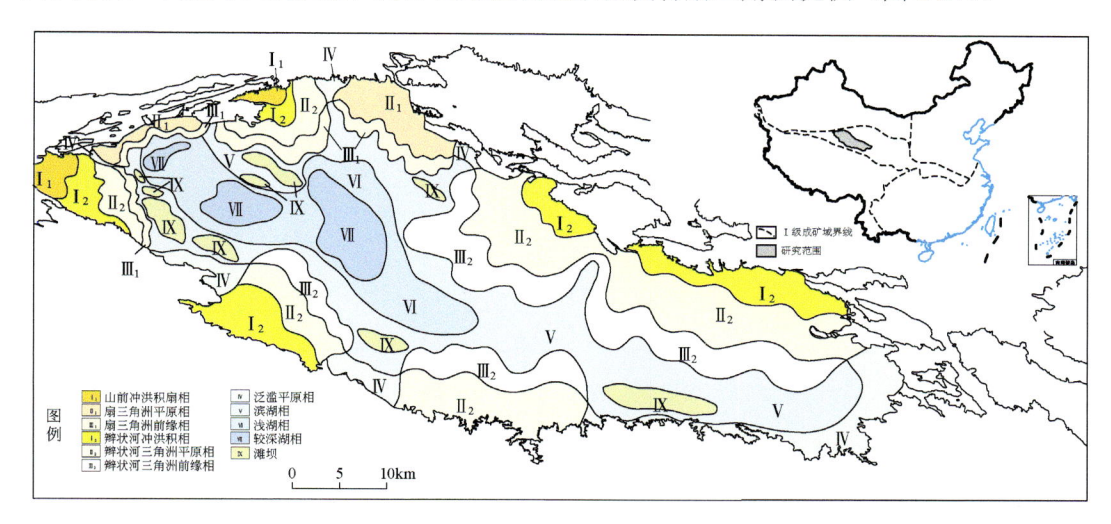

图2-27 柴达木盆地中新世早-中期岩相古地理图

2.5.2.5 中新世晚期岩相古地理特征

这一沉积时期湖盆进一步收缩、衰退，整个湖盆基本上以滨、浅湖水体沉积为主，部分地区如北缘地区河流沉积作用增强，河流泛滥平原相沉积分布更为广泛，在西部地区扇三角洲相和三角洲相沉积仍然存在，但河流泛滥相沉积也已经相当发育。

由于中新世受柴达木盆地局部抬升影响，湖体面积更加局限，湖盆进一步收缩、衰退，整个湖盆基本上以滨湖、浅湖水体沉积为主，中西部地区湖相沉积止于台吉乃尔—南八仙一带，东部地区湖体萎缩，主要为浅湖相沉积，全区深湖-半深湖沉积中心主要分布在油泉子及一里沟一带。由于湖体萎缩，部分地区冲积扇、扇三角洲及河流沉积作用仍然存在，其中，冲积扇主要分布在七个泉、跃进地区、甘森、乌图美仁、格尔木以及北部的大柴旦等地，冲积平原相沉积分布广泛，在西部地区扇三角洲相和三角洲相沉积仍然存在。此时沉积相与下油砂山地区具有明显的继承性，其中，深湖相仍然分布在西北部，滨浅湖向西北、南东方向萎缩。

由于受周围三大山系的剧烈抬升，上油砂山组遭受了强烈的剥蚀。半深湖面积明显扩大，在油砂山和一里坪地区的半深湖相沉积中发育灰质泥岩。滨浅湖相沉积的西边界和南边界向盆地内部推进，致使阿尔金山山前的扇三角洲和辫状河三角洲沉积范围减小。柴西阿拉尔地区辫状河三角洲沉积消失，主要发育辫状河和洪泛平原沉积；阿尔金山山前的扇三角洲沉积明显减少，仅在干柴沟和咸水泉等局部地区发育；月牙山地区主要发育辫状河和洪泛平原沉积；碱山和大风山地区的辫状河三角洲沉积消失，发育半深湖亚相沉积。柴北缘的冷湖、南八仙地区的辫状河三角洲沉积消失，以大范围的洪泛平原沉积为主（图2-28）。

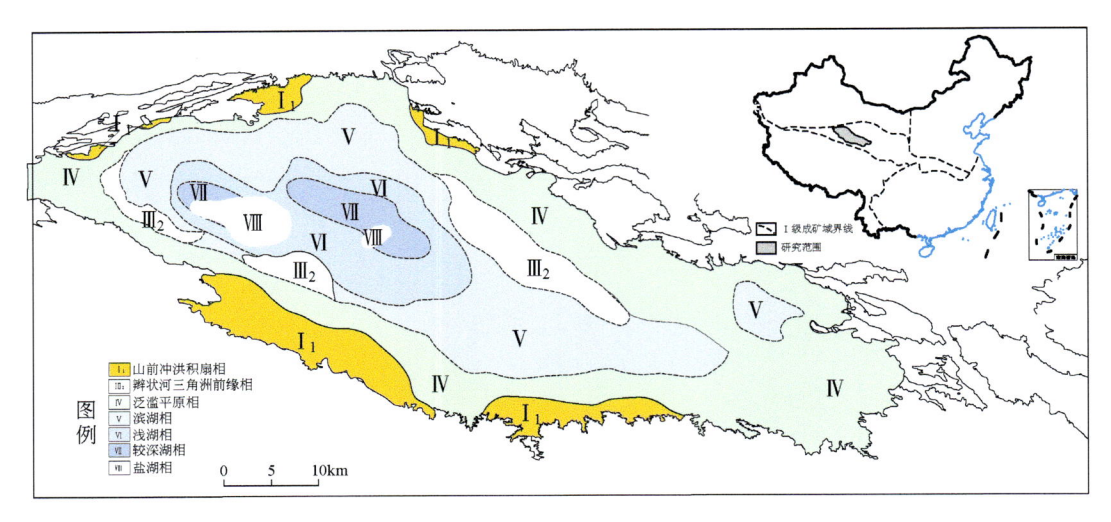

图 2-28 柴达木盆地中新世晚期岩相古地理图

2.5.2.6 上新世岩相古地理特征

该组沉积时期是柴达木盆地新近纪湖盆演化的最后阶段——衰亡期，湖水面积较小，水体普遍较浅，且沉积中心向东移动，此时湖泊相沉积中心分布于盆地中东部的"三湖"地区到一里坪一带。盆地内广泛分布冲积平原相沉积，范围较上油砂山沉积变小，三角洲相沉积、扇三角洲沉积以及冲积扇沉积变多，这主要是由湖体萎缩、盆缘抬升造成，主要位于阿尔金山山前地带、南一山地区、冷湖六号和冷湖七号，以及三湖凹陷南斜坡格尔木地区，三角洲在湖盆内的延伸并不远。滨湖相的沉积范围明显扩大，较上油砂山组向东延伸至三湖凹陷北斜坡的最东部。浅湖相和半深湖-深湖沉积相向东迁移，沉积中心的范围较上油砂山组略有减小。

由于受周围三大山系的剧烈抬升，狮子沟组遭受了强烈的剥蚀。该阶段狮子沟组湖泊面积进一步扩大，滨湖—浅湖相北边界扩展到牛参 1—葫 2—冷七 2—仙 3—北 1—东参 4 井区；半深湖面积也进一步扩大，其北边界扩展到鄂 2 井区，半深湖中开 2—墩 5—旱 2 井区发育灰质泥岩。柴西阿拉尔、月牙山、狮子沟地区发育辫状-辫状河三角洲沉积。由于该时期湖泊面积大，整个盆地缺乏洪积扇和扇三角洲沉积，湖泊周围是广泛的洪泛平原和辫状河沉积（图 2-29）。

2.5.2.7 早更新世岩相古地理特征

新近纪末—早更新世（2.5～1.7 Ma），推测高原已逐步隆升至 1000～2000 m 海拔高度，并与全球降温相耦合，迎来了地球史上（主要指北半球）新生代第三次大冰期。于是在区内发育了第一次冰期——雅西措冰期（又称倒数第四次冰期），堆积了一套早更新世冰碛物。中-晚更新世以来的剥蚀作用对该期冰川地貌进行了强烈的改造，使本期的冰蚀地形消失殆尽，其冰碛物仅在雅西措一带有少量残留，并以角度不整合覆于五道梁组之上。但就整个高原所发现的为数不多的该期冰碛物孤立地分布于一些山地的峰顶上分析，其冰川类型属山谷冰川或山麓冰川。早更新世中晚期气候变暖，冰川消融，冰碛物经深风化、铁化，表征为红色。此时，区内水系主要为以湖泊为中心的短程河流，无统一的大河存在。湖积物的古气候信息表明当时气候温暖潮湿，体现了森林草原环境。

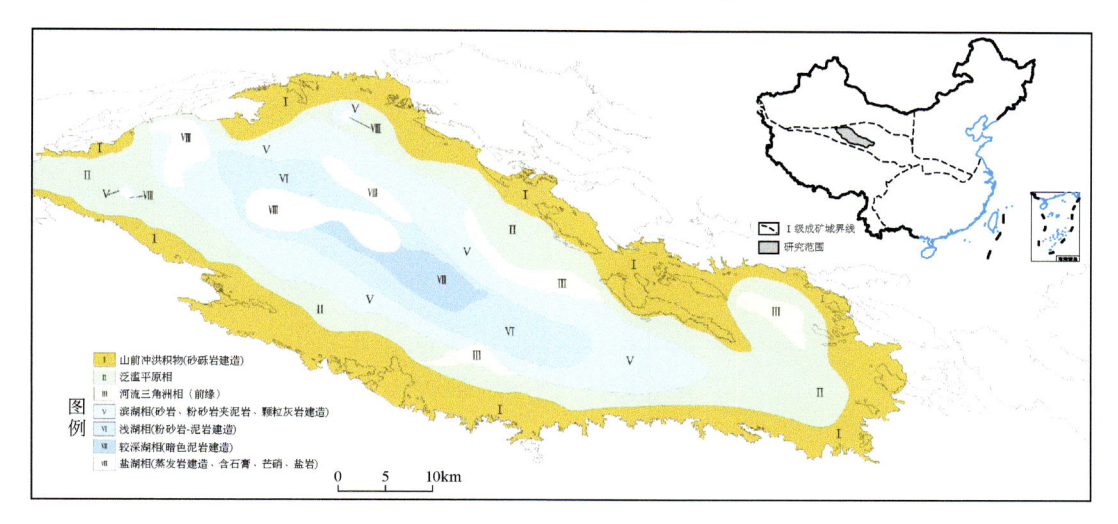

图 2-29　柴达木盆地上新世岩相古地理图

柴达木盆地这一沉积时期受新构造运动（第一期、第二期）及气候变化的影响，盆地的沉积相也发生一些变化，沉积中心的深湖相沉积较前期往东南方向稍有偏移，面积进一步缩小，位于西台吉乃尔湖—涩聂湖一带，呈 NW 向分布；浅湖相沉积西起一里坪，东至南北霍布逊湖，较前期规模变化不大；滨湖相沉积延伸至盆地西北部边缘，东至诺木洪地区，其规模有所扩大；盐湖相沉积面积明显变小，与前期比较，往西北方向有所偏移；冲积扇相沉积位于盆地边缘、河流出山口附近，形成冲洪积扇面，未形成扇三角洲，在盆地北缘面积缩小明显，南缘面积变化不大；同样，河泛平原相或河流三角洲相沉积在盆地北缘面积变化明显，南缘变化不大。盆地西部古地势高、水源和物源补给量小，为成盐提供了有利的条件，盐湖相沉积分布于大浪滩、马海、南翼山、一里沟一带（图 2-30）。

2.5.2.8　中更新世岩相古地理特征

距今 1.1～0.7 Ma 前后（早更新世末—中更新世初）发生的第三期新构造运动，这次运动具有突然性和抬升幅度大的特点，是青藏高原隆起的又一阶段。随着昆仑—黄河运动导致的构造抬升和气候变冷，高原上升引起的降温和被称为中更新世革命的全球性轨道转型与降温相耦合，青藏高原迅速响应，并首次全面地进入冰冻圈，导致了高原第四纪以来最大冰期的发生（又称倒数第三次冰期）。此次冰期在区内称开心岭冰期，堆积了一套中更新世冰碛物。此次运动过程中不但形成了早更新世湖泊，而且也使早更新世湖相沉积发生了褶皱变形。冰期之后主要表现为侵蚀期，中更新世冰碛物呈黄褐色，表明气候已变温暖。此次运动引起了大气环流的改变，冬季风盛行，并使中更新世以前的古近纪、新近纪植物种属很快消失，之后气候总体向干旱方向迅速发展，地形大切割时期也即将来临。

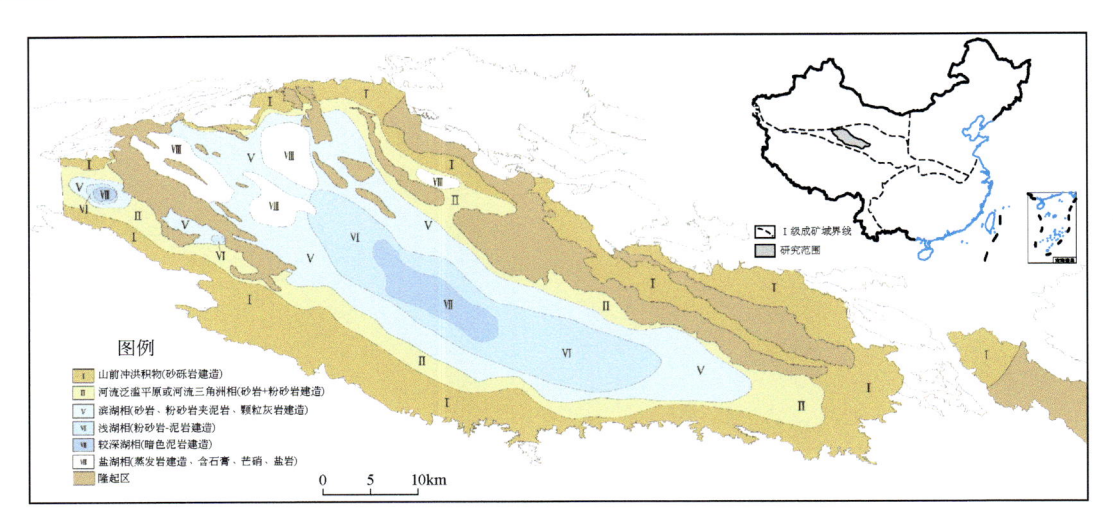

图 2-30 柴达木盆地早更新世岩相古地理图

中更新世时期，受第三期新构造运动及气候变冷的影响，柴达木盆地的沉积岩相随之发生变化，尤其柴北缘和西北部构造剥蚀区凸起明显，导致深湖相沉积继续往东南偏移，沉积中心位于涩聂湖—达布逊湖一带，浅湖相沉积西起西台吉乃尔湖，东至南北霍布逊湖，面积进一步缩减；滨湖相沉积西起一里坪，东至诺木洪地区，空间分布变化较大，西北部的滨湖相沉积大面积缩减；冲积扇相沉积位于盆地边缘、河流出山口附近，形成冲洪积扇面，主要分布盆地南缘，北缘因构造凸起，冲积扇相沉积消失；盐湖相沉积分布于大浪滩——一里沟地区，同时盆地西北部盐湖相沉积的面积有所增加（图 2-31）。

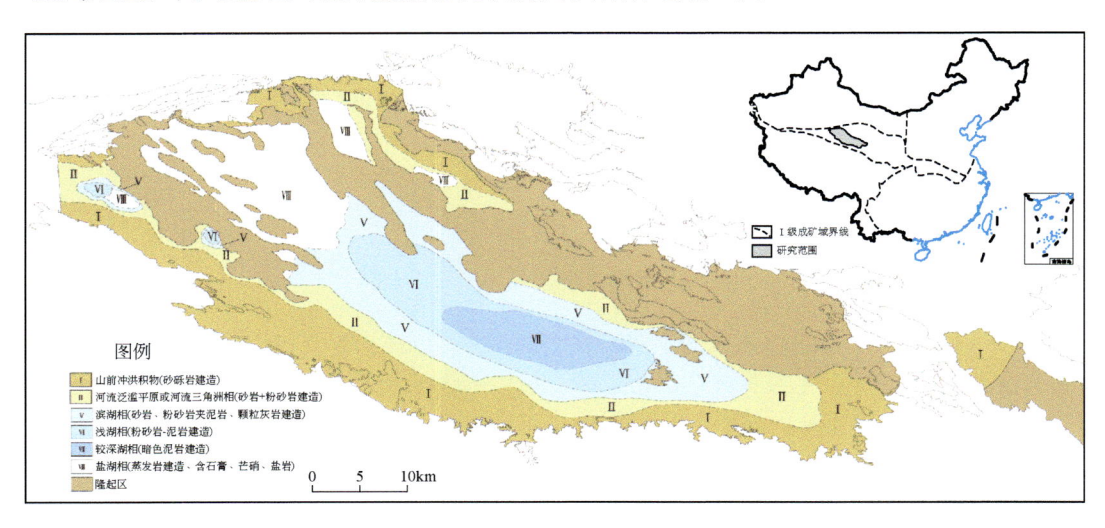

图 2-31 柴达木盆地中更新世岩相古地理图

2.5.2.9 晚更新世岩相古地理特征

晚更新世时期，受第四期新构造运动强烈抬升的影响，在柴达木盆地南部，中、晚更新世地层和早更新世地层逐层叠置，沉积厚度巨大，说明这一地区第四纪以来一直在不断下沉。沉积范围北自南霍布逊湖、北霍布逊湖、达布逊湖、东台吉乃尔湖、西台吉乃尔湖一带起，南至昆仑山山前，南北方向宽度超过 100 km，东西方向长度超过 400 km。物探资料显示，此带南北两侧均由隐伏断裂控制。以上这些现象，都说明中、晚更新世以来该地区的构造活动仍很强烈，但与第四纪早期的表现形式有所不同。昆仑山北坡晚更新世晚期以来的河流阶地以及山前百余米的深切幅度，表明昆仑山构造隆升以及气候作用十分活跃，昆仑山南坡山前地带发育大量晚更新世扇体及其叠加关系，反映的是气候和山脉构造隆升共同作用的结果。

柴达木盆地在晚更新世因构造、气候的影响，盆地内的沉积相持续演变，主要发育盐湖相、洪积相、洪-湖积相沉积，深湖相-半深湖相完全消失，淡水湖相、滨湖相沉积退化严重。盐湖相沉积主要分布于柴达木盆地西北部大滩上及东南部低洼区，形成了大面积石盐层，盐湖相沉积从盆地的西北部延伸至东南端，基本奠定了现今盐湖的雏形；洪积相沉积大量分布于柴达木盆地周围洪冲积扇和大滩上，以磨圆中等的砾石形成平行层理；在盆地东南部霍布逊地区因 NS 向推测构造的影响，滨湖相、盐湖相沉积与淡水湖相沉积切割明显。盆地周缘发育洪冲积相、洪积相两种类型沉积类型，洪冲积相沉积广泛分布在大灶火地区的河谷两侧及山前地带、中吾农山山前等一带，构成山前洪积扇及山前、山间洪积平原或较大河谷的高阶地，柴达木盆地东缘各大河流的下游两侧和山前平原，以及柳河、柯柯赛河、野马滩、南戈滩和莫河农场西等地。洪积相沉积广泛分布于拉陵灶火河下游—小灶火河—中灶火河以东一带（图 2-32）。

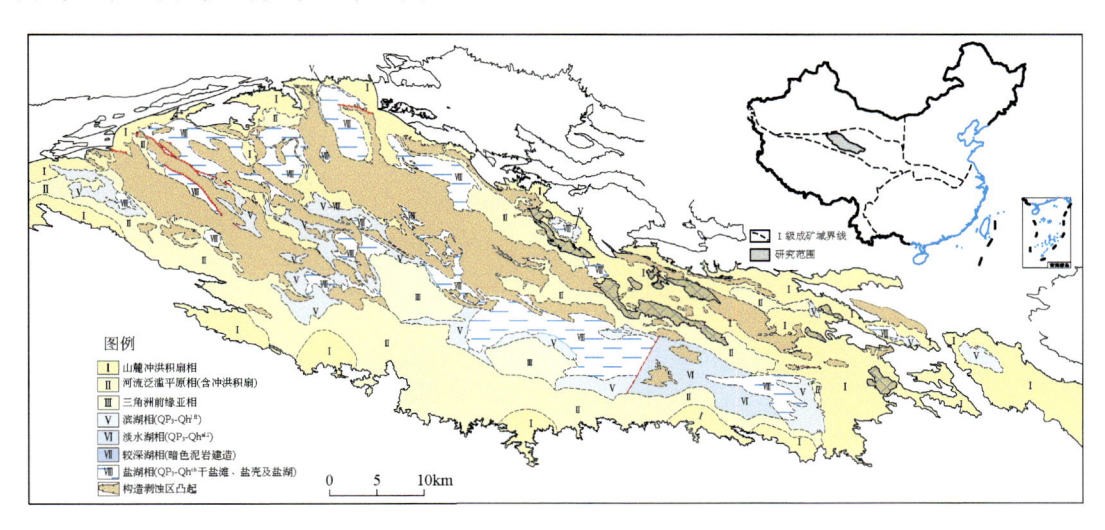

图 2-32 柴达木盆地晚更新世岩相古地理图

2.5.2.10 全新世岩相古地理特征

晚更新世晚期、全新世早期，全球气候曾出现过短暂的变冷阶段，因而推测该阶段的岩相古地理特征可能是这一事件在该区域的反映。全新世早期柴达木盆地淡水属种的土星介、乳白小玻璃介、静立爬星介类繁盛，说明在经历了末次冰期的干冷气候之后，该区域已经完全进入了湿润的冰后期；该段时期延续时限短，不足千年后介形类化石稀少，仅出现耐盐属种——喜盐异星介，说明气候在该时段短暂趋于干冷；全新世中后期介形类又大量出现，说明柴达木盆地在这一阶段气候湿润，适宜于生物生长，也是全新世的一次气候最适宜期；至全新世末期介形类稀少，这与当今柴达木盆地的气候干燥、变冷有关。

全新世温润的气候导致柴达木内陆水系普遍发育，并形成多级河流阶地，最高级阶地的河拔高程为 50~60 m，反映了强烈的谷地下蚀作用，多级阶地的结构体现了全新世以来的总体持续下蚀过程，这种过程是构造隆升作用下柴达木盆地与周围山脉地貌分异持续加剧以及气候变化与河流演化的叠加控制，综合作用形成的气候-构造现象。

柴达木盆地经全新世时期的演化，其沉积相再次发生了变化，主要发育盐湖相、沼泽相、湖积相、洪冲积相、风积相沉积。盐湖相沉积大量分布于柴达木盆地西北部较低洼地段，为封闭型内陆咸水湖沉积，为现今盐湖的分布奠定基础；沼泽相沉积主要分布于盆地东部和北部的沼泽、河流堰塞沼泽地段；湖积相沉积零星分布于湖盆东部和北部湖滩上；冲洪积相沉积主要分布于盆地南北缘，形成于各大河谷地带，地貌上构成Ⅰ、Ⅱ级阶地及河漫滩；风积相沉积大量分布于内陆湖盆地内部及周围，呈风成新月形沙丘或不规则状沙堆、沙垄、沙梁，有的组成波状沙链（图 2-33）。

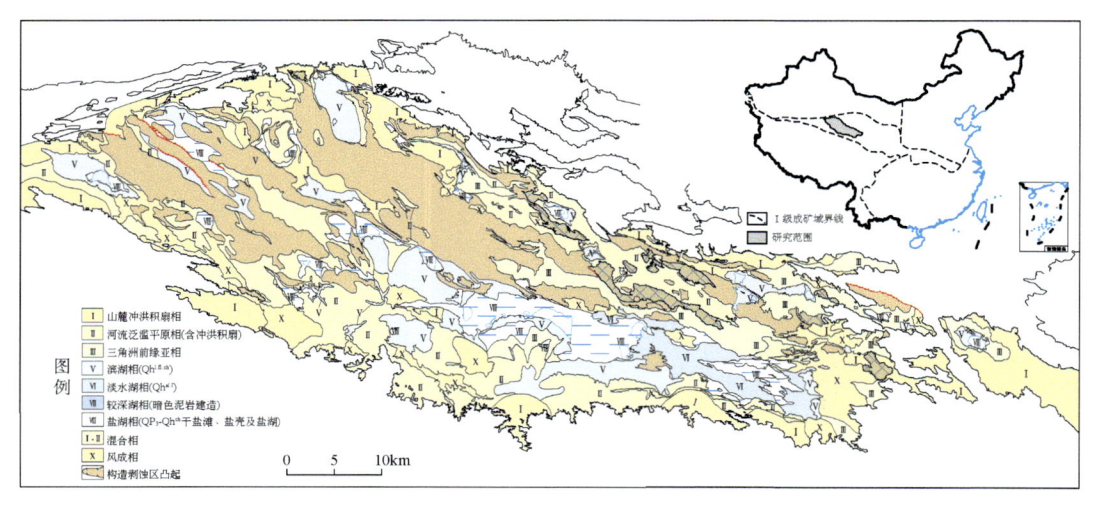

图 2-33　柴达木盆地全新世岩相古地理图

2.6　柴达木盆地Ⅴ级成矿单元划分

2.6.1　划分沿革、定义

近年来，随着矿产勘查和综合地质研究的开展，研究人员对柴达木盆地的成矿单元进行了系统划分。但不同的研究人员由于侧重点不同，对成矿单元的划分和归属有着不同方案。

全国矿产资源潜力评价项目以区域矿床（点）的时空分布规律、成矿环境、成矿机制为依据，进一步划分出 2 个Ⅳ级成矿亚带：盆地西部油气-硼-锶-芒硝-钾镁盐成矿区，盆地东部硼、锂、钾镁盐、油气成矿区；9 个Ⅴ级矿集区：大柴旦—小柴旦现代盐湖、尕斯库勒现代盐湖、大浪滩现代盐湖、南翼山古近纪—新近纪地下卤水、察汗斯拉图现代盐湖、昆特依现代盐湖、马海现代盐湖、一里坪—西台吉乃尔—东台吉乃尔现代盐湖、察尔汗现代盐湖；盆地北部划分为两个矿带，盆地西部划分为五个矿带，盆地中东部划分为两个矿带[①]。

中国石油第四次油气资源评价在分析盆地基底与盖层、沉降与充填、热史与流体、结构与变形、能源与矿产、建造与改造、富集与破坏、造山与成盆等因素的基础上将柴达木盆地划分为 3 个一级构造单元（西部拗陷、北缘块断带、三湖凹陷），12 个二级构造单元和 48 个三级构造带（付锁堂等，2014）。

商朋强等（2017）根据盐湖发育程度、构造单元划分、盐类矿物赋存特征及特征元素组分为依据，将柴达木盆地划分为 3 个Ⅳ级成矿亚带：北东部山间盆地成盐成钾亚带、中部（中部西北段、中部东南段）成盐成钾亚带、西南部茫崖断陷古近纪—新近纪富钾卤水和第四纪盐湖钾盐矿成矿亚带。

潘彤（2017）在突出盐湖、能源重点矿种，地、物、化、矿产资料相互印证，以及综合分析的原则上将柴达木盆地划分为 3 个Ⅳ级成矿亚带：柴达木盆地西部拗陷区锶-石油-天然气-芒硝-钾镁盐成矿亚带、柴北缘断块区硼-铀-石油-天然气-煤成矿亚带、柴达木盆地东部古近纪—新近纪隆起区锂-铷-钾镁盐-天然气成矿亚带。

潘彤等（2022）以大地构造单元、区域矿床（点）的时空分布规律、相似的成矿构造环境和成矿机制为依据，将柴达木盆地划分为 4 个Ⅳ级成矿亚带（柴西北成矿亚带、柴中成矿亚带、昆北成矿亚带、达布逊湖成矿亚带）和 5 个Ⅴ级矿集区（昆特依—马海石油-天然气-钾-钠-镁矿集区，大浪滩—察汗斯拉图石膏-芒硝-天青石-钾-钠-镁-石油-天然气矿集区，一里坪—涩北钾-钠-镁-锂-硼-天然气矿集区，南翼山—昆北石油-天然气矿集区，察尔汗盐湖钾-钠-镁-锂-硼矿集区）。

2.6.2 成矿单元划分依据及原则

2.6.2.1 划分依据

柴达木盆地自侏罗纪以来经历了漫长的演化，直至上新世才开始分解为东西两个部分，之后随着更新世强烈的构造运动，马海、大小柴旦、昆特依、一里坪和台吉乃尔等湖区先后从柴达木古湖分离出来，发展到更新世晚期，察尔汗盐湖作为一个单独的湖区开始了盐类沉积演化活动。经过上述演化，目前盆地内有大小不等的盐湖 33 个，其中察尔汗湖区、东西台吉乃尔—一里坪湖区、大小柴旦湖区、马海湖区、昆特依湖区、大浪滩湖区和尕斯库勒湖区这七大盐湖为重点开发区，现已发现盐湖矿床 70 多处，盆地内浅部盐湖资源基本

---

① 青海省地质矿产勘查开发局.2013.青海省矿产资源潜力评价成矿地质背景研究（技术报告）.

查明，深藏卤水资源潜力巨大。

柴达木盆地经过50多年的勘查，现已发现并探明储量和资源量的矿产共计11种，分别是石盐（NaCl）、钾盐、镁盐、芒硝、石膏、天然碱、硼矿、锂矿、锶矿、溴矿及碘矿，其中钾盐占全国资源储量的79.78%；锂矿占全国资源储量的83.16%；硼矿占全国资源储量的26.69%；石盐占全国资源储量的22.13%（潘彤等，2022）。以钾肥为主的盐类矿产品在国内享有盛誉，是青海省最具特色也最有发展前景的矿产。

柴达木盆地内堆积了巨厚的中新生代碎屑沉积，古近系主要发育在盆地西部，新近系向东扩展，第四系在整个盆地都有分布。第四纪含盐沉积地层是在新近纪时期的盐湖相沉积基础上演化而来的。前人根据构造及盐类矿物组合，把盆地划分为4个盐类沉积空间，即①盆地东北部山间凹陷区域的碳酸盐、石盐沉积区，②盆地西部古近纪和新近纪隆起区域的硫酸盐类和钾盐、镁盐沉积区，③盆地中部第四纪强烈沉降区域的钾盐、镁盐沉积区，④盆地西南部断陷区域的硫酸盐沉积区（魏新俊等，1993）。不同湖区的特色资源和元素共生种类有所不同，察尔汗湖区为钠-镁-钾-锂，东西台吉乃尔——里坪湖区为锂-镁-钾，大小柴旦湖区为硼-锂-钾-镁，马海湖区、昆特依湖区和尕斯库勒湖区为钾-镁，大浪滩湖区为钠-钾-镁（汪傲等，2016）。

本书对柴达木盆地构造单元的划分充分参考了柴达木盆地盐类矿产成矿单元划分方案，以柴达木盆地新生代地质构造环境为基础，以突出盐类矿产为原则，主要依据盆地基底结构、盆地演化、盆地沉积中心迁移规律、地层展布、构造变形特征、断裂和山脉的分割性及盐类矿产分布规律，结合全国构造单元划分方案，对柴达木盆地Ⅳ级成矿单元进行划分，在Ⅳ级成矿单元划分基础上进一步划分Ⅴ级成矿单元（矿集区）。

1）地层展布

柴达木盆地新生界广泛分布在盆地的西部和北部，地层厚度大，在盆地东部地层厚度较小。古近系—新近系在整个盆地内广泛分布，但在西部沉积厚度巨大，向北部和东部厚度变小并存在层位缺失，古近系—新近系的沉积中心和沉降中心位于盆地西部。第四系的沉积中心和沉降中心均位于盆地东部（狄恒恕等，1991）。这些特征是Ⅳ级单元划分的依据。古近系—新近系厚度和沉积中心的差异是西部中央拗陷内Ⅴ级单元划分的依据，第四系厚度和沉积中心的差异是东部达布逊拗陷内Ⅴ级单元划分的依据。

2）构造变形特征

柴达木盆地的构造变形以褶皱和逆断层为主，构造变形强度西强东弱，南北山前地区变形强，而盆地中央拗陷区变形弱。北部祁连山山前地区和西部昆仑山山前地区主要表现为冲断构造变形，盆地西部以褶皱构造变形为主要构造特征，盆地东部构造变形较弱，具有明显的南北分带和东西分区的特点，是Ⅳ级单元划分的依据。背斜构造成带分布，凹陷区褶皱构造发育弱，是Ⅴ级单元划分的依据。

3）盐类等沉积矿产分布

柴达木盆地钾盐矿产分布广泛，但是西部明显比东部更富集，矿产的时空分布受盆地内次级构造、成盐作用、水化学类型等诸多因素的制约，具有一定的规律性。柴达木盆地早期沿断裂下陷的凹陷，受后期新构造运动的影响，盆地遭受挤压产生断裂和差异性升降活动，地层变形、褶皱隆起，引起盆地内产生地形差异，地形的变化分割湖水，形成许多次级的、不同大小、形状和类型的小盆地或小凹地，即次级构造，在柴达木盆地的西部尤其明显。由于小盆（凹）地所处的位置、补给河流的方向和来源及周围环境的差异，各小盆（凹）地中形成的矿产有所不同。如西部拗陷区大浪滩盆地的梁北凹地中形成的矿产主要是钾矿，西部拗陷区北侧的察汗斯拉图盆地凹陷中形成的矿床主要是芒硝。

4）盆地演化特征

柴达木盆地早、中侏罗世断陷盆地以北部祁连山山前最为典型，古近纪—新近纪压扭盆地以盆地西部为中心，第四纪盆地中心在盆地东部，盆地演化过程中沉降幅度的差异，生长断层和生长背斜的成带发育以及喜马拉雅晚期强烈构造变形为构造单元的划分提供了依据。

5）基底结构

柴达木盆地前侏罗系基底主要由元古界片麻岩、奥陶系片岩和石炭系灰岩组成，三湖地区和一里坪地区为片麻岩，茫崖地区为片岩，德令哈地区为灰岩，北部地区基底组成复杂，为Ⅰ级单元划分提供了依据。在北部西段赛什腾和驼南地区基底为片岩，冷湖构造带基底为片麻岩，昆特依和伊北地区基底为灰岩，为Ⅳ级单元划分提供了依据。盆地基底起伏的空间差异主要表现为西部深、东部浅，中央深、两侧浅。基底埋深的最大深度超过17000 m，位于西部一里坪地区。盆地两侧的祁连山山前和昆仑山山前地区，以及东部地区的基底埋深明显变浅，表现出明显的西、北、东三分性特点，为Ⅳ级构造单元的划分提供了依据。在此背景下，基底的起伏的空间差异可进一步作为Ⅴ级构造单元划分的依据。

6）断裂和山脉的分割性

柴达木盆地边缘和内部发育众多的断裂构造，规模大的断裂不仅对沉积有控制作用，而且对构造变形和构造演化也有控制作用。赛南、绿南和埃南断裂是南祁连山山前逆冲推覆片体带和赛什腾山对冲凹陷的分界，埃南断裂是三湖凹陷和德令哈拗陷的东部分界，甘森—小柴旦断裂构成三湖凹陷与茫崖凹陷的分界，各Ⅴ级单元之间也多以断层为界。另外，柴达木盆地内部的锡铁山和埃姆尼克山是达布逊凹陷和德令哈拗陷的分界，全吉山是北部块断带与德令哈拗陷的分界，绿梁山是鱼卡—红山凹陷与大红沟凸起的分界。

2.6.2.2 划分原则

（1）以研究区所处的大地构造环境为基础原则。成矿单元是成矿作用及产物的载体，在各种控矿条件最佳耦合条件下，一定区域内由一个或多个成矿旋回叠加，可形成矿化强度大、矿床分布集中的矿化密集区。矿产实际上是地壳历史演化的产物和特殊标志，因此，成矿的地质构造环境及与其有关的成矿作用所涉及的范围是圈定成矿单元的基础（陈廷愚等，2010）。

（2）逐级圈定成矿单元原则。本书对成矿单元的划分与中国成矿单元划分方案（徐志刚等，2008）相统一。即成矿域（Ⅰ级）、成矿省（Ⅱ级）、成矿带（Ⅲ级）、成矿亚带（Ⅳ级），本书将柴达木盆地成矿单元划分到Ⅴ级（矿集区）。

（3）借鉴油气单元划分原则。每一次地质构造热事件都包括特定的成矿作用和矿化类型，不同级序的区域构造控制着不同级别成矿区带的空间分布范围、矿床类型及元素富集程度。成矿有利部位往往是地质构造界面或者是构造活动的强烈部位。柴达木盆地中新生代油气与盐类矿产紧密联系，本书划分Ⅳ级成矿亚带、Ⅴ级矿集区边界主要参考油气的构造单元边界。

（4）以沉积盆地演化为主线原则。柴达木中生代、新生代盆地的演化受控于基底的构造变动，以及基底与周边造山带的相互作用，盆地基底在不同时期、不同地区的升降变化是导致盆地发育及迁移的根本原因（陈世悦等，2000）。

（5）从成矿物质来源、气候条件、水文条件对盐类矿物形成出发，进行岩相、古气候、水文条件综合分析原则。

（6）反映最新成果的原则。近年来，中新统—上新统、第四系有规模深层含钾地下卤水的发现；西部背斜构造中有液体锂矿众多线索显示（李宝兰等，2014；李雯霞等，2016；韩光等，2021；李洪普等，2022）。

2.6.3 各成矿单元基本特征

依据以上划分原则，突出赋盐矿产的岩相、古气候、水文条件。本书将柴达木盆地成矿单元划分为：Ⅰ级成矿域隶属秦祁昆成矿域，Ⅱ级成矿省属昆仑成矿省，Ⅲ级成矿带为柴达木盆地锂-硼-钾-钠-镁-盐类-石油-天然气-芒硝-天然碱成矿带；进一步划分为柴北缘硼-锂-钾盐成矿亚带、中央钾-石盐-镁-锂-天青石-芒硝成矿亚带、昆北硼-钾-石盐-芒硝成矿亚带、察尔汗钾-石盐-镁-锂-硼-天然碱成矿亚带、德令哈石盐-天然碱成矿亚带5个Ⅳ级成矿亚带以及21个Ⅴ级矿集区（表2-16，图2-34）。

表2-16 柴达木盆地盐类矿产成矿单元划分

Ⅰ级成矿域	Ⅱ级成矿省	Ⅲ级成矿带（区）	Ⅳ级成矿亚带（区）	Ⅴ级矿带（矿集区）
秦祁昆成矿域	昆仑（造山带）成矿省	柴达木盆地锂-硼-钾-钠-镁-盐类-石油-天然气-芒硝-天然碱成矿带	柴北缘硼-锂-钾盐成矿亚带（Ⅳ1）	赛西钾盐矿集区（Ⅳ1-1）
				大、小柴旦湖硼-锂-钾盐矿集区（Ⅳ1-2）
			中央钾-石盐-镁-锂-天青石-芒硝成矿亚带（Ⅳ2）	马海钾-石盐-镁盐矿集区（Ⅳ2-1）
				冷湖锂-硼-钾盐矿集区（Ⅳ2-2）
				昆特依钾-石盐-锂-镁-芒硝矿集区（Ⅳ2-3）
				南里滩钾-石盐矿集区（Ⅳ2-4）
				鄂博梁锂盐-硼矿集区（Ⅳ2-5）
				察汗斯拉图芒硝-石盐-钾-镁盐矿集区（Ⅳ2-6）
				一里坪—东西台吉乃尔锂-硼-钾盐矿集区（Ⅳ2-7）
				红三旱—碱山锂-硼-天青石矿集区（Ⅳ2-8）
				碱石山锂-硼-钾盐矿集区（Ⅳ2-9）
				大浪滩钾-石盐-镁-芒硝-天青石矿集区（Ⅳ2-10）
			昆北硼-钾-石盐-芒硝成矿亚带（Ⅳ3）	南翼山锂-硼-钾盐矿集区（Ⅳ3-1）
				昆北钾-石盐-芒硝矿集区（Ⅳ3-2）
			察尔汗钾-石盐-镁-锂-硼-天然碱成矿亚带（Ⅳ4）	察尔汗钾-石盐-镁-锂-硼矿集区（Ⅳ4-1）
				乌图美仁—诺木洪钾盐矿集区（Ⅳ4-2）
				巴隆天然碱矿集区（Ⅳ4-3）
			德令哈石盐-天然碱成矿亚带（Ⅳ5）	锡铁山—埃姆尼克山多金属矿集区（Ⅳ5-1）
				德令哈天然碱矿集区（Ⅳ5-2）
				柯柯石盐矿集区（Ⅳ5-3）
				茶卡石盐矿集区（Ⅳ5-4）

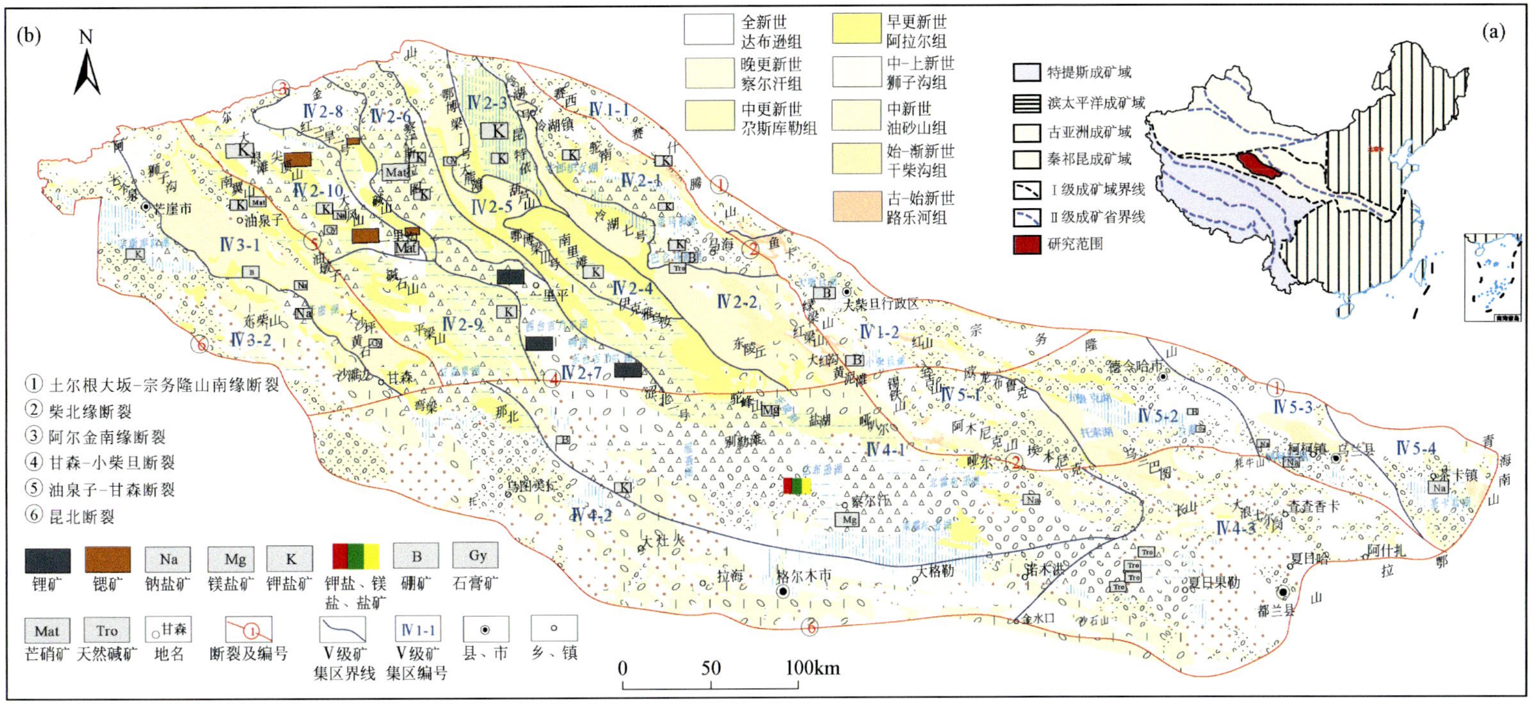

图2-34 中国成矿域简图（a）（据徐志刚等，2008修改）和柴达木盆地盐类矿产成矿单元划分图（b）

2.6.3.1 柴北缘硼-锂-钾盐成矿亚带（Ⅳ1）

该成矿亚带是柴达木地块产生不均匀沉陷形成的次级构造盆地。北东以土尔根大坂—宗务隆山南缘断裂为界，南西至柴北缘断裂带，东到甘森—小柴旦断裂。带内新生代地层出露较为齐全，断裂、背斜发育，背斜多呈反"S"形成排、成带分布。基底埋深较浅，岩性以古生代浅变质岩、元古宙变质岩为主。主要出露中生界侏罗系、白垩系和新生界。

区内分布大柴旦盐湖、小柴旦盐湖等山间盆地现代盐湖，它们都属构造湖，均依赖于新生代各断陷盆地的发生而存在，都经历了一个早期稳定下沉的深湖沉积阶段，湖泊的发生、发展、演化都在原地进行，经沼泽化时期而后进入盐湖阶段（张彭熹等，1987）。带内根据盐类成矿规律及成矿特征进一步划分两个Ⅴ级矿集区：赛西钾盐矿集区，大、小柴旦湖硼-锂-钾盐矿集区。

1）赛西钾盐矿集区（Ⅳ1-1）

矿集区位于柴达木盆地北西端，呈北西—南东向条带状展布，西起阿尔金山山前地带，南东至马海次级盆地北端。

区内新生代地层出露较为齐全，主体为一套冲洪积相的碎屑沉积，岩石类型以砾岩、砂岩、粉砂岩为主。受祁连山向盆地挤压俯冲作用的影响，矿集区内断裂、褶皱较为发育，断裂多为北西—南东走向的北东倾逆断层，褶皱成带分布，组成反"S"形和弧形背斜带。上新世以来阿尔金山、赛什腾山持续隆升，在矿集区北部堆积了巨厚的中-晚更新世冲洪积相砂砾石层，为深层孔隙卤水矿床的重要储层（李洪普等，2022）。矿集区主要矿床有巴伦马海钾矿区外围卤水钾矿床。

2）大、小柴旦湖硼-锂-钾盐矿集区（Ⅳ1-2）

矿集区位于柴达木盆地北侧宗务隆山山前一带，西起马海盆地东侧，东至锡铁山、欧龙布鲁克山西侧。新构造运动使区内形成了大柴旦湖、小柴旦湖等山间盆地现代盐湖，均为独立的闭流汇水盆地。该区是全省硼矿资源的主要分布区。

区内出露地层以晚更新世察尔汗组和全新世达布逊组为主，主体为一套蒸发岩类沉积物，硼矿集中分布在以大柴旦盐湖、小柴旦盐湖为中心的狭长地区。硼矿主要来源于北部南祁连山的泥火山，受鱼卡河、塔塔棱河补给，河水含硼量为 0.45 mg/L，深部地下热水、温泉水含硼量为 42.84 mg/L（李家桢，1994），它们共同为大柴旦盐湖、小柴旦盐湖提供了硼物质来源。矿集区主要矿床有大柴旦湖硼矿床、小柴旦湖硼矿床。

2.6.3.2 中央钾-石盐-镁-锂-天青石-芒硝成矿亚带（Ⅳ2）

位于柴达木盆地中西部，西以阿尔金南缘断裂为界，北至柴北缘断裂，南西抵油泉子—甘森断裂，南东至甘森—小柴旦断裂。其是柴达木盆地在新生代以来的断陷-充填-改造过程中形成的次级构造盆地，为柴达木盆地的沉陷中心地带。

带内除西北部阿尔金山有前古生代地层出露外，大部分地区被新生界覆盖。沉积物厚度较大、地质构造复杂。带内盐类矿产较为丰富，且不同时期成盐有差异：上新世有湖盐、锶矿，分布于大风山、尖顶山、大沙坪；早更新世有芒硝、湖盐、钾镁盐，分布在大浪滩、察汗斯拉图、昆特依；近年在中新世—上新世地层中发现含钾油田卤水，分布在鄂博梁等地。根据带内盐类矿产分布特征进一步将其划分为 10 个 V 级矿集区：马海钾-石盐-镁盐矿集区，冷湖锂-硼-钾盐矿集区，昆特依钾-石盐-锂-镁-芒硝矿集区、南里滩钾-石盐矿集区，鄂博梁锂盐-硼矿集区，察汗斯拉图芒硝-石盐-钾-镁盐矿集区，一里坪—东西台吉乃尔锂-硼-钾盐矿集区，红三旱—碱山锂-硼-天青石矿集区，碱石山锂-硼-钾盐矿集区，大浪滩钾-石盐-镁-芒硝-天青石矿集区。

1）马海钾-石盐-镁盐矿集区（Ⅳ2-1）

矿集区主体包括马海盆地，是柴达木"高山深盆地"大背景下的一个次级盆地，它的演变一直受青藏高原新构造运动的影响。区内地势西高东低、南高北低，使周边的各大水系汇集于马海盆地。新构造运动后期，由于阿尔金和周边其他山脉抬升，并伴有水平运动，使新近纪—早更新世地层形成一系列背斜、向斜构造，古湖进一步被分割导致马海次级独立盆地形成，盆地东北部演化为盐湖的沉积中心，盐湖的沉积环境是马海盆地钾盐成矿的重要控制因素之一。

区内出露地层以第四系为主，早更新世时期马海地区气候温和湿润，雨量丰富，水动力较强，沉积物多以砂、砾为主，为典型的冲-洪积相；中更新世气候逐渐干热，石膏开始沉积，此时多以滨湖相和浅湖相为主；晚更新世时期气候极度干旱，马海盆地的水源补给量大大减少，在这种环境下马海湖泊逐渐收缩；全新世时期盐湖全面干涸，形成了宽阔的干盐滩（马金元等，2010；赵英杰等，2020）。矿集区主要矿床有马海钾矿床、巴伦马海钾矿床、牛郎织女湖钾矿床和马海—南八仙硼矿床。

2）冷湖锂-硼-钾盐矿集区（Ⅳ2-2）

矿集区呈北西—南东向展布，西起冷湖背斜构造带，东至黄泥滩。其主体包括冷湖一号—冷湖七号褶皱构造、南八仙褶皱构造、马海—大红沟褶皱构造。

区内出露地层主要为古近系、新近系，以碎屑岩为主，整体上埋深较浅、物性较好，原生粒间孔保存较好。冷湖构造带总体上表现为一个北西—南东向延伸的背斜构造带，内部由多个独立的背斜构造组成，呈反"S"形。以上特征为深藏卤水提供了良好的储层。周围高山融水由高往低沿阿尔金断裂潜入山前地带，常年溶滤上新统沉积的石盐层系而形成卤水进入冲洪积砂砾层储存，形成山前砂砾型含锂、钾卤水。冷湖构造带内赋存大量深部油田水，油田水为 $CaCl_2$ 型，矿化度平均值 43 g/L，相对柴达木盆地西部 K、B、Li 等元素的含量明显偏低（李雯霞等，2016）。矿集区矿床有南八仙天然碱矿床。

3）昆特依钾-石盐-锂-镁-芒硝矿集区（Ⅳ2-3）

矿集区夹持于冷湖背斜构造带和鄂博梁背斜构造带之间，主体包括昆特依凹陷和大熊滩凹陷，为柴达木盆地中生代沉积、沉降中心，分别被西部的鄂博梁褶皱构造、南部的葫芦山褶皱构造及东部的冷湖褶皱构造所围限，是一个半封闭的干盐湖盆地。

区内出露地层以第四纪湖积、化学沉积为主，控制凹陷边界的冷湖、鄂博梁背斜构造带则普遍发育新近纪碎屑岩沉积地层；另外，褶皱、断裂较为发育。区内的卤水起源于早更新世时期大气降水溶滤周缘盐岩中的有用组分并富集在大盐滩一带，经过蒸发浓缩在早更新世晚期富集成矿；随着高山深盆环境的形成，大气降水溶滤围岩及浅部岩盐层，经裂隙等通道运移至下部以及盆地边缘形成粗颗粒相砂砾石型孔隙卤水。矿集区钾盐矿床具有"双层"模式：上层为中、晚更新世—全新世晶间卤水，赋存在盐湖相石盐、含粉砂的石盐等盐类，以及含碎屑岩类晶体裂隙中；下层为早更新世砂砾石孔隙卤水，赋存在冲洪积相孔隙度良好的砂砾石、含砾中粗砂孔隙中（李洪普等，2022）。区内主要矿床有昆特依钾矿田。

4）南里滩钾-石盐矿集区（Ⅳ2-4）

矿集区主体为南里滩凹陷，是由褶皱和断裂构造形成的一个小型封闭式内陆盐湖次级盆地。

区内出露地层以第四系为主，包括早更新世阿拉尔组、中更新世尕斯库勒组、晚更新世察尔汗组，为化学沉积夹陆源碎屑岩沉积建造。早更新世以来北侧的阿尔金山逐步隆升，在南里滩地区形成次级凹陷盆地，受气候及水文因素的影响，盆地内沉积了大量的陆源碎屑和盐类物质，全新世该区进入干盐湖发展阶段。矿集区主要矿床有南里滩钾矿区。

5）鄂博梁锂盐-硼矿集区（Ⅳ2-5）

矿集区位于昆特依凹陷和一里坪凹陷之间，为一基底抬升相对较高的构造隆起带。其主体包括鄂博梁Ⅰ号—鄂博梁Ⅲ号褶皱构造带和鸭湖—台吉乃尔—涩北褶皱构造带。

区内古近系—第四系出露较为齐全，古近系—新近系为一套陆源碎屑岩建造，第四系为一套化学沉积夹陆源碎屑岩沉积建造；另外，褶皱发育，背斜成带分布，组成反"S"形和弧形背斜带。与古近系—新近系滨浅湖相沉积建造有关的深藏卤水是区内主要的成矿类型（孔红喜等，2021）。矿集区主要矿床有鄂博梁Ⅰ号、鄂博梁Ⅱ号深藏卤水硼-锂-钾矿点（卤水中Li^+质量浓度为70.0～158.7 g/L，B_2O_3质量浓度最高为2277.7 g/L，普遍高于评价指标，具有较好的找矿前景）（韩光等，2021），以及鄂博梁透明石膏矿点。

6）察汗斯拉图芒硝-石盐-钾-镁盐矿集区（Ⅳ2-6）

矿集区位于鄂博梁褶皱构造带以南、碱山褶皱构造带以北，主体包括察汗斯拉图凹陷，是上新世以来由于区域性构造抬升形成的次级凹陷盆地，第四纪期间，该盆地呈半封闭-封闭状态。

察汗斯拉图凹陷是一个干盐湖，地表主要出露晚更新世察尔汗组、全新世达布逊组，以湖积和化学沉积为主，湖积为粉砂黏土、淤泥及含石盐、石膏淤泥；化学沉积由含粉砂黏土芒硝、石盐芒硝层组成。凹陷的基底稳定、盖层变形弱，褶皱和断层均较少发育。察汗斯拉图矿集区是柴达木盆地重要的芒硝矿区，地表的芒硝层可厚达数米。中更新世以前，察汗斯拉图和大浪滩与柴达木古湖相连；上新世末期的新构造运动形成了一些背斜构造，导致水下地形隆起，使湖盆发生初步的水下分割；中更新世，随着差异升降的发展，大浪滩和察汗斯拉图开始分离；中更新世末期的构造运动，使中、下更新统褶皱隆起，将盐湖分割成一些较小的湖盆；晚更新世晚期，这些被分割的盐湖，由东向西逐渐干涸，从而形成盐滩及砂下湖；全新世时期，由于局部地区再次沉降，局部地区接受盐类沉积，至目前已逐渐消亡。察汗斯拉图芒硝矿属晚第四纪时期柴达木盆地的"冰期成盐"，冰期环境下冰川规模的扩张以及干冷的冰期气候共同造成了盐湖补给水量的减少。此外，晚第四纪冰期的降温也是导致冷相盐类（如芒硝和泻利盐）沉积的直接原因（陈安东等，2020）。矿集区主要矿床有察汗斯拉图芒硝矿区、察汗斯拉图矿区碱北凹地钾矿床。

7）一里坪—东西台吉乃尔锂-硼-钾盐矿集区（Ⅳ2-7）

矿集区位于鄂博梁褶皱构造带以南、红三旱构造褶皱带以北，是中央拗陷带的中心部位，为中生代—渐新世的主要沉积、沉降区。其主体包括一里坪凹陷、东台吉乃尔凹陷和西台吉乃尔凹陷。

区内出露地层以第四系为主，主体为一套化学沉积建造，以基底稳定、盖层变形弱为主要构造特征。晚更新世至全新世期间，受盆地周边山脉的隆起影响，昆仑山西段的河流成为柴达木盆地的主要补给水源；另外，隆起的山脉隔绝了潮湿空气进入，柴达木盆地异常干旱，使各凹陷作为区域的汇水凹地可以进行长时间的蒸发浓缩（袁见齐等，1995；胡宇飞等，2021）。区内锂矿主要分布在一里坪及东西台吉乃尔盐湖区，为液体矿，并与其他盐类矿产共生；东西台吉乃尔盐湖锂-硼-钾矿床中的含盐地层主要为上更新统上部和全新统上部；固体盐类主要有光卤石矿和石盐矿，液体矿包括地表卤水和晶间卤水，水化学类型为钠镁硫酸盐亚型（梁青生和韩凤清，2013）。矿集区主要矿床有一里坪锂矿区、西台吉乃尔湖锂矿区、东台吉乃尔湖锂矿区。

8）红三旱—碱山锂-硼-天青石矿集区（Ⅳ2-8）

矿集区呈北西向展布，自阿尔金山山前向东南方向延伸至一里坪凹陷西侧，红三旱—碱山矿集区在柴达木盆地形成演化的全过程中，始终为一相对高的隆起区，并伴随着喜马拉雅运动进一步抬升为剥蚀区，其主体包括东坪—碱山北西—南东向背斜构造带。

区内出露地层有上新世油砂山组和狮子沟组、早更新世阿拉尔组、中更新世尕斯库勒组，主体为一套冲洪积相的碎屑沉积，岩石类型以砾岩、砂岩、粉砂为主。发育北西向短轴褶皱，短轴背斜间由平坦、开阔的向斜相间而成。以上地质特征使矿集区成为深层孔隙卤水型锂、硼矿的重要找矿远景区。矿集区主要矿床有碱山锶矿床。

9）碱石山锂-硼-钾盐矿集区（Ⅳ2-9）

矿集区展布于油泉子—甘森断裂与鄂博梁南——里坪断裂带之间，西北抵大风山地区，东南至甘森—小柴旦断裂，新生代时期该矿集区为一坳褶构造带，由背斜隆起区和向斜凹地组成。主体包括红三旱三号—红三旱四号背斜构造带、乱山子—碱石山—船形丘背斜构造带、鄂博梁—落雁山背斜构造带和红南向斜凹地。

区内背斜带出露地层为下更新统和新近系，为一套半深湖相—深湖相泥岩、泥灰岩，碎屑沉积建造。向斜凹陷区出露晚更新世察尔汗组和全新世达布逊组，以湖积和化学沉积为主。区内中更新世以前的地层普遍发生了不同程度的褶皱变形。矿集区在中生代时期为一古隆起，古近纪以来接受了稳定的沉积，受喜马拉雅期构造运动影响，区内形成反"多"字形褶皱带，轴向为北西向、北西西向。区内盐类矿产主要出产在红南凹地，赋存于上更新统的化学沉积层中，晚更新世时期受新构造隆起的影响，凹地的湖盆逐步抬升，使湖水向东退向西台吉乃尔湖，地表湖水经蒸发浓缩析出盐类并沉积，形成了液相低钾富钠的潜卤水层和固相石盐层共生的盐类矿床①。矿集区主要矿床有大柴旦行委红南凹地钾矿床。

10）大浪滩钾-石盐-镁-芒硝-天青石矿集区（Ⅳ2-10）

矿集区南以油泉子—甘森断裂为界，北至红三旱一号—碱石山褶皱构造带。主体为大浪滩次级盆地和尖顶山—大风山背斜构造带。

大浪滩盆地内第四系出露齐全，由外向内、自老到新呈环带状展布，主体为一套含盐

---

① 青海省天宝矿业有限公司.2015. 青海省大柴旦行委红南凹地钾矿详查（技术报告）.

沉积地层，区内有丰富的盐类矿产和含矿卤水资源。大浪滩次级盆地是西部分割盆地中沉陷较深、盐湖演化历史最长的一个代表性次盆地。上新世晚期，因阿尔金山水下隆起达一定高度，大浪滩凹陷已开始有盐类沉积，形成石膏、石盐、钙芒硝、芒硝、天青石等低溶解度钙、钠硫酸盐沉积。在早更新世时期已有白钠镁矾和杂卤石产出，中更新世大浪滩地区杂卤石大量而频繁出现；到晚更新世晚期，受距今约30 ka的强烈新构造运动影响，残余浓缩卤水进一步向低洼处迁移，最后在大浪滩次级盆地的最低洼地段沉积了上更新统上部及全更新统的石盐、泻利盐、钾石盐、光卤石和水氯镁石等钾镁盐沉积，形成了固体钾矿床（汪傲等，2016）。尖顶山—大风山背斜构造带内主体为上新世油砂山组和狮子沟组。该构造带有我国储量最大的内陆湖相蒸发岩型天青石矿床，矿床形成于干燥气候条件下的内陆滨浅湖环境中，成矿物质主要来源于周边山系含锶水的补给，其次为少量深部富锶的油田水；蒸发作用使湖水浓缩咸化，湖水中锶浓度随之增大，达到硫酸锶饱和时天青石沉淀，与碳酸盐、黏土矿物等混杂堆积形成原始天青石矿层（林文山等，2005）。矿集区主要矿床有大浪滩钾矿田、尖顶山锶矿床、大风山锶矿田、碱山锶矿床、一里沟芒硝矿床。

2.6.3.3 昆北硼-钾-石盐-芒硝成矿亚带（Ⅳ3）

该成矿亚带位于柴达木盆地西南部，西以阿尔金南缘断裂为界，北界为油泉子—甘森断裂，南界为昆北断裂，东至甘森—小柴旦断裂。带内基底岩性以元古宙变质岩、古生代浅变质岩为主，埋藏相对较深。古近纪—新近纪地层分布在阿尔金山山前—茫崖一带，主要赋矿第四系分布于昆仑山山前，带内褶皱发育，多个背斜近于平行排列。根据盐类矿产分布特征进一步划分为2个Ⅴ级矿集区：南翼山锂-硼-钾盐矿集区、昆北钾-石盐-芒硝矿集区。

1）南翼山锂-硼-钾盐矿集区（Ⅳ3-1）

矿集区呈北西—南东向条带状展布，北西端从阿尔金山山前狮子沟地区向南东延伸至弯梁构造一带。

区内出露地层以古近系—新近系为主，第四系保存较少。古近系—新近系主体为一套浅湖—半深湖相碎屑岩-碳酸盐岩沉积建造。褶皱构造是该区最主要的构造变形特征，且构造线多以北西—东南向为主，多个背斜近于平行排列，每个背斜带内部又呈右阶雁行式排列。区内南翼山等背斜形成于早更新世，背斜形态完整，断层活动没有破坏背斜的完整性（刘志宏等，2009），为深藏卤水的形成提供了良好的储层。该区在始新世晚期形成了盆地内最早的盐类矿产，分布在狮子沟地区，膏盐岩呈夹层产出，最大累计厚度为616.2 m（张金明等，2021；王建功等，2020）；另外，区内形成了与古近系—新近系滨浅湖相沉积建造有关的深藏卤水硼-锂-钾矿床和与早更新统—全新统化学沉积建造有关的石盐-石膏-钾盐矿床。矿集区主要矿床有开特米里克硼矿点、南翼山矿区深藏卤水锂-硼-钾矿床、土林沟结晶盐矿点。

2）昆北钾盐-石盐-芒硝矿集区（Ⅳ3-2）

矿集区位于柴达木盆地西南端，呈北西—南东向条带状展布，北西起茫崖镇，南东至甘森地区。其主体包括茫崖拗陷和昆北断阶带。

区内出露地层以晚更新世察尔汗组和全新世达布逊组为主。其中：察尔汗组为冲洪积砂砾层、湖积粉砂岩、泥岩夹岩盐、芒硝、石膏层；达布逊组由冲洪积层、风成砂、粉砂石盐和淤泥等组成。区内主要矿床类型为与更新统—全新统化学沉积建造有关的石盐、石膏、钾盐矿床。尕斯库勒盐湖内富含芒硝、钾盐等重要的矿产资源，盐湖补给源主要为大气降水、地表水渗漏和含水层越流补给[①]。干旱的气候条件、封闭-半封闭的古湖盆地，以及充足的水源补给是盐湖形成的必要条件（袁见齐等，1995）。矿集区主要矿床有尕斯库勒钾矿床，茫崖湖盐、芒硝矿点。

2.6.3.4 察尔汗钾-石盐-镁-锂-硼-天然碱成矿亚带（Ⅳ4）

该成矿亚带位于柴达木盆地南部，北西以油泉子—甘森断裂为界，北界为柴北缘断裂，南以昆北断裂为界，东至鄂拉山西侧。该成矿亚带是柴达木盆地的第四纪沉积、沉降中心。带内基底埋藏较深，第四系分布较广，构造不发育，仅在北部可见少量纵弯背斜。

带内西部以盐湖矿产为主，东部则以天然碱为主。成矿类型以蒸发沉积型为主，成矿时代集中在第四纪。根据盐类矿产分布特征进一步划分出3个Ⅴ级矿集区：察尔汗钾-石盐-镁-锂-硼矿集区、乌图美仁—诺木洪钾盐矿集区、巴隆天然碱矿集区。

1）察尔汗钾-石盐-镁-锂-硼矿集区（Ⅳ4-1）

矿集区北部以柴北缘断裂为界，南部与昆仑山山前斜坡带呈过渡关系，是柴达木盆地第四纪沉积、沉降中心，为盆地内最深的拗陷区。其自西向东分为别勒滩、达布逊、察尔汗和霍布逊4个连续的区段。

区内以第四纪化学沉积及湖沼相沉积建造为主，分布着具有表面卤水的全新世溶蚀湖，包括涩聂湖、大小别勒湖、达布逊湖、南北霍布逊湖、团结湖和协作湖等，在距今约3.7 Ma前才解体出来独立成盆，上新世中期至晚期气候转为寒冷干燥，湖水的淡水补给量减少，约在0.24 Ma时进入了盐湖阶段。矿集区内沉积是在上新世末至全新世形成的，以成盐时间短、盐类沉积厚度大且富钾为特征，由西向东逐渐变薄，除霍布逊区段无固体钾盐、卤水浓度低之外，其余各区段均有钾盐分布。液体矿可分为晶间卤水、孔隙卤水及地表卤水（湖水）3种，以晶间卤水为主。钾盐主要分布在第四纪地层和卤水中，经历了5次成盐期（王春男等，2008），矿物成分主要为石盐和泥砂，其次为光卤石和软钾镁矾，含少量杂卤石、钾石膏和石膏。湖区主要来自南部和西部河水的补给，水类型为硫酸盐型（张彭熹等，1993）。矿集区主要矿床有察尔汗钾镁盐矿田、团结湖镁盐矿床、北霍鲁逊湖东盐矿床、中灶火北钾盐矿床。

2）乌图美仁—诺木洪钾盐矿集区（Ⅳ4-2）

矿集区位于柴达木盆地南部，东西向展布，南邻昆仑山北缘，是察尔汗凹陷带沉降中心向东昆仑断褶带过渡区。

区内基底北深南浅成斜坡状，受刚性基底发育及沉积体系岩性等因素制约，为较稳定的构造斜坡，仅在边缘断裂带附近发育有个别褶皱构造，有弯梁、那北等背斜构造。区内出露第四系，主体为冲洪积及冲洪积扇，局部分布有少量蒸发岩类沉积物。与早更新世—全新世蒸发岩类有关的钾盐矿床是区内主要成矿类型。矿集区有大灶火北石盐矿点。

---

① 青海省地质调查院. 2003. 青海省茫崖镇尕斯库勒钾矿详查（技术报告）.

3）巴隆天然碱矿集区（Ⅳ4-3）

矿集区位于柴达木盆地东南部，南邻昆仑山北缘的布尔汗布达山。

区内新生界发育全，以第四系为主，主体为冲洪积砂砾石层，在宗家—巴隆等一带分布有早、中更新世—全新世化学沉积建造是天然碱的主要分布地段。矿集区主要矿床有哈图天然碱矿点、柴达木河北岸天然碱矿点、宗家—巴隆天然碱矿床。

2.6.3.5 德令哈石盐-天然碱成矿亚带（Ⅳ5）

该成矿亚带位于柴达木盆地北东部，北以土尔根大坂—宗务隆山南缘断裂为界，南以柴北缘断裂为界，西至甘森—小柴旦断裂，东至青海南山西侧。该区由一系列凹陷（盆）与隆起带（山）相间组成，是柴达木盆地上古生界的沉积中心，基底埋藏深。出露地层以新近系和第四系为主，区内发育有数条北西西向的可贯穿整个区域的大断裂带，褶皱零星发育，走向近东西向。

带内湖沼沉积和盐碱滩十分发育，这些盐湖矿产有两个特点：一是除石盐沉积外很少有其他盐类矿共生；二是天然碱是本区的特色矿产，成盐期为晚更新世—全新世（杜忠明等，2016）。根据盐类矿产分布特征进一步划分为4个Ⅴ级矿集区：锡铁山—埃姆尼克山多金属矿集区、德令哈天然碱矿集区、柯柯石盐矿集区、茶卡石盐矿集区。

1）锡铁山-埃姆尼克山多金属矿集区（Ⅳ5-1）

矿集区新生代为隆起区，包括锡铁山、全吉山、欧龙布鲁克山等。区内地层从古元古界到新生界均有分布，断裂构造主体为北北西向和北西向。

区内以有色多金属矿产为主，在其构造演化的不同阶段，发育有不同的成矿类型和成矿系列。中-古元古代时期发育稳定盖层沉积，形成了与海相化学沉积岩有关的沉积变质型铁矿，主要矿床有石英梁铁矿点；震旦纪—寒武纪时期发生局部的裂解-闭合，形成了与碎屑岩、碳酸盐岩建造有关的石灰岩等沉积矿产，主要有大煤沟石灰岩矿床；早古生代形成了与海相火山岩相关的多金属矿，有锡铁山铅锌矿床；晚生代—早中生代陆内造山作用产生强烈的构造岩浆活动，形成热液型、接触交代型铁、铜、铅、钨及金矿床；早-中侏罗世形成了与湖沼相沉积岩有关的煤、油页岩矿床，以大煤沟煤矿为代表（潘彤，2018）。

2）德令哈天然碱矿集区（Ⅳ5-2）

矿集区位于德令哈一带，北界为祁连山南缘的宗务隆山，南界是柴北缘断裂。

区内新生代地层发育齐全，为一套陆相碎屑岩地层。第四系在该区域沉积厚度大，分布范围较广。对冲构造是区内基本的构造格架，南部发育一系列近东西向的南倾冲断层，北部宗务隆山前发育一系列近东西向的北倾冲断层，两组冲断层组成冲构造，共同下降盘位于可鲁克湖地区（杜忠明等，2016）。矿集区主要矿产有德令哈市尕海湖硼矿化点、德令哈市陶力石膏矿点。

3）柯柯石盐矿集区（Ⅳ5-3）

矿集区位于乌兰县一带，在新生代为一相对高隆起，受新构造运动影响区内形成柯柯盐湖、柴凯湖等山间盆地现代盐湖。

区内第四系主要分布在湖盆区，主体为一套陆源碎屑岩建造，在柯柯盐湖等一带分布有少量化学沉积建造，发育一系列的南倾冲断层和褶皱构造。区内盐矿属于现代盐湖矿，为一个固液并存、以固体石盐为主的较单一盐矿。柯柯盐湖按卤水化学分类属于硫酸镁亚型盐湖，是以固相石盐为主、固液相并存的盐湖，石盐矿体呈层状分布，矿床成分除石盐外，还伴有芒硝、石膏、白钠镁矾和泻利盐等。矿集区主要矿产有乌兰县柯柯湖盐矿床、柴凯湖石盐矿。

4）茶卡石盐矿集区（Ⅳ5-4）

矿集区位于柴达木盆地北东角，主体为茶卡次级盆地，属新生代封闭内流断陷盆地，盆地四周环山，南西侧为鄂拉山，北东侧为青海南山，将矿集区与共和盆地的青海湖相隔。

区内第四系为洪积-冲积砂砾、风积砂丘、湖积砂质黏土及石膏、石盐等化学沉积。茶卡盐湖在晚冰期期间为一淡水湖，自全新世开始萎缩，出现盐类沉积，即便是在全新世中期的气候适宜期仍表现为进一步的萎缩状态。全新世晚期盐湖的萎缩咸化进一步加剧，逐渐演变形成以石盐为主、固液相并存的综合性盐矿床，主要盐类矿物为石盐、石膏、芒硝、白钠镁矾及泻利盐等。盐湖外围入湖水系主要有河流水、泉水及溶洞水，主要河流有从湖东岸入湖的黑河和从湖西岸入湖的莫河（刘兴起等，2007）。矿集区主要矿床有茶卡盐矿床。

2.7 柴达木盆地成矿环境演化

2.7.1 古新世—始新世

柴达木盆地古近纪初期，由于印度板块与欧亚板块的碰撞俯冲，使柴达木盆地处于板块挤压阶段，并且在这一时期发生了盆地的下沉现象，在昆仑山和阿尔金山地区形成拗陷，以狮子沟地区为沉降中心，发育深湖和半深湖相沉积。

路乐河组普遍发育粗碎屑沉积，这套主体为氧化色、成分复杂、成熟度低的粗碎屑沉积代表了干旱氧化条件下的山前快速堆积。在干热、氧化条件下由于物源区强烈的构造活动影响，盆山分异加强，沉积物供给加快，在河流及暂时性的水流携带下就形成了粗碎屑沉积。

这一时期在柴西的七个泉一带有小范围湖相沉积，湖盆面积小，水体浅，蒸发量相对较大，形成了盆地第一个盐湖旋回，盐类矿物以早期成盐系列中的碳酸盐和膏盐为主。

2.7.2 渐新世—中新世

自始新世开始，印度板块开始与亚洲大陆发生碰撞，但碰撞所产生的远距离效应自渐新世晚期才开始影响柴达木盆地。印度板块与亚洲大陆的碰撞不仅造成柴达木盆地两侧造山带强烈隆升，同时还导致盆地西北侧阿尔金断层的大规模左行走滑和阿尔金山脉的隆升。地壳挤压和走滑的共同作用控制了柴达木盆地新生代的构造发展和沉积过程。

受盆地构造演化的控制，柴达木盆地在渐新世—中新世的沉积经历了水体由浅变深的演化过程。沉积地层在纵向上，随着湖盆水域的不断扩大，冲积扇、辫状河沉积自下而上不断退缩，滨浅湖沉积范围不断扩大并向盆地边部推进，相序上有冲积扇-辫状河-辫状河三角洲-滨浅湖-半深湖的变化，沉积物粒级总体由粗变细；平面上，受沉积物源和古地形的控制，沉积相分带性明显：在阿尔金山西段的山前陡坡带主要发育扇三角洲-浊积扇-湖泊沉积体系，阿尔金山中段的山前缓坡带主要发育冲积扇-辫状河-辫状河三角洲-湖泊沉积体系，柴北缘及柴东地区主要发育辫状河-洪泛平原沉积体系。

晚渐新世—早中新世是柴达木古湖第一次较大规模析盐期，在西部的南翼山和中部的一里坪两个沉积中心沉积了以石盐、石膏为主的固体盐类矿产。另外，种种迹象表明这一时期水体中含有较高的硼、锂、溴、碘等元素，并保存在盆地西部和中部湖相地层中，在后期持续挤压构造活动中，这些卤水不断向背斜构造轴部运移富集，形成了古近纪—新近纪背斜构造裂隙孔隙卤水。

2.7.3 早-中上新世

早上新世时期，盆地南部边界不断向盆地内部推进，使湖泊南部边界大幅度向北迁移；中上新世时期，盆地持续拗陷并接受沉积，周边山脉继续隆升，雪域继续扩大，因此流入盆地的水量不断增大，形成的湖泊面积也不断扩大。

这一时期柴达木盆地湖盆范围是新生代以来最大时期，湖水矿化度较低，随着周期性气候波动在盆地局部地区可见早期盐类矿物析出，如石膏，其中盆地西部的鄂博梁Ⅰ号构造和中部的落雁山构造地表就有大量石膏层出露，厚度为20～50 cm，地表延伸长度大于 5 km。

2.7.4 晚上新世

晚上新世时期以盆内断褶构造强烈活动为特征，反映了该时期强烈的挤压变形，大多数盆内逆断层切割基底，一些还可延伸到地表。不同规模的褶皱和断裂构造之间有成因联系。

狮子沟组湖盆范围开始逐渐缩小，柴西沉积中心迅速向北、东迁移，分化成东、西两个沉积中心。其中西部沉积中心迁移至小梁山、开特米里克和油墩子一带，以盐湖相沉积为主；东部沉积中心迁移至一里坪地区的红三旱三号、红三旱四号构造一带。

晚上新世时期气候趋于干冷，为盐湖形成的初始阶段，湖水已浓缩到蒸发岩沉积阶段，岩性以石膏淤泥为主，夹灰白色石盐层。在大浪滩、大风山地区有石膏、石盐、钙芒硝、天青石等低溶解度盐类沉积，而在察汗斯拉图地区，则是石膏、石盐沉积，盐层占地层总厚度的32.9%。盆地中部的三湖地区为淡-咸水的中深湖相沉积，为该地区第四纪生物气藏的形成提供了大量烃源岩。

2.7.5 早-中更新世

早更新世以来的新构造运动使柴达木北部继续抬升，盆地西北部各盆地进一步分割，现代地理格局的柴达木盆地雏形已基本形成。但各盆地间尚有水力联系。

早更新世时期，大浪滩、察汗斯拉图为新近纪上新世晚期盐类沉积的继承性凹陷，盐类沉积继续进行，察汗斯拉图主要为石膏、钙芒硝、石盐沉积，且厚度不大；大浪滩则除有石膏、石盐、钙芒硝、芒硝沉积之外，偶有白钠镁矾沉积，且盐类沉积厚度较大。在盆地西部上升的同时，东部继续沉降，沉降中心迁移到东西台吉乃尔湖及涩聂湖一带，湖水向东至少扩展到诺木洪以东附近，主要为滨、浅湖相碎屑沉积。至早更新世晚期，尕斯库勒、昆特依、马海、旱北凹地地区开始有石盐沉积，而旱北凹地以东南地区仍处于淡水-半咸水湖的环境。

中更新世时期，盆地西部在早更新世隆升的基础上，湖水进一步收缩，使各背斜相继露出水面并遭受剥蚀和夷平；大浪滩与察汗斯拉图盐类沉积继续进行，同时西部的其他次级盆地，昆特依、马海、尕斯库勒盆地也相继成盐。西部各次级盆地均有石膏、石盐、芒硝、白钠镁矾、钙芒硝、杂卤石等盐类沉积，大浪滩、昆特依盆地还分布有泻利盐沉积。除石盐普遍成矿外，大浪滩、昆特依、察汗斯拉图盆地的芒硝也能成矿，且矿层厚、范围大，著名的察汗斯拉图特大型芒硝矿床就产于该统上部地层中。这些次级盆地之所以相继成盐，与当时湖盆水域收缩且深度浅，四周补给的水流已经经过长距离运移、浓缩有关。

2.7.6 晚更新世—全新世

由于受到晚更新世晚期（30 ka 左右）发生的第五期新构造运动强烈抬升的影响，柴达木盆地内气候极度干燥，除已进入干盐湖环境的大浪滩、察汗斯拉图、昆特依盆地外，其他原来湖水面积较大的尕斯库勒、马海盐湖急剧收缩和浓缩，也变为干盐湖。而一里坪盆地、东西台吉乃尔和察尔汗盆地，湖水急剧浓缩，开始形成广布的盐类沉积，普遍进入盐湖阶段，在全新世中期盐湖逐渐干涸成干盐滩。

晚更新世时期，在马海、察汗斯拉图、大浪滩次级盆地内的最低凹处出现了光卤石、钾石盐沉积。除尕斯库勒盐湖外，西部各次盆地内的盐类沉积中，还富含丰富的晶间卤水层。盆地东部的一里坪、东西台吉乃尔、察尔汗，以及盆地北部的大柴旦地区都出现了丰富的盐类沉积。除普遍有石盐沉积外，在察尔汗矿区的别勒滩区段，局部地段还有小面积的薄层钾石盐、光卤石沉积；在大柴旦次级盆地内，除有石盐、芒硝沉积外，还沉积有固体硼矿层。

全新世时期，盆地西部的大浪滩、昆特依、马海等次级盆地中，在其最低凹处沉积了石盐、石膏、泻利盐、钾石盐、光卤石、水氯镁石等盐类沉积。一里坪、东西台吉乃尔、察尔汗等各次级湖盆也逐渐变为干盐湖相，沉积了石盐、光卤石、钾石膏、钾石盐、水氯镁石等盐类沉积。除普遍有石盐矿层外，在察尔汗地区沉积有丰富的钾石盐、光卤石矿层；在大柴旦、小柴旦地区沉积了丰富的硼矿层。各次级盆地内，晶间卤水或孔隙卤水层中均含硼、锂、钾富矿层。

3 柴达木盆地成矿要素

3.1 柴达木盆地盐类成矿物质来源

柴达木盆地中盐类矿产的形成主要是因为存在丰富的物源。盆地周边广泛分布有含钾岩石，如花岗岩类岩石等，提供了丰富的钾的物质来源，钾盐矿床的形成是这些岩石中的钾经风化淋滤聚集于盆地中最后浓缩的结果。锂、硼、钾矿床的形成被认为是因为存在特殊物源，主要是火山-地热水。通过研究，我们对盆地中的盐类物质来源从以下几方面进行论述。

3.1.1 残留古湖水

盐湖的形成需要一定的负地形空间，成为地表、地下径流的汇聚终点。我国盐湖绝大多数为构造湖或在构造湖盆发展演化的基础上又经表生地质作用改造（河流、冰川、风力等的侵蚀、堆积）而成的湖盆。因此，研究构造盆地的形成及演化对阐明湖泊的发生、发展以及盐湖的形成，都是十分重要的[①]。

青藏高原演化过程中在东北缘形成了一系列压扭性断裂，东北缘盐盆的走向与断裂带展布方向一致，多呈北西西向，现代盐湖的分布也与构造线方向一致。在晚近地质时期，汇聚型板块边界附近形成年轻的造山带，即喜马拉雅造山带，在喜马拉雅山系形成以前，劳亚古陆和冈瓦纳古陆之间存在古大洋，它西起现代地中海，向东延至印度尼西亚，全长约12000 km。近年来已在阿尔卑斯—喜马拉雅山系陆续发现了中生代的大洋地壳残留和深水沉积物，可见中生代时这里确实存在着古大洋（特提斯海）。随着印度板块、非洲板块向北推移，古地中海洋壳不断在欧亚大陆南缘海沟处俯冲消失，大约在古近纪早期北漂的印度次大陆与亚洲大陆板块相遇，古大洋洋壳俯冲殆尽，大洋消失。中生代时期，随着印度板块北缘的新特提斯洋壳沿海沟的北向俯冲，在现今柴达木盆地的南部，特别是东南部，形成宏伟的印支褶皱区，并加剧了阿尔金山、柴达木北缘深大断裂带的活动，出现了一系列互相分割的中生代断陷盆地，柴达木北缘的一些断陷盆地中沉积了下、中侏罗统河、湖沼泽相的含煤建造；上侏罗统至白垩系发育一套红色河流、湖泊相沉积，可能是沉积于现今盆地北部的一些不连续的断陷洼地。根据中生代多沉积间断的特征，以及大煤沟剖面实测所见，侏罗系、白垩系的不整合有6期之多。由此可见，当时柴达木盆地地壳运动相当频繁。

自中生代以来，在柴达木盆地逐步形成的过程中，阿尔金山、祁连山南缘和昆仑山北缘的三组深大断裂的活动起了重要作用。阿尔金深大断裂为北东东走向的左行走滑断层带。在印度板块北向俯冲过程中南北向挤压力的作用下，断层两盘反向平移，并在某些部位产

---

① 王有德，等. 2013. 青海省柴达木盆地盐湖矿产成矿规律研究及找矿靶区优选（技术报告）.

生方向不同的垂向位移效应。规模巨大的阿尔金深断裂斜切了与其走滑方向相反的两组深大断裂带（南祁连、北昆仑断裂带），在压扭应力作用下，新生代早期古柴达木盆地位于现今盆地的西部；随着祁连山南缘的赛什腾—埃姆尼克右行走滑断裂的活动，在柴达木盆地北缘依次形成了花海子、大柴旦、德令哈、乌兰、茶卡等断陷小盆地。新生代早期的柴达木古湖位于现今盆地的西部。

中新世末—上新世初期的喜马拉雅运动使盆地受到的南北向压扭应力增强，应力贯穿盆地中部，使盆地西北部抬升而东南部拗陷。位于盆地西部、北北东向展布的大风山—黄石基岩隆起，隆起的基岩将柴达木湖一分为二。西部古湖在一定的气候条件作用下，由深变浅，进而成为盐湖。上新世中期由于盆地西部、北部地层遭受挤压，形成一系列北西—南东向背斜构造，致使古柴达木西湖被分割，东湖向东南部扩展。上新世末期古柴达木西湖消亡，沉积了大量的蒸发岩，而东湖得到了发展，其东缘已扩展到察尔汗一带。

更新世时期，柴达木盆地南缘的昆仑山迅速崛起，源于昆仑山的水系逐步发展起来，代替了盆地东北部的祁连山水系，成为古柴达木湖的主要补给水源。随着青藏高原的总体隆升，盐湖、哑巴尔、台吉乃尔和东陵丘等背斜构造隆起，使柴达木古湖北部的昆特依、马海湖区与古湖分离，古湖的主体仅限于一里坪、台吉乃尔、达布逊、霍布逊一带，晚更新世，涩北构造隆起，又将古湖分割为一里坪—台吉乃尔和察尔汗两个湖区。更新世末的盛冰阶时期，干寒的气候条件使上述被构造分割的各湖进一步分化并进入干盐湖阶段。

综上所述，一个大型成盐盆地的形成，往往是由地壳运动驱动，首先形成巨大的断裂带，随后在压扭应力作用下，断层两盘反向平移，如有两组或两组以上行向相反的断层相切，在走滑平移的过程中，必将在相交内侧拉张形成断陷盆地。由于断层面的倾向扭动，在平移的过程中，也必将使盆地基底断块做垂向运动，致使盆地的沉降中心多次迁移。构造运动不仅赋予了盐湖形成的空间，也给盐类物质沉积分异创造了良好的条件。这就是为什么有的盐盆只有硫酸盐沉积、另一盐盆又只有石盐或钾镁盐沉积[①]。

3.1.2　周边岩石的风化淋滤

诸多专家学者对柴达木盆地盐湖成盐规律和成因演化开展了大量的研究，但由于技术条件的局限性和研究对象的差异性，对于柴达木盆地的整体地球化学背景及物质来源的研究尚属空白，同时对于典型盐湖的成盐机理还存在较大的争议。柴达木盆地缺乏系统的地球化学数据，但其周缘地区的1∶20万化探数据基本实现全覆盖，为我们了解柴达木盆地成盐物质来源提供了丰富的数据支撑。

早在1988年，段振豪和袁见齐（1988）就对察尔汗盐湖的物质来源进行了研究，通过同位素、地球化学、水化学等特征，证明地表化学风化淋滤的产物是柴达木盆地盐湖的重要物质来源之一；李润民（1983）认为新近纪、古近纪时期盐类沉积、油田水、盐渍土和地下卤水成为柴达木盆地盐湖的主要补给源；李文鹏和何庆成（1993）通过元素比值与水量分析结果认为盐湖的盐分是四周长期风化淋滤及地下水、地表水不断搬运、溶解、析出演化过程的结果，不可能来源于深层卤水或油田水。陈柳竹等（2015）认为岩石风化淋滤

---

① 王有德，等. 2013. 青海省柴达木盆地盐湖矿产成矿规律研究及找矿靶区优选（技术报告）.

补给是柴达木盆地区盐湖普遍的物质来源。实际上，岩石风化淋滤来源和深部水来源对柴达木盆地区盐湖水和晶间卤水的化学组成的贡献率差异很大，该差异取决于周围岩石的化学组成、深部水是否存在及其化学组成，以及断层是否导通并为深部水补给盐湖形成通道（李建森等，2022）。

现今柴达木盆地的主体是在印支运动以后转化为内陆盆地的。在整个中生代漫长的地质过程中，不可否认的是，周围岩石经风化和淋滤，其中的盐分被溶解并经河流带入盆地内，是古近纪—新近纪盐类矿产成矿物质的主要来源机制之一，该认识已经得到了很多专家学者的地球化学数据证明。

周围岩石的风化淋滤来源的贡献程度直接取决于周围岩石的化学组成，风化淋滤是途径，周围岩石是物源的根本。故我们从柴达木盆地外围不同的地质单元的地球化学背景入手，分析研究盐类矿产的物质来源。

基于1∶20万化探数据分析，对柴达木盆地周缘岩石地球化学背景及分布特征进行了研究（表3-1），了解到柴达木盆地周缘不同成矿地质环境下地球化学带的成盐元素富集贫化与地层、岩性的关系，认为柴北缘中酸性、酸性侵入岩与昆仑山地区三叠纪地层可能是古近纪—新近纪盐类矿产的主要矿源层。

表 3-1 各地层元素分布规律一览表

元素	富集地层（地质时代）	亏损地层（地质时代）
B	杂多群（石炭纪） 开心岭群（石炭纪—二叠纪）、雁石坪群（侏罗纪）	小庙组（长城纪）、默勒群（晚三叠世） 万宝沟群（中-新元古代）
F	大梁组（中奥陶世） 拖莱南山群（长城纪） 花石山群（蓟县纪）	西大沟组（早-中三叠世） 风火山群（白垩纪） 西金乌兰群（石炭纪—二叠纪）
Sr	郡子河群（三叠纪）、风火山群（白垩纪） 洪水川组（早-中三叠世）	拖莱南山群（长城纪）、大梁组（中奥陶世） 肮脏沟组（志留纪）
Li	苟鲁山克错组（晚三叠世） 河口组（早白垩世） 下大武组（早-中三叠世）	窑沟组（晚二叠世） 小庙组（长城纪） 万宝沟群（中-新元古代）
K_2O	巴龙贡噶尔组（志留纪） 大梁组（中奥陶世）、鄂拉山组（晚三叠世）	西金乌兰群（石炭纪—二叠纪） 六道沟组（晚寒武世）、风火山群（白垩纪）
MgO	六道沟组（晚寒武世） 狼牙山组（蓟县纪）、花石山群（蓟县纪）	西大沟组（早-中三叠世） 巴颜喀拉山群、鄂拉山组（晚三叠世）
Na_2O	金水口群（古元古代） 巴龙贡噶尔组（志留纪）、小庙组（长城纪）	雁石坪群（侏罗纪） 拖莱南山群（长城纪）、杂多群（石炭纪）
Al_2O_3	大梁组（中奥陶世） 默勒群（晚三叠世）、扣门子组（晚奥陶世）	西金乌兰群（石炭纪—二叠纪） 全吉群（南华纪）、风火山群（白垩纪）
CaO	全吉群（南华纪） 巴塘群（晚三叠世）、郡子河群（三叠纪）	湟源群（古元古代）、西大沟组（三叠纪） 肮脏沟组（早志留世）

盆地外围山区不同岩石中钾（K）的平均含量：岩浆岩中为2.85%，变质岩中为2.00%，

沉积岩中为 1.16%。根据祁连山、昆仑山和阿尔金山不同时代各类型样品分析结果表明，前新生界岩石中钾平均含量为 2.23%，接近钾的克拉克值（2.6%）。降水及冰雪融水对岩石的风化淋滤作用，必然为盆地提供大量的碎屑和盐类物质。

基于地球化学背景，柴达木盆地周缘可宏观分为阿尔金、柴北缘和东昆仑三个地球化学（异常）带（图3-1）。以下将以不同的地球化学带为单元分析盐类组分的特征及来源。

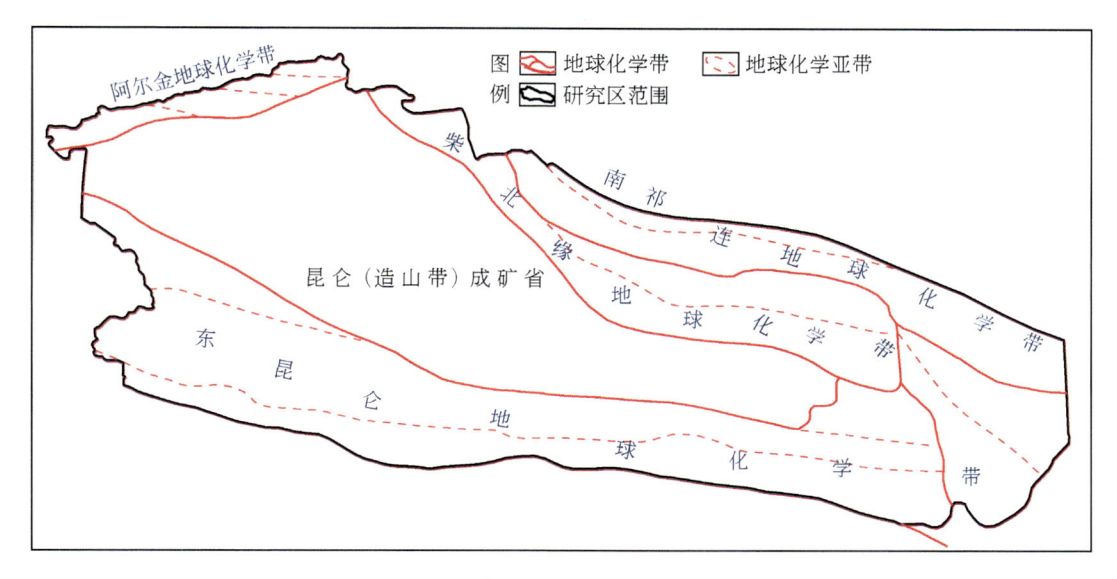

图 3-1 柴达木盆地周缘地球化学带划分示意图

3.1.2.1 元素丰度特征

1. 阿尔金地球化学带

本带内以富 Ba、Cr、Co、Ni、MgO、Na₂O，贫 As、Cd、Pb、Sb、Hg 为特征（表3-2），其他元素均呈现背景特征，这些特点与地质、岩体分布相一致的。

表 3-2 阿尔金地球化学带中两条地球化学亚带和青海省的元素统计特征值表

元素	阿卡腾能山地球化学亚带			鄂博梁地球化学亚带			青海省		
	X_1	S_1	CV_1	X_2	S_2	CV_2	X_s	S_s	CV_s
Ag	62.44	12.08	0.19	62.76	14.88	0.24	67.00	54.00	0.80
As	7.26	7.81	1.08	5.39	6.27	1.16	12.90	15.50	1.20
Au	1.89	1.01	0.53	1.77	0.77	0.43	1.35	3.75	2.78
B	27.26	15.78	0.58	24.59	11.00	0.45	46.80	25.40	0.54
Ba	689.39	190.32	0.28	663.96	208.45	0.31	519.00	280.60	0.54
Be	2.06	0.54	0.26	1.89	0.45	0.24	1.98	0.65	0.33
Bi	0.23	0.36	1.53	0.24	0.23	0.93	0.30	0.63	2.10
Cd	140.25	64.66	0.46	125.16	82.89	0.66	148.00	424.00	2.86

续表

元素	阿卡腾能山地球化学亚带 X_1	S_1	CV_1	鄂博梁地球化学亚带 X_2	S_2	CV_2	青海省 X_s	S_s	CV_s
Co	10.13	4.05	0.40	8.73	3.29	0.38	10.00	4.80	0.48
Cr	56.37	48.05	0.85	37.85	36.86	0.97	55.30	85.00	1.54
Cu	20.73	11.12	0.54	15.18	9.31	0.61	19.80	27.10	1.37
F	453.03	186.48	0.41	412.44	147.68	0.36	480.50	202.40	0.42
Hg	19.36	15.33	0.79	15.07	9.37	0.62	25.00	220.00	8.80
La	31.46	10.72	0.34	27.62	12.03	0.44	33.50	10.70	0.32
Li	22.50	5.52	0.25	21.76	6.53	0.30	30.20	11.30	0.37
Mn	547.01	187.76	0.34	495.58	185.84	0.38	589.10	337.60	0.57
Mo	0.87	0.42	0.48	0.80	0.50	0.62	0.69	1.04	1.51
Nb	12.85	4.38	0.34	10.72	4.30	0.40	11.90	4.50	0.38
Ni	22.44	15.39	0.69	15.64	12.82	0.82	23.80	35.90	1.51
P	520.60	129.30	0.25	502.28	200.65	0.40	504.90	219.70	0.43
Pb	18.39	5.92	0.32	14.82	5.16	0.35	20.60	27.80	1.35
Sb	0.65	0.52	0.80	0.48	0.39	0.82	0.82	1.63	1.99
Sn	2.69	0.63	0.23	2.58	0.85	0.33	2.64	2.55	0.96
Sr	226.51	79.73	0.35	284.78	113.40	0.40	197.80	126.00	0.64
Th	11.73	3.98	0.34	9.26	3.46	0.37	10.00	4.00	0.40
Ti	2840.82	862.74	0.30	2783.82	1120.05	0.40	3080.60	1186.20	0.38
U	2.11	0.72	0.34	1.78	0.68	0.38	2.08	0.35	0.41
V	68.53	22.03	0.32	61.53	23.92	0.39	66.00	28.10	0.42
W	1.12	0.93	0.83	1.14	2.11	1.86	1.69	7.25	4.29
Y	19.89	4.84	0.24	19.05	5.54	0.29	21.30	5.80	0.27
Zn	49.77	17.56	0.35	42.81	13.93	0.33	56.60	50.20	0.89
Zr	134.06	39.01	0.29	126.52	40.17	0.32	204.70	83.50	0.41
Rb	108.60	35.04	0.32	92.71	30.44	0.33	104.20	49.30	0.47
Al_2O_3	11.51	2.41	0.21	11.69	2.62	0.22	10.97	2.77	0.25
CaO	5.84	5.13	0.88	7.25	4.97	0.69	5.66	5.87	1.04
Fe_2O_3	3.98	1.22	0.31	3.49	1.22	0.35	3.81	1.49	0.39
MgO	2.38	2.01	0.84	2.25	1.43	0.64	1.73	1.48	0.85
K_2O	2.43	0.75	0.31	2.12	0.60	0.28	0.97	1.03	1.15
Na_2O	1.99	0.83	0.42	2.87	1.19	0.42	1.72	0.77	0.45
SiO_2	65.81	9.62	0.15	64.62	9.16	0.14	65.40	10.11	0.15

注：数据引用自青海省1∶20万区域化探数据[①]。X_1、X_2和X_s分别为相应地球化学亚带和青海省水系沉积物中元素（化合物）平均值；S_1、S_2和S_s分别为相应地球化学亚带和青海省剔除最大最小数据后离差；CV_1、CV_2和CV_s分别为相应地球化学亚带和青海省剔除离群点后的标准化方差。

---

① 青海省地质矿产勘查开发局，2003. 青海省第三轮成矿远景区划研究及找矿靶区预测.

1）阿卡腾能山地球化学亚带

本亚带在青海省阿尔金地球化学带中，MgO 丰度较高，同时标准化方差 CV_1 高达 0.8449，Al_2O_3、K_2O、Li、Sr、CaO 等元素丰度水平相对较低。Mg 元素富集主要以热液裂隙充填型或中低温热液型重晶石矿床形成和超镁铁质、镁铁质基性、超基性岩的成矿作用有关。

其他高丰度元素的 CV_1 值小，与某种地质体的高背景有关。

2）鄂博梁地球化学亚带

与青海省全省相比，本亚带丰度较高的元素有：Na_2O、Sr、MgO、CaO，其中氧化物类丰度占比较高。标准化方差（CV_1）较高的有 Na_2O、K_2O，MgO、Li 等元素丰度较阿卡腾能山较高。

2. 柴北缘地球化学带

柴北缘地球化学带相对于青海省全省而言，Sr 丰度总体较高，Be、La、Li、Nb、U、Th、Y、Zr 和 Rb 低于背景值，尤其 Li 和 Zr 严重亏损。相对柴周缘地区，Sr 背景仍然较高，其他元素基本趋于背景值（表 3-3、表 3-4、表 3-5）。

表 3-3　柴达木北缘地球化学带与青海省基本地球化学元素统计特征值表

元素	柴达木北缘地球化学带			青海省			X_1/X_s	Ln	Nh
	X_1	S_1	CV_1	X_s	S_s	CV_s			
B	33.300	21.7500	0.6500	45.207	15.6500	0.5200	0.737	98.5500	272
Sr	270.520	116.0000	0.4300	182.853	88.6200	0.3500	1.479	618.5200	216
Li	23.060	9.9400	0.4300	29.612	7.7300	0.3500	0.779	52.8800	234
K_2O	2.350	0.8100	0.3400	2.120	0.7600	0.3300	1.108	4.7800	55
MgO	1.950	1.7000	0.8700	1.455	0.9600	0.6000	1.340	7.0500	376
Na_2O	2.030	0.9200	0.4500	1.536	0.8800	0.4400	1.322	4.7900	40

注：数据引用自青海省 1:20 万区域化探数据，Ln 为高端含量剔除下限值；Nh 被剔除高含量点点数；其余变量含义同前。

表 3-4　柴达木北缘两条地球化学亚带的元素统计特征值表

元素	欧龙布鲁克-乌兰地球化学亚带			赛什腾山-阿尔茨托山地球化学亚带		
	X_1	S_1	CV_1	X_2	S_2	CV_2
Ag	53.23	59.45	1.12	69.82	118.12	1.69
As	5.46	5.15	0.94	9.29	10.54	1.13
Au	1.29	3.61	2.79	1.70	4.19	2.47
B	20.92	17.00	0.81	33.59	20.34	0.61
Ba	700.45	328.52	0.47	721.81	343.20	0.48
Be	1.88	0.77	0.41	1.82	0.42	0.23
Bi	0.33	3.21	9.87	0.27	0.22	0.81
Cd	134.08	105.41	0.79	239.92	3050.73	12.72
Co	9.28	4.22	0.45	11.27	6.68	0.59
Cr	34.42	38.49	1.12	76.58	163.65	2.14
Cu	15.77	9.25	0.59	26.07	17.90	0.69

续表

元素	欧龙布鲁克-乌兰地球化学亚带			赛什腾山-阿尔茨托山地球化学亚带		
	X_1	S_1	CV_1	X_2	S_2	CV_2
F	424.87	210.97	0.50	476.99	213.83	0.45
Hg	13.17	11.23	0.85	14.29	6.03	0.42
La	29.97	15.76	0.53	28.29	11.26	0.40
Li	22.29	9.52	0.43	22.63	14.09	0.62
Mn	468.32	247.37	0.53	600.14	368.04	0.61
Mo	0.63	0.90	1.41	1.02	1.52	1.50
Nb	10.54	5.49	0.52	9.86	6.26	0.64
Ni	16.41	13.85	0.84	27.68	39.69	1.43
P	492.84	298.91	0.61	450.91	183.19	0.41
Pb	16.44	15.75	0.96	28.85	178.92	6.20
Sb	0.38	0.55	1.44	0.51	0.49	0.97
Sn	2.24	1.11	0.50	2.32	1.80	0.78
Sr	309.03	170.35	0.55	276.77	105.15	0.38
Th	8.46	7.15	0.85	8.75	3.96	0.45
Ti	2299.23	1717.80	0.75	2766.02	1406.91	0.51
U	1.71	0.75	0.44	2.33	0.95	0.41
V	56.63	31.00	0.55	77.46	40.94	0.53
W	0.98	1.31	1.34	1.40	1.78	1.27
Y	17.39	4.97	0.29	19.68	7.18	0.36
Zn	39.24	21.59	0.55	61.20	298.01	4.87
Zr	128.47	57.28	0.45	125.57	58.37	0.46
Rb	95.92	41.05	0.43	96.36	35.55	0.37
Al_2O_3	8.93	3.46	0.39	11.27	2.32	0.21
CaO	10.91	10.11	0.93	6.57	3.32	0.50
Fe_2O_3	3.36	1.87	0.56	4.33	2.00	0.46
MgO	1.81	1.61	0.89	2.05	1.65	0.80
K_2O	2.40	0.91	0.38	2.36	0.79	0.34
Na_2O	2.06	1.20	0.58	2.71	0.95	0.35
SiO_2	60.37	15.61	0.26	64.62	7.49	0.12

注：数据引用自青海省1∶20万区域化探数据[①]，表中变量含义同前。

1）欧龙布鲁克-乌兰地球化学亚带

本亚带多数元素的丰度很低，其中 Sr、CaO、Na_2O、MgO、K_2O 等丰度值较高，多与

---

① 青海省地质矿产勘查开发局，2003. 青海省第三轮成矿远景区划研究及找矿靶区预测.

盐类矿产沉积相关联。B、K$_2$O、Na$_2$O、Li、Rb、MgO 等元素的标准化方差（CV$_1$）相对较高，反映上述元素丰度虽然不高，但异化倾向明显；相反的情况也有：CaO、Sr 的元素丰度虽然较高，但其标准化方差（CV$_1$）显示其以均化倾向为特征。CaO 的丰度与统计特征与地区碳酸盐岩发育有关。B、Li、K$_2$O、MgO 等呈高背景特征，在大、小柴旦湖周边聚集成矿。

2）赛什腾山-阿尔茨托山地球化学亚带

本亚带元素丰度相对较高，与欧龙布鲁克-乌兰地球化学亚带相比而言，Sr、Fe$_2$O$_3$、CaO、MgO、K$_2$O、Al$_2$O$_3$ 均显示高背景特征。但 K$_2$O、MgO、Na$_2$O 等元素标准化方差（CV$_1$）呈低值，未见明显分异。

3. 东昆仑地球化学带

1）祁漫塔格-都兰地球化学亚带

本亚带丰度较高的元素有 Rb、CaO 等，其中相对突出的有 Rb、K$_2$O、CaO（表 3-5），Rb 和 K$_2$O 在青海省Ⅲ级成矿带中居于第一位。带内很多元素具有较大的标准化方差（CV$_1$），如 B、CaO、Fe$_2$O$_3$、MgO 等，K$_2$O、Na$_2$O 较之全省也是很高的。如此多的元素及氧化物具有异化倾向，反映本带构造-岩浆活动强烈，背景值较高。

表 3-5 柴达木盆地周缘地球化学带特征

地球化学带		主要地质背景	岩浆活动	地球化学特征
阿尔金	阿卡腾能山	该亚带地处柴达木盆地西北的阿尔金山南坡，出露的地层有中元古界（Pt$_1$）（占域很小）下古生界（Є—O）及中生界（J$_{1-2}$）（占域很小），新生界（N）也有一定的面积；侵入岩较发育，见加里东期斜长花岗岩及燕山期钾长花岗岩在中西段分布，基性-超基性岩所占地域面积较小	岩浆活动微弱，基性、超基性、中酸性岩浆侵入活动和火山岩喷发都有发育。基性、超基性岩大部集中分布茫崖和平顶山一带，多以独立岩体产出，北北西倾，分异不明显。超基性岩为层状、透镜状、脉状的单斜体，岩石类型为斜辉辉橄岩、斜辉橄榄岩，具不同程度蛇纹石化、滑石化，属铁质超基性岩。基性岩呈脉状产出，以平顶山一处脉体规模较大，为辉长岩。著名的茫崖石棉矿产于超基性岩中。中酸性侵入岩仅见加里东期斜长花岗岩和印支期钾长花岗岩	该亚带在青海省Ⅲ级成矿带中排位居前五位的元素仅有 Au、MgO、Be、Ba、Mo、Cd 等，元素丰度水平相对较低
	鄂博梁	该亚带位青海省西北部阿尔金山南坡一带，成矿带面积较小，带内地层以古-中元古界（Pt$_1$、Pt$_2$）为主，分布于东半部，西半部则为下古生界（Є—O）及中生界（J$_{1-2}$）分布区；带内岩浆岩较发育，以海西期为主，较集中于成矿带的中部，其次为加里东期侵入岩分布于成矿带东部，此外，元古宙期和印支期侵入岩也有少量分布	该亚带于阿尔金山中段，中、酸性岩浆侵入活动和火山活动都有，前者比较强烈。火山岩赋存于元古宙地层中，变质程度深，多以角闪岩类出现	结合地质背景可大体分辨出 Cu、Co 异常区域较集中地分布于青新边界（Pt$_1$、Pt$_2$）地层出露区；W、Sn、Bi 异常受控于海西期及新元古代晚期侵入岩的分布特征，稀有稀土类元素异常与中酸性侵入岩有密切关系
柴达木盆地中生代—新生代油气、盐类、成矿区				
柴北缘	欧龙布鲁克-乌兰	带内除志留系、三叠系及白垩系外，其他地层均有不同程度的出露，其中以元古宇为主体，约占全域面积 3/12 左右，第四系分布广泛，约占全域面积的 6/12。其他地层占全域面积的 1/12 左右	带内侵入岩分布区，占全域面积 2/12 左右。侵入岩从超基性-基性-中性-酸性岩均有，以中酸性、酸性侵入岩为主体。侵入时代分元古宙晚期、加里东期、海西期及印支期等，以海西期和印支期为主	该亚带以盐类矿产为主体，有大柴旦硼、钾、锂及小柴旦湖硼、钾、镁等大型矿床

续表

地球化学带		主要地质背景	岩浆活动	地球化学特征
柴北缘	赛什腾山-阿尔茨托山	该亚带地处柴达木北缘残山断褶带。出露地层较齐全，除震旦系、二叠系外，其他时代地层均有不同程度的出露。锡铁山以北地区以老地层为主，以东地区地层相对较新	侵入岩主要为加里东期，次为印支期。侵入岩较集中分布于都兰地区。断裂构造发育，不同时代地层往往呈断块或条块展现。岩浆侵入与喷发活动频繁，并伴随一些成矿作用	该亚带以金及多金属元素富集为主，典型矿床为锡铁山铅锌矿床和滩间山金矿床
东昆仑	祁漫塔格-都兰	该亚带中部被柴达木盆地中新生代凹陷沉积覆盖而被分成东西两段，东段为察汗乌苏地区，西段为祁漫塔格地区。该亚带呈北西向延伸，属柴南缘断褶带。地层由古元古界、上奥陶统、上泥盆统、下石炭统、上石炭统下二叠统及上三叠统组成，绝大多数地层由碎屑岩和火山岩构成	海西期—印支期中酸性岩浆侵入活动极为强烈，燕山期侵入岩在祁漫塔格较发育，连同东昆仑隆起带构成规模巨大的东昆仑花岗岩带。断裂构造十分发育，在其与中酸性侵入岩的接触带及其附近，常形成接触交代型矽卡岩和部分热液充填型铁、多金属矿床（点）	该亚带丰度较高的元素有 Ag、Ba、Bi、Be、Cd、La、Pb、Sn、Th、W、Rb、CaO 等，其中相对突出的有 Rb、Be、Bi、Cd、Sn、Pb、K_2O、CaO
	伯喀里克-香日德	其原始组分为古元古界和中、新元古界，以及在其中包容或产出的变质侵入体和基性岩体（超基性岩体极少）；造山期受到了断裂活动的影响，并有同造山期的花岗岩类岩体侵入；造山期后除了或多或少的晚泥盆世、石炭纪、早二叠世、晚三叠世、侏罗纪、古近纪、新近纪和第四纪的沉积（含晚泥盆世和晚三叠世火山喷发沉积）之外，主要受到了海西期闪长岩类和花岗岩类侵入活动影响，并由此形成以花岗岩类岩石为主的岩基带，而此后印支期和燕山期的岩浆侵入活动则十分微弱。	该亚带岩浆活动极为强烈，尤其是中酸性岩浆侵入活动，构成本区典型的多旋回构造岩浆旋回，基性、超基性岩浆活动及火山活动很微弱。基性、超基性岩由地幔熔融物沿昆中断裂侵入形成，以基性岩为主，分布零散。侵入时代包括元古宙、加里东期、海西期、印支期，形成东昆仑南部巨型的、复杂的构造岩浆带，以海西期为主体，其次是印支期，多以规模宏伟的岩基产出	Rb、Sr、Al_2O_3、Na_2O、K_2O、SiO_2 等元素在带内呈高背景、高含量分布。K_2O、Na_2O、Al_2O_3、SiO_2 的高含量特征与区内出露有大量的各时期中酸性侵入岩有关，Rb 的高含量与这些中酸性侵入岩中该类元素含量一般偏高的特征相一致，Rb、K_2O、Na_2O 的平均含量居青海省第三位。B、Li 等元素呈低背景分布。CaO、MgO、F、Hg 等元素在带内呈中等背景含量分布
	雪山峰-布尔汉布达	中、新元古界含碳的泥质岩石夹层或岩段产出，是否有金的赋存似有剖析的必要。寒武系为碎屑岩、基性火山岩和碳酸盐岩的组合序列，同时又是有色金属元素的高背景源。奥陶系是碎屑岩夹碳酸盐岩与基性或中基性火山岩相间的旋回组合，岩石普遍具有有色金属元素含量偏高的背景环境。志留系为碎屑岩夹中酸性凝灰熔岩的岩石组合。石炭纪及其上部的盖层沉积的含矿性普遍不佳；其中石炭系底部有含铁层产出，且上石炭统和下、中侏罗统含有高碳质层和煤线或薄煤层	该亚带岩浆活动比较强烈，基性、超基性岩、中酸性岩浆侵入活动、火山喷发活动都有。基性、超基性岩主要分布于格尔木河以东的布尔汗布达山，以基性岩为主，呈脉状岩株产出，北西西—东西向展布。超基性岩以铁镁质岩为主，基性岩为铁质辉长岩，与寒武纪火山岩组成蛇绿岩建造。中酸性岩浆侵入活动分为加里东期、海西期、印支期、燕山期，以海西期为主。加里东期以二长花岗岩为主，较集中分布于清水河上游和纳赤台以西地区。海西期岩石类型较多，以花岗闪长岩为主。火山喷发活动发生于早古生代和三叠纪。早古生代寒武系、奥陶系、志留系中的火山岩为海相，是一套基性、中基性火山岩和火山碎屑岩。中、早三叠世的火山岩为钙碱系列的玄武岩-安山岩-英安岩-流纹岩组合，并发育较多火山碎屑岩；早三叠世的火山岩以中基性、中酸性为主；中三叠世的火山岩以中酸-酸性为主。晚三叠世的火山岩为陆相，以安山岩及安山质角砾凝灰岩为主	F、Fe_2O_3 等元素在矿带内呈高背景、高含量分布，Rb 等元素在矿带内呈低含量、低背景分布，其余多数元素或氧化物的平均含量在青海省内处于中等含量水平

2）伯喀里克-香日德地球化学亚带

①Rb、Sr、Al_2O_3、Na_2O、K_2O、SiO_2 等元素在带内呈高背景、高含量分布。K_2O、Na_2O、Al_2O_3、SiO_2 的高含量特征与区内出露有大量的各时期中酸性侵入岩有关，Rb 等元素的高含量与这些中酸性侵入岩中该类元素含量一般偏高的特征相一致，Rb、K_2O、Na_2O 的平均含量居青海省第三位。

②本亚带是 Fe_2O_3、B、Li 等元素的低含量、低背景分布区，说明带内基性、超基性岩不发育。

③在带内呈中等背景含量分布的元素有 CaO、MgO、F、Hg 等元素。

3）雪山峰-布尔汉布达地球化学亚带

①F、Sr、K_2O、Fe_2O_3、CaO 等元素在带内呈高背景、高含量分布，其平均含量高于青海省均值，属高含量中等含量地区。

②Rb、B、Li 等元素在带内呈低含量、低背景分布，Ag 的平均含量属省内最低。

③其余多数元素或氧化物的平均含量在青海省内处于中等含量水平。

3.1.2.2 元素组合特征

1. 阿尔金地球化学带

依据 R 型聚类分析谱系图（图 3-2），阿卡腾能山地球化学亚带中，B 为基性-超基性及酸性侵入岩组，F 是酸性侵入岩相关元素。相关系数 $\gamma=0.38$ 时，K_2O、Rb、Al_2O_3、Sr、Na_2O 为偏碱性元素群（K_2O、Rb、Al_2O_3、P）。近代碎屑沉积有关的元素组合为 Sr、Na_2O、CaO、MgO，是碳酸盐岩相关元素组合，该组与以上各组无相关关系，仅存反相关关系。

鄂博梁地球化学亚带中，依据 R 型聚类分析谱系图（图 3-3），在相关系数 $\gamma=0.7$ 时，Al_2O_3、Na_2O、Sr 为与现代盐类沉积相关的元簇群。CaO-MgO 相关水平达 $\gamma=0.7$ 左右，在 $\gamma=0.1$ 时它们才与组内其他元素产生相关关系。在相关系数 $\gamma=0.6$ 时，F、Li、K_2O、Rb 与中酸性侵入岩相关元素组发生相关关系。

2. 柴北缘地球化学带

1）欧龙布鲁克-乌兰地球化学亚带

该带 R 型聚类分析谱系图 [图 3-4（a）] 显示，在相关系数 $\gamma=0.14$ 时，分析如下：

①MgO 超基性岩相关元素。其中相关元素 Mo、Pb、Sb、Hg 等在相关系数 $\gamma=0.24$ 时与超基性岩相关元素发生相关关系。

②Li、CaO、B 与钙碱性沉积环境相关元簇群存在相关关系。

③Fe_2O_3、F、K_2O、Rb、Sr 在相关系数 $\gamma=0.5$ 时，分为酸性侵入岩相关元素簇群和基性火山岩相关元素簇群。高度相关的元素为 K_2O 与 Rb。

④Al_2O_3、Na_2O 为黏土岩类相关元素簇群，且二者之间具有高度相关关系。

2）赛什腾山-阿尔茨托山地球化学亚带

依据元素 R 型聚类分析谱系图 [图 3-4（b）] 分析，在相关系数 $\gamma=0.24$ 时：

①MgO、Fe_2O_3 为基性火山岩相关簇群。MgO、Cr 为偏基性-超基性岩元素组合，另一群 Co、Fe_2O_3 是基性火山岩特征元素组合。

②Al_2O_3、Na_2O、Sr 为泥质岩相关元素组。

③K$_2$O、Rb、Be 为酸碱性侵入岩相关簇群。其中 K$_2$O 和 Rb 的相关水平达 $\gamma=0.88$ 以上。

④F、Li、B 等为碎屑岩、变质岩相关簇群。组内元素相关程度较低。

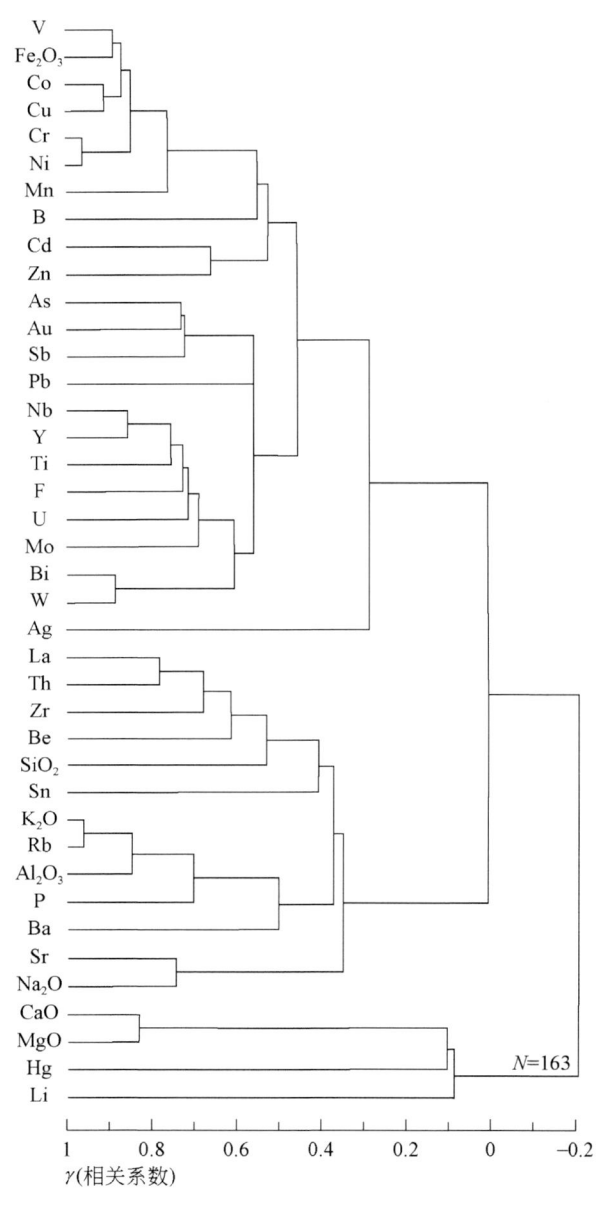

图 3-2　阿卡腾能山地球化学亚带 R 型聚类分析谱系图

注：R 型聚类分析谱系图均根据青海省 1∶20 万区域化探数据生成，以下同

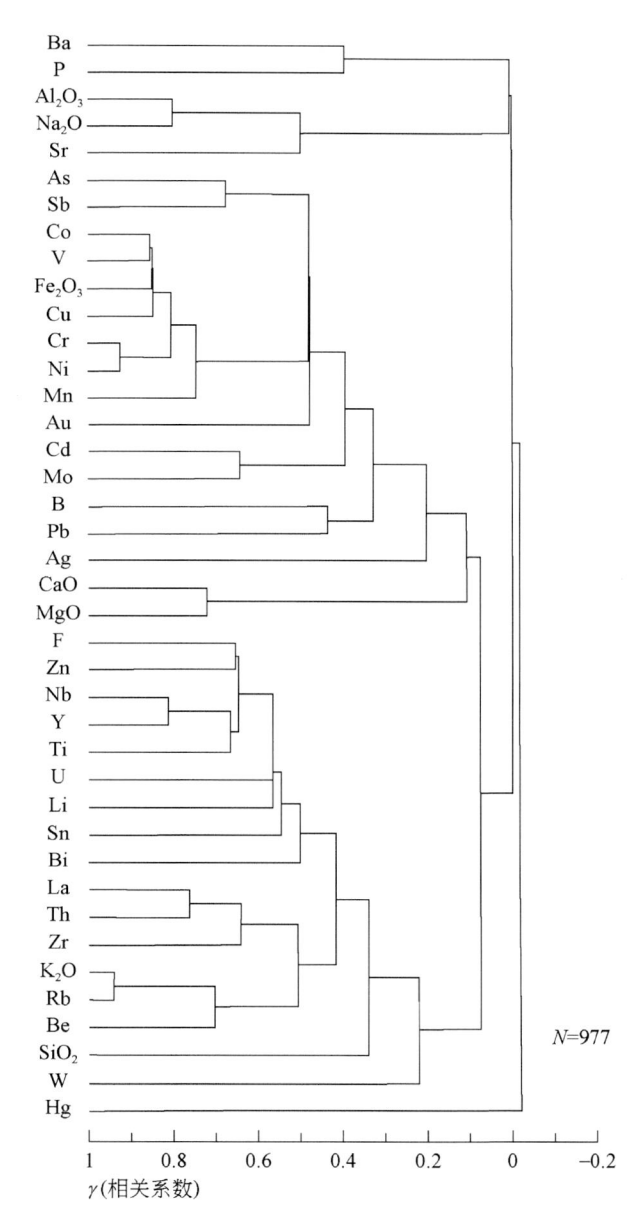

图 3-3 鄂博梁地球化学亚带 R 型聚类分析谱系图

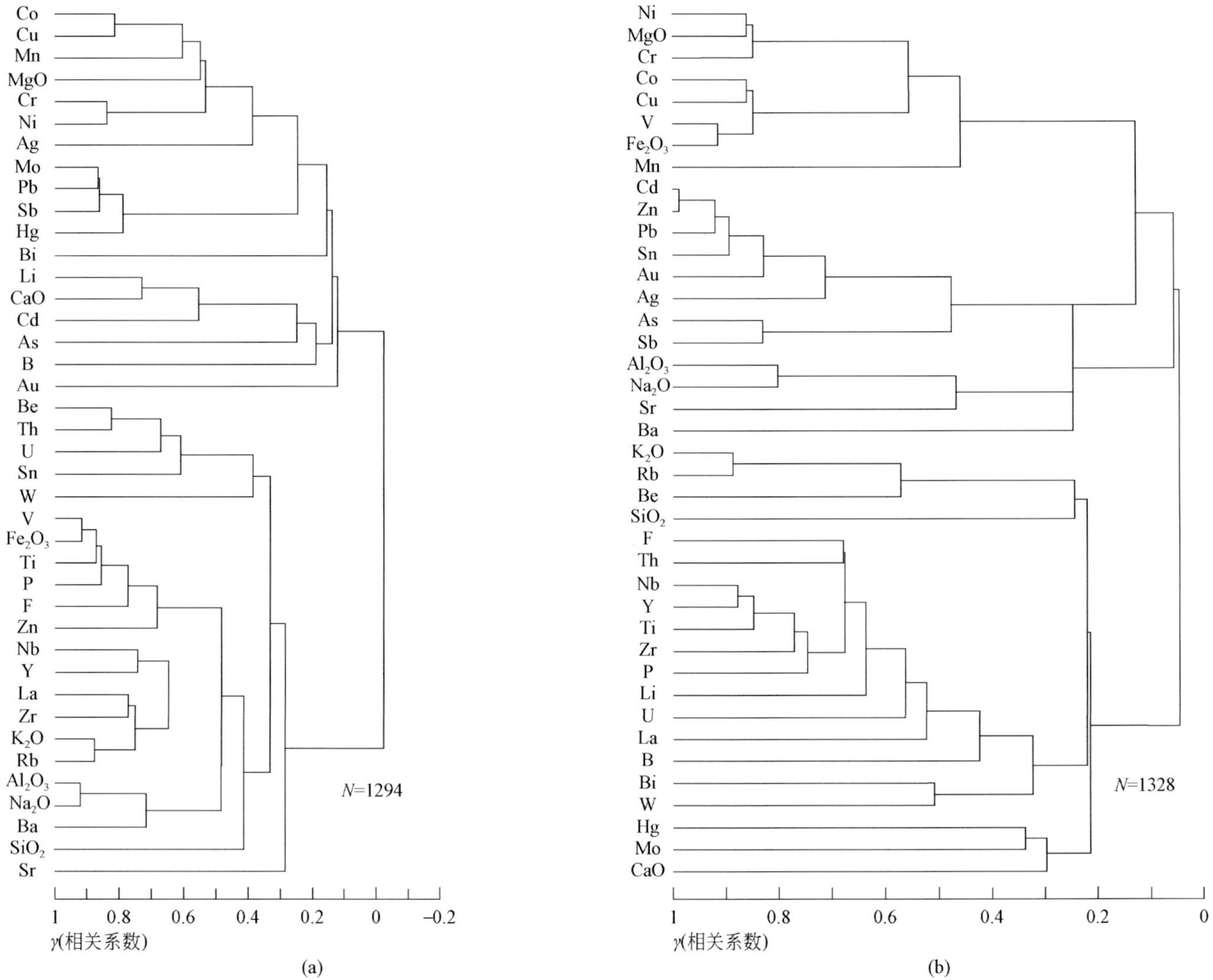

图3-4 欧龙布鲁克-乌兰地球化学亚带(a)、赛什腾山-阿尔茨托山地球化学亚带(b)的R型聚类分析谱系图

3. 东昆仑地球化学带

1）祁漫塔格-都兰地球化学亚带

解读本亚带 R 型聚类分析谱系图 [图 3-5（a）]，形成如下认识：

在相关系数 $\gamma=0.14$ 时，可清晰地将元素分成三组。

①Fe_2O_3、MgO、B 与基性火山岩相关元素簇群存在相关关系。上奥陶统铁斯达石群火山岩系是重要影响因素。这些高度相关的元素，若具有大量高含量点的聚集，则它们参与成矿的可能性很大。

②Cd、Zn、CaO、Ag、Pb、Mo、Hg、Sb 为矿化因子组。组内相关水平较高的元素是 Cd 与 Zn、Ag 与 Pb，这两组二相关元素对在相关系数 $\gamma=0.5$ 时，与 CaO 有较强的亲和力，这与本亚带夕卡岩型多金属矿床占主导的事实相一致。

③F、Li、Sn、K_2O、Rb、Al_2O_3、Na_2O、SiO_2 与中酸性侵入岩相关元素簇群存在相关关系。本组中 F、Li 在 $\gamma=0.42$ 时相关，F、Li 二元素标准化方差在青海省Ⅲ级成矿带标准化方差值中属于较大值，反映强烈的分异性。

2）伯喀里克-香日德地球化学亚带

依据 R 型聚类分析谱系图 [图 3-5（b）]，从不同相关程度看，可知带内存在不同的沉积建造和岩浆岩类，从图中元素的聚合关系分析可以得出如下初步认识：

①带内存在大量的中酸性侵入岩，U、Tn、La、Rb、Nb、Y 及 Sn、Be 元素的化探异常的形成或矿化的出现与其有关。

②带内存在较多的中基性火山岩，区内 Cu、Co 元素的成矿或化探异常的形成与中基性火山活动密切相关。

③SiO_2 和 CaO、MgO 组合呈两个独立因子，说明带内除有大量的中酸性侵入岩和较多的火山岩存在外，还有独立的含高硅质岩和碳酸盐岩沉积建造岩类存在。

3）雪山峰-布尔汉布达地球化学亚带

依据 R 型聚类分析图 [图 3-5（c）]：

①As、Sb、B、Bi、W、Au 元素组合，总体反映中低温成矿元素组合。

②V、Fe_2O_3、Co、Ti、Cu、Mn、Cr、Ni、P、Li、Cd、Mo、Pb、Ag、Zr、SiO_2 元素聚合，其总体反映中基性火山喷发及其沉积岩背景；在更高的相关水平上，其初始组合反映本亚带有基性、超基性岩的侵入和含硅质成分较高的碎屑岩沉积建造存在。

③F、U、K_2O、Rb、Al_2O_3、Na_2O、Ba 等元素组合，是典型的中酸性侵入岩地质背景以及与其相关的稀有稀土放射性元素的组合。

④Sr、CaO 组合，反映带内存在独立的碳酸盐岩沉积建造。Hg 呈独立因子存在，反映带内有较晚期的断裂活动。

在较低相关水平（如 $\gamma=0.03$ 时）上，①、②、③群和独立因子 Hg，呈紧密相关，与④群呈负相关关系，说明矿带内的成矿活动与火山喷发、火山沉积作用、中酸性岩侵入及断裂活动有关，与碳酸盐岩沉积建造互不相关。

3.1.2.3 成盐元素地球化学特征分析

通过收集大量的统计数据和进行特征分析，得出如下结论：

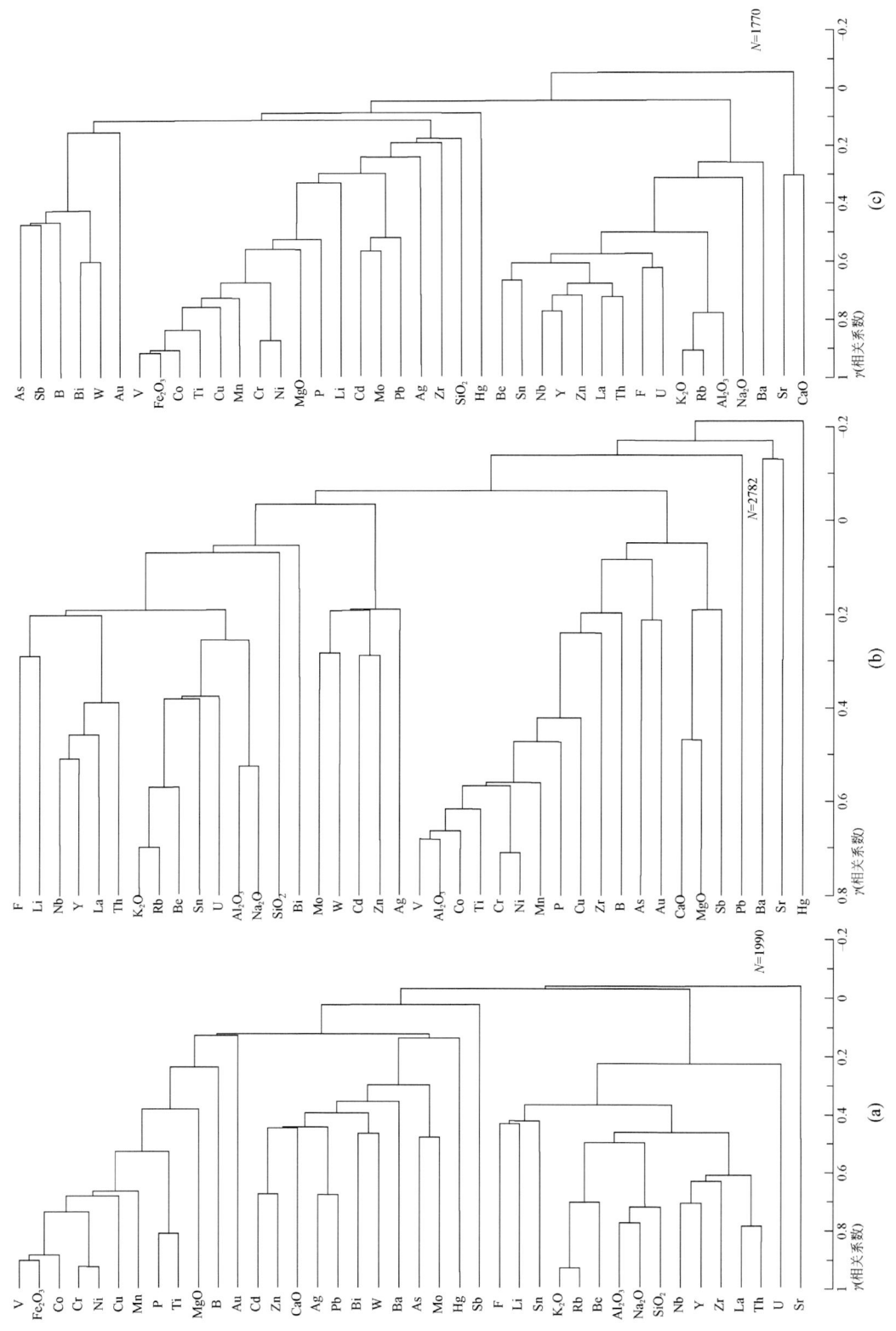

图3-5 祁漫塔格-都兰地球化学亚带(a)、伯喀里克-香日德地球化学亚带(b)、雪山峰-布尔汗布达地球化学亚带(c)的R型聚类分析谱系图

（1）B 元素在欧龙布鲁克-乌兰地球化学亚带内呈高背景分布，在东昆仑呈低含量、低背景特征，且具有较强的异化倾向，同时 F、Li、K_2O、Na_2O 呈高含量、高背景特征，并在大、小柴旦湖周边聚集成矿。阿尔金地球化学带中 B 元素与基性-超基性及酸性侵入岩组相关，对柴达木盆地盐类元素的成矿富集贡献较小。

（2）MgO 在阿尔金地球化学带和柴北缘地球化学带中均显示较高丰度，同时变异系数大，而其在柴达木盆地南部东昆仑地球化学带中的丰度值仅达到青海省平均值。与阿尔金及柴北缘滩间山—绿梁山一带分布镁铁质超基性、基性岩的地质背景对应，为柴达木盆地镁盐类资源提供较为丰富的物质来源。

（3）Al_2O_3、K_2O、Li、Sr、CaO 等元素在阿卡腾能山一带的丰度水平相对较低，而在鄂博梁、柴北缘及东昆仑地区均呈高背景分布，显示柴周缘为此类成盐矿物的成矿均提供了物质来源。

（4）Rb 元素在欧龙布鲁克-乌兰地球化学亚带、祁漫塔格-都兰地球化学亚带和伯喀里克-香日德地球化学亚带呈高背景、高分异特征，在雪山峰-布尔汉布达地球化学亚带内呈低含量、低背景分布。

（5）通过元素组合特征分析得知，MgO 主要来源于基性火山岩和镁铁质基性-超基性岩类。

（6）F、Li、Sn、K_2O、Rb、Al_2O_3、Na_2O 元素要来源于中酸性岩类。

3.1.3 深部水的补给

柴达木盆地周缘山区的断裂带附近分布着许多中生代至新生代的火山活动，而火山活动形成的地热水中含有丰富的 K、B、Li 等元素。如一里坪和东西台吉乃尔湖地区钾、硼、锂的富集就与布喀大坂一带的火山-地热水补给有关；雅沙图硼矿和泉华共生，其形成也与地下温泉有关[①]。在古近纪时期盆地的地形东高西低，火山-地热水中的 K、B、Li 元素均可汇集到盆地西部，并在有利地段富集成矿。

大柴旦热泉群水体充沛，喷涌量大，多个泉眼出露，水体温度常年保持相对恒定，温度在 68～82 ℃，为高温热泉。水体为氯化钠型，主量元素以 Na、Cl 和 SO_4^{2-} 为主，相对富 Ca 而低 Mg，这与许多深部热水类似，如较为典型的柴西油田水和西藏地热水，在成因上具有一定深部特征，深部热源和物质为其提供充足的能量。在微量元素方面，热泉水具有较高的 K、B、Li、Br 等有益元素，尤其是 B 的含量，远高于 K 和 Li，也高于 Ca 和 Mg，其富集程度之高指示必然有特殊的物质供给渠道。对于热泉水中 B、Li 的物质来源，郑绵平指出这种类似于"岩浆型"地热水中的 B、Li 主要来自于深部重熔岩浆。除此之外，众多学者认为地热水中的 B、Li 与地壳内残余岩浆囊体有关[②]。

同时，热泉水中 Br 元素也有较高的富集，这和西藏地热水等深部水体也极为类似，然而目前针对 Br 物质来源的研究较少，考虑到 Br 的克拉克值并不高，在地壳火山岩中有一定分布，推测 Br 与深部过程有密切关系。

随季节的变化，丰水期和枯水期的热泉水化学组成具有差异性。枯水期热泉水的盐分含量高于丰水期，主要体现在 Na、Cl 和 K、B 含量上，而 Mg 和 SO_4^{2-} 则在丰水期略有升

---

① 王有德，等. 2013. 青海省柴达木盆地盐湖矿产成矿规律研究及找矿靶区优选（技术报告）.
② 韩光，等. 2022. 柴达木盆地成矿系统研究报告（技术报告）.

高。这一方面说明热泉水并非封闭水体而与外界有很大程度的联系；另一方面说明不同季节参与形成热泉水的水体在质或量上有所差异。

冷泉水在温泉沟沿岩体破碎带出露，温度常年在 15 ℃左右，水量极小，整个温泉沟仅有两个泉眼，其中大部分元素含量远低于热泉水，然而 Ca 和 Mg 含量高于热泉水，这充分显示了水体迁移路径和汇聚模式的差异性。同样，八里沟河水与冷泉水的水化学组成具有较大相似性，而八里沟河水的含盐度略高，较之冷泉水具有较高的 Ca 和较低的 SO_4^{2-}，以及远高于冷泉水的 B、Li 含量，说明八里沟的水体也具有异于一般河流水体的特性，这与其所处的地质环境和水文过程有关。

钠氯系数（r_{Na}/r_{Cl}）常被用来作为判断水体来源、变质程度及水动力条件的指标。水体中 Na 的化学稳定性相对 Cl 差，在水体演变过程中可能由于吸附、沉淀等化学反应而含量减少，而 Cl 元素的含量一般变化不大，钠氯系数变大反映了渗入水的影响。一般情况下，多数天然水体的钠氯系数在 1 左右，地层封存水体的钠氯系数往往小于 0.87，海水或沉积变质海水的钠氯系数为 0.85~0.87，岩盐淋滤水体的钠氯系数等于或略大于 1。热泉水的钠氯系数为 1.47~1.90，平均为 1.68，远大于 1。首先排除了封存水或沉积变质水体影响的可能性，其次用盐岩淋滤成因也不能完全解释，虽然降雪过程可以捕获一定盐分，但不具有一般规律性。张彭熹曾研究了昆仑山降雪的元素组成，其钠氯系数可以达到 5.5，而冰雹的钠氯系数仅为 0.01。由此可见，降雪对盐分的捕获可以导致所融化的水体具有高的钠氯系数，但降雪中的 B、Li 含量为 0，因此也不能简单地将热泉水的成因完全归因于冰雪融水，所以热泉水中 Na、Cl 元素的来源可能具有一定特殊性。冷泉水的钠氯系数为 0.80，微显封存特征，呈现出与热泉水完全不同的地球化学过程。八里沟水体的钠氯系数为 1.67，与热泉水极为相似，在成因上则可能与热泉水存在某些相似性。在大地构造方面，达肯大坂山发育的主要断裂带，尤其是大柴旦断裂，是晚第四纪以挤压逆冲为主、兼具右旋走滑分量的活动断裂，构造活动强烈，促发了大柴旦地区多次中型地震，并控制着温泉沟和八里沟的发育。这些断裂可能成为地球深部与地表流体进行物质交换的通道，加强了断裂带附近的水体与深部水体的联系，从而使出露地表的水体在化学组成上具有异于一般水体的特性。泉水的出露与水体的地下循环有关，热泉水则可沿山体发育的深大断裂为通道循环至地下，再沿断裂带上升，热泉水中 Na、Cl 来源最大的可能是深部岩浆区，水体循环至熔融岩浆处，高温岩浆区加热水体并提供压力促使其上涌喷出地表，使其具有深循环特征。冷泉水温度低、水头极小、流速缓慢，具有浅循环特征。

乌保图和乌兰保木两处泥火山的喷出水中 B 的含量异常高，分别为 65.4 mg/L 和 221 mg/L，乌兰保木泥火山水中 B 含量甚至快要接近大柴旦硼矿的晶间卤水，且流经两处的河水中 B 含量也很高，说明泥火山及其他硼矿点是河流中 B 的重要来源。泥火山中 Li 的含量高达 3.47 mg/L 和 6.54 mg/L，综合表明泥火山矿化点的 B、Li 含量均异常高。

通过对塔塔棱河两处泥火山矿化点的调查，推测泥火山是地下约 75 m 处富 B、Li 承压水沿断裂裂隙上涌，使地层上拱形成的。该承压水层部分地点的 B 含量已达到边界品位，因此有必要进行涌水量调查，判断是否具有工业价值。泥火山喷出物中气体含量及成分也有必要进行分析，对于揭示 B、Li 来源具有示踪意义。

通过对塔塔棱河流域主干及支流河水、大小柴旦湖水、流域内泉水（包括大柴旦北温泉)、泥火山喷出水以及矿坑积水等水体进行 B、Li、Sr 等相关元素含量分析，认为该区域 B、Li 含量存在明显正异常。该流域南、北两侧剖面沉积物的 B 含量分析结果也显示沉积物中 B 含量明显高于其他盐湖沉积物。

余俊清等调查发现，在洪水河—那陵郭勒河水系的洪水河上游河谷及其汇流区内有中生代、新生代火山口和中酸性火山喷发岩地层分布。著名的昆仑左旋活动大断裂呈近东西走向展布于洪水河北侧。昆仑大断裂在布喀大坂山附近呈马尾状向西展开，其中一条活动断裂沿着勒斜武旦湖至太阳湖一线与昆仑大断裂交汇。特别引人注目的是，位于这两大断裂交汇区及布喀大坂山南麓的热泉群有大约 150 处喷水口，沿着昆仑大断裂的一条破碎带绵延 1.5 km。昆仑大断裂在 2001 年再次活动，引发 8.1 级大地震，断层破碎带切穿热泉群区。热泉水中 Li 离子含量高达 96 mg/L，经多年涌流汇集成永久性湖泊，如太阳湖、勒斜武担湖等，其富 Li 湖水经由河道流入洪水河，致使洪水河上游河水中 Li 离子含量高达 8.5 mg/L，中游河水中 Li 离子含量为 2.04 mg/L。研究发现，太阳湖与洪水河呈现季节性连通，由此判断太阳湖水 Li 离子含量达到 0.3 mg/L 的原因也与热泉水的输入有关。

3.1.4 卤水同位素地球化学特征

同位素地球化学特征在反映卤水起源及演化、沉积环境、迁移富集过程等方面具有良好的指示作用。在察尔汗矿区、大浪滩矿区的第四纪现代盐湖，大浪滩—黑北凹地、马海地区的深层砂砾孔隙卤水，鸭湖构造、碱石山构造的古近纪—新近纪背斜构造裂隙孔隙卤水等不同成因类型的含矿卤水中采集样品进行 H、O、S、Sr、B、Li 同位素分析，结合前人资料，对不同类型卤水的同位素地球化学特征、卤水中的盐类物质来源进行了探讨。

根据卤水来源不同，理论上可以将地下卤水分为以下三种成因类型：①同生沉积卤水（与沉积物一起埋藏的古湖水或者晶间卤水）；②大气渗入起源卤水（大气降水渗入地层并溶滤蒸发岩，特别是最易溶的岩盐，而形成的卤水）；③混合起源的卤水（不同水体的混合）（汪蕴璞和王焕夫，1982；樊启顺等，2007；李玉文等，2019）。柴达木盆地不同类型的深部卤水（例如，砂砾孔隙卤水，背斜构造卤水，油田卤水等）主要起源于大气降水（张彭熹等，1987；袁见齐等，1995；樊启顺等，2007；Tan et al., 2011；郑绵平等，2015；Fan et al., 2024）。氢—氧同位素是确定水体起源和演化的良好指标（李洪普等，2022；Fan et al., 2010；Tan et al., 2011；李建森等，2022）。在 δD-$\delta^{18}O$ 分布图上（图 3-6），马海盆地的晶间卤水和砂砾孔隙卤水、黑北凹地的砂砾孔隙卤水、兴元的晶间卤水，以及察尔汗盐湖区的晶间卤水均分布在当地蒸发线两侧，说明上述卤水经历了蒸发浓缩作用。此外，马海盆地、黑北凹地的深层砂砾孔隙卤水与马海盆地、察尔汗盐湖区及鸭湖的晶间卤水在卤水埋深上差异显著，但它们均分布在当地蒸发线两侧，说明深层的砂砾孔隙卤水中主要的溶质离子继承于盐湖卤水（即湖表卤水、晶间卤水及承压卤水）（Fan et al., 2024）。碱石山区域、小梁山及兴元区域的油田卤水，以及鸭湖的 Ca-Cl 水均偏离蒸发线，呈现明显的"氧同位素正偏移"特征（图 3-6），说明油田卤水和背斜卤水中水-岩反应占主导位置。

柴达木盆地盐湖系统硼（B）和锂（Li）同位素分馏机制表明，不同的卤水储库中 B 和 Li 同位素存在显著差异（Xiao et al., 2001；Foster et al., 2016；Wei et al., 2021；Liu et al., 2022）。在 $\delta^{11}B$-B 含量关系图上（图 3-7），察尔汗盐湖区的现代盐湖卤水（即晶间卤水）

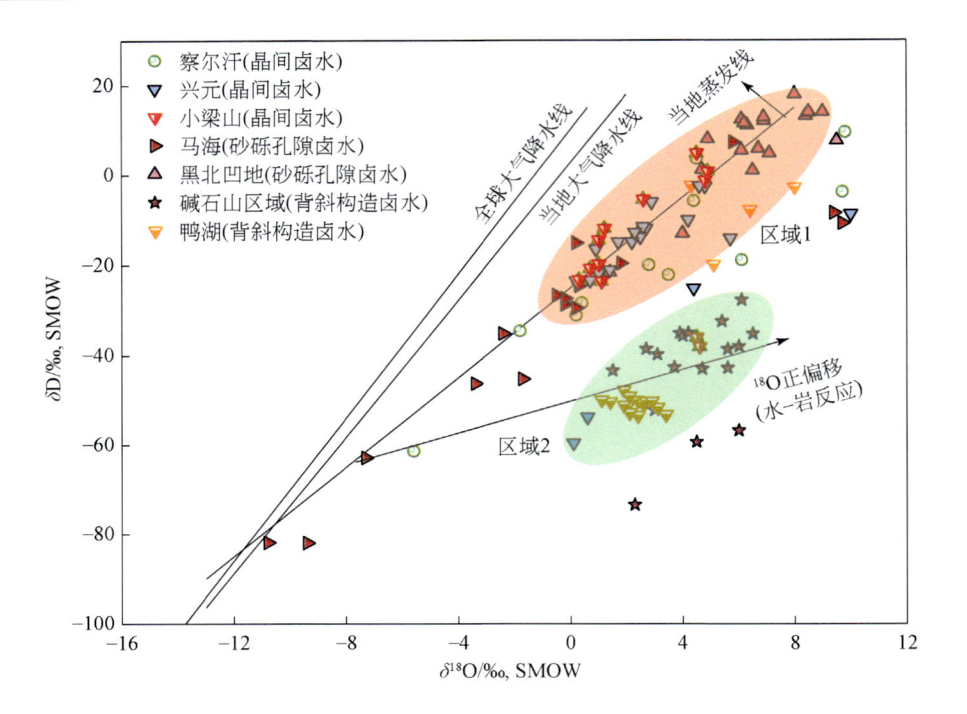

图 3-6　柴达木盆地不同地区卤水的 H-O 同位素组成特征

注：SMOW 为标准平均海洋水，standard mean ocean water

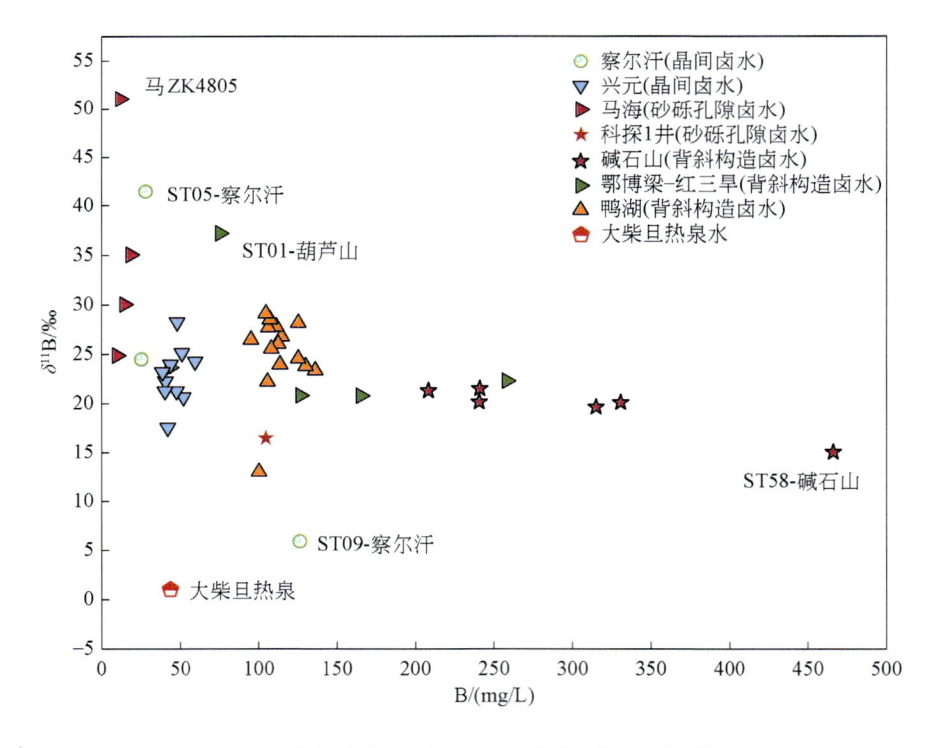

图 3-7　柴达木盆地不同地区水体的 δ^{11}B-B 关系图

的 B 同位素组成（$\delta^{11}B$）变化较大，其 $\delta^{11}B$ 值为 5.91‰～41.48‰，明显远超察尔汗盐湖区的现代晶间卤水的 B 同位素值（2.0‰～8.0‰）（Song et al.，2023），特别是察尔马海盆地的砂砾孔隙卤水的 B 同位素组成变化较大，其 $\delta^{11}B$ 值范围为 24.89‰～51.04‰，汗 ZK51203 钻孔呈现的 $\delta^{11}B$ 值为 41.48‰，需要进一步研究。赋存于深层的碱石山和兴元的油田卤水、富 Li 的背斜构造卤水及鸭湖区域的 Ca-Cl 型卤水，它们的 $\delta^{11}B$ 值均分布在 13.04‰～29.12‰ 区间内，该分布特征可能归因于卤水储库中黏土矿物的吸附、高 B 同位素值端元的补给及卤水演化过程中次生矿物的析出等。此外，上述卤水在 B 同位素组成上表现出一定的相似性，但卤水之间的 B 含量具有明显的差异，碱 ZK0901 钻孔表现出较高的 B 含量（466.1 mg/L），而兴元区域的晶间卤水呈现较低的 B 含量（平均值为 38.73 mg/L），这说明油田卤水和背斜构造卤水可能是深部水体和岩浆残余液体的混合（Tan et al.，2011）。说明马海盆地地表径流或地下水的 B 同位素组成（−5.71‰～−5.4‰）向砂砾孔隙卤水变化时，需要盐湖卤水（15.84‰～25.17‰）的过渡，进一步说明了马海盆地深层的砂砾孔隙卤水的溶质主要来自于盐湖卤水的补给。西台盐湖区的晶间卤水的 B 同位素组成与兴元和碱石山的油田卤水相似，这可能与次生矿物析出导致的 B 同位素分馏和高 B 同位素端元补给相关。西台盐湖区的晶间卤水较高的 B 含量与热泉汇集到那陵郭勒河水提供的补给相关。

在 Li 同位素组成上，受热泉水补给影响的西台盐湖区的晶间卤水的 δ^7Li 值为 8.66‰～17.82‰，低于察尔汗盐湖区的晶间卤水通过蒸发浓缩呈现的较高的 δ^7Li 值（16.25‰～23.59‰）（图 3-8、表 3-6）。而富 Li 的背斜构造卤水也呈现出较低的 Li 同位素值，其 δ^7Li 值为 12.26‰～20.67‰，说明背斜构造卤水可能是大气降水溶滤地层释放的溶质离子与深

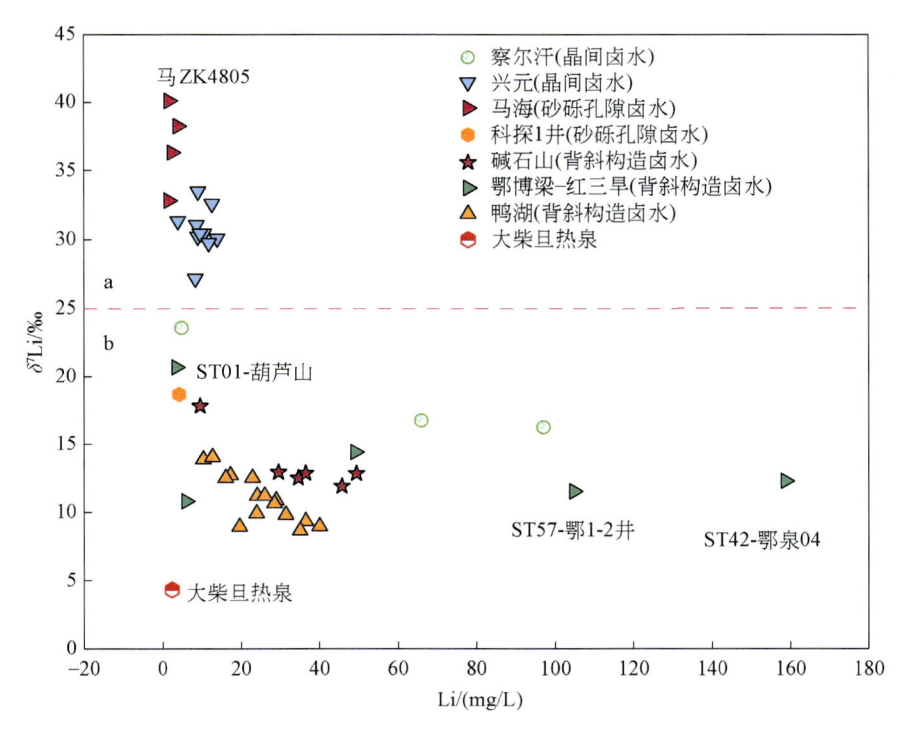

图 3-8 柴达木盆地不同地区水体的 δ^7Li-Li 关系图

部富Li地热流体混合的结果。富Li的背斜构造卤水中的Li含量明显高于受热泉补给的西台盐湖区晶间卤水，这也似乎证实了深部富Li流体对背斜构造卤水的补给。兴元区域的油田卤水与背斜构造卤水同属于Ca-Cl型卤水，其Li同位素组成（δ^7Li：27.16‰～33.48‰）与富Li的背斜构造卤水存在较大差异，但似乎与马海盆地的深层砂砾孔隙卤水的δ^7Li值（32.82‰～40.1‰）相似（Fan et al.，2024），它们的δ^7Li值远高于地表径流（7.0‰～8.0‰）和地下水（21.0‰～22.2‰）（Song et al.，2024）。考虑冲洪积扇区域水循环的Li同位素组成的影响，盐湖区对Li的吸附和次生矿物的析出也加剧了Li同位素的分馏，使得浅层盐湖卤水中的Li同位素组成介于深部卤水（包含马海盆地的砂砾孔隙卤水、兴元的油田卤水）与地表水之间，说明盐湖卤水可能存在对深部卤水层的补给。

表 3-6 柴达木盆地锂、硼同位素统计表

地区	样品号	δ^{11}B/‰	δ^7Li/‰	Li$^+$含量/（mg/L）	B$_2$O$_3$含量/（mg/L）
察尔汗	ST05-察尔汗 ZK51203	41.48	16.76	65.86	89.95
	ST06-察尔汗 ZK53629-1	24.51	23.59	4.85	81.60
	ST09-察尔汗 ZK53616 溶矿区（上部）	5.91	16.25	97.03	405.97
马海	马 ZK4802（Ⅰ试段）	30.04	36.32	2.48	46.98
	马 ZK4802（Ⅱ试段）	24.89	32.82	1.58	31.78
	马 ZK4805（Ⅰ试段）	35.06	38.26	3.99	59.91
	马 ZK4805（Ⅱ试段）	51.04	40.1	1.67	37.90
碱石山	ST38-碱 ZK0901（第一试段）	21.31	12.91	29.50	670.72
	ST39-碱 ZK0901（第二试段）	21.51	17.82	9.59	776.06
	ST54-碱 ZK0002（第一试段）	20.66	11.9	45.70	775.25
	ST55-碱 ZK0002（第二试段）	20.11	12.49	34.53	1065.09
	ST56-碱 ZK0002（第三试段）	19.65	12.84	36.44	1014.30
	ST58-碱 ZK0901（第三试段）	15.06	12.82	49.39	1500.85
鄂博梁-红三旱	旱 ZK01 井 2000～3000 m	17.57	21.23	43.05	811.70
	ST57-鄂 1-2 井	20.82	11.55	104.80	407.38
	ST41-鄂泉 01	23.67	10.8	5.99	140.10
	ST42-鄂泉 04	20.79	12.26	158.70	532.23
	ST43-落参 1 井	22.31	14.41	49.09	831.41
	ST01-葫芦山 01	37.19	20.67	3.50	242.90
西台吉乃尔	ST15-鸭 ZK0003（400～1295 m）	26.81	10.86	28.88	369.50
	ST16-鸭 ZK0003（1250～2000 m）	23.4	8.97	40.03	438.51
	ST17-鸭 ZK0303（二开）	27.79	11.19	24.08	358.33
	ST18-鸭 ZK0303（三开）	28.17	9.82	31.36	403.44
	ST19-鸭 ZK0403（二开）	22.24	13.88	10.38	340.36
	ST20-鸭 ZK0403（三开）	13.04	8.94	19.59	322.65
	ST21-鸭 ZK0002（400～1650 m）	24	10.65	28.42	366.22

续表

地区	样品号	$\delta^{11}B$/‰	δ^7Li/‰	Li$^+$含量/(mg/L)	B$_2$O$_3$含量/(mg/L)
西台吉乃尔	ST22-鸭ZK0002（1650~2500 m）	26.08	9.92	23.91	362.29
	ST23-鸭ZK0002（混合）	25.57	11.21	26.00	347.98
	ST24-鸭ZK0701（上层）	27.7	14.06	12.72	342.38
	ST25-鸭ZK0701（下层）	28.52	12.71	17.28	345.38
	ST26-鸭ZK01（上层）	23.81	9.35	36.44	418.63
	ST27-鸭ZK01（混合）	24.6	8.66	35.00	403.57
	ST29-鸭ZK0401（混合）	26.49	12.51	16.08	306.68
	ST30-鸭ZK0301（混合）	29.12	12.52	22.87	337.08
兴元	兴元ZK2004（W$_I$）	17.53	27.16	8.37	135.31
	兴元ZK2004（W$_{II}$）	20.65	30.09	13.96	167.72
	兴元ZK2004（W$_{III}$）	21.27	30.44	10.58	153.35
	兴元ZK4002（W$_I$）	28.22	33.48	9.07	154.65
	兴元ZK4002（W$_{II}$）	25.15	30.22	9.02	164.71
	兴元ZK4002（W$_{III}$）	24.27	31.06	8.72	192.07
	兴元ZK4003（W$_I$）	22.27	32.6	12.63	130.91
	兴元ZK4003（W$_{II}$）	23.97	30.44	9.62	141.09
	兴元ZK4003（W$_{III}$）	21.77	29.76	11.80	129.92
	兴元ZK2403（W$_I$）	23.16	31.34	3.96	124.72
西部钻探	ST52-科探1井（1000~1900 m）	16.49	18.69	4.13	336.02
小冒泉	冒ZK01（上层水）	17.24	36.24	55.67	878.29
	冒ZK01（下层水）	15.49	18.61	72.70	961.40

地壳中 ^{3}He/^{4}He 的特征值一般为 0.01~0.05 R_a，地幔流体中 ^{3}He/^{4}He 的特征值一般为 6~9 R_a（R_a 为地球大气中 ^{3}He 和 ^{4}He 的基准比值，R_a=1.4×10^{-6}）（Stuart et al., 1995）。从表3-7可以看出，卤水中的 ^{3}He/^{4}He 特征值多为 0.01~0.16 R_a，除鸭ZK01孔卤水的 ^{3}He/^{4}He 特征值（0.16 R_a）略高于地壳的特征值、远低于地幔流体中的特征值外，其他区域 ^{3}He/^{4}He 的特征值一般为 0.01~0.05 R_a。流体中 ^{3}He/^{4}He 值大于 0.1 R_a 意味着成矿流体中含幔源流体（Ballentine et al., 2002），这表明鸭ZK01孔卤水很可能存在幔源He。但是，根据壳幔二元混合模式，卤水中的He比例可以根据以下公式计算得出：

$$\Omega(幔源氦)=(R-R_c)/(R_m-R_c)\times 100\%$$

式中，R 为样品的 ^{3}He/^{4}He，R_c 为地壳 ^{3}He/^{4}He，R_m 为地幔 ^{3}He/^{4}He。地壳 ^{3}He/^{4}He 值下限为 2×10^{-8}，地幔 ^{3}He/^{4}He 值下限为 1.1×10^{-5}。计算得到鸭湖构造鸭ZK01孔卤水中地幔端元

的比例约为 0.018%，显示卤水主要还是来源于地壳，地幔流体的参与量微不足道（李洪普等，2022）。

表 3-7　柴达木盆地背斜构造区氦（He）、氖（Ne）和氩（Ar）同位素统计表

采样位置	He/ppm	R/R_a	$^3He/^4He$	$^4He/^{20}Ne$	Ne/ppm	$^{20}Ne/^{22}Ne$	$^{21}Ne/^{22}Ne$	$^{40}Ar/^{36}Ar$	$^{38}Ar/^{36}Ar$
碱石1井	507.3	0.03	4.21×10^{-8}	55	9.297	10.4	0.028	—	—
旱 ZK01	144.5	0.05	6.59×10^{-8}	11	13.623	9.8	0.032	332	0.182
鸭 ZK01	41.0	0.16	2.27×10^{-7}	3	12.109	10.6	0.025	318	0.184
鄂2井	1168.1	0.01	1.95×10^{-8}	904	1.292	9.8	—	352	0.193

锶（Sr）同位素不易分馏的特性，常被用于盐湖区物源的示踪。罗北凹地的 $^{87}Sr/^{86}Sr$ 值低于柴达木盆地不同类型的卤水（图 3-9），这可能与缺少高放射性 Sr 的补给相关。柴达木盆地的祁连山系作为高 Sr 同位素背景域，影响着柴达木盆地不同水体的 $^{87}Sr/^{86}Sr$ 值（Liu et al.，2022）。兴元区域的油田卤水的 Sr 同位素值低于柴达木盆地其他类型的卤水，其原因主要可能是阿尔金山系和东昆仑山系的低 Sr 同位素组成的地表水系的补给相关。马海盆地和柴西的砂砾孔隙卤水的 $^{87}Sr/^{86}Sr$ 值相对于其他区域卤水较低，可能也是马海盆地和柴西的砂砾孔隙卤水和开特米里克的主要水源补给来自阿尔金山系。马海盆地的南八仙区域的晶间卤水的 $^{87}Sr/^{86}Sr$ 值稍高于砂砾孔隙卤水，说明马海盆地的南部是发源于祁连山系的水体的主要补给区，南八仙区域固体硼矿的物源来源于祁连山系的富 B 电气石和热泉也证

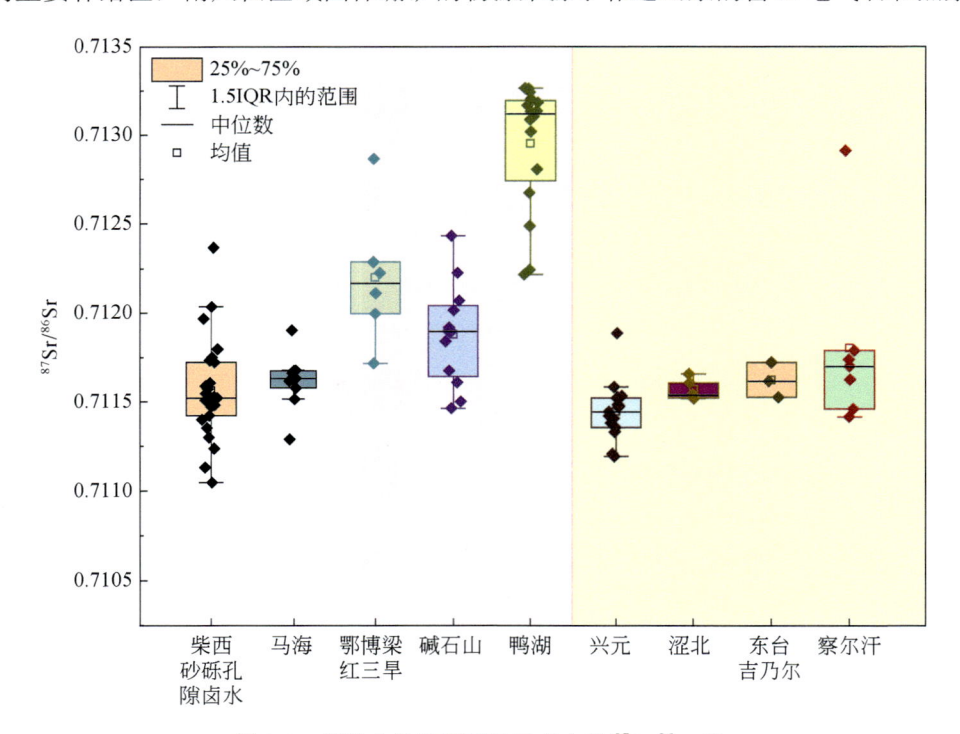

图 3-9　柴达木盆地不同地区卤水的 $^{87}Sr/^{86}Sr$ 值

实这一观点（Xiang et al.，2024）。东台吉乃尔和察尔汗盐湖的晶间卤水储库受到东昆仑山系热泉和地表水系的补给，其 $^{87}Sr/^{86}Sr$ 值应该与接受阿尔金山水系补给的水体的 $^{87}Sr/^{86}Sr$ 值相似，但东台吉乃尔和察尔汗盐湖区的晶间卤水稍高于兴元区域的油田卤水，说明东台吉乃尔和察尔汗盐湖区的晶间卤水，以及涩北气田的油田卤水的水源补给不仅来自东昆仑山系，而且可能也受发源于祁连山系的地表水系的影响。不同于第四纪现代盐湖卤水（东台吉乃尔、察尔汗盐湖区晶间卤水）的 $^{87}Sr/^{86}Sr$ 值，富 Li 的背斜构造卤水、碱石山的油田卤水及鸭湖的背斜构造卤水的 $^{87}Sr/^{86}Sr$ 值显著高于晶间卤水和砂砾孔隙卤水，说明油田卤水和富 Li 背斜构造卤水是接受高 $^{87}Sr/^{86}Sr$ 值端元的地热流体的补给。地热流体（例如大柴旦热泉）作为高 Sr 同位素值背景域，其补给导致碱石山油田卤水、鸭湖的背斜构造卤水及富 Li 背斜卤水具有较高的 $^{87}Sr/^{86}Sr$ 值存在一定的可能性。

3.2 柴达木盆地流体特征

3.2.1 蒸发岩流体包裹体研究进展

蒸发岩中的流体包裹体是古表生环境的直接记录，是仅有的可直接反映古代沉积环境的流体样品（倪培等，2021）。近年来，蒸发岩中流体包裹体在古环境研究中得到广泛应用（袁见齐等，1991；Roberts and Spencer，1995；Lowenstein et al.，1998；葛晨东等，2007；赵艳军等，2013；孟凡巍等，2018）。表生环境下形成的石盐是蒸发岩的主要矿物，其内部保存的原生流体包裹体是石盐析出的过程中捕获周围卤水甚至大气而形成的，这些流体包裹体记录了原始盐湖的温度、化学组分信息，能够直接反映古代沉积地质环境和古气候（倪培等，2021）。石盐常与其他盐类矿物共生，其流体包裹体数量多、体积较大，因此成为研究表生环境蒸发岩形成环境的良好载体（刘兴起和倪培，2005）。

矿物中的均一是指矿物中的流体所包裹的气泡逐渐收缩直到消失的过程，而均一温度即为矿物流体包裹体均一化形成单一液相的温度。石盐单一液相流体包裹体的均一温度与其沉积期卤水的温度和气温具有很好的相关性，其中最大均一温度反映了包裹体形成时的夏季气温，因此石盐流体包裹体的均一温度成为直接获取表生环境条件水体古温度定量值的有效手段之一（Roberts and Spencer，1995；刘兴起和倪培，2005；孟凡巍等，2011；赵艳军等，2013；陈旭，2014）。近年来，冷冻测温法被认为是石盐流体包裹体均一温度主要测定方法。国际上，Roberts 和 Spencer（1995）与 Lowenstein 等（1998）较早地应用冷冻测温法开展了石盐流体包裹体均一温度测定，探讨了古环境信息。国内，刘成林等（2005）应用冷冻测温法分别测定了罗布泊卤水室内蒸发和天然石盐中包裹体的均一温度，讨论了石盐包裹体均一温度与石盐结晶时的卤水温度关系。葛晨东等（2007）运用冷冻测温法测定了茶卡盐湖石盐中原生单一液相流体包裹体均一温度，获得了茶卡盐湖古水温信息。

石盐中原生流体包裹体，是在结晶过程中捕获的同时期卤水，其化学组成可代表当时原始的流体成分，可用来反演古卤水成分（孟凡巍等，2012；李俊等，2021）。近年来，流体包裹体化学成分测试技术不断完善，逐渐成为反演古海洋与盐湖卤水演化的主要手段（Steele-MacInnis et al.，2016；Weldeghebriel et al.，2020）。目前，石盐流体包裹体化学成分测试常用的方法主要有激光剥蚀电感耦合等离子体质谱法（Shepherd and Chenery，1995；Sun et al.，2013；孙小虹，2013；于倩，2015）、激光拉曼光谱法（Rosasco and Roedder，1979；Baumgartner and Bakker，2010）、扫描电镜-能谱法（Ayora and Fontarnau，1990；Timofeeff et al.，2000）、微钻-超微分析法（Petrichenko，1979；Lazar and Holland，1988），这些方法都有其优缺点，在应用时，要根据测试条件和拟解决的科学问题选择具体方法（马黎春等，2014），亦可将不同方法组合应用。

3.2.2　柴达木盆地石盐流体包裹体特征

表生环境蒸发岩石盐多形成于卤水表面或卤水底层，形成于卤水表面的石盐常呈漏斗状，而形成于卤水底层的石盐常呈"人"字形。"人"字形与漏斗状石盐中均可捕获大量流体包裹体，常见的包裹体类型主要有单一液相包裹体、气-液两相包裹体，少量为固-液两相流体包裹体。石盐流体包裹体又可分为原生与次生两大类，这两类包裹体的识别是开展石盐流体包裹体研究的关键步骤。近年研究已形成了一套区分原生、次生包裹体的方法体系，显微镜下可观察到原生流体包裹体常分布于"人"字形结构的石盐中，或呈条带状分布于卤水表面析出的石盐中（Roberts and Spencer，1995；Benison and Goldstein，1999；王笛，2020）。单体流体包裹体则有立方体形、微粒状及不规则状（袁见齐等，1991）。

柴达木盆地已有的盐类自生矿物流体包裹体研究主要针对石盐流体包裹体展开，研究的矿区主要包括昆特依、察汗斯拉图、大浪滩、一里坪、察尔汗。石盐以自形、半自形为主，石盐晶体内"人"字形晶体结构发育，也见漏斗状结构。石盐中原生包裹体非常发育，以单一液相为主，少数为气液两相，流体包裹体带状分布特征明显，多以条带状、"人"字形沿晶体生长环带分布，单一流体包裹体的形态主要为正方体或长方体，大小不一，从 1 μm 至上百微米都有，相对集中于 5～30 μm（赵元艺等，2010；张星，2019；王笛，2020；李俊等，2021；倪艳华等，2021；樊馥等，2021；胡宇飞等，2021，2023）。

3.2.3　柴达木盆地石盐流体包裹体均一温度与古气候环境

柴达木盆地各盐湖矿床石盐流体包裹体均一温度反映了柴达木盆地的古气候特征，指示柴达木盆地早-中更新世以来的气候总体上从温暖转向干冷，其间经历多次回暖、湿润的气候波动。

柴达木盆地在早更新世到中更新世时期，总体上环境温度升高，温差变大，气候波动性增强。盆地西部地区早更新世石盐包裹体均一温度分布范围为 6.8～50 ℃，单个石盐样品流体包裹体最大均一温度为 17～50 ℃，最大均一温度波动范围达 33 ℃（樊馥等，2021；倪艳华等，2021）。察汗斯拉图石盐流体包裹体记录了早更新世气候转型事件，柴达木盆地最冷期可能为 1.165～1.0 Ma，其夏季气温约为 17 ℃（倪艳华等，2021）。中更新世时期，大浪滩地区石盐包裹体均一温度分布范围为 10.9～50.6 ℃，单个石盐样品最大均一温度为 24.1～50.6 ℃，最大均一温度波动范围达 26.5 ℃（樊馥等 2021）。早-中更新世气温均显示出波动特征，与早更新世相比，中更新世气温整体较高，表现为中更新世最高温度、最低温度和平均气温均高于早更新世，反映了早更新世至中更新世环境温度总体升高的特点。同时，中更新世相比于早更新世温度波动范围更大，气温不稳定性增强。盐类矿物成分分布规律也揭示了早更新世至中更新世气温升高、波动加剧的特点。

晚更新世时期，柴达木盆地中部一里坪盐湖石盐流体包裹体均一温度分布范围为8.8~30.1 ℃，平均值为20.4 ℃，单个石盐样品的最大均一温度为21.4~30.1 ℃（汪明泉，2020；胡宇飞等，2023），低于柴达木盆地现代极端气温。说明在石盐沉积过程中，盐湖卤水温度整体上逐渐降低，且不断波动变化，呈现降温-升温-降温趋势。

晚更新世末期以来，柴达木盆地变得干冷，盐湖演化到干盐湖阶段，干冷期与盐湖的成盐期相对应，干冷气候更有利于石盐沉积（黄麒和韩凤清，2007）。在别勒滩获得的石盐流体包裹体均一温度分布范围为4.5~52.1 ℃，单个石盐样品流体包裹体最大均一温度为11.9~52.1 ℃，流体包裹体均一温度总体呈正态分布，相对集中于10~20 ℃，在不同层位存在差异性（王笛，2020）。赵元艺等（2010）获得了别勒滩中高温石盐流体包裹体均一温度，其最高温度达到195.6 ℃，可能是石盐生长经历了太阳池（贮存太阳能的盐水池）底部对流环境导致的。察尔汗地区进入盐湖阶段以来，气候变化大趋势是从湿暖转向干冷，过程中存在气候回暖、湿润的小波动，具有旋回性。察尔汗地区沉积物、稀土元素等特征也反映了该地区气候环境经历了干冷-温湿-干冷交替变化趋势（张虎才等，2009；袁治，2015）。通过黄磷等（1980）、梁青生等（1995）开展的察尔汗地区成盐时代研究，认为别勒滩上部含盐地层成盐时代不早于晚更新世。

3.2.4 柴达木盆地石盐流体包裹体成分与古卤水地球化学特征

以激光剥蚀电感耦合等离子体质谱法分析了柴达木盆地昆特依、一里坪与察尔汗盐湖石盐流体包裹体成分，分析结果反映了柴达木盆地不同地区、不同地质时期石盐析出时卤水化学组分信息。

柴西昆特依盐湖大盐滩矿区石盐样品的流体包裹体成分数据显示，古卤水中最主要的成分是K和Mg，其中K含量为5.46~29.66 g/L，平均为17.05 g/L，Mg含量为16.70~65.66 g/L，平均为41.18 g/L，反映了石盐形成过程中古卤水的K、Mg含量。次要成分为Ca、Li、B、Rb、Sr，其中，Ca含量为0.18~1.37 g/L，平均为0.69 g/L；Li含量为13.69~75.83 mg/L，平均为39.64 mg/L；B含量为39.08~255.74 mg/L，平均为133.25 mg/L；Rb含量为0.87~5.53 mg/L，平均为2.72 mg/L；Sr含量为1.28~26.75 mg/L，平均为11.37 mg/L（张星，2019）。盐层对应古卤水的蒸发过程，随着石盐析出，卤水逐渐浓缩，K、Mg、Ca、Sr、B、Li、Rb等元素的浓度逐渐升高；碎屑岩层中，卤水淡化，各元素的浓度整体上有降低的趋势。K、Mg含量变化相似，总体呈现逐渐增大趋势，在沉积晚期则逐渐降低，且高Mg层位与高K层位对应较好；Ca和Sr含量变化具有良好的相关性，总体上与K、Mg呈现相反趋势；B、Li具有一定的相关性，与K、Mg的变化具有一定相似之处却又不尽相同；Rb的变化与K呈正相关关系。这些元素共同指示了卤水的波动演化过程，反映了卤水演化过程是一个相对浓缩和淡化的波动性变化过程。对比晶间卤水成分数据可以发现，古卤水中K、Ca、Mg、Li、B的含量均略高于现代卤水（樊启顺等，2007）。

柴达木盆地中部一里坪盐湖的石盐大致可分为两层石盐夹一层粉砂。上层石盐形成于全新世，石盐层由含粉砂石盐沉积物和盐壳组成；下层石盐层与粉砂层形成于晚更新世。全新世流体包裹体的Li含量为13.53~148.08 mg/L，平均为81.19 mg/L；B含量为18.22~

149.41 mg/L，平均为 62.42 mg/L；Mg 含量为 1692.13～17187.08 mg/L，平均为 6458.91 mg/L；K 含量为 1070.64～8324.82 mg/L，平均为 3979.41 g/L；Ca 含量为 0.25～266.69 mg/L，平均为 143.7 mg/L。晚更新世流体包裹体的 Li 含量为 135.49～248.09 mg/L，平均为 173.97 mg/L；B 含量为 219.85～400.16 mg/L，平均为 295.99 mg/L；Mg 含量为 14536.32～43696.03 mg/L，平均为 27918.1 mg/L；K 含量为 1711.75～16110.48 mg/L，平均为 7867.91 g/L；Ca 含量为 62.65～423.34 mg/L，平均为 151.37 mg/L。石盐流体包裹体成分数据显示，卤水中的 Li、B、K 和 Mg 离子含量呈现正相关性。晚更新世石盐流体包裹体的 Li、B、K 离子浓度明显高于全新世石盐层，全新世地层中石盐流体包裹体的 Li、B、K 离子浓度自下而上逐渐升高，晚更新世地层中石盐流体包裹体的 Li、B、K 离子浓度有小幅波动，自下而上逐渐降低（汪明泉，2020；胡宇飞等，2021）。

柴达木盆地察尔汗盐湖流体包裹体 Na^+、Mg^{2+} 组成反映了盐湖的古卤水化学变化，Na^+、Mg^{2+} 反相关，在富 Na^+、Mg^{2+} 氯化物水盐体系中，随着石盐析出，饱和石盐水中的 Na^+ 不断减少，Mg^{2+} 相对增加。石盐形成时，湖水中 Mg^{2+} 浓度在 0.42～2.40 mol/L 波动，其中下部原生石盐形成时湖水中 Mg^{2+} 浓度在 0.42～1.59 mol/L；中部原生石盐形成时 Mg^{2+} 浓度均低于 1 mol/L，整体较低；上部原生石盐形成时，Mg^{2+} 浓度均大于 1 mol/L，整体较高（张保珍和张彭熹，1995）。原生石盐流体包裹体的氢、氧同位素特征与 Mg^{2+} 分布特征均反映了察尔汗盐湖石盐形成于三种不同的沉积环境，结合沉积物年代将察尔汗盐湖距今 50 ka 以来的成盐环境演化划分为早期相对稳定干化期（50～30 ka）、中期低温波动干化期（30～15 ka）、晚期增温波动干化期（15 ka 至今）（张保珍等，1990；张保珍和张彭熹，1995）。盐湖流体包裹体的 Mg^{2+}/Na^+ 大于 0.7 可作为识别盐湖演化进入干盐湖发育阶段的依据，据此判断察尔汗盐湖 21 ka 前为盐湖演化阶段，21～16 ka 期间察尔汗盐湖为干盐湖，16～10 ka 为相对淡化阶段，在 10 ka 后再次进入干盐湖演化阶段。

柴达木盆地盐类矿床中分布大量的石盐，其中含有数量丰富的石盐流体包裹体，直接反映了古沉积环境与古气候变化。石盐流体包裹体均一温度指示柴达木盆地早中更新世以来的气候总体上从温暖转向干冷，其间经历多次回暖、湿润的气候波动。早更新世柴达木盆地经历了一期明显降温过程，1.165～1.0 Ma 期间气温达到一个较低水平，此后到中更新世环境温度升高且气温波动性增强，晚更新世以来柴达木盆地气温逐渐降低，气候变得干冷，石盐大量析出，K、Li、B 等元素也逐渐浓缩。柴达木盆地中昆特依、一里坪、察尔汗等盐湖的石盐流体包裹体成分反映了石盐析出时卤水化学组分信息。盐层对应了古卤水的蒸发过程，古卤水浓缩，古卤水中 K、Mg、Li、B 等元素浓度升高；碎屑岩层中古卤水淡化，K、Mg、Li、B 等元素的浓度有降低的趋势。古盐层与碎屑岩层中古卤水演化具有相对浓缩和淡化的波动性变化过程，可为后期盐湖成矿提供物质来源。

3.3 柴达木盆地成矿热动力

3.3.1 大地热流概括

成矿流体形成后，可在重力、热动力、构造动力以及物理化学梯度的驱动下发生运移。

其运移方式包括扩散、渗透、涌流或溶于熔体中随其一起上升。

大地热流（简称热流）是地球内部热动力过程最直接的地表显示，它反映了岩石圈的热状态和能量平衡。其中蕴含着丰富的地质、地球物理和地球动力学信息（Furlong and Chapman，1987；Pollack et al.，1993；Sclater et al.，1980）。热流的分布与构造、岩浆活动和地壳的发育特点密切相关（Chapman and Furlong.，1977；Chapman and Pollack，1975；Chapman and Rybach，1985）。

大地热流是指单位时间内从地球内部通过传导或对流方式向地球固体表面传递的热能。作为地热学中的重要概念之一，它被视为了解地球内部热状态和能量平衡的窗口。大地热流反映了地球深部发生的各种过程和能量平衡的信息。它不仅在岩石圈热结构、热演化、地球热收支、克拉通稳定性、板块俯冲等地球动力学基础研究中提供了关键约束，还在传统盆地油气生成、运移与聚集以及新兴天然气水合物等领域中提供了重要的热参数。

沉积盆地热历史的研究在油气勘探和油气成藏研究中具有重要意义。对于深藏卤水的研究，恢复沉积盆地的热历史也是非常重要的。目前，恢复沉积盆地热历史的方法主要有两种：古地温指标法和动力学模拟法（邱楠生，2005）。由于古地温指标法在碳酸盐沉积区的适用性较差，并且不同动力学背景的盆地热历史存在显著差异，因此需要建立不同盆地的动力学模型来恢复其热历史。Ranali 和 Rybach（2005）通过对地热活动区的表面热流测量显示了该区域强烈的热活动异常。在正常地热背景下，表面热流值一般低于 $100\sim120 \text{ mW/m}^2$，而在地热活跃区，经常可见每平方米高达数瓦的热流值。通过系统阐述热流模式，在不同侧面、深度和时间尺度上清楚展示了深部热传导机制。在地热活跃区，陡峭的地温梯度和高孔隙流体压力是影响岩石圈流变性质的两个主要因素。结合岩性和构造，这些因素可以推导出一个流变分带，并且该重要结果不仅适用于地球动力学过程的研究。

林畅松等（1998）通过对羌塘盆地东北部雀莫错地区侏罗系开展研究发现，雀莫错组和雪山组是盆地内同期显著的局部沉降-堆积中心。这两个阶段的沉降-堆积中心具有相似的发育背景和演化过程，即早期均存在热液岩浆活动的证据以及相关的隆起背景；随后，在经历了早期较薄沉积甚至剥蚀作用后，隆起区发生了快速沉降，并接受了巨厚的沉积物。雪山组则是具备塌陷沉降型火山机构的特征。

青藏高原的热流活动、地貌演化和新生代火山活动都具有相同的深部原因，即印度板块与欧亚板块的碰撞下地壳热量的释放。青藏高原的高热源是欧亚板块与印度板块碰撞所造成的，伴随着碰撞过程的是地壳的增厚和地表的侵蚀。地壳的增厚导致了地壳放射性物质产生热量的层厚度增加，从而增加了地壳释放的热量，进而使得地表热流增加；随着隆升发生的地表侵蚀使得较高温度层段暴露至地表，导致地壳等温面升高，也会使得地表热流增加。碰撞过程中不仅会因剪切摩擦产生热量（朱元清和石耀霖，1990），而且在快速抬升并经历剥蚀后，地层压力急剧下降，但相对于压力下降的速率，岩体冷却缓慢，温度下降滞后，这可能会引发岩石内部发生局部再熔融，并沿着断裂等薄弱带上涌形成岩浆囊或喷发到地表形成火山活动。

3.3.2　柴达木盆地大地热流

柴达木盆地是我国西部的一个大型中生代—新生代内陆含油气钾盐盆地，盆地面积约

为 $12.9×10^4\ km^2$。该盆地被认为是由前古生界浅变质岩系构成的结晶基底,最大沉积厚度达到 16 km,主要由砂岩、泥岩和膏盐层及三者互层组成。在盆地内,泥岩和膏岩发育良好,形成了良好的覆盖层,并对盆地的地温分布产生了重要影响(邱楠生,2001)。大地热流及深部地温特征在盆地分析中占有重要的地位。

柴达木盆地沉积地层发育较齐全,泥岩和膏岩相当发育,阐明盆地的构造-热演化特征对于研究青藏高原隆升机制和为盆地进行油气资源评价提供基础数据、直接服务于生产有非常重要的意义。

针对柴达木盆地现今地温场特征的研究不仅为柴达木盆地及周缘陆内盆地动力学研究提供了科学依据,同时也是研究盐湖矿产流体运移的前提,为钾盐形成提供依据。

前人对柴达木盆地西部 3 km 以浅的温度分布(张业成等,1990;王钧等,1990)进行了研究,计算了盆地西部地区部分钻孔的大地热流值(沈显杰等,1994;李国华,1992;邱楠生,2001)。任战利(1993)在早期应用流体包裹体、镜质体反射率数据对柴西地热演化史进行了探索性分析。邱楠生(2001)和 Qiu(2003)利用磷灰石裂变径迹(AFT)参数和镜质体反射率的动力学模型对柴西地区热历史进行了研究。近年来,不少的研究者利用磷灰石(锆石)的裂变径迹对柴西新生代沉积源区、构造热事件进行了研究(王世明等,2008;孙国强等,2009;高军平等,2011)。李宗星等(2015)依据钻孔系统稳态测温、静井温度资料与实测热导率数据分析了柴达木盆地地温场的分布特征,建立了柴达木盆地热导率柱,提出柴达木盆地晚古生代以来经历了 6 期构造热运动。

从图 3-10 可以看出,柴达木盆地现今的大地热流值介于 $32.09\sim70.4\ mW\cdot m^{-2}$,平均为

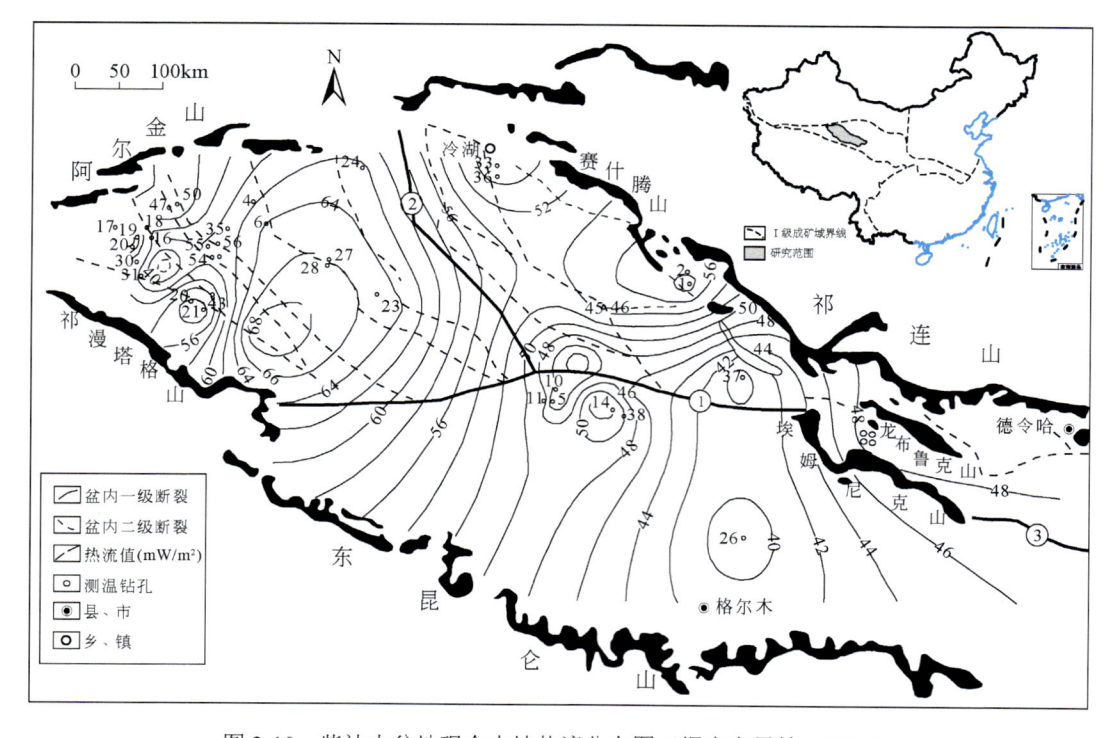

图 3-10 柴达木盆地现今大地热流分布图(据李宗星等,2015)

55.1±7.9 mW·m^{-2}。这个数值低于中国大陆地区实测热流值的变化范围（23.4～319 mW·m^{-2}），而算术平均值为 61.5±13.9 mW·m^{-2}（姜光政等，2016；Zuo et al., 2011）。相比之下，这个数值要低于中国东部及海域沉积盆地（He et al., 2001；Yang et al., 2004；徐明等，2010），但要高于我国西部的塔里木盆地与准噶尔盆地（冯昌格等，2009）。

盆地现今的大地热流分布与地温梯度分布呈现出相似的特征。在柴达木盆地，西部的一里坪拗陷和昆北逆冲带等地区的热流值最高，为 56.0～70.4 mW·m^{-2}，平均值为 59.1 mW·m^{-2}。相比之下，盆地西南部祁南逆冲带的热流值较低，并且热流分布不均匀，沿着南南东（SSE）方向逐渐增大。鱼卡—马海尕秀一带的热流值最高，平均值为 55 mW·m^{-2}。柴达木盆地中的三湖凹陷、德令哈拗陷和欧龙布鲁克隆起带的热流值最小，平均值小于 45 mW·m^{-2}。总之，在柴达木盆地中，西部的昆北逆冲带和一里坪拗陷呈现出"高温区"的特点，北缘的祁南逆冲带属于"中温区"，而东部的三湖凹陷、德令哈拗陷和欧龙布鲁克隆起区则属于"低温区"。

柴达木盆地现今大地热流分布的不均匀性主要是盆地构造演化所控制的结果。这种不均匀性反映了盆地在晚期发育阶段经历了复杂的构造运动和深部热活动。

盆地深部地热特征的分析是盆地地热研究中一项既有理论意义又有实际应用价值的研究内容。同时，深部地温场的分析对于深层含钾卤水具有重要意义。邱楠生等（2019）根据柴达木盆地浅部岩石的热物理性质（岩石热导率、放射性生热率等）和地表热流计算，对柴达木盆地深部乃至岩石圈上部的热状态进行了计算，并绘制了盆地古近系底界温度分布图（图 3-11），由图可以看出：

图 3-11 柴达木盆地古近系底界温度分布图（据邱楠生等，2019）

（1）盆地中部的温度最高，东部的温度较低，而西部靠近山前的温度也较低。古近系界面高温场对流体迁移。

（2）盆地内东西向的地温分布特征与其地表热流的分布有密切的关系，地表热流大的地方深部地温高。在盆地沉积盖层的放射性生热相近的情况下，这说明盖层以下地壳深处的热量较其他地方的高或者热量在此相对集中，引起该处深部温度较高。

（3）盆地深部的温度分布与盆地的基底起伏有密切关系，基底隆起部位的温度相对较高，而凹陷部位的温度相对较低。这进一步说明了盆地深处的温度分布也同地表一样是不均匀的，它主要受现今构造状况的影响。

柴达木盆地现今地温梯度为 17.1～38.6 ℃/km，平均为 28.6±4.6 ℃/km。柴西昆北逆冲带、一里坪凹陷带地温梯度最高，为 22.0～38.6 ℃/km，平均为 29.7 ℃/km，尤其是东柴山、牛鼻梁及涩北一号、二号弯隆地带地温梯度平均可达 34.2 ℃/km。柴北缘的祁南逆冲带地温梯度相对较低，高的地温梯度分布在鱼卡—马海尕秀一带，平均为 29.2 ℃/km；柴达木盆地东部的三湖凹陷、德令哈坳陷及欧龙布鲁克隆起区地温梯度最低，平均值小于 24 ℃/km。柴达木盆地现今大地热流为 32.9～70.4 mW·m^{-2}，平均为 55.1±7.9 mW·m^{-2}，分布特征与地温梯度分布相近，昆北逆冲带、一里坪坳陷等地区的热流最高，为 56.0～70.4 mW·m^{-2}，平均为 59.1 mW·m^{-2}；祁南逆冲带内热流分布不均匀，热流沿 SSE 方向为 5 mW·m^{-2}；三湖凹陷、德令哈坳陷及欧龙布鲁克隆起带热流普遍偏低，平均值小于 45 mW·m^{-2}。柴达木盆地西部地区古近纪以来地温梯度随地质历史的演化是逐渐减小的，但各构造部位地温的高低和演化历史不尽相同（邱楠生等，2000；沈显杰等，1994；Qiu，2002），同时，对于现今靠近盆地边缘的构造部位和靠近盆地中部的构造部位而言，它们的地温演化也有差别。靠近盆地边缘的构造部位（切克里克、弯梁、红柳泉、咸水泉和小梁山）现今的地温梯度相对较低（图 3-12），始新世中期（距今 40.5 Ma）地温梯度为 33～37 ℃/km，始新世末期（距今 24.6 Ma）地温梯度平均为 32 ℃/km 左右；在靠近盆地中部的构造部位（南翼山、油泉子、狮子沟、建设沟和跃进地区）地温梯度则相对较高（图 3-12），始新世中期（距今 40.5 Ma）可达 35～42 ℃/km，到了始新世末期（距今 24.6 Ma）降至 34 ℃/km 左右（邱楠生等，2019）。

从图 3-12 看出，柴达木盆地中西部现今大地热流分布是不均匀的，具有显著"西高东低"特征，昆北、南翼山及一里坪等地区大地热流相对较高，其中，昆北断阶带及南翼山等地的热流值超过 65 mW·m^{-2}。

有关研究发现，柴达木盆地的地温场分布特征与断裂的分布密切相关。高温区主要位于昆北逆冲带、柴北缘和一里坪坳陷及其周边区域，这些地方的断裂发育程度较高。而盆地东部的三湖凹陷和德令哈坳陷区则属于"低温区"，这些地方的断裂较少发育。研究表明，断裂活动时岩层错断会产生大量能量，在机械摩擦过程中也会产生部分能量（Rutledge et al.，2004）。同时，断裂处也是构造活动比较剧烈的地方，深部地热会沿断裂薄弱带向上传导到地层中，从而导致地温异常升高。

柴北缘和一里坪坳陷及其周围存在一系列走向为北西西（NWW）—北西（NW）的反"S"形断裂系统，该断裂系统经历了中生代拉张断陷和回返、古近纪—新近纪同沉积挤压、断块逆生长活动，以及新近纪末期—第四纪强烈挤压、褶皱、滑脱这三个阶段（孙德君等，2003）的演化。昆北逆冲带在中生代时期经历了同沉积挤压，在古近纪时期处于同沉积逆断裂活动阶段，在中新世至上新世早期处于逆生长期，而在上新世晚期至第四纪则处于北倾南冲浅层滑脱断裂阶段。不同的断裂系统经历的复杂的演化历史，对区域的构造变形和

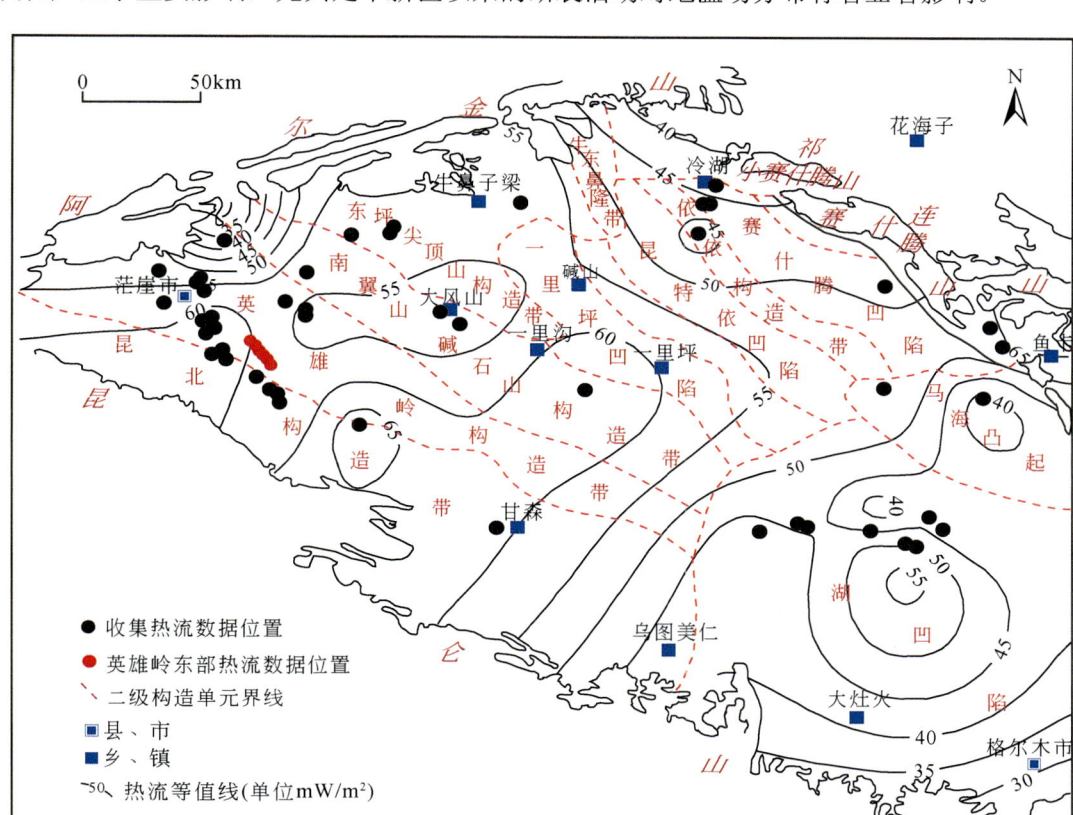

演化产生了重要影响，尤其是中新世以来的断裂活动对地温场分布有着显著影响。

图 3-12　柴达木盆地中西部大地热流分布图（据邹开真等，2023）

3.3.3　柴达木盆地构造-热演化与成盐作用

在不同时代，盐类矿产的形成都受到构造和热演化的共同影响。构造-热演化是指地壳内部的构造变动和热力学过程，它们对成盐过程起着重要作用。首先，构造活动可以提供盐类矿物形成所需的条件，例如，在地壳运动中，岩层会发生抬升、挤压等变形，从而形成裂隙和断裂带，这些裂隙和断裂带为盐类矿物提供了存储空间和运移通道，使得盐类矿物能够渗透并沉积下来；其次，构造活动还可以改变地壳中的地温场，例如，在山脉的抬升过程中，地温会上升，这种上升的地温能够加速盐水中溶解度较高的离子聚集，并促进成盐过程的进行；此外，构造活动还可以改变地壳中的流体运移条件，例如，在断裂带附近，存在着较大的应力差异和增大的孔隙度等情况。这些因素能够在断裂带周围形成流体运移通道，并促使盐水将溶解于其中的离子输送到合适的位置，从而促进盐类矿物的形成。

总之，构造-热演化对成盐过程起着重要作用。它们提供了盐类矿物形成所需的条件，并加速了盐水中离子的聚集和运移。因此，了解不同时代盐类矿产形成过程中构造-热演化的作用，有助于我们更好地理解和探索地球内部的动力学过程。

柴达木盆地基底总体表现为菱形，是古生代褶皱基底和元古代结晶基底构成的双重结构，盆地莫霍面深度变化介于 55 km 与 63 km 之间，地壳厚度在盆地中部最大，向盆地边缘减薄（赵俊猛等，2006）。柴达木盆地的成盆演化经历了晚三叠世末之前的多岛-陆间洋、伸展裂谷洋、残留海槽阶段和晚三叠世末印支运动之后的内陆盆地形成阶段（刘和甫，2001；郑孟林等，2004）。盆地南界发育昆中断裂，北界为宗务隆山断裂，西界为阿尔金断裂，发育了南华系—古生界、中生界和新生界三套沉积地层，中生界、新生界沉积岩最大连续厚度为 17200 m。

盆地不同构造单元的地温场存在差异，盆地现今地温场分布特征受控于地壳深部结构、断裂发育、岩石热物性等因素。李宗星等（2015）利用磷灰石、锆石裂变径迹数据研究了柴达木盆地晚古生代以来的构造-热演化史，即经历了 6 期显著的构造事件。以下结合不同时代盐类矿产的形成，概要论述盆地内晚古生代以来构造-热演化对成盐过程的作用。

1）构造演化的序幕拉开：254.0～199 Ma

该组裂变径迹年龄记录了三叠纪中-晚期构造事件（印支运动）的影响。该构造事件揭开了柴达木盆地中生代、新生代构造演化的序幕，也导致了阿尔金山脉的隆升（任收麦等，2009），盆地西部红柳沟一带、盆地北缘冷湖—结绿素一带、盆地东部大煤沟普遍发现侏罗系底部不整合。

柴达木盆地北缘在白垩纪由侏罗纪的北东—南西（NE—SW）向的伸展构造体制转换为北北东—南西西（NNE—SWW）向挤压构造体制，与中国东部盆地的变形特征存在很大差异；说明中国西部与东部的构造演化在当时受不同构造体制控制。柴达木盆地北缘在白垩纪的构造变形可能与特提斯构造域的冈底斯陆块与欧亚大陆的碰撞作用有关（刘志宏等，2009）。

2）柴达木盆地局部拗陷：177～148.6 Ma

该阶段盆地内部发生侏罗纪中-晚期的构造运动（燕山运动早期），该期构造事件与班公湖—怒江侏罗纪洋盆的完全闭合和冈底斯块体与羌塘块体的最终碰撞有关（滕吉文等，1999）。柴达木盆地局部拗陷，广泛沉积了河流相、湖相碎屑岩建造，表现为中-下侏罗统与上侏罗统或中-下侏罗统与白垩系之间的不整合现象，同时该期构造事件使区域的古气候、古地理环境发生了根本性的变化，即由早期的温暖-潮湿气候转变成为后期的干燥氧化气候条件（汤良杰等，2000）。

3）柴达木盆地东部隆升：87～62 Ma

该组年龄记录了盆地白垩纪末期到古近纪早期构造事件的影响。该期构造事件与早白垩世末冈底斯—念青唐古拉地块群与欧亚大陆的拼合有关（许志琴等，2006）。裂变径迹数据的热模拟结果显示，柴达木盆地东部在白垩纪末期至古近纪早期发生隆升并经历剥蚀，推测受该期构造运动影响，并在此构造时期形成了现今欧龙布鲁克隆起带的雏形。同时，柴北缘受到该期构造运动的影响较为强烈，裂变径迹年龄约束得到的剥露速率约为 50 m/Ma。到始新世中期，柴北缘处于缓慢沉降状态，在弱挤压环境下形成拗陷盆地，这与周建勋等（2003）通过平衡剖面获得的结论相同。

4）区域大地热流的形成：41.1～33.6 Ma

该期构造事件与印度板块和欧亚板块碰撞有关（许志琴等，2006）。在盆地中表现为下干柴沟组与下伏路乐河组地层之间的不整合，以及下油砂山组与上干柴沟组之间在盆地边缘的不整合现象。印度板块与欧亚板块的俯冲碰撞产生了区域构造热。此外，在东昆仑早古生代—中生代形成的岩浆弧带中，铀、钍含量高的花岗岩经风化剥蚀被搬运至沉积地层形成放射性生热。柴达木盆地西部新生界约 5000 m 厚的沉积层放射性生热约占该区大地热流的 20%，区内沉积放射性生热对大地热流的贡献较大（邹开真等，2023），另外，利用地震层析成像技术获得的中国陆区热岩石圈厚度，显示柴西地区的热岩石圈厚度比塔里木和准噶尔盆地等具有克拉通热背景的地区要薄。因此，较薄的热岩石圈厚度也可能是柴西地区热流相对较高的原因之一。该区的大地热动力主要由深层含钾、锂卤水的运移动力驱动。

需要指出的是，柴达木盆地西部地区古近纪以来地温梯度随着地质历史的演化逐渐减小，但各构造部位的地温高低和演化并不完全相同（邱楠生等，2000；沈显杰等，1994；Qiu et al., 2002）。同时，对于现今靠近盆地边缘和中部的构造而言，它们的地温演化也存在差异。现今靠近盆地边缘构造（如切克里克、弯梁、红柳泉、咸水泉和小梁山）的地温梯度相对较低，始新世中期（距今 40.5 Ma）地温梯度为 33～37 ℃/km，始新世末期（距今 24.6 Ma）地温梯度平均为 32 ℃/km 左右；在靠近盆地中部的构造（南翼山、油泉子、狮子沟、建设沟和跃进地区）地温梯度则相对较高（图 3-13），始新世中期地温梯度可达 35～42 ℃/km，到了始新世末期降为 34 ℃/km 左右。

王非等（2001）对南祁连山南部中晚三叠世花岗质岩体中的钾长石、黑云母、白云母进行 Ar/Ar 定年时，分析认为岩体约 30 Ma 时经历了一次快速冷却事件。

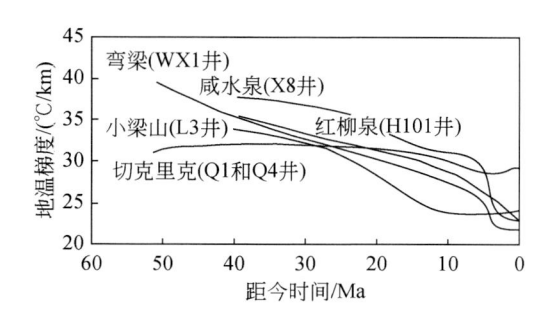

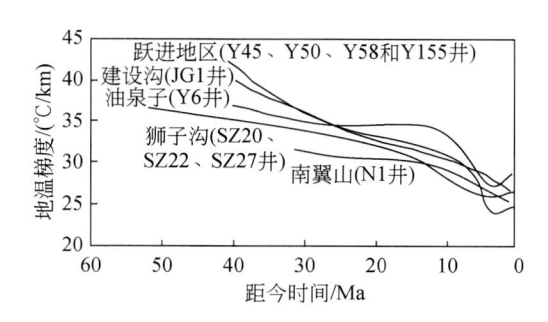

图 3-13 柴达木盆地西部地区地温梯度演化结果（据邱楠生等，2000）

5）青藏高原的强烈隆升：9.6～7.1 Ma

这一时期的裂变径迹年龄记录的快速冷却被认为与印度板块与欧亚大陆碰撞作用在中新世末进一步增强所促使的青藏高原强烈隆升有关（潘裕生，1999）。碰撞作用的远程效应引发了青藏高原东北缘的构造变形。裂变径迹数据的模拟结果表明，在该时期盆地发生了快速隆升并经历剥蚀，剥露速率约为 300 m/Ma。盆地周缘也发生了显著的构造变形，张培震等（2006）以六盘山、积石山及其相邻盆地为研究对象，针对青藏高原东北缘晚新生代扩展与隆升开展研究，发现在该时期（5～10 Ma 或约 8 Ma）这些地区发生了明显的构造变形；热史模拟表明，2.9～1.8 Ma 期间的构造活动使盆地遭受强烈挤压、隆升，从而导致先存断裂普遍遭受强烈改造，先期褶皱得到进一步发展，同时也使得新地层卷入褶皱，新生代地层中自生矿物的 O 和 C 同位素测试结果，以及酒西盆地沉积与青藏高原隆升响应关系的研究结果均指示了该期强烈的构造作用（汤济广，2007）。受强烈的构造运动影响，沿柴中断裂以北发育南翼山、尖顶山、红沟子、大风山、小梁山、黄瓜梁、黑梁子、长尾梁、碱山等多个北西向背斜构造，同时形成固相盐类矿物、高矿化度卤水和丰富的油气藏；在湖盆边缘的山前沉积了更新统冲洪积相砂砾层建造，向湖盆中心聚集了盐湖相沉积建造。

总之，柴达木盆地成盆早，但构造定型晚，成盆过程相对宁静，但晚期改造强烈，控制盆地变形的构造运动主要发生在喜马拉雅构造运动的中期（9.6~7.1 Ma）和晚期（2.9~1.8 Ma），该时期的构造隆升和变形运动以含钾、锂卤水运移为主要驱动力。青藏高原隆升作用对柴达木盆地东北缘的传递、扩展及地球动力学作用仍然有许多关键问题有待于进一步研究。

从盐类矿产形成的角度来看，大地热流对于盐类矿产的运移起着重要作用。然而，关于不同深度和不同温度对含矿流体迁移以及迁移距离产生影响的具体机制仍需要进一步深入研究，我们期待在今后的工作中能够补充和完善这方面的知识。

3.4　柴达木盆地盐类成矿时代

柴达木盆地是一个巨大的成盐盆地，自新生代以来经历了两次成盐过程，盐类沉积与盐类矿物非常发育。从柴达木湖盆演化过程中可以清楚地看出，新生代早期成盐作用发生在上新世，盐类沉积集中分布在柴达木盆地西部的中心地区；随着盆地沉降中心的转移，出现了晚期成盐作用，该期成盐作用主要发生在更新世末期，盐类沉积主要集中分布在盆地的中部，以及新构造运动形成的次一级盆地和凹地中。现代盐湖是经过两次成盐作用形成的，也是柴达木盆地盐类物质长期演化的结果。

3.4.1　柴达木盆地成盐期

柴达木盆地沉积的盐类属于化学岩的范畴，是在机械沉积物（碎屑岩、黏土岩）的基础上形成的，化学岩的形成过程具有一定的顺序，一般遵循硅质岩-碳酸盐-硫酸盐-卤化物的顺序，不同盐类沉积是不同环境的产物，化学岩大量形成的时期是我们通常所说的成盐期，是指在一定的地质环境中大量形成硫酸盐和氯化物的时期，柴达木盆地的成盐期主要是新生代上新世的第一成盐期和晚更新世的第二成盐期。

3.4.1.1　新生代上新世第一成盐期

柴达木盆地的钻孔资料显示，中新世以前的地层中没有发现大量的盐类沉积，上新统狮子沟组上部集中出现了硫酸盐和氯化物，该组在盆地边缘以砾岩为主，在西部中心地带以砂质泥岩为主，夹大量石膏、盐岩、石膏胶结的砂岩和少量芒硝、白钠镁矾等。该时期为柴达木盆地新生代第一成盐期。

第一成盐期的上新世盐类沉积分布于柴达木盆地西部的中心地带，含盐地层组合为含盐泥岩互层，夹芒硝、石膏和泥灰岩层；盆地边缘地区则为山麓沉积、冲积相砂砾岩；过渡地带为三角洲相、滨湖相的砂岩、灰岩及泥灰岩。上新世早期盐类沉积分布于茫崖、黄瓜梁构造之间的狭长地带，中部为盐岩，边缘为碳酸盐；上新世中期，盐类沉积的面积迅速扩大，主要分布于南翼山、油墩子等地，硫酸盐沉积向东北扩展到尖顶山、大风山地区，并出现了硫酸盐成岩阶段中早期阶段的天青石沉积；上新世晚期盐类沉积进一步向东扩展，分布到碱山、碱石山地区，鄂博梁背斜构造中出现了石膏沉积，该时期油墩子、南翼山等构造带的含盐地层中沉积了芒硝、白钠镁矾等硫酸盐。第一成盐期在上新世中期、晚期达到高峰，反映成盐作用随着时间的推移在不断地加强。该期盐类沉积具有明显的分带性，以油墩子为中心沉积了氯化物，向外依次为硫酸盐、碳酸盐沉积，反映了成盐过程的正向演化规律。

3.4.1.2 新生代晚更新世第二成盐期

晚更新世以来，柴达木盆地沉积了大量的盐类，第四系的分布面积占盆地的一半以上，基本上沿北西-南东向呈带状分布，厚度达数百米，沉降中心在台吉乃尔、达布逊、霍布逊一带，达布逊湖以南的钻孔揭露得到的第四系沉积厚度最厚可达 1500 m。

从岩性特征上看，第四系以洪积相、冲积相粗粒碎屑沉积为主，盆地第四纪沉积中心区以湖相沉积为主。其中，中下更新统下部为砂质泥岩、粉砂岩和泥质粉砂岩互层，上部以砂质泥岩为主，夹泥质粉砂岩和碳质泥岩；上更新统以碳酸盐黏土沉积为主，夹泥质粉砂岩和较多的灰黑色碳质泥岩，上部出现含石膏的粉砂层和黏土层，顶部为厚度达数十米的泥、盐互层。盐类沉积以石膏、石盐为主，其中夹芒硝、白钠镁矾、泻利盐、硼镁石等。全新统则以较纯的石盐沉积为主，有些矿区（如察尔汗）出现了蒸发盐类最后的产物——钾石盐、光卤石和水氯镁石。

第一成盐期初期至第二成盐期中期，柴达木湖盆向东逐渐扩展，在早-中更新世时，除盆地西部的部分凹地外，基本上没有蒸发盐类沉积，该期上新世含盐岩系被溶解，为之后成盐盆地的发育提供了盐类物质来源。进入晚更新世，柴达木湖盆面积扩大，随着构造运动的持续发展，围绕一里坪—察尔汗形成了数个大小不等的成盐盆地，为第二成盐期的开始提供了有利条件。晚更新世气候极度干旱，湖水水位迅速下降，湖水盐度持续增高，并开始析出石膏，随后石盐等大量盐类矿物析出，一直到晚更新世末期，成盐盆地大都被蒸干，大部分盐湖经历了"干自析阶段"而变成了干盐湖，钾石盐和光卤石分散在石盐沉积层中，在盆地西部的大浪滩梁中矿区和东部的察尔汗矿区均可见到。

3.4.2 盐类成矿时代

柴达木盆地自古近纪上新世至第四纪全新世均有盐类沉积。其中，盐类成矿时代以第四纪为主，从盆地西部大浪滩凹陷至东部察尔汗次级盆地均分布有盐类沉积，各凹陷的盐类沉积厚度均有不同，在该时期发育一套陆相碎屑含盐岩系，碎屑与盐类沉积呈韵律形式交替出现，含盐率、易溶盐及高浓缩阶段的盐类矿物向上渐增；次为新近纪，湖盆处于稳定沉降期，古湖水相对淡化，盐类沉积不发育；古近纪居第三位，仅在西部狮子沟、花土沟等地区的深井中见有石膏、钙芒硝和薄层状石盐（图 3-14）。不同类型矿床对成矿时代具有较强的选择性。

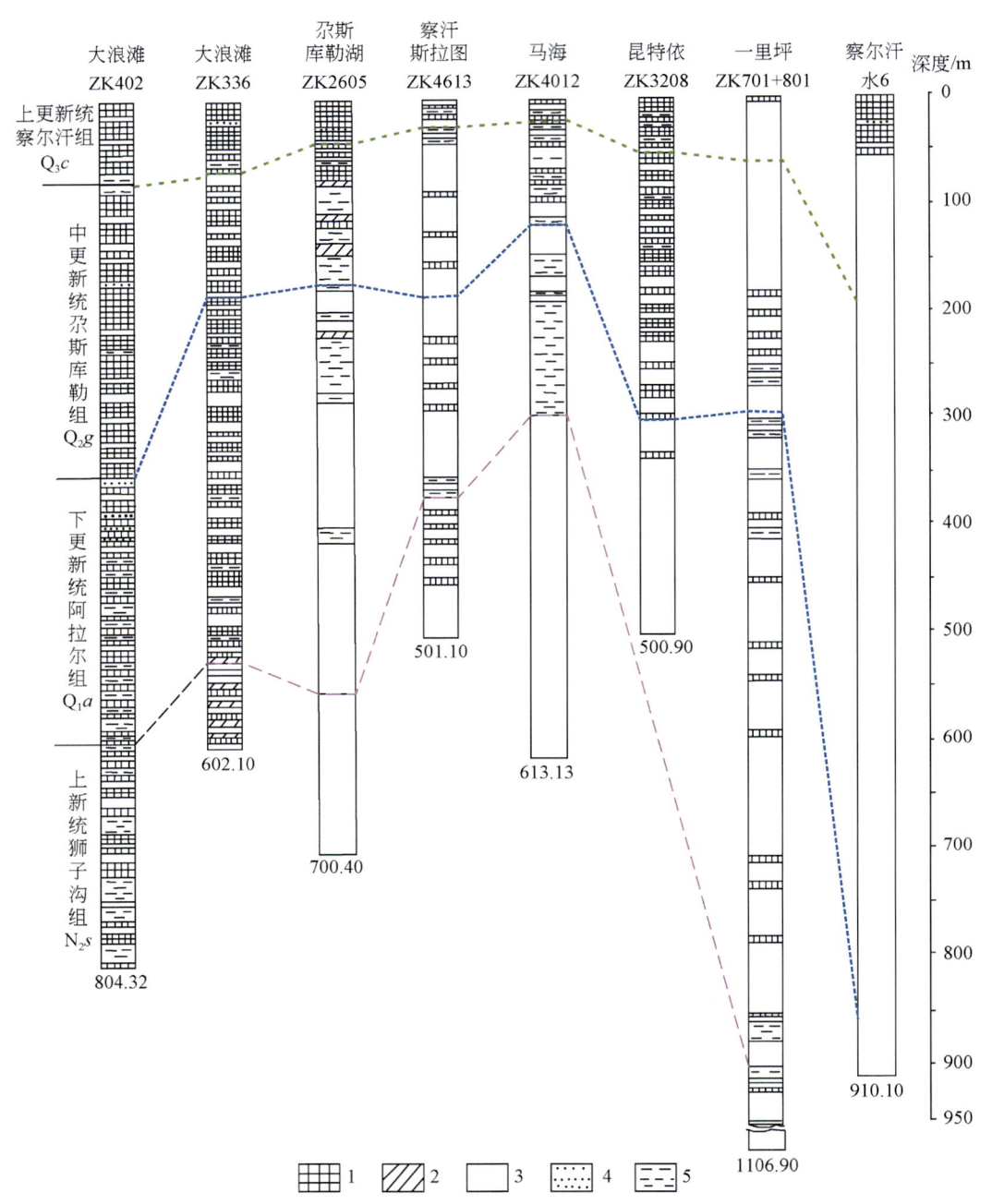

1.易溶盐；2.石膏及钙芒硝；3.碎屑沉积；4.含石盐碎屑沉积；5.含石膏碎屑沉积

图 3-14 柴达木盆地第四纪盐类沉积对比图（据沈振枢等，1993 修改）

3.4.3 不同时代的盐类成矿作用

3.4.3.1 古新世—始新世

古新世—始新世以油气成矿作用为主,盐类沉积作用甚弱。早期为湖盆的发生-发展阶段,盆地进入整体沉降的早期阶段—断拗过渡期。在茫崖凹陷为湖相沉积,暗色泥岩、碳酸盐增多,形成了始新统和渐新统下段的生油气层系。路乐河组在柴西狮子沟—南翼山一带沉积了第一套烃源岩。随着始新世晚期—中新世早期阿尔金山、昆仑山的迅速隆升,沉积中心向东迁移,在远离补给源的狮子沟地区开始出现盐类沉积,形成盆地内最早的盐类矿产。

3.4.3.2 渐新世

渐新世时期,盆地盐类成矿作用整体较弱。盆地已基本形成了封闭的沉积环境,在柴达木盆地西部茫崖一带形成了相对沉降中心,洪泛相至河流相红色粗碎屑岩系是盆地内最主要的一套石油、天然气储层。渐新世晚期在昆北沉积了湖相地层,仍然以石油成矿作用为主,盐类沉积作用较弱,盐类主要有低溶解度的石盐、芒硝、钙芒硝、石膏、钙钠硫酸盐沉积,以薄层状产出为主,一般厚 0.5~1.0 m,分布范围仅几十平方千米。在渐新世末期,盆地西部逐渐发展成统一的茫崖和一里坪拗陷,开始了盆地大型拗陷的发展期,此后盐类矿物沉积作用逐渐增大。

3.4.3.3 中新世

新近纪中新世时期发生的一次构造运动,进一步分割西部古湖,形成尕斯库勒、大浪滩、察汗斯拉图、昆特依等独立的次级盆地,从而先后出现盐湖沉积。中新世时期的湖盆处于稳定沉降期,古湖水相对淡化,盐类沉积不发育。中新世早期的气候比渐新世湿润,湖盆面积进一步扩大,暗色泥岩沉积厚度大,该时期主要以油气成矿作用为主。至中新世晚期,湖盆中心逐渐向北、向东迁移,区内气候渐趋干燥,湖盆进入收缩、衰亡阶段,以油墩子为中心,在包括凤凰台及南翼山东部地区的范围内出现了局部盐湖区,沉积有少量石膏和石盐薄夹层。

3.4.3.4 上新世

上新世时期的盐类沉积较明显,进入柴达木盆地第一成盐期。上新世早期是盐类矿物形成前的预备期,该时期的古湖范围大,盐类物质仅在大浪滩一带富集,虽然没有大量石盐沉积,但盐类物质在湖水中相对聚集,为之后盐类矿物的大量沉积奠定了物质基础,故称为盐类聚集阶段。

在上新世晚期,由于新构造运动的影响,湖盆迅速收缩,周围山系急剧抬升,盆地海拔也强烈上升,气候变冷,导致盆地内的湖盆自西向东逐渐消亡,进入干盐湖阶段,沉积了大量盐类矿产,主要是以石膏、石盐、钙芒硝、芒硝、天青石等低溶解度盐类为主的钙钠锶硫酸盐型盐类沉积,主要沉积在上新统狮子沟上部地层中。

3.4.3.5 早更新世

进入第四纪，柴达木盆地盐类沉积作用逐渐加强，地层中含盐率、易溶盐及高浓缩阶段的盐类矿物渐增，盐类地层中赋存有丰富的卤水资源。早更新世时期盐类矿物逐步析出，湖盆逐步咸化，盐类沉积形成的规模一般。区内盐湖交替淡化、浓缩，盐类沉积继续进行，形成现今沉积和构造格局，早更新世成盐作用发生于大浪滩、察汗斯拉图两个凹陷及其周围一些古近纪—新近纪褶皱构造的边缘地层中，该时期各凹陷普遍沉积石盐、芒硝，为钠盐沉积阶段。

这一时期大浪滩、察汗斯拉图凹陷的盐类沉积主要为石膏、钙芒硝、石盐沉积，且厚度不大；其中，大浪滩凹陷盐类沉积以石盐为主，含盐率达50%以上，除石膏、石盐、钙芒硝、芒硝沉积之外，向上沉积了一定数量的芒硝及白钠镁矾，且盐类沉积厚度较大。在早更新世，尕斯库勒湖是与柴达木古湖分开的独立沉积盆地，尕斯库勒凹陷在早更新统地层的顶部有盐层，此时期主要是以石膏、石盐、杂芒硝、钙芒硝、白钠镁矾为主的硫酸钠型盐类沉积。同样在早更新世时期，昆特依进入盐湖环境，开始有石膏、石盐沉积。该时期的马海凹陷沉积石膏，直到距今600 ka前后才有石盐沉积，但厚度不大。而柴达木盆地东南部的三湖地区在早更新世仍处于淡水至微咸水湖发展阶段，形成少量的石盐、芒硝、钾盐矿产。在柴达木盆地大浪滩黑北凹地和马海深部均发现了早更新世形成的厚大砂砾沉积层，该地层已被证实存在含钾卤水。

3.4.3.6 中更新世

中更新世柴达木盆地古气候变得更加寒冷干燥，各次级盆地均先后出现了盐湖相和干盐湖相，都有盐类沉积。主要为石膏、石盐、芒硝、白钠镁矾、杂卤石、泻利盐等钠镁硫酸盐型盐类沉积。柴达木盆地西部的察汗斯拉图、昆特依、大浪滩、尕斯库勒等盐湖有石盐沉积，察汗斯拉图有芒硝沉积（陈安东等，2022）。各次级盆地均有石膏、石盐、芒硝、白钠镁矾、钙芒硝、杂卤石等盐类沉积，大浪滩、昆特依还有泻利盐沉积。除石盐普遍成矿外，在大浪滩、昆特依、察汗斯拉图的芒硝矿层厚、范围大。著名的察汗斯拉图特大型芒硝矿床就产于该统上部地层中。此时，在长期半干旱-干旱条件下，阿尔金山、赛什腾山南缘山前形成了巨厚的冲洪积相砂砾层，其中储存了丰富的含钾卤水。

3.4.3.7 晚更新世

晚更新世是柴达木盆地第二个主要成盐期。晚更新世早期湖盆迅速抬升，柴达木古湖完全解体，柴达木西北部普遍进入干盐湖阶段。各次级盆地中沉积了石盐、石膏、白钠镁矾、芒硝、泻利盐等大量的盐类沉积，在大浪滩、昆特依、一里坪等次级盆地中沉积了芒硝矿层、石盐及钾盐成矿。

晚更新世晚期，次级盆地也大都相继干涸，出现干盐湖相沉积。盆地西部残余浓缩卤水进一步向低凹处迁移，继续形成了丰富的盐类矿产。马海、察汗斯拉图、大浪滩、察尔汗次级盆地内的最低凹处出现了光卤石、钾石盐沉积。西部各次级盆地内的盐类沉积中，还富含晶间卤水层。盆地西部盐湖的承压卤水层主要形成于该时期，成矿物质丰富，不仅有石盐、芒硝，同时在不同深度形成了多层的杂卤石矿和少量的钾镁盐矿。该时期砂砾沉积层的沉积作用持续加大，碎屑层分布面积大、连续性好、卤水品位稳定、富水性强。

3.4.3.8　全新世

全新世时期是盆地内盐类沉积全盛时期，除西部各继承性凹陷内均有盐类沉积外，盆地东部各沉积凹陷也都陆续成盐，在全新世时期沉积了大量的盐类，主要为石盐、芒硝、白钠镁矾、杂卤石、泻利盐等钠镁硫酸盐型盐类沉积。盐类沉积作用目前仍在持续进行中。

全新世以来，随着青藏高原不断抬升，气候变得更加寒冷干燥，使盆地东部湖水逐渐向补给源收缩，盆地内各小凹地内湖水迅速浓缩，大量沉积盐类，直至形成现代盐湖景观。全新世形成现代湖泊及周围地区一些小的沉积凹地，沉积物以盐类为主，夹粉砂层及黏土层，盐类以石盐为主。西部大浪滩等地主要为石盐、泻利盐、钾石盐、光卤石、水氯镁石等硫酸镁型钾镁盐类沉积，东部察尔汗等地主要为石盐、光卤石、钾石盐、水氯镁石等氯化物型钾镁盐类沉积。一里坪、东西台吉乃尔、察尔汗等各次级湖盆也逐渐变为干盐湖相，沉积了石盐、光卤石、钾石膏、钾石盐、水氯镁石等盐类沉积。其中察尔汗盐湖含盐系地层的厚度最大可达 70 m 以上，一般为 40~55 m，自西向东逐渐变薄，盐类矿物主要为石盐，其次为钾石盐、光卤石、水氯镁石及石膏、钾石膏、杂卤石、芒硝、泻利盐、钾盐镁矾、钾镁矾、无水钾镁矾等。在大柴旦、小柴旦地区沉积了丰富的硼矿层。各次级盆地内，晶间卤水或孔隙卤水层中均含硼、锂、钾富矿层。

3.5　柴达木盆地盐类成矿空间

柴达木盆地在印支运动后全面进入陆相盆地发展阶段，沉积了巨厚的中生代、新生代地层，其中地表出露的地层主要为第四系，主要分布于盆地中东部的三湖凹陷、东西台吉乃尔以及盆地西部的大浪滩等地。

由于新构造运动的不均一性、湖盆演化的差异、盐类成因类型的不同，柴达木盆地中各次级盆地的盐类沉积差别很大，空间分布特征也存在较大差异。盆地西部成盐早，垂向上盐层数量多，单层厚度小，含盐率低，盐层埋深大，含盐层分布面积小；而中部成盐晚，垂向上盐层数量少，单层厚度大，含盐率高，盐层埋深浅，含盐层分布面积大。

3.5.1　盐类矿产的平面分布特征

柴达木盆地为一大型的断陷盆地，受后期构造的影响，盆地内形成许多次级的不同大小、多种形状的不同类型的小盆地，由于小盆（凹）地所处的位置不同、周围环境的差异，各小盆（凹）地中形成的矿产有所不同。柴达木盆地盐湖沿汇水中心区域地下水循环基准面分布，受新构造运动的影响，整个盆地分割成许多次一级的小型盆地，如茶卡盆地、德令哈盆地、马海—冷湖盆地、阿拉尔盆地等（图 3-15），这些盆地都成为现代盐湖的汇水流域，盐类矿物分布于其低洼的中心区，盆地西部由于阿尔金水系不发育，所以大多数为"干盐湖"，如大浪滩、察汗斯拉图等干盐湖。其余大多数盐湖具有表面卤水，受昆仑山及祁连山水系的控制，如一里坪—台吉乃尔盐湖、别勒滩—察尔汗盐湖。

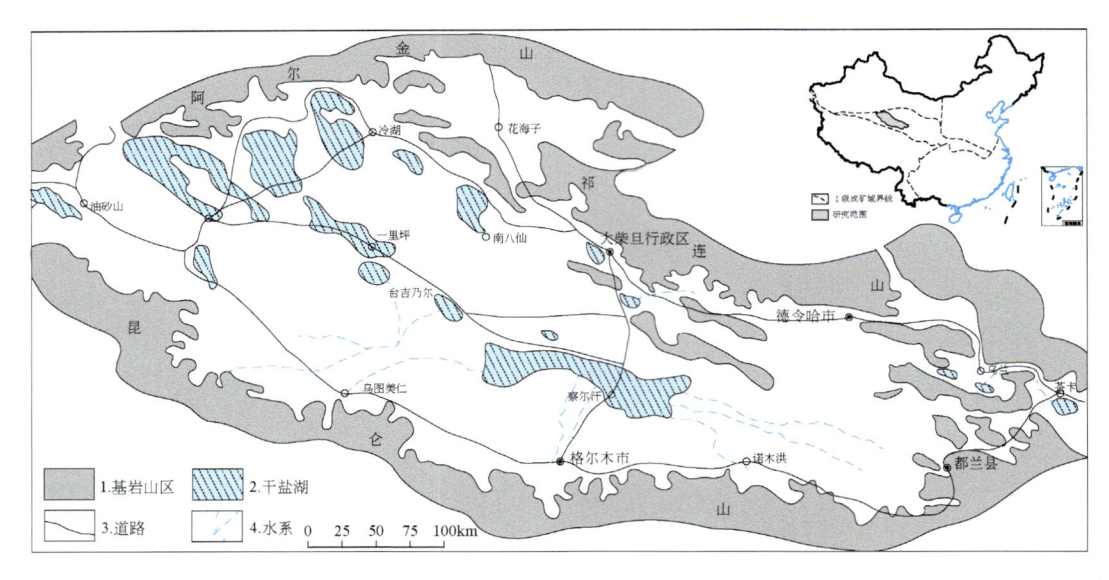

图 3-15 柴达木盆地盐湖分布示意图（据张彭熹等，1987 改编）

柴达木盆地中盐湖依主构造线方向展布，具有北西—南东向延伸的分布特征，如一里坪—西台吉乃尔湖—鸭湖—东台吉乃尔湖沿北西—南东向排列，形似串珠状分布，这些特征与柴达木盆地的构造演化息息相关。盆地中部的强烈凹陷带是横贯盆地中部的广大区域，为北西向三湖深大断裂带所控制，该深大断裂带西起牛鼻子梁，东经一里坪、台吉乃尔直到霍布逊湖一带。盆地中部强烈凹陷区是柴达木盆地新生代以来的主要沉降区，沉积中心自北西向南东迁移，沿着迁移方向，形成了众多盐湖，盐类资源极其丰富。著名的察尔汗盐湖、台吉乃尔盐湖、昆特依盐湖均分布在该区域内。同时，祁连山山前断块带是呈北西向的狭长地带，西起冷湖，经南八仙、埃姆尼克山一线，形成了马海、大柴旦、柯柯、茶卡盐湖。总之，盆地内的盐湖大都依区域主构造线方向分布。祁连山、昆仑山的水系补给是现代盐湖赖以生存的必要条件。

1）平面分布具多中心不均一性

在柴达木盆地各成盐阶段，由于地形上多盆多凹而普遍存在不同成盐阶段的盐类矿物，具多中心不均一性，即水平分异现象。柴达木盆地各凹陷在演化过程中曾经有过不同程度的沟通与联系，因此在沉积特征上有相同之处。但构造运动引起的升降不一、物源补给的不同、与外来水系联系存在差异等因素，使各凹陷的成盐情况有所不同。各凹陷不完全相同的沉积特征反映了沉积环境的差异。在早期旋回阶段，盆地西部的凹陷都或多或少地出现盐类沉积；尕斯库勒、马海凹陷以钙盐型盐类沉积为主，大浪滩凹陷则沉积石盐。在第二个旋回阶段，大浪滩凹陷为镁盐型盐类沉积，马海凹陷为钙盐型—钠盐型盐类沉积，尕渐库勒凹陷和北部马海凹陷、昆特依凹陷沉积有芒硝；封闭程度更好的大浪滩凹陷，则有钠镁矾类沉积及光卤石析出。在第三个旋回阶段，大浪滩凹陷以钾盐型盐类沉积为主，尕斯库勒凹陷以镁盐型盐类沉积为主，三湖凹陷则以镁盐型—钾盐型盐类沉积为主。

2）不同盐类矿物的平面分布特征

柴达木盆地的含盐系地层剖面中的盐类矿物中，石盐自始至终均占绝对优势，根据其他盐类矿物的差异，可将它们的组合概括为钙盐型、钠盐型、镁盐型，钾盐型及碳酸盐类矿物五种类型，各矿物组合分布的空间位置各有不同，具体特征如下。

（1）钙盐型：由石膏、半水石膏、钙芒硝、黏土及少量石盐组成。呈灰色、灰绿色，具薄层及条带状构造。主要产出地区是大浪滩、尕斯库勒湖、黄瓜梁、察汗斯拉图、昆特依等盆地西部地区。

（2）钠盐型：石盐型盐类沉积为白色-灰黑色，呈层状、块状、疏松状，遍布于整个含盐系沉积物中，几乎与盆地中发育的盐类矿物共生；芒硝（无水芒硝）型盐类沉积由无水芒硝、石盐及少量其他硫酸盐矿物组成，呈灰白色、浅褐色，以条带状、疏松粉末状产出。多以夹层分布于盐段中，少数夹于碎屑岩中，产出地区是大浪滩、昆特依、马海、黄瓜梁、西台吉乃尔、一里坪、察尔汗等全盆地均有分布。

（3）镁盐型：钠镁矾、白钠镁矾、石盐为主，局部有泻利盐类及无水芒屑、杂卤石、钾石盐等，灰白色、灰色，以薄层、条带、团块产于盐层中。产出地区是大浪滩、马海、昆特依、尕斯库勒、西台吉乃尔、察尔汗等盆地中部地区。

（4）钾盐型：由光卤石、钾石盐组成，部分地段有水氯镁石及少量无水钾镁矾、钾芒硝沉积。以灰白色为主，以薄层、条带或星点状分布于石盐层中或其晶间。不同地区出现的钾盐矿物可能不完全相同，但均产于含盐系地层中上部及地表，主要分布于西台吉乃尔、别勒滩、察尔汗、霍布逊等盆地中部地区。

（5）碳酸盐类矿物：碳酸盐多为方解石，较为普遍的类型是以细粉砂级颗粒散布于黏土中；或以团粒形式分布于黏土中；也可见以鲕粒形式出现，被石膏胶结，多产于凹陷边缘石膏层与砂泥层的过渡带。

3.5.2 盐类矿产的垂向分布特征

盐湖演化过程中，卤水盐度因构造、气候等因素影响而发生周期性变化。沉积韵律较多，主要由砂泥岩、石膏、钙芒硝和石盐组成。根据盆地整体演化特征来看，一个完整的盐湖，其发展过程中盐类矿物在垂向上形成了相对固定的沉积韵律，主要盐类矿物在剖面上自下而上出现的顺序是石膏-钙芒硝-石盐-芒硝-钠镁矾类-杂卤石-泻利盐类-钾石盐-光卤石-水氯镁石，这是标志性盐湖发展的正常沉积层序。受不同构造运动或气候因素的影响，不同凹地及不同矿区的盐类矿物在垂向上的沉积略有差异，或缺失，或沉积厚度较大，但整体是符合盐类矿物析出先后顺序规律的。

3.5.2.1 深层古近系—新近系含盐特征

古近系—新近系主要分布在柴达木盆地西部的狮子沟、南翼山、大浪滩、鄂博梁、碱石山、鸭湖等地区，主要位于凹地的边缘，呈隆起状，大多呈北西—南东向展布。盆地西段靠近阿尔金山山前的古近系—新近系相对隆起，在鄂博梁Ⅰ号构造、南翼山、红三旱一号地区的地表出露干柴沟组、油砂山组和狮子沟组；自西向东逐渐被第四系覆盖，埋深加大，如鸭湖背斜构造核部的新近系顶板埋深为400～500 m。以往工作中对古近系—新近系盐层的系统性研究较少，其含盐性的统计数据较少，随着近些年油气勘探及深藏卤水勘探工作的实施，在各背斜构造部署的钻探数量逐渐增加，钻孔深度加深到3000～5000 m，对古近系—新近系含盐性有了初步的了解。

整体来看，古近系—新近系含盐率很低，仅在干柴沟组及狮子沟组中见有少量的盐类矿物。其中狮子沟地区主要在钻孔深部干柴沟组中见有盐类矿物；鄂博梁Ⅰ号构造区地表出露有干柴沟组，层间偶见盐类矿物集合体呈团块状分布，集合体大小如硬币，呈贝壳状（图 3-16 左），另在地层层间可见薄层状分布的石膏层，层厚为 2~6 cm（图 3-16 右），延伸小于 5 m，连续性差，初步判断为后期地层成岩过程中，石膏、石盐等盐类矿物在相对软弱的层间裂隙中析出。

图 3-16　鄂博梁地区干柴沟组中的盐类矿物（拍摄：刘久波）

大浪滩黑北凹地北部出露的狮子沟组可见薄层的石膏层，层厚 2~5 cm，垂向上 1 m 厚度的地层内约有 1~3 层石膏层，最多有 5~8 层，盐层在水平方向上连续性一般，延伸长度为 1~10 m。根据出露的情况来看，狮子沟组的盐类矿物沉积规模明显大于干柴沟组，这与上新世气候干旱、湖盆咸化有关，这一时期的气候条件有利于盐类矿物沉积，因此在盆地西部的狮子沟中可看到盐类矿物的沉积。

在盆地西部东段的碱石山地区，狮子沟组未出露地表，仅在钻孔中揭露，钻孔中发现了盐类矿产的沉积，在 835.18~839.0 m 段见有厚度近 4 m 的石盐层，具胶结致密、固结、含水性差、孔隙不发育的特征（图 3-17），石盐较纯净，含量大于 80%，说明狮子沟组中有盐类矿物的沉积，局部地段略具规模。

图 3-17　碱石山地区狮子沟组钻探岩心（拍摄：成康楠）

3.5.2.2 浅层第四系含盐特征

柴达木盆地各凹地的地表主要为第四系，沉积了大量的盐类矿产。第四纪的盐类沉积是在新近纪盐湖演化基础上发展而来的，不同凹陷、不同层位的盐层厚度及含盐率也不相同，但随着盐湖的演化，自下更新统至全新统，地层的含盐率均有上升的趋势。

柴达木盆地的盐类形成演化受自然地理环境的变化影响较大，盆地西部地区第四纪早期湖水较浅，因此第四系沉积厚度大致为 500 m，盆地中部沉积厚度大于 1000 m，西部较早进入盐湖析盐阶段，在第四纪早期就有盐类矿物析出，尤其是大浪滩和昆特依地区，早中更新世地层含盐率大于 50%，靠近柴达木盆地东部的察汗斯拉图、马海地区的早更新世地层含盐率只有 15%～30%，有的地区含盐率更低，目前实施的地表以下深部钻探结果显示，在早中更新世地层中很少见有盐类矿物沉积，马海地区钻孔岩心中仅零星分布有石膏晶体，未连续成层。

这些盐类化学沉积层中的卤水一般均为过饱和的卤水，KCl 含量为 1%～1.5%，个别地方可达到 4%，少部分地区为 0.5%～1.0%。在马海、大浪滩个别钻孔中可见固体钾矿层的存在，KCl 含量为 3%～4%。盆地中部和南部的钾盐成矿带，由于盆地河流的补给，该地区中-下更新统没有盐类物质沉积，仅在一里沟、一里坪、西台吉乃尔有少量的石盐层沉积，沉积厚度也很小，含盐率仅为 0.5%～1.0%。上更新统中、下部均无盐类沉积，到上更新统上部才出现盐类沉积，顶部石盐层中亦有低品位的固体钾矿层的出现。此层卤水中 KCl 含量多为 1%～2%，少部分地区为 0.5%～1.0%，如霍布逊区段和各矿床的边部地区。

第四系盐层累积厚度及含盐率分布特征见图 3-18。可以看出，大浪滩凹陷的盐层厚度大于 300 m，在大浪滩梁中凹地的沉积中心，盐层厚度大于 600 m，地层的含盐率明显高于其他凹陷，大于 60%；昆特依凹陷居于第二，盐层厚度大于 150 m，最大可达 300 m 以上，

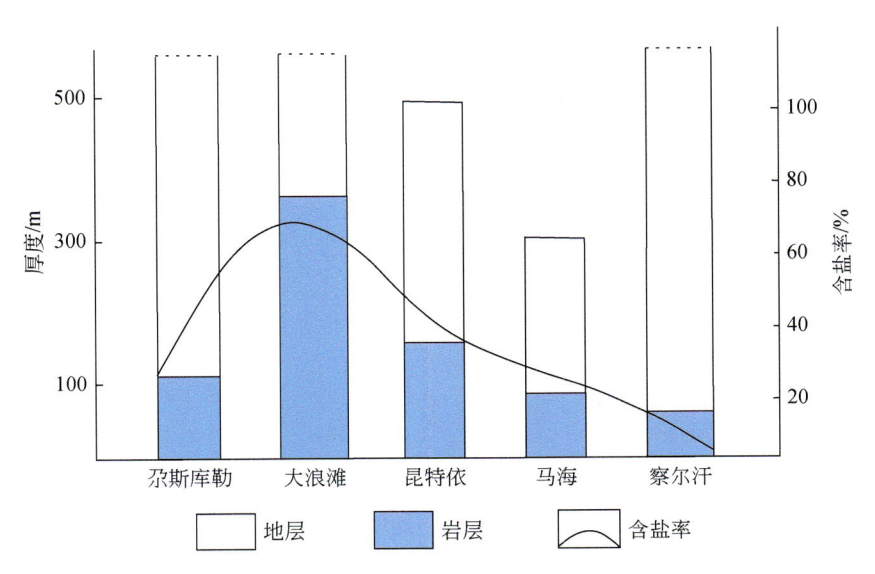

图 3-18 柴达木盆地各凹陷第四系盐层累积厚度及含盐率特征图

含盐率约为 40%；察尔汗凹陷的第四系厚度大于 2000 m，但盐层厚度不足 100 m，含盐率较低，约为 20%；北部的马海地区及西部的尕斯库勒地区盐层厚度均在 100 m 左右，含盐率为 20%～30%。

1）大浪滩盐湖垂向特征

柴达木盆地西部大浪滩钾盐矿床的固体矿产主要以石盐、石膏、芒硝为主，有少量固体钾盐矿，钾盐矿赋存于大浪滩凹陷中心第四纪全新统中，埋深达 45 m 以上，分布面积约为 10 km²。在梁中矿区的梁西凹地、梁东凹地及风南凹地的钾盐矿均为地表盐渍作用形成的富钾盐壳；此外，在大浪滩矿区内还广泛分布有石盐矿，厚度较大，层位较稳定；芒硝矿则主要分布于梁中矿区。大浪滩钾盐矿床自上而下共分为 7 个矿（化）层，分别以 K_7、K_6、K_5、K_4、K_3、K_2 和 K_1 表示。其中，分布于 Q_4d 地层的 K_7、K_6、K_5 钾盐矿产已被开采，现仅存 Q_4d 上部的矿化层位及 K_3、K_2 和 K_1 钾盐矿。

2）西台吉乃尔盐湖垂向特征

位于柴达木盆地中部的察尔汗盐湖，矿区地表主要出露第四系，自矿区中心向外依次为全新统盐类沉积（主要分布在别勒滩、达布逊区段，含光卤石、钾石盐）、上更新统—全新统湖相砂质黏土和上更新统洪积砂砾石等；此外，还有全新统的风积砂分布在矿区北部、西南部；在矿区北部和东部出露有中、下更新统湖积砂质泥岩和砂岩，含腐殖质层、天然气等。该盐湖主要沉积了固体石盐（NaCl）矿，广泛分布于全矿区，从上到下可分为两个矿体，均伴生钾和镁矿体。

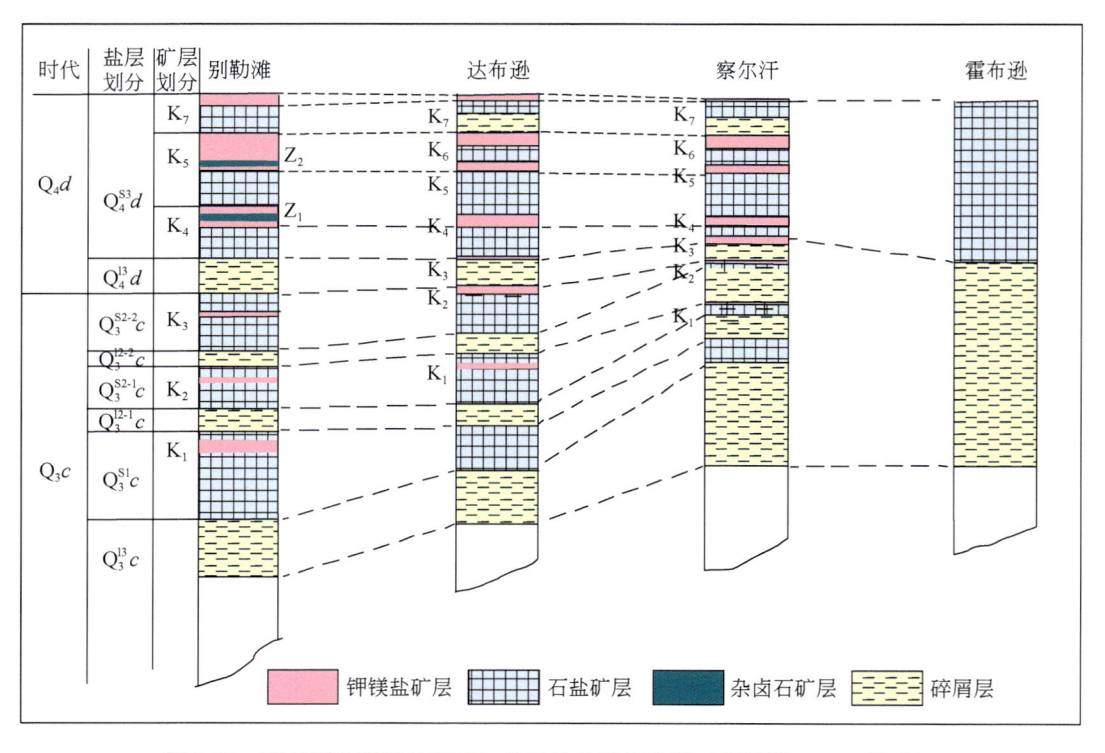

图 3-19 察尔汗盐湖钾盐矿层与盐层的关系示意图（据杨谦，2024 修改）

3）察尔汗盐湖垂向特征

察尔汗盐湖区的含盐系地层由 3 个石盐层和夹于其间的碎屑层组成（杨谦，1982），固体矿品位低、矿层薄，盐类矿物主要为石盐和固体钾镁盐。石盐矿以层状或似层状产出，有三个较厚的主要石盐层（S_1、S_2、S_3），以别勒滩区段面积最大、储量最多。固体钾镁盐矿分布在 3 个石盐层中，自下而上可划分出 8 个钾盐层，其中以 K_3、K_4、K_5、K_7 为主，K_5 矿层最厚，K_7 矿层中钾含量最高，分布面积广，近地表埋藏或直接出露地表，K_8 为新生光卤石，钾盐矿层与盐层的关系见图 3-19（K_8 分布于盐湖表层，在图中未标注）。钾盐矿物成分以光卤石、钾石盐为主，次为杂卤石、软钾镁矾等。固体钾镁盐矿的特点是分布面积广、层数多、矿层薄、品位低、储量大等。

4 柴达木盆地成矿作用过程

柴达木盆地最为著名的是盆地内上百个盐湖盛产的各种盐类资源，享有"聚宝盆"的美誉。恰如其名，"柴达木"是蒙古语的音译，其意便是"盐沼"。盐沼作为湿地的一部分，通常分布在沿海的淤泥质海岸、河口三角洲等地和内陆干旱区，但只有在柴达木盆地，盐沼的分布是连续成片的，面积达 $4\times10^4~km^2$，是世界最大的盐沼分布地区。

盐沼在广义上并不只是盐湖，还包括了沼泽、盐壳等多种地貌单元，是盆地在特定的地质演化和地理环境中，形成的巨大盐类矿藏。随着 23 Ma 前印度板块猛烈碰撞欧亚板块，青藏高原不断抬升，而高原东南缘的柴达木盆地则开始形成断陷盆地，发源自盆地四周高大山脉的众多河流汇入柴达木盆地，使得盆地内湖泊遍布。

4.1 柴达木盆地成矿作用的发生

成矿作用是指地球上矿物资源形成的过程。它涉及多个因素和过程，包括岩浆活动、热液作用、沉积作用、变质作用等。

首先，岩浆活动是成矿的重要因素之一。当地壳下部发生岩浆运动时，岩浆会从地幔中上升到地壳，并在途中与不同类型的岩石相互作用。这种相互作用导致了物质的转移和改变，使得一些有价值的元素被富集从而形成矿体。

其次，热液作用也是成矿的重要过程之一。在地壳深部存在着富含溶解金属元素的流体，在特定条件下（如温度、压力等），这些流体会通过断裂带或裂隙进入地表或近地表环境。当这些流体与周围的岩石相互作用时，其中所携带的金属元素会沉淀出来形成金属硫化物、氧化物等矿物，并最终形成矿床。例如，热液作用可以形成含金、银的硫化物矿床。

沉积作用也是成矿的重要过程之一。在地球历史的长时间尺度下，海洋、湖泊等水体中的碎屑物质逐渐沉积并堆积于凹陷区形成沉积盆地。这些沉积物中可能富含有价值的金属元素，如铁、铜、锌等。当地壳发生构造运动时，这些沉积盆地可能被隆起或抬升到地表，形成了含金属元素的沉积型矿床。

变质作用也可以导致成矿作用的发生。当岩石受到高温、高压等条件的影响时，其中的矿物会发生相变或重新结晶，并与周围环境中的流体相互作用。这个过程中，一些金属元素会被释放出来并重新富集形成新的矿物，从而形成变质型矿床。

总结起来，成矿作用是一个复杂而多样化的过程，涉及岩浆活动、热液作用、沉积作用和变质作用等多种因素。这些过程相互作用，共同促使金属元素在地球内部和表面环境中富集形成矿床。对于矿产资源的勘探和开发，深入理解成矿的发生机制是非常重要的。

柴达木盆地是中国西北地区的一个重要盆地，也是我国最大的内陆盆地之一。柴达木盆地是青藏高原北部边缘的一个巨大山间盆地，能源矿产、稀有金属矿产、非金属矿产中的工业矿物及水气矿产资源非常丰富，具有矿化类型多样、资源储量巨大、分布相对集中的特点。主要有石油、天然气、锂（卤水型）、锶、钾盐（钾石盐、杂卤石）、硼（硼矿物和卤水型）、镁盐（卤水型）、石盐（岩盐和卤水型）、芒硝、天然碱、溴（卤水型）、碘（卤水型）、石膏、黏土、地蜡等矿种，以及地下水资源。以能源矿产（石油和天然气）、盐类矿产为优势矿种。

柴达木盆地作为一个重要的成矿区，在其特殊的构造背景、岩性差异、流体活动和漫长的地质历史共同作用下，形成了丰富多样的矿床。

柴达木盆地成矿作用的发生主要受到物质来源、气候条件及构造背景的影响。物质来源是成矿作用发生的根本，气候条件对成矿作用起到了重要作用，构造背景为成矿作用提供空间。

柴达木盆地成矿作用发生的根本和关键是物质来源。其物质来源有以下几个方面：①柴达木盆地周边广泛分布着各个时期的岩浆岩，在岩石的风化过程中盐类元素被淋滤溶解，随着河流汇入成矿盆地；②周边火山系统及地下岩浆体所产生的地热活动带出的成矿物质，随着河流和地下水系统进入盆地，构成了盐湖矿床的又一主要物质来源；③柴达木盆地经历的上新世末期和中更新世末期的两次大规模构造运动，使得从古近纪开始沉积、形成的柴达木古湖被肢解成几个次级盆地，古湖的盐类物质被次级盆地继承，也是其重要的一个物质来源；④高矿化度的油田水（深部地层水）中普遍含有盐类元素，也是盐湖矿床成矿物质的重要补给来源之一。

气候条件是控制盐沉积的主要因素之一，对柴达木盆地成矿发生起到了重要作用。青藏高原的隆升阻挡了来自印度洋的暖湿气流，促使高原气候向干寒方向发展，加上常年多风，高原蒸发量巨大，使盐分得以在汇水区汇聚和浓缩。方小敏等（2008）、杨藩等（1997）从植被类群、介形虫等方面展开的研究表明，在第四纪青藏高原地区气候干燥程度加剧，古生态学证据也表明，第四纪时期柴达木盆地古气候更加干燥、寒冷，成矿作用的发生与冰期有关（陈安东等，2022）（表4-1）。

表4-1 柴达木盆地盐类沉积与冰期关系表

年代/ka	盐类沉积	冰期
0～10	干盐滩面积扩大，除了石盐沉积，还有钾镁盐沉积	间冰期
11～28	几乎所有中西部盐湖均有石盐沉积，柴西盐湖通常有芒硝沉积（陈安东等，2020）。盐湖面积萎缩，在末次冰盛期或近冰阶形成大面积干盐滩（黄麒和韩凤清，2007）	新仙女木冰进期、近冰阶、末次冰盛期
32～58	柴东湖泊出现高湖面记录（郑绵平等，2006；Fan et al.，2010）。柴西盐湖通常有石盐沉积，个别补给条件较差的区域干涸	暖期-相对冷期-暖气演化，有冰进
58～75	柴西盐湖通常有石盐沉积，昆特依盐湖有芒硝沉积	末次冰期早冰阶
75～125	高湖面和泛湖期，以碎屑岩和碳酸盐岩沉积为主。柴东湖泊出现高湖面；柴西盐湖多有石膏沉积，个别盐湖有石盐沉积	末次间冰期
130～191	柴西盐湖成盐期，在察汗斯拉图、昆特依、大浪滩、尕斯库勒、一里坪和马海均有石盐沉积，多个盐湖出现芒硝沉积	MIS 6冰期
191～243	柴西盐湖有较多的碳酸盐沉积。察汗斯拉图盐湖在MIS 7晚期有白钠镁矾沉积（Gu et al.，2022），在MIS 7早期有芒硝沉积	MIS 7冰期
243～300	柴西盐湖成盐期，在察汗斯拉图、昆特依、大浪滩、尕斯库勒等盐湖有石盐沉积，其中，察汗斯拉图有芒硝沉积	MIS 8冰期

注：据陈安东等（2022）改编。

构造背景是柴达木盆地成矿作用发生的重要条件之一。该区域处于青藏高原与阿拉善高原交界处，地壳运动活跃，构造复杂多样。复杂的构造背景有利于深部的成矿物质向上迁移聚集，为矿物元素的富集提供了良好的运移通道。

4.1.1 深藏卤水钾矿成矿作用的发生

前人对柴西地区卤水的物源、成因和钻孔沉积特征等进行了一系列研究（张彭熹等，1987；王弭力等，1997；郑绵平等，2016），总结出盐湖由低级阶段向高级阶段演化时，盐类矿物的生成顺序为硫酸盐矿物（石膏）→石盐→杂卤石→钾石盐+光卤石→水氯镁石，常量元素 K^+、Mg^{2+} 组分的升高代表盐湖演化至较高阶段，而酸不溶物、碳酸盐和难溶硫酸盐（如 $CaSO_4$）含量的升高则代表盐湖演化至低级阶段。提出了"盐盆振荡干化分异"、"多级湖盆迁移成盐"等盐湖演化模式。

柴达木盆地中深藏卤水主要分布在盆地西部，可分为构造裂隙孔隙卤水和砂砾石层孔隙卤水（李洪普和郑绵平，2014）。构造裂隙孔隙卤水又称油田水，分布范围小，仅在南翼山、狮子沟背斜构造区有发现，其他背斜构造区有待突破。砂砾石层孔隙卤水规模大，富水性强，采卤井中不易结盐，便于开发利用，主要分布于柴达木盆地西部山前断陷凹地，该砂砾型卤水化学特征有别于柴西现代盐湖硫酸镁亚型卤水，又不同于古近系—新近系中赋存的油田水，是一种特殊的高钠、低硫酸根、低硼、低锂的含钾卤水。该富含氯化物型孔隙卤水，是柴达木盆地西部新发现的新型钾盐矿资源（郑绵平等，2015）。

4.1.1.1 背斜构造裂隙孔隙卤水成矿发生

柴达木盆地西部古近纪—新近纪期间的构造裂隙孔隙卤水中 B、Li 来源与盆地基底断裂及东昆仑—可可西里物源区古近纪—新近纪火山活动有关，深部流体输入和火山的剥蚀淋滤是 B、Li 的主要物质来源（李洪普和郑绵平，2014）；而 K、Na、Mg 则主要来源于东昆仑—阿尔金—南祁连中酸性岩体的剥蚀淋滤。这一时期，柴西地区为咸化湖盆相沉积环境，仅在狮子沟、南翼山等局部凹陷内有盐类矿物析出，从而形成了西部构造区高矿化度及高 K、Na、Mg、B、Li 含量的矿床特征，而中部构造区则形成矿化度及 K、Na、Mg 含量偏低，B、Li 含量相对较高的矿床特征。

盆地东部三湖地区构造裂隙孔隙卤水（油田水）的储层主要为早-中更新世地层，这一时期盆地沉积中心已迁移到三湖地区，从卤水的氢氧同位素特征看，卤水主要为蒸发浓缩的河水，综合物源条件分析，其 K、Na、Mg 主要来源于东昆仑地区中酸性岩体的剥蚀淋滤，而 B、Li 则主要来源于布喀大坂热泉补给。

柴达木盆地西部地区古近纪和新近纪地层发育有丰富的 Ca-Cl 型油田卤水，这种深藏卤水中富 Ca、Li、B 和 Sr，而 Mg 和 SO_4 浓度相对较低（李廷伟等，2006；樊启顺等，2007；谭红兵等，2007；李建森等，2013）。

柴达木盆地油田水的 $\delta^{18}O$ 值低于 5‰，而部分柴达木油田水的 $\delta^{18}O$ 值可接近于岩浆水。这表明部分柴达木油田水可能接受了更多的深源岩浆流体补给，那些具有低 δD、高 $\delta^{18}O$ 特征的晶间卤水也应该与深源流体或油田水的补给有关（李建森等，2021）。柴达木盆地古近纪—新近纪油田水也可能接受了深部地壳甚至幔源物质的补给。柴达木盆地油田水的

^{3}He/^{4}He 值为大气值的 0.75 倍（Tan et al., 2011），具有幔源物质混入的特征，也指示其接受了幔源物质的补给。

成矿作用涉及地质、化学、物理、生物诸多因素，地质因素中包括构造、地层、岩石等；物理、化学因素中又包括温度、压力、物质交换等。多种有利控矿因素在一定时空域中耦合是成矿发生的重要条件。不同环境、不同尺度、不同形式的成矿参数的临界转换，是很多矿床形成的基本条件（翟裕生，2010）。

柴达木盆地内多次的新构造运动，控制了盆地的地表形态发育，特别是在西部地区形成了若干背斜构造，这些背斜构造的地震反射剖面显示地层显著上升收敛，反映了柴达木盆地开始快速褶皱生长（Yin et al., 2008），这些背斜构造将原柴达木盆地分为若干洼地，阻挡了来自昆仑山、祁连山的融雪和降水进入西部盆地的中心（Phillips et al., 1993）。在柴达木盆地和加利福尼亚的死亡谷（Death Valley）等构造活跃的封闭盆地，大都有以泉水形式或沿断裂上涌的深部 Ca-Cl 型卤水的补给，影响湖泊卤水演化以及盐类的沉积（Lowenstein and Risacher, 2009）。在正常海水蒸发试验中钙离子因易于形成碳酸钙（以白云岩、灰岩的形式）和硫酸钙（以石膏、硬石膏的形式）而在浓缩的早期阶段便结晶析出。在南翼山一带的钻孔岩心中发育有层状溢晶石和南极石，卤水类型属于 Ca-Mg-Na-K-Cl 型，这表明在卤水浓缩过程中存在非海相物质来源的补充，带来了丰富的钙离子，一般认为深部的油田水富含钙离子，因此推断可能是在裂谷盆地发展过程中出现了与深部地层导通的断裂构造（Wardlaw et al., 1971）。在这种体系中古近纪和新近纪油田卤水中富 Ca、Li、B 和 Sr，背斜构造裂隙孔隙含钾卤水成矿作用发生，由于卤水中 Mg^{2+} 和 SO_4^{2-} 浓度相对较低，形成 Ca-Cl 型卤水。

4.1.1.2 晶间卤水与砂砾孔隙卤水成矿发生

柴达木盆地西部盐湖晶间卤水的水化学类型属硫酸盐型。具有较高的 K 含量，超过工业开采品位，皆为富钾卤水。卤水中 Ca^{2+}、Mg^{2+}、SO_4^{2-} 等常量离子含量分布范围相同，而 B、Li、Sr、Br、Rb 等微量元素，作为对沉积环境变化和水体演化过程极为敏感的化学指标，含量也在同一分布范围内（李建森等，2021）。

砂砾孔隙卤水中 K、Na 主要来源于阿尔金—赛什腾山山前古近系—新近系含盐地层的淋滤，这一时期沉积的盐类物质以早期析盐矿物石盐、石膏为主，局部凹陷内可能有固体钾矿析出，而以液态形式赋存的 B、Li 受构造运动破坏早已流失殆尽，因此造就了砂砾孔隙卤水高 Na 低 K，而几乎不含 B、Li 的矿床特征（李洪普和郑绵平，2014）。

盆地西部的油田水与晶间卤水相比具有低的 K 浓度和矿化度，说明除物源因素外，晶间卤水经历了强烈的蒸发作用。而油田水相对封闭，赋存于泥岩和碳酸盐岩地层中，较少溶蚀 NaCl 盐层，在地层中不会经受持续的蒸发作用。

柴达木盆地西部的河水、湖水、晶间卤水以及油田水各类水体的 $^{87}Sr/^{86}Sr$ 值为 0.71026～0.71290，典型幔源 $^{87}Sr/^{86}Sr$ 值为 0.704，典型壳源 $^{87}Sr/^{86}Sr$ 值为 0.720，而古海水 $^{87}Sr/^{86}Sr$ 值为 0.707～0.709。柴达木盆地西部水体的 $^{87}Sr/^{86}Sr$ 值总体上略高于海水而低于地壳值，表明盆地晶间卤水受到了周边岩石风化淋滤水体的补给（李建森等，2021）。

柴达木盆地新生代湖相地层碳酸盐岩具有较高的 $\delta^{18}O$ 值（Li et al., 2017），水-岩反应可以在一定程度上提高水体的 $\delta^{18}O$ 值。卤水中矿种元素的巨量富集，仅依靠地表汇入水体的蒸发作用是难以形成的。

柴达木盆地深部地层中碳酸盐岩热液蚀变就是深部流体活动的证据，铁白云石和方解石的致密储层中可见黄铁矿、重晶石、天青石等热液矿物充填裂缝，具有高 Fe、Mn 的特点（Zhang et al.，2018）。

由上可知，柴达木盆地西部的物源与周边岩石风化淋滤水体的补给、深部流体活动密切相关，在构造活动方面，在上新世时期，由于英雄岭和鄂博梁背斜抬升（Yin et al.，2008），形成大浪滩洼地，切断来自昆仑山和祁连山的水流，尽管毗邻阿尔金山脉，但由于海拔较低，积雪较少，凹陷区只接收到很少的水流补给，导致了古湖的萎缩，从而在大浪滩凹陷开始了盐的形成；到了早更新世，大风山、尖顶山、红三旱四号背斜隆起，进一步加强了西部盆地内部古湖的隔离，一里坪和察汗斯拉图洼地分别在 2.88 ± 0.04 Ma 和 2.24 ± 0.01 Ma 时形成盐湖（Wang et al.，2012）；在第四纪中期，由于葫芦山背斜上升到临界高度，昆特依洼地完全关闭，导致盐沉积的出现，其次，古河流的模式和迁移可能对西部地区凹地中盐的形成产生了很大影响（Duan and Hu，2001；Zhou et al.，2006）。需要注意的是，在上新世—第四纪，气候向干燥和寒冷的条件转变（Shackleton，1987；Zachos et al.，2001），这也对柴达木盆地的硫酸盐型深藏卤水的发生起到了重要作用。

4.1.2 浅层卤水钾矿成矿作用的发生

柴达木盆地的大浪滩、昆特依、马海、察尔汗等第四纪现代盐湖，在钾盐卤水成矿方面也是各具特色。除富钾卤水外，沉积储层中还赋存有巨量的杂卤石、软钾镁矾、光卤石等钾盐矿物，以及天青石、半水石膏、钠硼解石等特色盐类矿物（张彭熹，1987；郑绵平等，1989；王弭力等，1997），这体现了含盐盆地卤水水体演化过程中物质来源的特殊性和沉积成盐历史的复杂性。陈克造和 Bowler（1985）研究认为柴达木盆地内盐湖的 K/Na 值自西向东逐渐升高，察尔汗大型钾镁盐矿床应该是柴达木盆地西高东低的地形使早期在西部浓缩的盐湖卤水逐渐迁移至东部的结果。

第四纪现代盐湖的化学组分同周围的地球化学背景有关，如 K^+、Na^+、Ca^{2+}、Mg^{2+}、Cl^- 等组分主要与周围的岩石风化淋滤有关。而 B、Li 元素则主要来源于深部流体补给。盆地西部的大浪滩、察汗斯拉图、昆特依、马海盐湖由于没有深部流体补给，主要成盐物质以石盐、芒硝和钾盐、镁盐为主。晚更新世以后，柴达木盆地的成盐中心迁移至三湖地区，布喀大坂的高锂低硼深部流体经由洪水河—那陵郭勒河补给台吉乃尔、一里坪及察尔汗盐湖（图 4-1）；大柴旦—雅沙图—乌兰保木的高硼低锂深部流体经由塔塔棱河、山前冲洪积扇等途径补给大、小柴旦湖。这与三湖地区以卤水锂矿为主、但几乎没有固体硼矿沉积，而大、小柴旦湖以固体硼矿为主，锂矿规模很小的矿床特征是一致的（陈克造和 Bowler，1985）。

柴达木盆地在第四纪整体以一套特征序列沉积盐矿，从中下更新世开始大量出现芒硝，晚更新世和全新世大量出现石盐、泻利盐和钾盐沉积，现今地表卤水坑中出现水氯镁石沉积，青海湖湖水冷冻-蒸发实验的结果大致反映了这是一套硫酸盐水体干冷气候条件下的析盐序列（孙大鹏，1974；孙大鹏等，1995）。

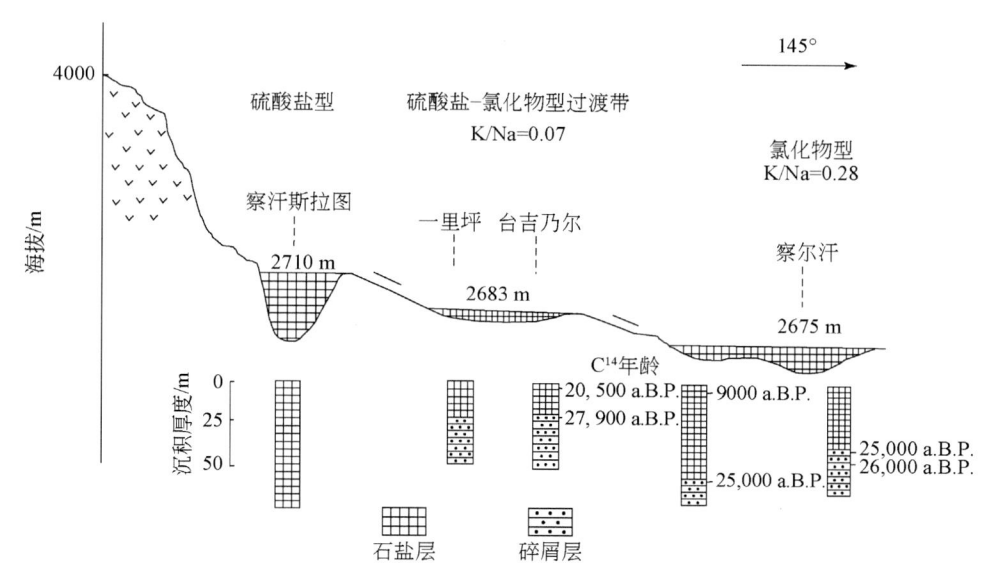

图 4-1 柴达木盆地中部盐湖中心迁移模式（据陈克造和 Bowler，1985）

察尔汗盐湖盐类矿物的分析结果表明（表 4-2；弋嘉喜等，2017），盐类矿物主要有石盐、石膏、水氯镁石、方解石、少量光卤石和杂卤石，水氯镁石是盐湖演化的最终产物，是在接近于地表的氧化环境下，同时依存较高的温度形成的，多出现在接近地表的石盐与碎屑矿物的交界处，多以针状产出。其中，在霍布逊区段没有发现光卤石或者杂卤石；碎屑矿物主要有石英、白云母、钠长石、斜绿泥石，并广泛分布于察尔汗盐湖的四个区段。总体来说，察尔汗盐湖区石盐总平均含量达 83.73%，石膏总平均含量约 4.62%，水氯镁石总平均含量约 3.33%，碳酸盐矿物总平均含量不足 1%，碎屑矿物总平均含量约 6.48%，盐层矿物组合相对简单，主要沉积石盐而贫石膏和碳酸盐矿物。

表 4-2 察尔汗盐湖盐类矿物总平均含量（%）一览表

	石盐	石膏	水氯镁石	碳酸盐矿物	碎屑矿物
别勒滩	79.2	8.4	4.0	0.32	7.1
达布逊	74.8	6.4	9.0	0.51	7.0
察尔汗	87.3	1.7	0.25	1.2	8.2
霍布逊	93.6	1.97	0.06	0.63	3.6
总平均含量	83.73	4.62	3.33	0.67	6.48

而在达布逊南部和别勒滩地区，卤水化学组成更多地接近湖水，为富 Mg-K-Na-Cl 卤水。察尔汗盐湖区表层的水氯镁石主要分布在别勒滩和达布逊区段，这种分布规律很可能与来自盐湖南部和西部河流的补给水有关。

察尔汗盐湖补给水的来源，一方面源于昆仑山区的地表径流，通过河流注入补给察尔汗盐湖；另一方面是沿察尔汗湖区北缘深大断裂进行补给的深部水。来自南部和西部河流的河水补给主要为硫酸盐型水，其特点是 SO_4^{2-} 含量高，如格尔木东河、格尔木西河、托拉海河、清水河、乌图美仁河等。北部补给河流主要是全集河，为硫酸镁亚型，其特点是SO_4^{2-}和Na^+含量高。总体来讲，将汇入察尔汗盐湖河流的化学组合加权平均后，得到的水型为硫酸镁亚型，代表了河流补给主要为察尔汗盐湖的形成贡献了SO_4^{2-}（于升松，009）。

深部水补给主要沿柴达木盆地中部三湖深大断裂的东南段分布，该深大断裂沿察尔汗地区北部干盐滩的边缘展布。对察尔汗盐湖各水体中某些离子含量展开统计，从统计结果可以看出，察尔汗盐湖卤水表现出SO_4^{2-}、HCO_3^-含量极低，而Ca^{2+}离子含量较高的特征（张彭熹等，1993；于升松，2009）。

察尔汗盐湖各类天然水的氢氧同位素分布特征呈现出以河流、雨水补给，深部水补给，蒸发差异为主要影响因素的变化规律。在湖区西部、西南部，卤水湖和晶间卤水主要以大量河流、雨水补给为主；在湖区中部、东北部，卤水湖和晶间卤水主要受到深部水的混合掺杂和相对强烈的蒸发作用（河流、雨水补给少）的影响，深部水掺杂作用的影响由北向南逐渐减弱。

也有学者认为，察尔汗盐湖的补给来源一部分源于南部昆仑山区河水，通过河流补给察尔汗地区，该水体富Na^+、SO_4^{2-}、HCO_3^-而贫Ca^{2+}，属于重碳酸钠型水（袁见齐等，1995）；另一部分为察尔汗盐湖北缘沿断裂带上涌的深部水，在地表形成宽为几十至数百米的盐喀斯特水，由深部水体沿断裂带返回地表并溶解地表盐类矿物后形成的（杨谦等，1995），其水化学特征表现为：几乎不含HCO_3^-和CO_3^{2-}，同时SO_4^{2-}含量也极低，唯一有意义的阴离子是Cl^-，当水中的Ca^{2+}形成碳酸盐和硫酸盐沉积后，溶液中仍有多余的Ca^{2+}，属于$CaCl_2$型水。同时，袁见齐等（1995）发现察尔汗盐湖沉积的晶间卤水和表面湖水具有不同的水化学类型，并与上述两种补给水体（河流的重碳酸钠型水和深部$CaCl_2$型水）具有一致的空间分布特征。深部Ca-Cl型卤水的补给为察尔汗和昆特依盐湖杂卤石的形成提供了足够的钙离子（艾子业等，2018；李俊等，2021）。

柴达木盆地中东部地区的杂卤石主要沉积在察尔汗盐湖，有学者推测是由外来富含硫酸盐的河水补给富K、Mg和Ca的湖水所致（孙大鹏和Lock，1988）。而牛雪等（2015）分析认为与硫酸镁亚型卤水交代石膏、硬石膏等矿物有关。

根据王朝旭等（2021）对马海流体包裹体进行的成分分析，古盐湖卤水演化最高仅达到石盐—泻利盐析出阶段，并未达到钾盐析出阶段，而现代卤水已经演化到钾镁盐析出的最后阶段，揭示了马海盐湖的沉积环境始于咸水湖环境及钾盐矿物的成矿物质来源。

总之，第四纪现代盐湖成矿作用的发生也是临界条件转换的结果，现代盐湖在一定的地形条件下，水的持续流动可能已经存在很长时间了，如尕斯库勒、马海和察尔汗浅盐湖，这些洼地位于积雪覆盖的昆仑山和祁连山的山麓或较低的山坡上，存在多年生河流持续汇入洼地，常年供应给这些洼地的淡水限制了盐矿的形成。因此，这三个凹陷中的古湖水变成了富集K^+、Na^+，与岩石风化淋滤产生的K^+、Na^+、Ca^{2+}、Mg^{2+}混合，加之第四纪气候向干燥和寒冷转变利于盐类成矿作用的发生（Shackleton，1987；Zachos et al.，2001），不同来源的阴离子SO_4^{2-}、Cl^-的加入，导致发生硫酸型、$CaCl_2$型盐类成矿作用。

4.2 柴达木盆地盐类成矿作用的持续

青藏高原的多期渐进性隆升导致了柴达木盆地的隆升具有阶段性、转移性和不均衡性的"三性"特征，直接奠定了盆地新生代以来多凸多凹的构造格局，高山深盆、地形高差大的地貌特点，以及干燥、寒冷、蒸发量大的气候特征，造就了新生代独具特色的咸化湖盆。

柴达木盆地盐类矿产形成总体为两组（Wang et al.，2013）：第一组是大浪滩、察汗斯拉图、一里坪、昆特依洼地，位于柴达木盆地西部中部；第二组是尕斯库勒、马海、察尔汗洼地，位于昆仑山和祁连山边缘（图 4-2）。

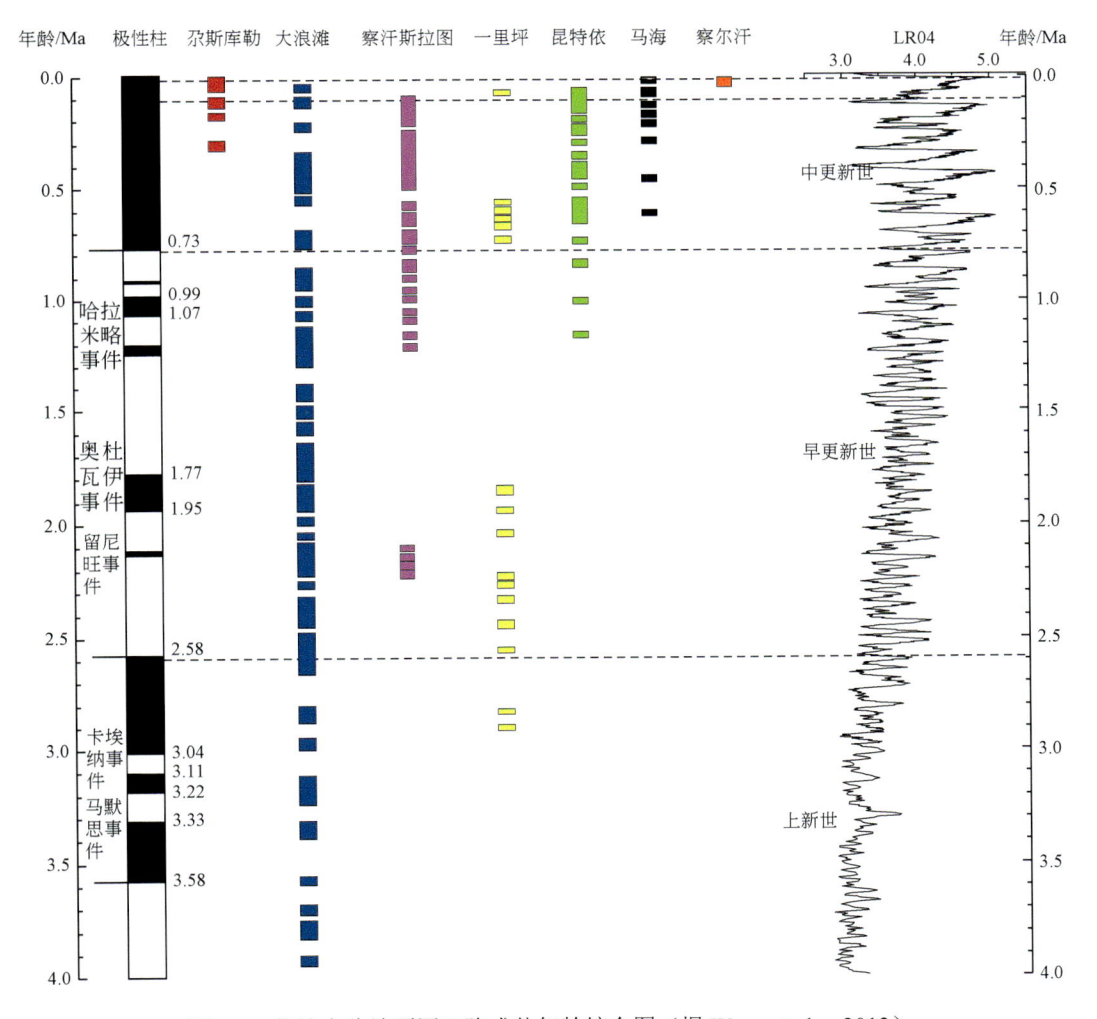

图 4-2 柴达木盆地不同凹陷成盐年龄综合图（据 Wang et al.，2013）

从盐类矿产形成时间而言，笔者认为可以划分为上新世、早更新世、中更新世、全新世 4 个时期。柴达木盆地在晚新生代时期盐湖的演化存在明显的阶段性，有 4 期重要的成盐期：3.9 Ma、2.88 Ma、2.24 Ma 和 1.18 Ma，表明盆地的沉积环境在这 4 个阶段的干旱化程度显著增强（Wang et al.，2013）。

前人（付锁堂等，2014；张文昭，1997；吕宝凤等，2008）已认识到沉积中心具有自西向东转移的特征，易立（2022）通过深入研究，总结出沉降中心迁移具体的 3 个特点：一是早期西部剧烈沉降，晚期东部剧烈沉降；二是早期西部分散沉降，晚期东部统一沉降；三是沉降中心自西向东迁移。同沉降中心一样，柴达木盆地新生代咸化湖盆中心的演化也是分阶段、不均衡并规律转移的，总体具有分散性、转移性及扩张性 3 大特点。如图 4-3 所示，咸化湖盆由下干柴沟组下段（E_3g^1）沉积时期的 1 个中心，到下干柴沟组上段（E_3g^2）沉积时期的 2 个中心，再到上干柴沟组（N_1g）沉积时期的 3 个中心，具有明显的分散性。

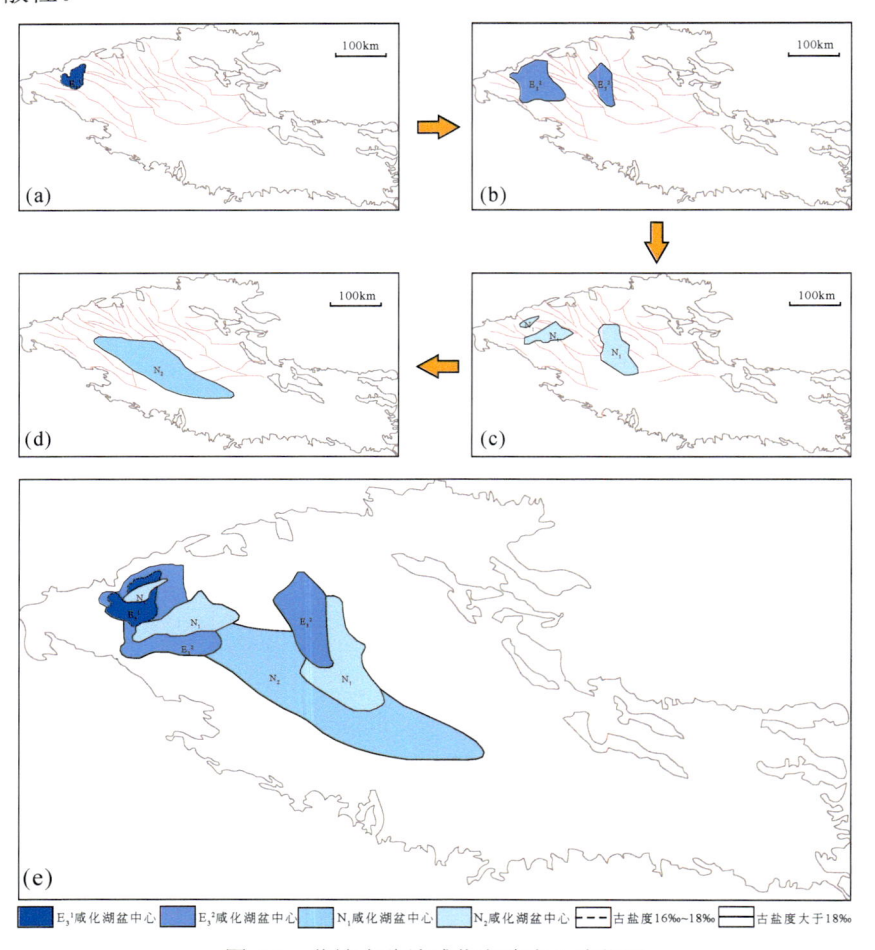

图 4-3 柴达木盆地咸化湖盆中心演化图

（a）渐新世早期咸化湖盆；（b）渐新世晚期咸化湖盆；（c）中新世咸化湖盆；（d）上新世咸化湖盆；（e）渐新世以来咸化湖盆迁移图

受高原隆升的阶段性影响，下干柴沟组下段的咸化湖盆面积较小且主要集中在柴西南昆仑山与阿尔金山夹角处［图 4-3（a）］。下干柴沟组上段及上干柴沟组，随着挤压沉降的强烈加剧，咸化湖盆面积急剧扩大［图 4-3（b）］。上油砂山组随着水体扩张，沉积范围变大，咸化湖盆进一步扩张且中心趋于统一［图 4-3（c）］，狮子沟组沉积面积扩大转移至三湖地区［图 4-3（d）］。

构造活动的转移控制着新生代咸化湖盆的转移。如图 4-3（e）所示，随着高原的隆升，咸化湖盆的中心从柴西的阿尔金山山前西段局部地区扩张到整个柴西地区，再到一里坪地区，最终向东部大面积扩散转移至三湖地区，整体表现为自西向东、自盆缘向腹地的转移。

新生代盆地内沉积中心具有明显的向东迁移特征。这是由于青藏高原的渐进式隆升造成柴达木盆地构造活动自西向东的转移，从而控制了沉积中心的形成和自西向东的转移（易立，2022）。

4.2.1 上新世阶段（盐类聚集阶段）

柴达木盆地自古始新世进入沉降为主的沉积阶段后，其沉积中心基本位于盆地西部地区，上新世早期以深湖相灰色、深灰色泥岩夹薄层砂岩、泥灰岩等为主，而到上新世晚期，气候开始日趋干旱（袁剑英等，2016；Zhang et al.，2017）。沉积物以红色碎屑岩建造为主，并夹杂有一些灰黑、灰绿、黄灰色的沉积层，这显示了干旱炎热与温暖潮湿的气候、氧化与还原沉积环境的交替变迁，并促进了古湖水蒸发沉淀和溶解的反复进行（振荡作用），这种湖水振荡作用对易迁移性元素 Sr 的逐渐积聚起到了关键作用。

除此之外，构造活动加剧使盆地西部慢慢抬升，其凹陷中心向柴达木盆地南东方向迁移，盆地西部的深湖相沉积逐渐变为浅湖相，已见天青石、石膏等沉积。一般垂向上由下而上、平面上由边部至中心的化学组合为碳酸盐岩—碳酸盐（重晶石）天青石相—碳酸盐天青石相—碳酸盐天青石石膏相—石膏相。在蒸发环境下，方解石首先沉淀，湖泊水体中的 Sr 得到浓缩富集，当 Sr^{2+} 富集到足够程度，发生菱锶矿沉淀，Sr^{2+} 再富集则出现天青石沉淀，最后出现石膏沉淀。成矿体系由封闭还原转向开放氧化环境，流体的物理化学性质发生急剧变化，流体的相平衡状态被破坏，富 Sr 流体发生卸载沉淀（葛文胜和蔡克勤，2001），其沉淀次序为：$CaCO_3(SrCO_3) \rightarrow SrSO_4 \rightarrow 4CaSO_4$。

晚上新世阶段，远离淡水补给的柴达木西北部部分地区湖水浓缩，盐类矿物析出，如大浪滩上新统上部已有大量的石膏（$CaSO_4$）、石盐（$NaCl$）、芒硝（Na_2SO_4）层聚集，杂卤石层（$K_2SO_4 \cdot MgSO_4 \cdot 2CaSO_4 \cdot 2H_2O$）在上新统上部地层中局部有分布（校韩立，2017）。

在一里坪凹地位置东、西部交界地带（图 4-4），上新世末期浅湖相地层岩性主要以灰色泥岩和粉砂质泥岩等细粒物质为主，是在盐湖与咸化浅湖互相交替的环境下沉积的产物。该时期地层由下至上反映的气候逐渐变干旱，整体以干旱氧化环境为主，为一个不断咸化、收缩的湖盆，沉积少量薄层石盐。

樊启顺等（2007）对柴达木盆地西部卤水展开研究，发现硫酸盐型盐湖卤水中 SO_4^{2-}、Mg^{2+} 含量较高，Ca^{2+} 含量较低，说明盐湖卤水在迁移演化的过程中主要受大气降水汇聚和溶解岩盐的共同作用的影响。

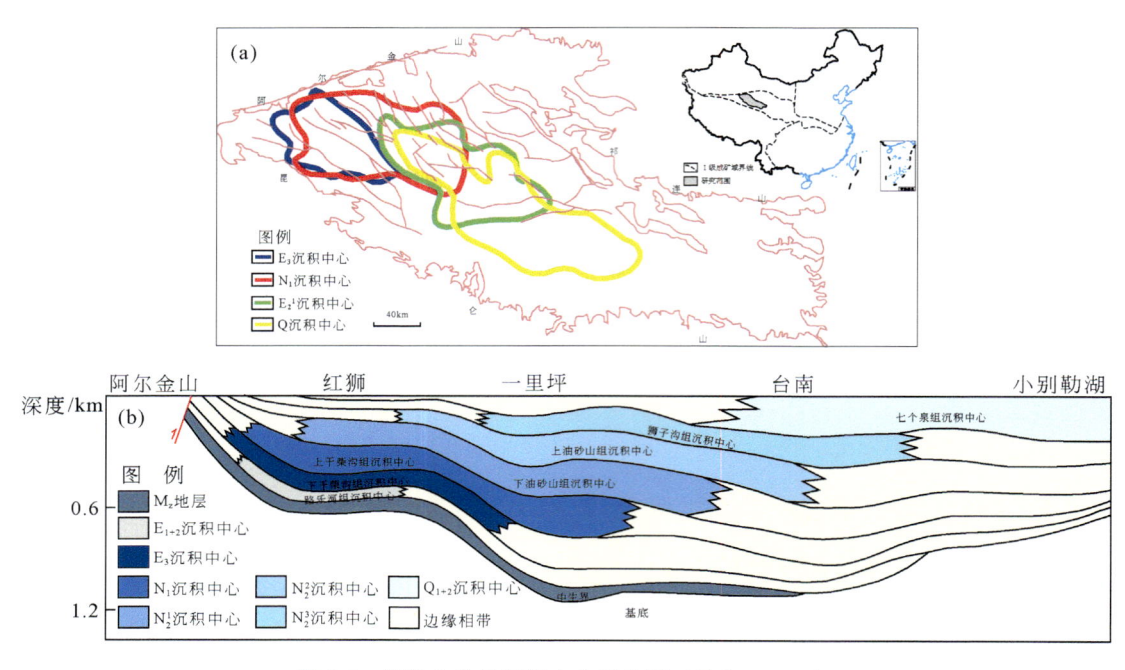

图 4-4 柴达木盆地沉积中心演化图（易立，2022）

硫酸盐型卤水与蒸发岩层的形成有关，特别是在硫酸盐型盐类矿物形成的晚期阶段和卤水浓缩晚期，古卤水在温度较高、环境极度干旱的条件下，硫酸盐型卤水中的 K、Mg 离子浓度较高。当有较淡的水体补给时，两种水体相遇发生掺杂作用，同时较淡的水体溶蚀石盐并形成孔隙，最终导致杂卤石在石盐溶蚀孔隙中沉淀析出。在昆特依盐湖中，杂卤石的形成与硫酸盐型卤水的浓缩和温度条件有关，反映了特定的古气候和成盐环境（李俊等，2021）。

上新世阶段，大浪滩、察汗斯拉图、昆特依、马海、一里坪等盆地都被次级构造进一步分割。柴达木盆地的沉降沉积中心此时东移，处于淡-微咸水的中深湖-浅湖沉积阶段。加之气候干燥，虽未能形成大量易溶盐类沉积，但由于湖盆长期演化，盐类物质在湖水中得到了聚集（个别地段富集成矿，如天青石、杂卤石），柴达木西北部各成盐盆地普遍进入自析盐湖阶段。

4.2.2 早更新世阶段（石盐沉积阶段）

早更新世的新构造运动，使狮子沟—油砂山—茫崖—大沙坪—斧头山一线褶皱隆起形成背斜带，导致属于昆北断阶带的尕斯库勒盆地与属于中央凹陷带的大浪滩——一里坪——三湖凹陷带基本隔离。受第四纪古气候明显向干冷方向转化的影响，湖水进一步浓缩，盐类沉积明显增加，芒硝（Na_2SO_4）和白钠镁矾［$Na_2Mg(SO_4)_2 \cdot 4H_2O$］等硫酸盐大量沉积，盆地正式进入第四纪成盐期，其化学反应式为

$$MgSO_4 \cdot 4H_2O + Na_2SO_4 \Longleftrightarrow Na_2Mg(SO_4)_2 \cdot 4H_2O。$$

在早更新世末期，昆特依和马海盆地东部开始沉积石盐，马海砂砾石层一般形成于早

更新世早期冲洪积作用，同时富集大量的原始孔隙水（淡水），后期在两种作用下形成孔隙卤水。一是继承晶间卤水；当硫酸镁亚型晶间卤水流至砂砾石层时与孔隙水（淡水）之间构成了水力联系，产生硫酸镁亚型孔隙卤水；二是深藏油田卤水沿隐伏断裂构造流至砂砾石层，与之发生逆变质反应，形成氯化钠型孔隙卤水（校韩立，2017），其化学反应式为

$$2CaCl_2+2MgSO_4+Na_2SO_4 \Longrightarrow 2CaSO_4\downarrow+2NaCl+MgSO_4+MgCl_2。$$

在该作用下会析出石膏，形成氯化钠型或硫酸镁亚型卤水。尕斯库勒湖和昆特依普遍因该作用出现石膏沉积，进入预备盐湖阶段；而柴达木东南部三湖地区仍处于淡水至微咸水湖发展阶段。

早更新世中晚期盐类沉积范围扩大，与古柴达木湖连通、封闭状况交替进行，所以形成盐类沉积与碎屑沉积互层的沉积特征。盐类沉积主要是石盐，有时见少量芒硝（魏新俊等，1992），故称其为西部石盐沉积演化阶段。

4.2.3 中更新世阶段（钠镁硫酸盐沉积阶段）

中更新世以来，柴达木盆地西部的尕斯库勒地区以滨浅湖、盐湖和干盐湖交替的沉积环境为主；大浪滩地区仍为盐湖、浅湖环境，在中更新世形成砂质黏土与石膏的互层；察汗斯拉图地区地层的中上部夹有较多的芒硝层，盐层数量较上更新世时期有所增加；昆特依地区为滨浅湖相的泥质、盐类互层沉积，夹有较多的芒硝层；马海盆地除山前和盆地东、西两侧有淡水沉积外，盆地内主要为泥质、盐类互层的盐湖沉积；一里坪地区在中更新世仍为盐湖与咸化浅湖交替的沉积环境。

晚更新世早中期，柴达木古湖完全解体，由于盐湖的解体、收缩与浓缩，中更新统上段至整个上更新统湖相沉积区，开始大量析出钙芒硝［$Na_2Ca(SO_4)_2$］，甚至白钠镁矾（魏新俊等，1992），其化学反应式为

$$CaSO_4 \cdot 2H_2O+Na_2SO_4 \Longrightarrow Na_2Ca(SO_4)_2+2H_2O。$$

钙芒硝形成于咸水环境和干燥气候条件下，沉积环境为弱氧化—弱还原环境，pH 呈中性偏碱性，形成温度与石膏相似，其分布特征表明钙芒硝的沉积是伴随着古盐湖反复蒸发、浓缩的过程发生的（钱心甸，2021）。白钠镁矾形成的环境条件与钙芒硝类似，因此在某些情况下二者可以共生，白钠镁矾通常是在盐湖的蒸发过程中，当溶液中的钠、镁和硫酸盐浓度达到饱和时，从溶液中结晶出来。在蒸发序列中，白钠镁矾通常位于石膏和石盐之间，在石膏之后、石盐之前形成。白钠镁矾的形成也与古气候条件有关，其在古盐湖地区中更新统上段至整个上更新统湖相沉积范围内的沉积可能指示了古盐湖的高盐度环境和干旱气候条件。

而马海、一里坪及察尔汗盆地在中更新世时期仍处于盐湖或咸化滨浅湖环境之中，总体为钠镁硫酸盐沉积过程。

昆特依盐湖在中更新世中期以来，在卤水温度呈现缓慢上升的总趋势下，温度水平整体较低，这一特征与区域古气候变化特征是相符的。在 180～140 ka 期间（郑绵平等，1998），存在一个强冷偏湿的环境，湿冷的冰期气候环境使得周围高山物源区大量形成绿泥石与白云母，并由于偏湿的气候条件下地表作用加强而被剥蚀搬运至盐湖与蒸发岩同时沉积。在相对干热成盐期，在蒸发岩层之间的碎屑层沉积有绿泥石与白云母，其沉积所反映的环境

温度与蒸发岩层中石盐流体包裹体均一温度呈现"此消彼长"的关系,证实了在整体卤水温度上升总趋势下偶见湿冷冰期气候这一特征沉积环境。此外,在低温环境下的相对高温阶段,昆特依盐湖中形成杂卤石,表明相对高温条件利于昆特依盐湖杂卤石的沉积。

4.2.4 晚更新世晚期—全新世阶段(钾镁盐沉积阶段)

距今 30 ka 时开始的第五次新构造运动使柴达木盆地内已形成的背斜带更加隆升,向斜凹地更加凹陷。由于盆地内极度干旱,很少有降水,高山和深盆之间的冲-洪积扇和湖积平原两大地貌单元的新近纪含盐系地层的风化淋滤作用减弱,周边岩石风化和深层水补给作用明显。钾盐在上述地貌单元和干盐滩迁移过程中富集,在低凹的察尔汗、马海、梁北等地区形成了固体钾盐沉积。

该阶段盐类沉积以氯化物类矿物为主,主要矿物成分是石盐、钾石盐和光卤石。在盐沼带和干盐滩中的沉积分异作用,以及深部水的补给掺杂作用的影响下,尕斯库勒湖和大浪滩见有泻利盐。沉积分异作用不但使 K、Mg 组分汇集在全新统凹陷中,而且使水体中碳酸盐、硫酸盐,甚至部分 NaCl 沉淀在盐沼带和干盐滩的迁移途中。在柴达木盆地西部各次级盆地中到处可见这种沉积分异现象,盆地东南部东西台吉乃尔和察尔汗地区也普遍发育盐沼带的沉积分异现象。整个盆地中盐沼带的面积远远大于第四纪盐类沉积的分布面积。由于盐沼带中沉积了大量碳酸盐和硫酸盐物质,所以盆地内上更新统上部至全新统盐类沉积层中缺少硫酸盐沉积的现象。

除已进入干盐湖环境的大浪滩,晚更新世末期的构造运动使黑北凹地相对较独立,地下水处在一个封闭的环境中,气候长期处于干冷与暖湿交替变化中,湖水逐步浓缩、咸化、干涸,在这个过程中,石膏、芒硝、石盐等矿物逐步沉积,钾元素富集,在地下水与盐层的交换过程中,形成了富含钾的晶间卤水。除察汗斯拉图、昆特依外,原来湖水面积较大的尕斯库勒、马海盐湖也在该时期急剧浓缩,开始形成广布的石盐沉积,普遍进入盐湖阶段,并在全新世中期盐湖全面干涸成干盐滩。

据汪明泉(2020)对一里坪盐湖地层开展研究发现,上更新统到全新统的地层沉积物主要以石盐、含砂石盐、粉砂为主,纵向上大致可以分为两层石盐夹一层粉砂。通过对 HC2105 孔石盐的铀系定年,约束得到上层石盐的沉积开始时间大约为 40 ka,构造运动相关的剥蚀过程带来了大量的碎屑物质,盐湖卤水浓度降低,石盐析出减少,Li、B、K 离子浓度相应降低;下层石盐沉积时期为 100~120 ka,下部石盐层沉积时正处于冰期,石盐层发育较厚。一里坪盐湖上更新统石盐样品中古卤水中的 Li、B、K 等离子浓度表现为下部高于上部,说明在晚更新世时期,盐湖早期古卤水蒸发浓缩程度较高(胡宇飞等,2021)。

柴达木盆地湖区夏季蒸发强度、不同时间尺度上水位与水化学特征的变化,决定着盐湖沉积的蒸发盐类矿物组合和其他沉积特征(洪荣昌等,2017)。大柴旦湖 LGM 晚期以来的湖泊演化规律,明确指示出大柴旦湖的演化过程:淡水湖泊阶段→微咸水湖泊阶段(方解石、白云石)→半咸水湖泊阶段(石膏、半水石膏)→盐湖阶段(石盐)。大柴旦盐湖中柱硼镁石的形成时代为上全新统,同期伴生有水菱镁矿,石膏含量则相对较低。由此推断胶结致密块状柱硼镁石的生成化学反应过程如下(高春亮等,2015):

$$2B(OH)_3 + 2B(OH)_4^- \rightleftharpoons B_4O_7^{2-} + 7H_2O$$

$$CO_3^{2-}+H_2O \Longrightarrow HCO_3^-+OH^-$$
$$2OH^-+B_4O_7^{2-}+H_2O \Longrightarrow 4BO_2^-+2H_2O$$
$$BO_2^-+Mg^{2+}+3H_2O \Longrightarrow MgB_2O_4 \cdot 3H_2O（柱硼镁石）$$

马海地区随着冷湖构造带的进一步抬升，成矿物质向矿区东南部集中。因气候干寒，湖水迅速干化，仅在矿区东南部残留有小面积的湖面，源于矿区东部的水系经盐沼带沉积分异后，至德宗马海湖时水体已演化成硫酸镁亚型，K^+、Mg^{2+}含量很高，与$CaCl_2$型深循环卤水掺杂，在德宗马海湖西北侧形成氯化物型卤水分布区并产生钾石盐和光卤石沉积。矿区西北部由于潜水出露，而形成牛郎织女湖群，因强烈蒸发作用产生光卤石、水氯镁石（$MgCl_2 \cdot 6H_2O$）析出（魏新俊等，1992）。

目前新发现的盐湖黏土锂资源沉积在湖相、潟湖相等低能的还原环境中，且源区母岩经历强烈的风化作用，沉积物可能经历再旋回的搬运过程。随着埋藏深度、孔隙水化学特征（尤其是K^+含量）和时间的变化，蒙脱石向伊利石进行转变（刘平，2020）。Li、K主要以类质同象或离子吸附的形式赋存在绿泥石、蒙脱石、高岭石和伊利石等黏土矿物中（潘彤等，2024）。

察尔汗古湖在晚更新世存在多次淡化期和咸化期，94～52 ka期间察尔汗古湖为微咸水-半咸水湖，湖泊的入湖径流量较大，湖区植被为草原-荒漠草原植被；约52 ka时期，各指标均反映察尔汗古湖环境发生了显著变化，湖泊的入湖径流量减小，蒸发量增加，湖泊由咸水湖退缩演化为盐湖，湖区植被由草原-荒漠草原演替为荒漠草原-荒漠；34～24 ka期间，察尔汗盐湖的入湖径流量增加，湖泊有所扩张，但湖水盐度较高；24～9 ka期间在冷干气候背景下，湖泊退缩演化为干盐湖（魏海成等，2016）。

晚更新世时期，察尔汗盐湖各区段石膏平均含量自西向东明显下降，含镁矿物平均含量自西南向东北明显下降，这些矿物的含量分布特征与察尔汗盐湖区补给的水体类型的空间分布特征基本吻合，表现为察尔汗盐湖北部和东北部卤水富Ca^{2+}而贫Mg^{2+}、SO_4^{2-}，皮策（Pitzer）模型的模拟结果表明，察尔汗盐湖的形成与盆地内存在的两种水体（即地表河水和深部来源的$CaCl_2$型水体）的混合有关（刘兴起等，2002；陈敬清等，1994），说明卤水和盐类沉积受具有深部来源特征的氯化物型盐泉水的补给影响（弋嘉喜等，2017）。

杂卤石层（$K_2SO_4 \cdot 2CaSO_4 \cdot MgSO_4$）在别勒滩全新世地层中分布广泛，其化学反应过程为
$$2CaSO_4 \cdot 2H_2O+2K^++Mg^{2+}+2SO_4 \longrightarrow K_2SO_4 \cdot 2CaSO_4 \cdot MgSO_4 \cdot 2H_2O。$$

综上所述，在晚更新世晚期—全新世阶段，柴达木盆地为钾镁盐沉积阶段。

高原隆升背景下的差异挤压造成了柴达木盆地构造活动阶段性、转移性和不均衡性的"三性"特征，控制了新生代早期局部分散小断陷、晚期统一开阔大拗陷的"双阶段"演化，导致了盆地沉降中心、沉积中心和咸化湖盆中心"三中心"的转移。在新生代早期，盆地沉降中心在柴西分散发育，此后逐渐统一形成单一大型拗陷并向东转移，加之气候条件的逐渐干旱化，盐类经由上新世盐类聚集过程→早更新世石盐沉积→中更新世钠镁硫酸盐沉积→晚更新世晚期—全新世阶段钾镁盐沉积过程持续成盐。

4.3 柴达木盆地成矿的结束

从柴达木新生代时期的湖盆演化过程，可清楚地看出，柴达木盆地早期成盐作用发生在上新世，持续到全新世末期。早期盐类沉积集中分布于柴达木盆地西部的中心地区，随着盆地沉降中心的转移，晚期的盐类沉积主要集中于盆地的中部、东部或洼地中。成盐作用的产物（矿物）是盐类物质长期演化的结果，因此，我们根据盐类矿物的时空分布特征讨论柴达木盆地盐类成矿作用的结束时限。

4.3.1 柴达木盆地盐湖盐类矿物

自然界的成盐作用是相当复杂的，它们不仅受湖盆水体性质和温度多变性的影响，还受外来补给水所引起的掺杂作用的影响。由于这种掺杂作用会引起水体性质和含盐成分的变化，因此，在湖盆水体浓缩的过程中，便遵循不同水盐物理化学平衡体系和不同的结晶途径，形成了不同类型和不同序列的盐类沉积。

青藏高原盐类矿物种类丰富，目前已确定发现的有53种，按照化学类型分为氯化物、硫酸盐、碳酸盐和硼酸盐（张雪飞和郑绵平，2017）。

柴达木盆地盐湖在其形成、演化过程中的化学沉积—盐类矿物及其次生矿物都相当发育，不仅现代盐湖星罗棋布，新近纪晚期—第四纪早期盐类沉积也比比皆是，发育着石盐、石膏、芒硝、白钠镁矾、泻利盐、水氯镁石、钾盐、硼酸盐、天青石等盐类矿物。据张雪飞和郑绵平（2017）、张彭熹等（1987）的研究，主要矿物见表4-3。具体各大类盐如下。

表 4-3　柴达木盆地盐湖主要矿物表

类别	冷相盐类矿物	暖相盐类矿物	广温相盐类矿物
碳酸盐类	水菱镁矿 [$4MgCO_3 \cdot Mg(OH)_2 \cdot 4H_2O$]	菱锶矿（$SrCO_3$）	方解石、文石（$CaCO_3$）
			白云石（$MgCO_3 \cdot CaCO_3$）
			菱镁矿（$MgCO_3$）
			天然碱（$Na_2CO_3 \cdot NaHCO_3 \cdot 2H_2O$）
硫酸盐类	芒硝（$Na_2SO_4 \cdot 10H_2O$）	硬石膏（$CaSO_4$）	石膏（$CaSO_4 \cdot 2H_2O$）
	泻利盐（$MgSO_4 \cdot 7H_2O$）	钙芒硝 [$Na_2Ca(SO_4)_2$]	白钠镁矾（$3Na_2SO_4 \cdot MgSO_4 \cdot 4H_2O$）
	软钾镁矾（$K_2SO_4 \cdot MgSO_4 \cdot 6H_2O$）	无水芒硝（Na_2SO_4）	钾芒硝 [$NaK_3(SO_4)_2$]
	水钙芒硝（$5Na_2SO_4 \cdot 3CaSO_4 \cdot 6H_2O$）	天青石（$SrSO_4$）	杂卤石（$K_2SO_4 \cdot 2CaSO_4 \cdot MgSO_4 \cdot 2H_2O$）
	—	六水泻利盐（$MgSO_4 \cdot 6H_2O$）	钾石膏 [$K_2Ca(SO_4)_2 \cdot 2H_2O$]
		四水泻利盐（$MgSO_4 \cdot 4H_2O$）	
		重晶石（$BaSO_4$）	

续表

类别	冷相盐类矿物	暖相盐类矿物	广温相盐类矿物
硼酸盐类	硼砂（$Na_2B_4O_7 \cdot 10H_2O$）	三方硼砂（$Na_2B_4O_7 \cdot 5H_2O$）	柱硼镁石（$MgB_2O_4 \cdot 3H_2O$）
	库水硼镁石（$Mg_2B_6O_{11} \cdot 15H_2O$）		钠硼解石（$NaCaB_5O_9 \cdot 8H_2O$）
	多水硼镁石（$Mg_2B_6O_{11} \cdot 15H_2O$）		水方硼石（$CaMgB_6O_{11} \cdot 6H_2O$）
氯化物	光卤石（$KCl \cdot MgCl_2 \cdot 6H_2O$）	—	石盐（$NaCl$）
	钾石盐（KCl）		
	水氯镁石（$MgCl_2 \cdot 6H_2O$）		
	水石盐（$NaCl \cdot 2H_2O$）		
	南极石（$CaCl_2 \cdot 6H_2O$）		

注：据张雪飞和郑绵平（2017）、张彭熹等（1987）整理。

1）碳酸盐

柴达木盆地碳酸盐类矿物已发现有 12 种，按照丰度大致排列为方解石、白云石、文石、菱镁矿、天然碱、水菱镁矿、氯碳钠镁石、单斜钠钙石、含锂菱镁矿、重碳酸钠石、菱锶矿、水碳镁石。

2）硫酸盐

柴达木盆地目前已经发现有硫酸盐类矿物 19 种，按照丰度大致排列为石膏、芒硝、钙芒硝、白钠镁矾、无水芒硝、半水石膏、杂卤石、泻利盐、钾芒硝、钾石膏、软钾镁矾、钾盐镁矾、杂芒硝、天青石、无水泻利盐、水钙芒硝、四水泻利盐、羟钠镁矾和重晶石。

3）硼酸盐

柴达木盆地目前已发现硼酸盐类矿物 9 种，按照丰度排列为硼砂、柱硼镁石、水方硼石、多水硼镁石、三方硼砂、板硼石、三方硼镁石、章氏硼镁石、水碳硼石。柴达木盆地的硼酸盐类矿物主要集中在大、小柴旦湖，目前大柴旦湖还在开采硼矿，主要含硼矿物为柱硼镁石和钠硼解石，硼砂含量则较少，现开采层位为底部板状柱硼镁石矿层。祁连山南侧居红土硼矿床现已采尽闭坑，主要含硼矿物为钠硼解石。

4）氯化物

柴达木盆地前已发现氯化物有 6 种，按照丰度排列依次为石盐、光卤石、钾石盐、水氯镁石、水石盐和南极石。

4.3.2 不同时段盐类矿物沉积规律

在盐盆发展和演化的不同阶段，可出现不同的盐类沉积，从盐类沉积发展演化的时间角度而言，不同学者有不同的认识。

魏新俊等（1993）通过对盆地西部 4 个成盐盆地的物质成分、沉积特征和含盐韵律的对比研究，认为早更新世是盆地盐类的聚集阶段；早更新世末期至中更新世是自析盐湖阶段；中更新世晚期至晚更新世是干盐湖与自析盐湖共存阶段；30 ka 以后是钾的氯化物沉积阶段。在盐盆发展演化过程中，石盐自始至终是盐湖各阶段的沉积主体，而钾的氯化物只出现在盐湖晚期阶段，在地层剖面上位于盐层的上部。至于钾镁硫酸盐，从早更新世至全新世均有沉积，镁的氯化物只见于全新世。硼酸盐沉积限于晚更新世末至全新世，碱的沉积只见于近代。石膏主要见于中、下更新统，上更新统仅局部有石膏层。芒硝出现在各沉积阶段，下更新统以钙芒硝为主，中上更新统以芒硝为主。总体看，盐类矿物垂向分带比较明显。

张彭熹等（1987）对柴达木盆地不同时段盐类矿物展开研究后则认为盆地内有两期盐类沉积，即上新世盐类沉积、更新世—全新世盐期盐类沉积，现分述如下。

1. 上新世盐类沉积特征

上新世成盐期盐类沉积分布于柴达木盆地西部的中心地带，含盐地层组合为一套深灰、褐灰、绿灰色含盐泥岩互层，夹盐岩、芒硝、石膏和泥灰岩层。盆地边缘地区则为山麓洪积相、冲积相砂砾岩，过渡地带为三角洲相、滨湖相的砂岩、灰岩及泥灰岩。

（1）上新世早期（N_2^1），盐类沉积分布于茫崖、黄瓜梁构造之间的狭长地带，盆地西南缘的黄石构造和凤凰台构造一带沉积有石盐和石膏，西北部小梁山构造一带沉积有芒硝和石膏层，其他地区则广泛发育着碳酸盐岩和石膏质泥岩等（孙大鹏，1984）。岩盐分布于茫崖、黄瓜梁之间狭长地带的中部。石膏分布的范围大于石盐区，边缘被碳酸盐围绕。在部分碳酸盐区有菱锶矿产出。在油泉、开米里克、油墩子背斜构造等地有钠硼解石沉积，它们多呈脉状、斑点状产出于褐灰、绿灰色泥岩层或泥岩裂隙中。

（2）上新世中期（N_2^2），盐类沉积面积迅速扩大。岩盐主要分布于南翼山、油墩子等地，硫酸盐沉积已向东北扩展到尖顶山、大风山地区。并出现了硫酸盐沉积早期阶段的产物——天青石沉积，天青石矿层产于灰白、灰绿色泥岩的夹层中，原生天青石矿层多混有大量的碳酸盐黏土。

（3）上新世晚期（N_2^3），盐类沉积进一步向东扩展，岩盐已分布到碱山地区，在鄂博梁背斜构造中出现了石膏沉积。在油墩子、南翼山等构造带的含盐地层中，沉积了芒硝、白钠镁矾等钠、镁硫酸盐。

从纵向上看上新世成盐期盐类沉积的变化，可以看出盐类沉积在上新世中、晚期达到高峰，反映了成盐作用随着时间的推移在不断地加强，也反映了盐类沉积量的增长与粗碎屑岩含量的增长是一致的，这种现象有力地说明了盆地的上升运动与成盐作用具有相关性。

总之，上新世盐类沉积具有明显的分带性。以油墩子为中心沉积了氯化物，往外依次为硫酸盐、碳酸盐沉积带。盐类沉积充分反映了成盐过程正向演化规律。同样，盐类矿物的分布也遵循这一规律。

2. 更新世—全新世盐期盐类沉积特征

上新世末至更新世初期，世界性的冰川气候结束了新生代第一成盐期的成盐作用，柴达木湖盆向东部扩展。在早、中更新世时期，除盆地西部个别地区外，柴达木盆地内基本上没有蒸发盐类沉积，该时期成为盆地西部上新世含盐岩系的淋滤消溶阶段，被溶解的盐分成为成盐盆地预备阶段水体的主要盐类物质来源。在进入成盐期以前，湖相沉积主要为细碎屑岩和黏土岩，与古近纪—新近纪沉积地层的区别在于没有单独的碳酸盐层（除个别有热水补给的地区外），碳酸盐只是混入细碎屑和黏土沉积中，成为广泛分布的碳酸盐粉砂、黏土沉积。

更新世早期柴达木湖盆的面积远大于第一成盐期，更新世湖面比现在湖面高 70 m 以上。受中更新世强烈的喜马拉雅运动影响，在青藏高原迅速抬升的基础上，盆地内部黄石、大风山、冷湖、马海等数条北西走向的背斜构造带再度隆起，与此同时盆地中南部凹陷，柴达木盆地进一步被分割。进入晚更新世后，围绕一里坪—察尔汗地区，形成以该地区为主体的数个大小不等的成盐盆地，至此进入第二成盐期的盐类沉积阶段。

自中更新世以来，古气候极端干旱，在成盐盆地形成的过程中，湖水水位迅速下降，湖水盐度增高；晚更新世开始，成盐盆地中析出石膏，随后石盐等盐类矿物大量析出；更新世末期，这些成盐盆地大都被蒸干，变成干盐湖；晚更新世—全新世时期盐类沉积最发育，除有大量石盐分布外，尚有芒硝、白钠镁矾、软钾镁矾、钾石盐、光卤石、水氯镁石和硼酸盐等盐类沉积。

3. 新生代盐类变化规律

从图 4-5 可以看出，上新统下部的盐类沉积以石膏为主，夹少量盐层和芒硝层；上部以盐和石膏层为主，尚见较多的芒硝层和白钠镁矾层。上新统至中更新统，除有大量石盐、石膏、天青石、芒硝和白钠镁层外，尚有泻利盐出现。上更新统—全新统盐类沉积最发育，除有大量石盐分布外，尚有芒硝、白钠镁矾、软钾镁矾、钾石盐、光卤石、水氯镁石和硼酸盐等。

时代		盐类沉积							
		碳酸盐	石膏	石盐	芒硝	白钠镁矾	泻利盐	钾石盐	水氯镁石	硼酸盐
第四纪	Qhd									
	Qp$_3$c									
	Qp$_2$g									
	Qp$_1$a									
新近纪	N$_2$s									
	N$_2$y									
	N$_1$y									
	N$_1$g									

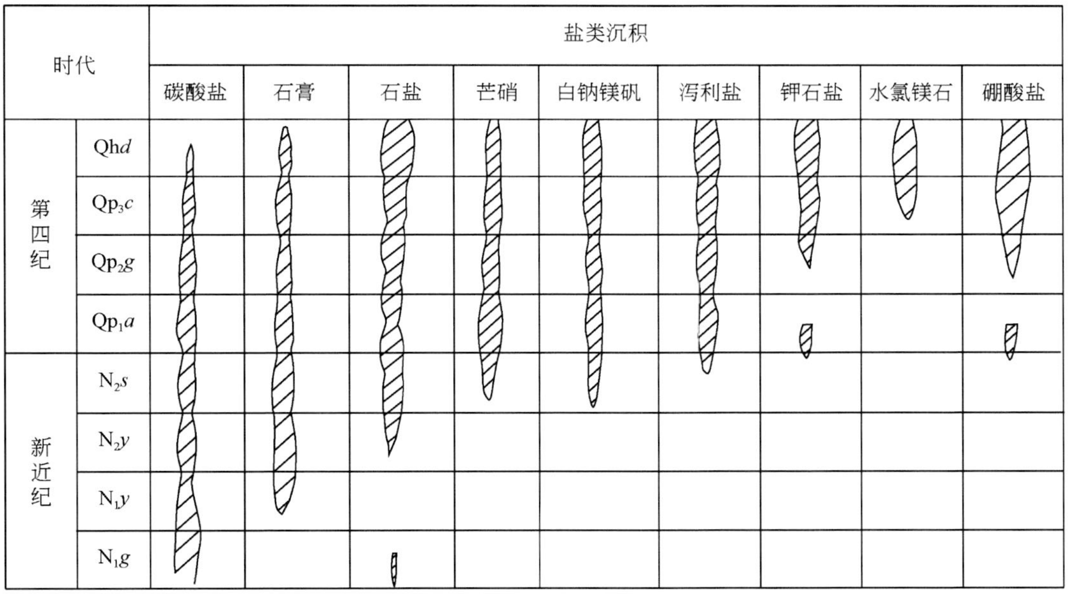

图 4-5 柴达木盆地盐类沉积在不同时代上的分布图

新生代地壳回返上升阶段，处于干燥气候发育期。盆地中从石膏和石盐析出开始，相继沉积了芒硝、白钠镁矾和泻利盐等，反映了大陆硫酸盐型水体正常蒸发浓缩的析盐序列。第四纪时期，青藏高原处于急剧隆起阶段和冰川发育时期，成盐作用主要发生于间冰期和冰后期。因本区冰川活动属山麓冰川性质，规模较小，对盆地盐类沉积影响不大。此期的盐类沉积是在两种不同类型的盐湖水体中进行的：一种是硫酸盐型；另一种是氯化物型。

从以上两期成盐过程来看，第二成盐期的盐类沉积是在第一成盐期盐类沉积的基础上形成的，上新统含盐地层的风化作用为晚更新统盐类沉积的形成提供了丰富的物质基础。正是在这种成因联系的影响下，古近纪—新近纪沉积过程中的碳酸盐阶段较长，在第一成盐期的上新世有大量的灰岩和泥灰岩沉积，硫酸盐、氯化物广泛地分布于现今盆地范围内的西部中心地区，沉积了碱土金属硫酸盐——锶硫酸盐、钙硫酸盐，在该成盐期以后很少有碳酸盐的单独沉积层，以碳酸盐粉砂、碳酸盐黏土为主；在第二成盐期，钙硫酸盐、镁硫酸盐、钠硫酸盐和含水硫酸盐很发育，氯化物发育阶段较长，并有钾氯化物和镁氯化物产出，该期的盐类沉积分布于柴达木盆地的中部、次一级构造盆地及洼地中。

4.3.3 不同空间盐类矿物沉积特征

柴达木盆地的盐类沉积是在一定的构造和气候条件下，当湖盆水体演化到一定阶段而形成的，与硫酸盐型水体演化的一定阶段相适应。存在两个成盐期：一为上新世—早中更新世；二为晚更新世晚期（30 ka 以来）—全新世。前者的盐类沉积范围仅限于西部，后者的盐类沉积物遍布于整个盆地。

在渐新世—中新世，盆地西部为湖相沉积，东部为湖滨相-河流相沉积，无明显的盐类沉积。上新世至早中更新世，盐类沉积只局限于盆地西部，但其分布范围随时间逐步扩大，盐的种类也随时间逐步增加（图4-5）。上新世早期，除了在盆地西南缘的黄石构造、凤凰台构造一带有石盐和石膏沉积，西北部小梁山构造有芒硝和石膏层沉积外，其他地区广泛发育着碳酸盐岩和石膏质泥岩等沉积［图4-6（a）］。上新世晚期盐类沉积范围扩大，除石

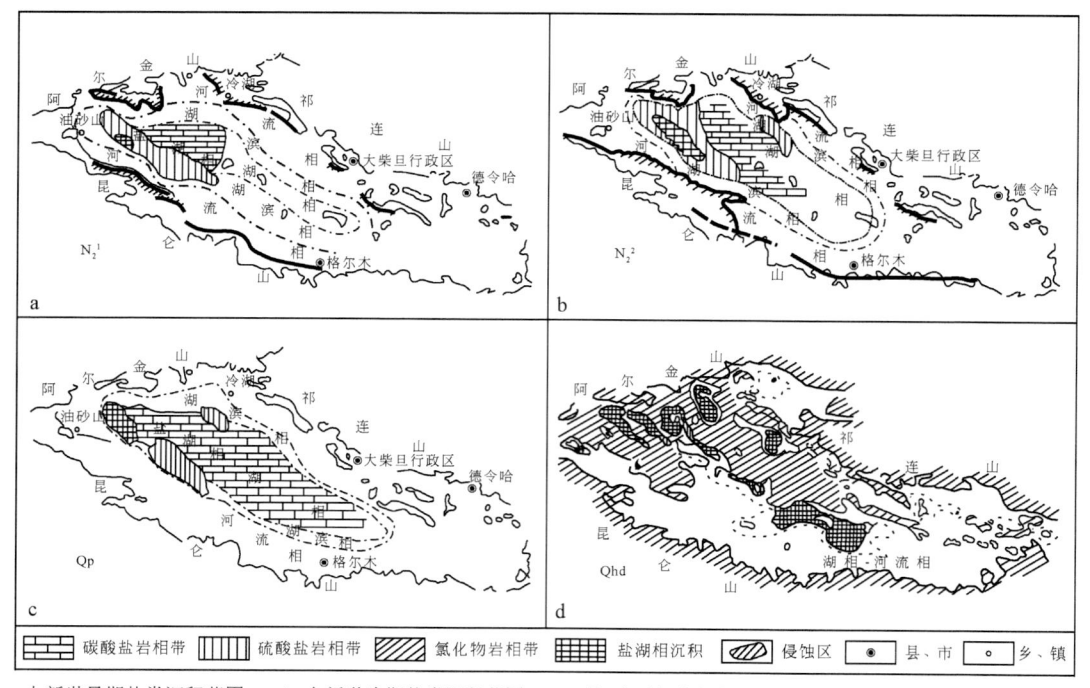

a. 上新世早期盐类沉积范围　b. 上新世晚期盐类沉积范围　c. 早-中更新世盐类沉积范围　d. 晚更新世-全新世盐类沉积范围

图 4-6　柴达木盆地矿物分布略图（据张彭熹等，1987；魏新俊等，1993 改编）

盐、石膏广泛分布外，在油墩子、南翼山、黄瓜梁等构造一带已出现了白钠镁矾［图4-6（b）］。第四纪早-中更新世，盐类沉积范围更加扩大，小梁山构造北侧有泻利盐分布；大风山构造一带，与碳酸盐同时沉积的天青石（$SrSO_4$）大量发育［图4-6（c）］。晚更新世—全新世，盐类沉积分布于盆地各个现代盐湖中［图4-6（d）］，盆地西部属硫酸盐型的盐类沉积有芒硝白钠镁矾、泻利盐、石盐和钾石盐等，而东部则以氯化物型沉积为主，为石盐、光卤石、钾石盐和水氯镁石等矿物（魏新俊等，1993）。

5 柴达木盆地盐类成矿产物

一个成矿系统的产物包括矿床、矿点和地质、地球化学、地球物理的各种异常，这些矿床（点）和异常分别组成了矿床系列和异常系列。目前柴达木盆地已发现的盐类资源按成矿类型主要有3种，分别为古近纪—新近纪背斜构造裂隙-孔隙卤水、第四纪砂砾孔隙卤水和第四纪现代盐湖卤水（固体）矿床，作为盆地盐类成矿的产物将在本章详细叙述；同时形成了与盐类成矿有关的系列矿物异常、地球化学异常、地球物理异常等，这些异常作为成矿的产物，也是找矿的基本标志，但本章不再详细叙述。

本书以矿床成矿系列"四个一定"理论（在一定的地质历史时期，在一定的构造部位，与一定的地质作用有关的一组具有一定成因联系的矿床的自然组合）（陈毓川，1994；陈毓川等，2015；陈毓川等，2020）为指导，根据柴达木盆地演化、地质构造单元划分、成矿机制及其成因联系等原则，以沉积作用为主体，将柴达木盆地古近纪—新近纪和第四纪两个主要成矿阶段的盐类矿产划分出两个成矿系列：与古近纪—新近纪沉积作用及深部流体叠加有关的钾、石盐、镁、锂、硼、锶、石膏、芒硝矿床成矿系列（系列1，包括两个成矿亚系列）、与第四纪沉积作用有关的钾、石盐、镁、锂、硼、天然碱矿床成矿系列（系列2，包括3个成矿亚系列）（表5-1）（潘彤等，2024）。

表 5-1 柴达木盆地盐类矿产成矿系列划分表

成矿系列	成矿亚系列	矿床式	代表性矿床（点）
系列1：与古近纪—新近纪沉积作用及深部流体叠加有关的钾、石盐、镁、锂、硼、锶、石膏、芒硝矿床成矿系列	与古近纪—新近纪沉积作用及深部流体叠加有关的钾、锂、硼矿成矿亚系列	鸭湖式深藏卤水	鸭湖构造深藏卤水，落雁山构造深藏卤水，红三旱四号构造深藏卤水
	与新近纪蒸发沉积作用有关的锶、石盐、石膏、芒硝矿成矿亚系列	大风山式锶矿	大风山锶矿，尖顶山锶矿
		南翼山式石盐、芒硝、硼矿	茫崖市南翼山石盐、芒硝、硼矿床，茫崖市老茫崖地区盐矿
		鄂博梁式石膏	冷湖行委鄂博梁透明石膏矿点，茫崖市黄石透明石膏矿点
系列2：与第四纪沉积作用有关的钾、石盐、镁、锂、硼、天然碱矿床成矿系列	与第四纪蒸发沉积作用有关的浅层钾、石盐、镁、锂、硼、天然碱成矿亚系列	察尔汗式钾、镁、锂矿	格尔木市察尔汗钾镁盐矿田
		大柴旦式硼矿	柴达木小柴旦湖硼矿区，大柴旦行委大柴旦湖硼矿区，柴达木开特米里克硼矿
		大盐滩式钾矿	茫崖市大浪滩钾矿田，昆特依大盐滩钾镁盐矿
		台吉乃尔式湖锂矿	西台锂、硼、钾矿床，东台锂、硼、钾矿床，一里坪锂、硼、钾矿床
		柯柯式石盐矿	柯柯石盐矿，茶卡石盐矿
		巴隆式天然碱矿	大柴旦行委南八仙天然碱矿床，都兰县宗家—巴隆天然碱矿，德令哈天然碱矿

续表

成矿系列	成矿亚系列	矿床式	代表性矿床（点）
系列2：与第四纪沉积作用有关的钾、石盐、镁、锂、硼、天然碱矿床成矿系列	与第四纪溶滤-沉积作用有关的深藏卤水钾矿成矿亚系列	大浪滩式深藏卤水	茫崖市大浪滩—黑北凹地深层卤水钾矿床，茫崖市马海地区深层卤水钾矿床，茫崖市察汗斯拉图地区深层卤水钾矿区，冷湖行委昆特依深层卤水钾矿区
	与第四纪沉积作用有关的黏土型锂矿成矿亚系列	巴伦马海式锂矿	茫崖市巴伦马海锂矿

成矿系统的划分：在成矿系列划分基础上，以盐类矿产为主，按照成矿环境、控矿要素和成矿机理的差异，突出盐类矿产的原则，与成矿系列相对应划分出两个盐类成矿系统、5个成矿亚系统（表5-2）。

表5-2　柴达木盆地盐类矿产成矿系统划分表

成矿系统	成矿亚系统	典型矿床
古近纪—新近纪沉积作用及深部流体叠加有关的盐类成矿系统	与沉积作用及深部流体叠加有关的锂、硼、钾盐类成矿亚系统	南翼山、狮子沟、鸭湖、红三旱四号
	与蒸发沉积作用有关的锶、石膏、石盐成矿亚系统	大风山锶矿、尖顶山锶矿
第四纪与沉积作用有关的盐类成矿系统	与蒸发沉积作用有关的钾、钠、镁、硼、锂、石盐盐类成矿亚系统	察尔汗、东台吉乃尔、昆特依
	与岩盐溶滤-沉积作用有关的深成卤水钾矿成矿亚系统	大浪滩—黑北凹地、马海
	与沉积作用有关的黏土型锂矿成矿亚系统	马海黏土型锂矿床

5.1　与古近纪—新近纪沉积作用及深部流体叠加有关的钾、石盐、镁、锂、硼、锶、石膏、芒硝矿床成矿系列

柴达木盆地是一个典型的陆内断陷盆地，其发展具有明显的继承性。自侏罗纪以来，在欧亚大陆南缘特提斯洋伸展张裂、俯冲消减、碰撞闭合，以及印度板块与欧亚板块碰撞的过程中，祁连山—柴达木—东昆仑山地区在山前或山间形成了一系列北西西向的断陷盆地和拗陷盆地（侯增谦等，2001），拉开了柴达木盆地在新生代时期盆地形成和沉积成矿的序幕。

柴达木盆地进入古近纪以来，随着印度板块向北俯冲、青藏高原开始隆升，阿尔金山脉形成断隆带，并使盆地西部边缘相对断陷，形成七个泉—狮子沟地区的断陷湖泊，开始了古新世—始新世早期湖盆的发生-发展阶段。古新统—始新统路乐河组为一套洪泛-河流相红色粗碎屑岩系，局部（柴达木盆地西部狮子沟—南翼山一带）见灰色泥岩、灰质泥岩、泥晶灰岩，是柴达木盆地内古近纪以来的第一套烃源岩（路乐河组，但分布范围小）。

始新世晚期—早中新世是古近纪湖盆的稳定沉降、迅速发展阶段，湖盆进入最大湖泛期，湖盆范围开始从西往东、自南往北有规律扩张，沉积中心从狮子沟向南翼山一带迁移，加之气候寒冷干燥，在渐新世时期，盆地西部的湖水逐渐浓缩，在狮子沟地区出现膏盐、石盐盐类沉积，成为盆地中的第一个成盐阶段；在沉积中心部位沉积了一套以深灰色泥岩、灰质泥岩、泥晶灰岩等为主的湖相地层，成为古近纪最优质的烃源岩（下干柴沟组）。中新世早期，湖泊整体水位较高，英雄岭和茫崖凹陷连为一体，一里坪也成为另一个沉积中心，处于半深湖-深湖环境，沉积以灰色细粒泥岩、灰质泥岩为主，形成盆地中第三套烃源岩系（上干柴沟组）。

中新世中期以后，由于青藏高原的持续隆升，盆地西部相对较东部上升较快，致使凹陷主体部位逐步向东转移，盆地在一定程度上整体上升。这一时期盆地西部极端寒冷干旱，水体补给量减少，古湖水蒸发浓缩加剧，盐度快速升高，在盆地西部狮子沟、南翼山、小梁山、大风山等沉积中心形成高矿化度的富钾卤水。

中新世晚期—上新世为湖盆收缩期，受喜马拉雅中期构造运动影响，昆仑山迅速抬升，柴达木盆地进入挤压拗陷盆地发育阶段。盆地中湖盆面积逐渐萎缩，沉积中心向东迁移至一里坪及其东部地区。中新世晚期柴西南以碎屑岩沉积为主，柴西北以灰岩沉积为主，因湖水相对淡化，未见大量盐类沉积（下油砂山组）。上新世湖泊沉积中心继续向东、北东方向迁移，此时气候更加干旱，湖水进一步浓缩，出现石膏、芒硝、岩盐等盐湖相蒸发岩系，在南翼山、察汗斯拉图、大风山、油墩子一带的狮子沟组中形成了大范围的有价值的盐类矿床，成为古近纪—新近纪重要的成矿阶段。

在渐新世—上新世沉积过程中，最初沉积的松散物质被后继沉积物覆盖，在上覆 3000 m 以上厚度地层的静压力和盐水矿物结晶作用的影响下，地层孔隙逐渐减小，产生原始地层水（地下水）。至上新世晚期，在印度板块持续向北俯冲作用下，柴达木盆地新生代地层收缩，产生褶皱、断层和断层裂隙构造，形成地下水的运移通道和容水空间。在高承压和封闭的还原环境下，地下水向背斜区迁移，在孔隙度较大的层间、孔隙、断层裂隙等部位不断运移和循环，和围岩发生水岩作用，产生物质交换，富集形成高矿化度卤水，即背斜构造区裂隙-孔隙卤水初始层，经深断裂含钾、硼、锂热水补给，形成了古近纪—新近纪构造裂隙-孔隙卤水。

可以看出在古近纪—新近纪时期的盆地演化过程中，以沉积作用为主出现了两个成盐阶段：第一阶段是渐新世盐类沉积阶段，开始了石盐等盐类沉积，但未形成矿床；第二阶段是上新世晚期的盐类沉积阶段，形成了大量的石盐、石膏、天青石等盐类矿床，同时在背斜构造的裂隙-孔隙中形成了富锂卤水，成为古近纪—新近纪的主要成盐成矿阶段。

根据成矿环境、控矿要素和成矿机理的差异，将古近纪—新近纪构造演化与成矿阶段进一步归纳为两个成矿亚系列，即"与古近纪—新近纪沉积作用及深部流体叠加有关的钾、锂、硼矿成矿亚系列"和"与新近纪蒸发沉积作用有关的锶、石盐、石膏、芒硝矿成矿亚系列"。

5.1.1 与古近纪—新近纪沉积作用及深部流体叠加有关的钾、锂、硼矿成矿亚系列

5.1.1.1 成矿亚系列结构与特点

该成矿亚系列分布于柴达木盆地西部褶皱背斜区，呈北西向条带状分布，经地表调查和遥感影像证实该地区有背斜构造158个，其中已发现含钾、锂深藏卤水的背斜构造有27个。深藏卤水受背斜构造和层间砂岩层的双重控制，也受到背斜核部张性断裂的影响。从成矿类型上看，前期沉积作用初步富集，后期深部流体叠加作用；从成矿矿种看，前期沉积的初步富集元素以钾、钠、镁为主，后期叠加以锂、硼、铷、铯等元素为主；从勘查结果看，主成矿元素为锂、硼、钾。

（1）从成矿亚系列的空间结构来看，赋矿卤水主要分布于背斜构造内的干柴沟组、油砂山组、狮子沟组的粗砂、中粗砂、细砂层中，在厚度不等的数个地层中出现，被黏土层或泥岩层分隔。含矿卤水赋存于构造裂隙和砂岩孔隙中，也被称为构造裂隙-孔隙卤水。从垂向上看，深度越大，温度越高，锂、硼的品位越高；从水平方向上看，越靠近盆地西部，锂、硼品位越高。

（2）从成矿亚系列的物源结构来看，钾、钠、镁主要来源于周边山系花岗岩的剥蚀淋滤，经剥蚀、搬运、沉积后初步富集于各沉积地层中，并以渗滤方式富集于砂岩层中。这一时期，受喜马拉雅运动影响，阿尔金山脉深断裂带及其山前的断裂带活跃，深部富含硼、锂的流体沿断裂带补给盆地（例如大小柴旦湖）；可可西里地区大规模的火山活动，大量的硼、锂等成矿物质通过火山岩溶滤、火山热泉补给等方式被带入盆地（例如一里坪、东西台吉乃尔湖地区），与早期高矿化度富钾卤水混合，形成整体富钾、硼、锂卤水，为后期第四纪成矿阶段奠定了基础。深藏卤水中的锂、硼、铷、铯等成矿物质主要来源于深部流体，受新构造运动第一期影响，在背斜构造形成时期，深部流体沿轴部深大断裂上涌，并充填于张性断裂和砂岩裂隙中，与前期初步富集的含盐卤水混合形成富硼、锂、钾卤水矿，深部流体的叠加主要发生在上新世晚期。

（3）从成矿亚系列的成矿时间结构来看，以沉积作用为主，主要出现了两个成盐阶段：第一阶段是渐新世盐类沉积阶段，由于当时的阿尔金山、昆仑山尚未隆起，高耸的祁连山系是盆地的主要物质补给区，鱼卡河、路乐河等河流携带大量的盐类物质补给盆地，湖水长期浓缩影响下，开始了石盐沉积，但未形成矿床；第二阶段是上新世晚期的盐类沉积阶段，在经历了中新世、上新世时期气候湿热、湖水淡化以后，湖盆面积又因构造隆升、气候干燥寒冷开始缩小，在上新世后期湖水浓缩而沉积了大量的石盐、石膏、天青石等盐类矿物，主要分布在油墩子、南翼山、大小沙坪、黄石、大风山等地，为古近纪、新近纪的主要成盐阶段。

由以上可以看出，该成矿亚系列的主要控矿因素有①背斜构造，②深大断裂和张性断裂，③干柴沟组、油砂山组、狮子沟组的粗砂、中粗砂、细砂层。已发现的矿床主要有南翼山富锂、硼、钾深层卤水，狮子沟富锂、硼、钾深层卤水，鸭湖富锂、硼深层卤水，红三旱四号富锂、硼深层卤水，鄂博梁富锂、硼深层卤水等。

通过近年来的勘查工作，在柴达木盆地西部的落雁山构造、碱石山构造、红三旱四号构造、鸭湖构造等区域相继取得找矿突破。其中，鸭湖构造施工钻孔单井涌水量约为 2000 m³/d，LiCl 含量达到 222 mg/L，B_2O_3 含量为 416 mg/L；红三旱四号构造钻孔抽水试验中单井涌水量达到 840 m³/d，LiCl 含量为 262～315 mg/L，B_2O_3 含量为 820～860 mg/L；落雁山构造钻孔单井涌水量为 800 m³/d，LiCl 的品位为 333.00～430.19 mg/L，B_2O_3 品位为 874.02～950.28 mg/L。该成矿亚系列卤水中硼、锂、溴、碘均达到综合评价指标，并且在铷、铯找矿方面具有较好前景。

5.1.1.2 典型矿床特征——南翼山深藏卤水锂、硼、钾矿床

南翼山古近纪—新近纪深层卤水锂、硼、钾矿床是一个富含锂、硼、钾和溴的，经济价值极高的液体矿床，位于柴达木盆地西部北区，属海西蒙古族藏族自治州茫崖行政委员会管辖。地理坐标为东经 91°15′～91°45′，北纬 38°10′～38°30′。西距花土沟约 100 km，东距格尔木市大约 640 km，冷茫公路呈南北向从南翼山矿区东部穿过。矿区海拔为 2700～3200 m，相对高差约 500 m，地表分布盐壳。

1992～1993 年，青海省柴达木综合地质勘查大队在南翼山开展"青海省茫崖镇南翼山钾盐矿床普查"，提出古近纪—新近纪构造中的深藏卤水具有良好的锂、硼、钾等盐类的矿化现象。2016～2017 年，青海省地质调查局开展的"柴达木盆地南翼山矿区深层卤水分布规律与潜力评价"研究，提出了南翼山全区卤水纵横向分布规律的认识。2018 年由中国石油天然气股份有限公司青海油田分公司在南翼山背斜构造开展了"青海省茫崖镇南翼山矿区深层卤水锂、硼、钾矿详查"工作，提交液体锂矿（LiCl）资源储量为 $124.05×10^4$ t；液体钾矿（KCl）资源储量为 $1545.85×10^4$ t；液体硼矿（B_2O_3）资源储量为 $343.47×10^4$ t。矿床规模为大型，目前没有单位进行开采工作。

1. 区域地质

南翼山背斜构造在柴达木地块内的柴达木断陷带上，北跨赛什腾山—绿梁山断褶带一角。南邻祁漫塔格—长山断褶带，属西部拗陷区茫崖凹陷亚区的三级背斜构造。新构造运动活跃，北西向与北东向断裂发育，以逆断层为主，其次为北东东向断层，与扭动构造相伴产生。区域构造复杂且具多样性，主要是对沉积洼地区域的隆升与拗陷有明显的控制作用。小断裂极发育，构成形态完美的帚状构造等（图 5-1）。区域内古近纪、新近纪地层最为发育，岩浆活动微弱，盆地北部边缘山区有岩浆侵入和喷发活动。总体观之，区内沉积厚度较大，地质构造复杂，盐类矿产丰富，以钾、硼、镁盐为主，其次为石盐、芒硝、天青石等矿产。

2. 矿区地质

其中下干柴沟组岩性以深灰色及灰色泥岩、钙质泥岩、砂质泥岩为主，夹少量的灰色、深灰色钙质粉砂岩，呈泥质结构、粉砂泥质结构，粒序层理构造、块状层理构造、砂泥纹层层理构造，反映深湖沉积环境。上干柴沟组地层岩性以深灰色钙质泥岩为主，与不等厚灰色泥质粉砂岩、泥灰岩互层，呈泥质粉砂状结构，水平-块状层理构造、砂泥纹层层理构造，反映浅湖沉积环境。下油砂山组岩性以灰色钙质泥岩、泥岩和泥晶灰岩互层为主，夹泥质粉砂岩，局部出现薄层状石膏，呈隐晶质结构，水平层理构造，反映浅湖-半深湖沉积

环境。上油砂山组岩性以灰色泥岩夹泥晶灰岩为主，呈隐晶质结构，水平层理构造，反映较浅湖沉积环境。狮子沟组岩性以灰色泥岩为主，上部夹有少量白色石膏和岩盐，下部夹有灰色砂岩和泥质粉砂岩，呈隐晶质结构交错层理构造，反映潮坪沉积环境。

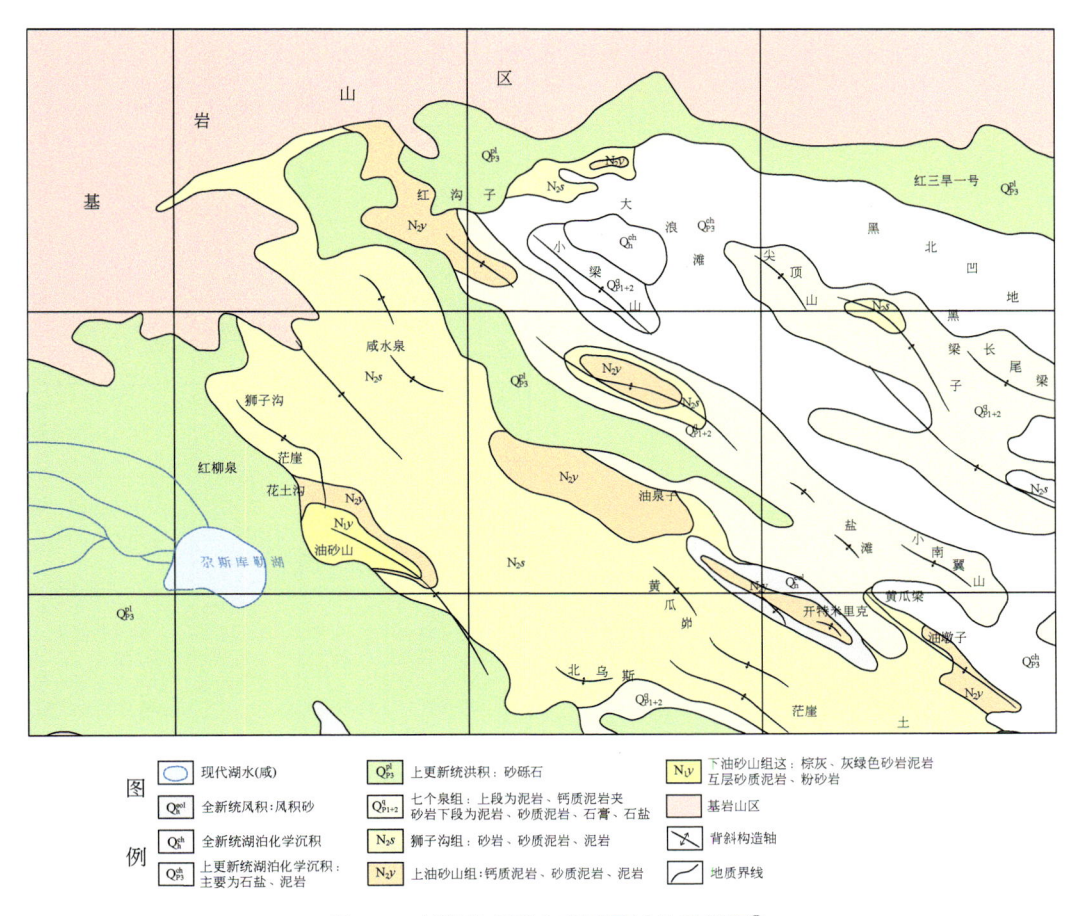

图 5-1 青海省南翼山矿区区域地质简图[①]

1）地层

南翼山地区新近纪和古近纪地层发育。自上而下发育：狮子沟组（N_2s）、上油砂山组（N_2y）、下油砂山组（N_1y）、上干柴沟组（N_1g）、下干柴沟组上段（E_3^2g）、下干柴沟组下段（E_3^1g）、路乐河组（$E_{1-2}l$）七套地层（表 5-3）。其上覆盖着下更新统阿拉尔组（Qp_1a）和中更新统尕斯库勒组（Qp_2g），因剥蚀程度低，地表出露地层仅为狮子沟组。区域发育三套油气水组合，已发现含卤水层与油气伴生共存，分布于 E_3^2g、N_1g、N_2y 地层中。区域盐类沉积主要赋存于渐新世、中新世和上新世的沉积地层中。

---

① 中国石油青海油田分公司. 2018. 青海省茫崖镇南翼山矿区深层卤水锂、硼、钾矿详查报告[R]，有修改.

表 5-3 南翼山矿区古近和新近纪地层层序表①

地层					大分层	地层代号	岩性描述
界	系	统	组	段			
新生界	新近系	上新统	狮子沟组		K₁（T₀）	N₂s	视厚度 71 m（南 5 井，未见顶）。以灰色泥岩为主夹少量白色石膏和盐岩，下部夹灰色砂岩及泥质粉砂岩，与下部地层呈整合接触。在背斜构造轴部该组地层已被剥蚀
^	^	^	上油砂山组		^	N₂y	视厚度 1365 m（南 5 井）。以灰色泥岩和含灰质泥岩为主，夹灰色泥灰岩、灰—深灰色泥岩和灰岩。缝洞发育，为浅油藏的主要储集层。与下伏地层呈整合接触
^	^	中新统	下油砂山组		K₂（T₁）	N₁y	视厚度 832 m（南 5 井）。上段为灰色泥岩与灰岩互层；中段为灰色泥岩与钙质泥岩互层；下段以灰色泥岩、钙质泥岩、泥灰岩为主。是本区的主要含油层段。与下伏地层整合接触
^	^	^	上干柴沟组		K₃（T₂） K₅（T₂）	N₁g	视厚度 699 m（南 5 井）。为灰色泥岩与钙质泥岩互层，夹灰色砂质泥岩、泥质粉砂岩及粉砂岩。与下伏地层呈整合接触
^	古近系	渐新统	下干柴沟组	上段	K₈（T₃） K₁₁（T₄） K₁₂（T₅）	E₃²g	视厚度 1200 m（南 10 井）。以钙质泥岩、砂质泥岩为主，与泥灰岩、泥云岩、泥质粉砂岩、灰岩呈不等厚互层。上部地层裂缝发育，为凝析气的储集层段
^	^	^	^	下段		E₃¹g	视厚度 349 m（南 10 井）。上段以棕红、棕褐色泥岩、砂质泥岩、钙质粉砂岩为主夹少量棕红色钙质粉砂岩。下段以棕褐色、棕灰色、灰白色钙质粉砂岩为主夹少量灰色泥岩、砂质泥岩、钙质泥岩薄层，与下伏地层呈整合接触
^	^	古新统—始新统	路乐河组			E₁₋₂l	视厚度 184 m（南 10 井，未见底）。以灰色、深灰色钙质泥岩为主，夹少量棕灰色、棕褐色泥岩、砂质泥岩、钙质粉砂岩

（1）古近纪

古新统—始新统路乐河组（E₁₋₂l）：以灰色、深灰色钙质泥岩为主，夹少量的棕灰色、棕褐色泥岩、砂质泥岩、钙质粉砂岩。

渐新统下干柴沟组（E₃g）：下段（E₃¹g）中下部为棕褐色、棕灰色、灰白色钙质粉砂岩、细砂岩与棕红色、灰色泥岩、砂质泥岩、钙质泥岩互层，下段上部以棕红色、棕褐色的泥岩、砂质泥岩、钙质粉砂岩为主，夹少量灰质泥质粉砂岩；上段（E₃²g）以灰岩和灰质泥岩为主，两种岩性不等厚互层。主要呈泥质结构、粉砂泥质结构，粒序层理构造、块状层理构造、砂泥纹层层理构造，反映深湖沉积环境。上部地层溶蚀孔和裂隙发育，成为中深层卤水和凝析气矿藏的主要储集层。

（2）新近纪

中新统上干柴沟组（N₁g）：为灰色泥岩与灰岩互层，夹灰色泥晶灰岩、藻灰岩。主要

---

① 中国石油青海油田分公司. 2018. 青海省茫崖镇南翼山矿区深层卤水锂、硼、钾矿详查报告[R].

呈泥质粉砂状结构，水平-块状层理构造、砂泥纹层层理，反映浅湖沉积环境。上部地层溶蚀孔发育，是中深层卤水比较发育的层位。

中新统下油砂山组（N_1y）：上部为灰色泥岩与泥灰岩互层，中部为灰色泥岩与钙质泥岩互层，下部以灰色泥岩、钙质泥岩、泥灰岩为主。主要呈隐晶质结构，水平层理构造，反映浅湖-半深湖沉积环境。

上新统上油砂山组（N_2y）：以灰色泥岩和灰质泥岩为主，夹灰色泥灰岩，灰-深灰色泥灰岩和灰岩。主要呈隐晶质结构，水平层理构造，反映较浅湖沉积环境。上部缝洞较发育，下部溶蚀孔较发育。

上新统狮子沟组（N_2s）：以灰色泥岩为主，上部夹有少量白色石膏和岩盐，下部夹有灰色砂岩和泥质粉砂岩。呈隐晶质结构交错层理构造，反映潮坪沉积环境。

2）构造

南翼山构造是1955年地面调查时发现的，地面构造为两翼基本对称的大而平缓的箱状背斜构造，构造形态主要受控于翼南、翼北边界断裂，构造模式为柴西北地区典型的两断夹一隆（图5-2），表现为较为完整的背斜构造形态，两翼倾角在20°左右，长轴为50 km，短轴为15 km，闭合面积为620 km²，闭合高度为820 m。构造长轴方向为NW—SE向，短轴方向为NE—SW向，南北两翼基本对称。背斜构造由深部中生代和浅部古近纪—新近纪两个背斜构造叠合而成，构造幅度表现为顶缓翼陡（图5-3），由于受到南北边界断层的限制，构造主体圈闭面积较大，各层横向变化稳定，构造继承性强。

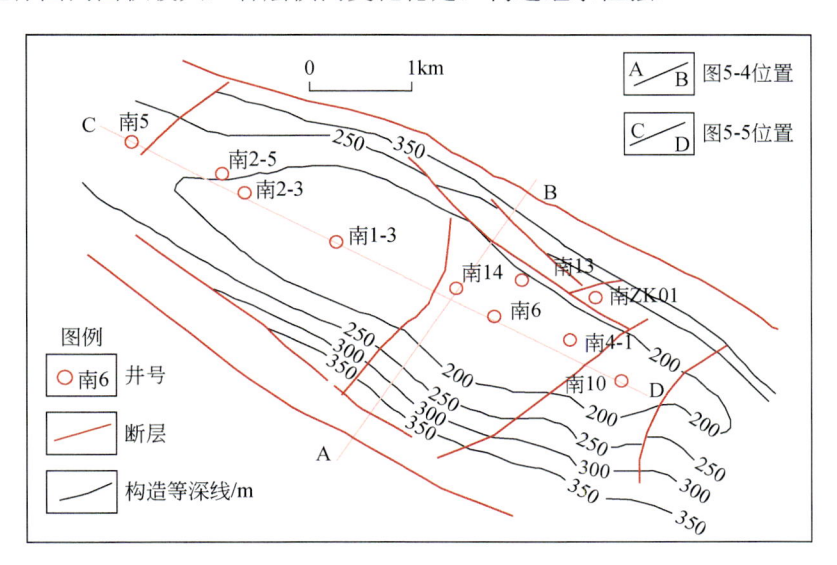

图 5-2 南翼山背斜构造略图

区域浅层发育北东向正断层和裂隙，深层构造形态和浅层基本一致。由于受区域沉积、构造等的影响，南翼山地区储水层物性较差、渗透率低，储层物性较好的为砂岩、（含粉砂质）藻灰岩、粉砂质泥质灰岩、粉砂岩等。卤水矿层在横向上较稳定连续，纵向上差异较大。卤水矿层岩性主要为钙质粉砂岩、泥质粉砂岩、泥灰岩、藻灰岩、细砂岩等。

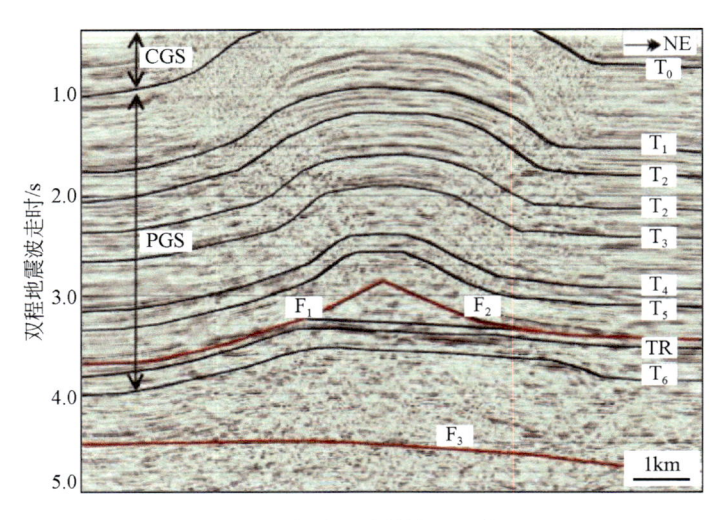

图 5-3 南翼山背斜构造形态图

3. 矿区水文地质

矿区富钾卤水层分布范围为南翼山背斜构造区域，埋藏深度大。时间上，层厚且范围大的储卤层主要为下干柴沟组、上干柴沟组、下油砂山组和上油砂山组，属高承压自流（喷）水，是地层沉积和构造作用产生的封存水，且上部覆盖着第四系粉砂黏土和黏土层，处于极高封闭状态。储卤层岩性为砂岩、（含粉砂质）藻灰岩，粉砂质泥质灰岩、粉砂岩、石盐及这些岩石的孔隙，包括泥岩、钙质泥岩的裂隙和裂缝等，一般处于深湖、浅湖、滨湖等沉积环境。石油井和水文地质钻孔测井解释成果和抽卤、放水实验的数据显示：储卤层顶板埋深 810.0~2012.7 m，底板埋深 1547.0~4389.0 m，出水量为 0.86~389.76 m³/d，具有多层分布的特征，上干柴沟组、下干柴沟组和下油砂山组出水量相对较大，上油砂山组出水量较小，隔水层为构造不发育的泥岩、粉砂质泥岩、黏土。在南翼山构造东部断裂较发育，出水井也较多，水层的分布与裂缝的发育程度呈正相关，裂隙发育、连通性好的地区单井涌水量大，较致密完整的地层中单井涌水量小。

1）含水岩组的类型

南翼山矿区地下含矿卤水类型以碎屑岩类孔隙裂隙水为主。根据南翼山地区富钾卤水含水层在含水岩组中的特征，含水岩组的划分主要采用 2012 年青海省的地层表方案，划分为新近系、古近系两个含水岩组（表 5-4）。

2）深藏卤水的补给、径流、排泄

南翼山矿区灰岩岩溶水赋存于古近纪、新近纪地层中，地下水埋藏深度大，埋深一般大于 100 m，上覆第四系上更新统和新近系上部上新统含粉砂的黏土隔水层，地下水为高承压自流水，因而接受垂直及越流补给的可能性不大。同时由于上覆地层的高度压实作用，接受侧向补给的量也有限。研究认为该类地下水主要是地层沉积时的封存水，地下水处于封闭状态，基本上不接受外界的补给，地下水的运动也基本停滞，向外界的排泄量也很有限，仅在局部地区由于断裂构造的沟通，深藏卤水沿断裂上升，以泉水或越流补给的形式排泄。同时油井开采等人类活动，也是深藏卤水通过钻井排泄到地表的主要途径。深藏卤水分布的背斜构造在水文地质中处于地下水滞留区域。

表 5-4 新近系、古近系含水岩组划分与地层对应关系表[①]

<table>
<tr><th colspan="4">地层</th><th colspan="2">中国石油青海油田公司现用含水岩组划分</th><th colspan="2">本书含水岩组划分</th></tr>
<tr><th>界</th><th>系</th><th>统</th><th>组</th><th>代号</th><th>含水岩组</th><th>代号</th><th>含水岩组</th><th>代号</th></tr>
<tr><td rowspan="6">新生界</td><td rowspan="4">新近系</td><td rowspan="2">上新统</td><td>狮子沟组</td><td>N_2s</td><td rowspan="2">上油砂山含水岩组</td><td rowspan="2">N_2</td><td rowspan="4">新近系含水岩组</td><td rowspan="4">N_2y</td></tr>
<tr><td>上油砂山组</td><td>N_2y</td></tr>
<tr><td rowspan="2">中新统</td><td>下油砂山组</td><td>N_1y</td><td rowspan="2">下油砂山含水岩组</td><td rowspan="2">N_1</td></tr>
<tr><td>上干柴沟组</td><td>N_1g</td></tr>
<tr><td rowspan="2">古近系</td><td rowspan="2">渐新统</td><td>下干柴沟组</td><td>E_3g</td><td rowspan="2">干柴沟含水岩组</td><td rowspan="2">E_3g</td><td rowspan="2">古近系含水岩组</td><td rowspan="2">E_3N_1g</td></tr>
<tr><td>路乐河组</td><td>$E_{1-2}l$</td></tr>
</table>

3) 深藏卤水的水化学特征

南翼山地区深藏卤水主要以低 SO_4^{2-}、高 Ca^{2+}、高矿化度为特点。油田水物理特征：无色、无嗅、味咸、微苦、涩。卤水矿化度为 180~302 g/L，按矿化度分类属于中等矿化—高矿化卤水；依据苏林分类法可将其划分为氯化钙型；以瓦利亚什科卤水分类法可将其划分为氯化物型。卤水密度最大为 1.23，一般为 1.17~1.22，矿化度最大为 302 g/L，最小为 184 g/L，一般为 192~299 g/L，属于中高矿化不饱和型卤水。

4. 矿床特征

1) 矿体特征

矿区的深藏卤水钾盐矿产出于背斜构造，矿化度高，钾、硼、锂、溴、碘均达到工业品位，因此该深藏卤水可称为矿体。

构造裂隙-孔隙卤水呈椭圆状分布于南翼山背斜构造核部偏北、偏东位置，卤水矿体长约 20 km，宽度为 3~12 km，分布面积约 120 km^2，埋藏深度一般在 1200 m 以上，在埋深 2000~4300 m 范围内较为集中。卤水多分布于上油砂山组至下干柴沟组地层的灰岩孔隙、溶洞和砂岩孔隙中，以及横断层裂隙、纵断层裂隙和顺断层裂隙（缝隙）中。横向上，卤水层呈马鞍状、刀状（图 5-4）；纵向上呈层状、似层状（图 5-5）。卤水为浅灰色、灰色、无嗅、味咸、微苦、涩，密度为 1.18~1.19 g/L。不同的油井单井涌（自喷）水量各不相同：在岩石较破碎、裂隙发育、溶洞发育的部位，单井涌（自喷）水量较大，如南 6 井涌（自喷）水量达 684.24 m^3/d，南 13 井涌（自喷）水量达 690.5 m^3/d（图 5-6）；破碎程度低的地层单井涌水量较小，如南 2-3 井涌（自喷）水量 39 m^3/d；岩石完整，基本无破碎的部位涌水量极小，如南 ZK01 孔涌（自流）水量仅为 1.9 m^3/d。

从南 6 井、南 2-3 井及南 13 井等钻井的水化学分析结果看，卤水矿化度为 279.9~293.0 g/L。主要成矿元素中，K^+ 含量为 5231.0~7632.0 mg/L，Na^+ 含量为 83880~88916 mg/L，Cl^- 含量为 169680~173600 mg/L，Ca^{2+} 含量为 15010~15900 mg/L，SO_4^{2-} 含量小于 326.00 mg/L，

---

① 青海省第三地质矿产勘查院. 2012. 南翼山深层富钾卤水成矿特征及资源评价研究[R].

HCO_3^-、CO_3^{2-}含量非常低，B_2O_3含量为2482.0～2523.4 mg/L，Li^+含量为230.2～255.8 mg/L，I^-含量为32.63～36.6 mg/L（表5-5）。根据苏林分类法的分类原则，水化学类型为氯化钙型。

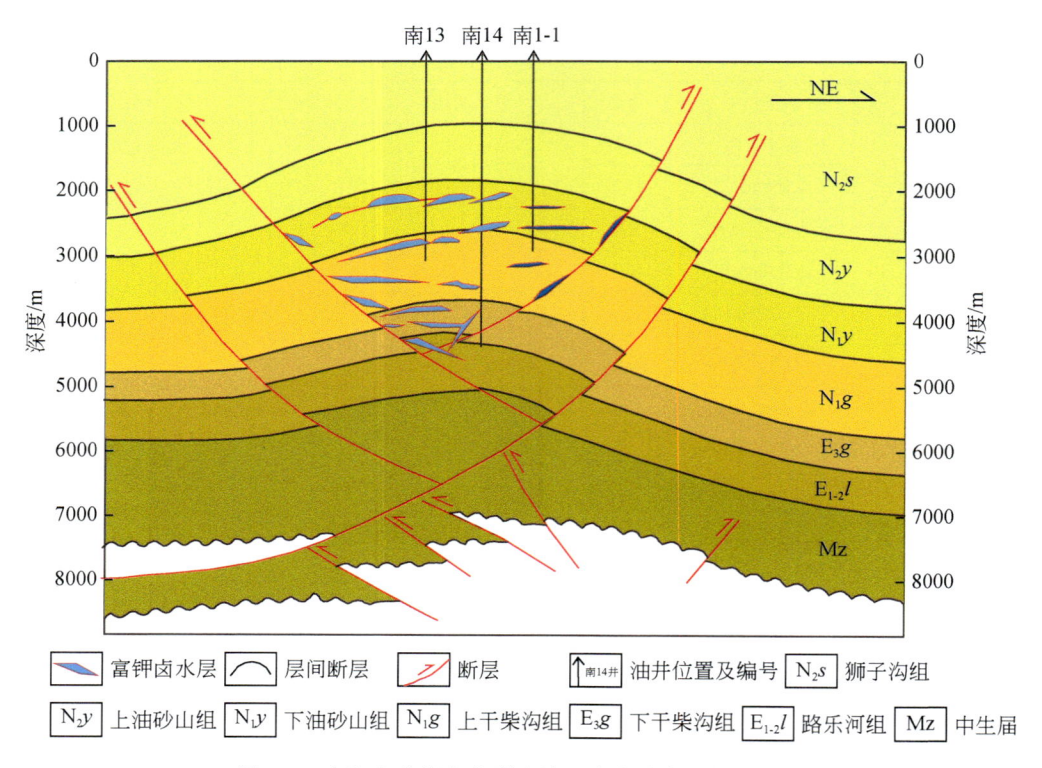

图5-4 青海省茫崖市南翼山地区卤水赋存层位剖面图

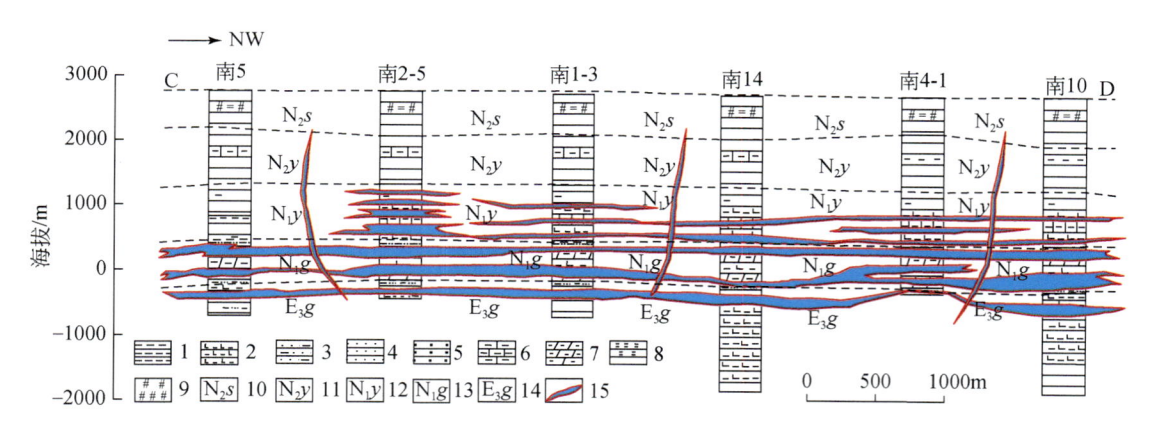

1.泥岩；2.钙质泥岩；3.砂质泥岩；4.粉砂岩；5.砂岩；6.泥晶灰岩；7.泥灰岩；8.白色石膏；9.石盐岩；10.上新统狮子沟组；11.上新统上油砂山组；12.中新统下油砂山组；13.中新统上干柴沟组；14.渐新统下干柴沟组；15.断层裂隙（富钾卤水层）分布位置

图5-5 南翼山地区古近纪—新近纪地层柱状对比图及富钾卤水层纵向分布图（据李洪普等，2015）

图 5-6 南翼山南 13 井放卤现场（李洪普，2012 年拍摄）

从南翼山深层构造裂隙-孔隙卤水特征系数一览表中可以看出（表 5-6），钾系数（$K×10^3/Σ$ 盐）为 18.21～27.12，钾氯系数（$K×10^3/Cl$）为 30.14～44.98，镁氯系数（$Mg×10^2/Cl$）为 0.65～0.87，氯系数（$Cl×10^2/Σ$ 盐）为 59.92～60.42，钠氯系数（$γ_{Na}/γ_{Cl}$ 值）为 0.74～0.77，脱硫系数 $[γ_{SO_4}/(γ_{SO_4}+γ_{Cl})]$ 为 0.001。

表 5-5　南翼山构造油田卤水水化学特征表

钻井	组分含量/(mg/L)									密度	矿化度/(g/L)
	K^+	Na^+	Ca^{2+}	Mg^{2+}	Li^+	B_2O_3	Cl^-	SO_4^{2-}	I^-		
南 6	7566	86158	15900	1112	254	2483.2	169900	182	36.69	1.182	283.68
南 2-3	7632	83880	15812	1342	255.8	2482	169680	326	—	1.186	283.36
南 13	5231	88916	15010	1505	230.2	2523.4	173600	281	32.63	1.188	288.57

表 5-6　南翼山深层构造裂隙-孔隙卤水特征系数一览表

样品号	$K×10^3/Σ$ 盐	$K×10^3/Cl$	$Mg×10^2/Cl$	$Cl×10^2/Σ$ 盐	$γ_{Na}/γ_{Cl}$	$γ_{SO_4}/(γ_{SO_4}+γ_{Cl})$
南 6	26.68	44.53	0.65	59.92	0.76	0.001
南 2-3	27.12	44.98	0.79	60.30	0.74	0.001
南 13	18.21	30.14	0.87	60.42	0.77	0.001

注：$γ$ 表示当量值。

从南翼山构造深层卤水在 K^+，Na^+，Mg^{2+}/Cl^--H_2O 四元体系 20℃介稳相图中的位置（表 5-7、图 5-7）可以看出，卤水均位于氯化钠相区上部，表明卤水在自然蒸发过程中，将会有较长时间的钠盐析出阶段，之后才会进入钾盐饱和阶段析出钾石盐、光卤石。

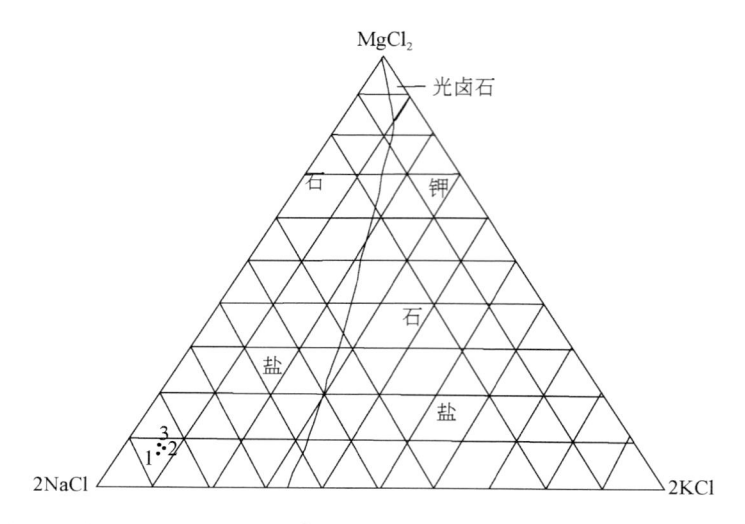

图 5-7 卤水在 K^+，Na^+，Mg^{2+}/Cl^--H_2O 四元体系 20℃介稳相图中的位置

表 5-7 南翼山背斜构造深层卤水相图指数表

图中点号	采样位置	水化学组分/%			相图指数		
		KCl	NaCl	$MgCl_2$	2KCl	2NaCl	$MgCl_2$
1	南 6	1.22	12.07	0.64	6.55	86.391	7.059
2	南 2-3	1.22	11.62	0.77	6.669	86.684	8.647
3	南 13	1.11	12.52	0.87	5.666	85.209	9.125

2）富钾卤水特征

富钾卤水主要赋存于南翼山背斜带上，储水地层位于油砂山组和干柴沟组中，构造卤水的水化学类型为氯化钙型。

南翼山矿区深层卤水主要赋存于 N_2^2、N_2^1、N_1、E_3^2 的灰岩中，具锂、钾、硼含量高的特点，为富锂、硼卤水。其水化学组分具区域均衡、动态稳定的特点，水化学类型为氯化物型，是沉积石盐后，混合了同层淋滤水体的变质卤水。生、储、盖条件好，具有埋深大、压力高、储量丰富的特点。顶板埋深大于 300 m，底板埋深为 4560 m。在油砂山组地层中主要分布深度为 219.05～1800 m，平均厚度为 274.1 m。在干柴沟组地层中主要分布深度为 2943～4578 m，平均厚度为 353.65 m。含水层岩性有钙质粉砂岩、泥质粉砂岩、泥灰岩、藻灰岩、细砂岩。卤水密度最大为 1.275，一般为 1.142～1.193，矿化度最大为 365.7 g/L，最小为 118.2 g/L，一般为 177.1～287.9 g/L，卤水属于中矿化度不饱和型卤水。主要化学组分中 K^+ 含量最高为 10200 mg/L，最低为 920 mg/L，一般为 1360～6520 mg/L；Li^+ 含量最高为 338.5 mg/L，最低为 20 mg/L，平均为 126.8 mg/L。

3）围岩蚀变

南翼山地区水-岩反应作用较弱，成岩过程中围岩对卤水中锂、钾的贡献有限，卤水中高锂、钾特征是早期沉积后卤水变质浓缩导致的。

5. 成矿模式

1）成矿物质来源

古地貌研究表明，南翼山矿区整体位于阿尔金山山前大型宽缓斜坡之上，局部存在低幅度古隆起，物源主要来自于北东向的牛鼻子梁，即继承的古湖水、泥火山物质和周边的岩石经风化淋滤后元素被迁移、沉积到盆地，继承性较好。成矿物质主要来自残留海水、周边岩石的风化淋滤、火山-地热水的补给。特别是在新构造运动时期，随着地层褶皱隆起，卤水的赋存环境相对封闭，经压实、蒸发、沉积等复杂的地质作用，卤水中富含了钾、硼、锂、碘等有益组分。

2）成矿期及成矿阶段

南翼山锂矿床的成矿地质环境为沿边界断裂形成的凹陷盆地，地层为古近纪—新近纪的砂岩、粉砂岩、泥岩，大气降水及淋滤过程将周边山系地层中的钾元素带进盆地，边凹陷边沉积，形成深湖、浅湖、滨湖相沉积和砂岩、泥质砂岩、泥岩、砾岩和膏盐建造。

在 203～135 Ma 时期，阿尔金左旋走滑断层活动下拉分形成断陷湖盆地，发育山麓-河湖相含砾杂砂建造和湖泥相含煤碳质泥炭建造；气候潮湿、大气降水显著，湖水淡化，盆地处于成矿早期湖水淡化期。

在 33.7 Ma 时，盆地进入拗陷期，沉积中心在南翼山、狮子沟、英雄岭一带，边沉降边沉积；气候较为干燥，湖水咸化，古湖水矿化度升高发生脱硫酸作用，使水体中 SO_4^{2-} 含量减少，H_2S 出现，HCO_3^- 含量增加，部分碳酸钙和碳酸镁沉淀析出，水体中 Ca^{2+}、Mg^{2+} 含量减少。同时，发生离子交替作用，岩石中的 Ca^{2+} 又转入溶液，致使水体中 Ca^{2+} 含量增多，并成为 $CaCl_2$ 型水体。演化过程中发生的生物-地球化学作用，产生了甲烷、氨、氮，并使生物遗骸中含有的较多的溴、碘富集于水中，随着湖水持续的蒸发浓缩作用，湖水中钾、硼、锂等元素均富集于水中，该时期为湖水咸化期。

在 24.6 Ma 时，盆地中为滨湖-河泥滩相砂质泥岩建造，形成 1600～2800 m 厚的泥岩、砂质泥岩、粉砂岩等，气候炎热、干燥，蒸发浓缩作用强烈，湖水矿化度增高，由于隆升构造运动，湖水向北、向东迁移，湖水水体变薄，蒸发作用剧烈，钾、硼、锂、碘等有益组分进一步富集于水中，差异性的升降运动导致局部快速沉降，浓缩的卤水进入岩体的碎块颗粒间，该时期湖水迁移、水体变浅，进入进一步浓缩咸化期。

在 5.1 Ma 时，地壳强烈差异性升降，湖水浓缩，气候炎热干燥，蒸发作用剧烈，狮子沟一带出现膏盐层，在尖顶山、大风山一带形成天青石等矿床。南翼山一带剥蚀剧烈，仅在南 1 井残存极为零星的狮子沟组地层。最终形成了富含钾、硼、锂、碘等有益组分的地下卤水，该时期为湖水浓缩期。

综上所述，区域地下卤水型钾、硼、锂矿形成于古近纪—新近纪时期。

3）成矿机制

（1）构造演化对富钾卤水的控制作用

白垩纪末期至古近纪—新近纪早期的构造运动，使阿尔金山脉开始隆起。同时盆地西部在中生代断陷盆地的基础上开始整体快速下沉，从而由小型断陷淡水湖进入大型拗陷湖。古新世、始新世时期沉积了一套红色粗碎屑岩，说明气候在此时期已变得干燥（白垩纪时已开始变干燥）。至渐新世时期，由于气候变得寒冷干燥，加之昆仑山和阿尔金山隆升下盆地西部进一步沉降、湖水逐渐浓缩，在远离补给源的狮子沟地区开始出现盐类沉积，形成盆地内最早的盐类矿产。

中新世早期，盆地西部继续沉降，沉降中心向东南部转移。到中新世中、晚期，盆地西部开始抬升，柴达木古湖向东扩展到东台吉乃尔湖至涩聂湖之间。但由于中新世早期气候相对潮湿，湖水相对淡化。受中新世末期至上新世早、中期构造运动影响，盆地西部继续缓慢上升，上层褶皱加强，致使湖水逐渐浓缩；盆地东部则进一步沉降，湖水东界已扩展到现今达布逊西端附近。从上新世晚期开始，尤其是大风山—黄石一带的构造隆起，阻挡了盆地东部淡水的补给，加之气候急剧恶化，湖水进一步浓缩和咸化。到上新世后期，盆地西部小梁山、南翼山、察汗斯拉图、大风山及油墩子一带出现大范围的盐湖相沉积，并形成了许多有价值的盐类矿产。

盆地周围的岩石经风化和水的淋滤作用，其中的盐分被溶解，同时周缘山区的断裂带附近分布着许多新生代—近代火山，而火山-地热水中含有丰富的钾、硼、锂等组分。当时，盆地地形东高西低，火山-地热水中的钾、硼、锂等元素均汇集到了盆地西部。

在盆地的西部地区沉积了厚度达10000 m的古近纪—新近纪沉积物。湖盆湖水呈半咸水-咸水状态，沉积环境为浅湖-较深湖-盐湖，由氧化变为还原。岩性主要为碳酸盐岩、泥岩、盐岩类互层，这种岩性组合，一方面有利于有机质聚集和保存，另一方面也有利于油气的形成。

沉积物中的有机体和矿物质对碘有吸附作用，且还原环境有利于碘的富集，而长期高温高压下的变质作用，有助于碘从沉积物中转移到卤水中。这种深层卤水同有机质一起，在漫长的地质年代里经过各种地质构造运动，特别是在新构造运动过程中随古近纪—新近纪地层的褶皱隆起，其赋存环境逐渐成为相对封闭的环境，经压实、变质等复杂的地质作用，富含了钾、硼、锂、碘等有益组分。

（2）气候条件对富钾卤水的控制

古新世—始新世时期，气候寒冷，降水较多，湖水矿化度较低。渐新世时期，气候仍旧是古新世—始新世气候的延续，但降水较少，气候干燥。柴达木盆地西部湖盆表现为蒸发浓缩时期开始，油田水（富钾卤水）矿化度增高。中新世时期，气候总体属干旱条件，柴达木盆地西部湖盆处于稳定沉降、沉积阶段，油田水（富钾卤水）表现为中高矿化度。上新世时期，气候干燥，降水稀少，柴达木盆地西部湖盆解体，进入膏盐沉积阶段，油田水（富钾卤水）表现为高矿化度（表5-8）。

阿尔金造山过程中，形成了大量的加里东—印支期花岗岩，为柴达木盆地西部盐类成矿提供物质来源。古新世—上新世时期，在盆地西北部一里沟沉积中心地带，卤水在迁移途中溶滤了周围的岩盐，使水体具有高的矿化度，后期存在地表水体的参与；地下热水也是该时期的物质来源，受火山活动影响，地下热水将钾、锂等元素向西运移、汇集到盆地西部。柴达木盆地地下卤水起源于大气降水及淋滤周边山系不同地层的过程，该过程中钾元素被带进盆地，且边坳陷边沉积形成深湖、浅湖、滨湖相沉积，湖水随气候干湿交替发生湖侵与湖退，形成晶间卤水和砂砾孔隙卤水钾盐矿的初始古湖。

表 5-8　柴达木盆地西部古近纪—新近纪气候条件对富钾卤水矿化度的影响特征

时代	组	段	含盐度/%	旱生植物花粉含量/%	干燥程度	含水层	富钾卤水矿化度/(g/L)
上新世	狮子沟组	—	26.23	67.2	很干旱	N_2s	321.2
	上油砂山组	—	20.97	37.36	干旱	N_2y	
中新世	下油砂山组	上段	22.39	30.35	干旱	N_1y	288.9
		下段	15.67	25.48	干旱		
	上干柴沟组	上段	16.56	26.84	干旱	N_1g	
		下段		25.43	干旱		
渐新世	下干柴沟组	上段	21.46	18.37	干燥	E_3g	300
		下段		15.79	干燥		
古新世—始新世	路乐和组		—	24.93	干旱	—	—

上新世末期，柴达木盆地因青藏高原快速隆升经历了一次强烈的地壳运动，盆地内基底差异性升降运动也逐渐加剧，盆地西北部相对于东南部有较大幅度的隆起，形成良好的封闭演化条件，并同时被挤压形成褶皱和断层裂隙，此时南翼山背斜构造形成。上新世以前水源充足，上新世以后气候条件变干燥，湖水经历蒸发浓缩。受构造活动影响，从狮子沟组向下，越往深部，裂缝、裂隙越发育，封闭程度越高，地下水在岩盐层中的高压封闭空间内，在静压力作用下，地层孔隙中的地下水沿断裂裂隙运移，致使盐溶、溶滤作用的发生，地下水径流至岩盐层，溶解钾、钠、锂等物质，同时，锂、溴等物质沿深大断裂进入地层裂隙，形成高矿化度含钾、硼、锂的卤水，最终成矿。韩佳君等（2013）研究认为南翼山地下卤水主要为 Cl-Na 型陆相同生沉积地下卤水，部分地下卤水形成于封闭条件差的环境，反映出 Cl-Ca 型溶盐卤水特征。

渐新世晚期—上新世早期，不同地层受喜马拉雅多期次构造活动的影响，越早的岩石经历的构造活动越多，断层构造及相应的裂缝（裂隙）越发育。因此，南翼山背斜构造中揭示下部地层（下干柴沟组）泥岩、泥灰岩的南 10、南 14、南 6、南 13 等钻孔的岩心反映储卤层中发育横断层、纵断层、顺层（层间）断层，且构造裂缝发育，而揭示上部地层（狮子沟组）中泥岩、粉砂质泥岩的南 ZK01 孔中岩心完整，构造裂缝不发育。从以上深藏卤水的分布范围可以看出，断层构造对深藏卤水的控制作用比较明显，对深藏卤水的储集起主导作用，具体表现在两个方面：一方面，断裂构造为深藏卤水提供通道和减压带，使深部卤水上升或侧向运移，并在这些部位富集，使其成为深藏卤水的重新分布带。另一方面，在下干柴沟组至上油砂山组中，在断层作用下产生断层裂隙和次生（张）节理裂隙，直接构成了庞大的深藏卤水的储存系统；同时，因上干柴沟组和下油砂山组中以灰质泥岩和泥灰岩为主，碳酸盐发育，溶洞更发育，断层活动和有机酸溶蚀的联合作用，使各类溶洞扩大，并使其与微裂隙和各种孔隙连在一起形成复杂的网络储水系统。综上所述，南翼山矿区从上油砂山组底部至上干柴沟组，越往深部，各种溶洞、裂隙越发育，封闭程度越高，致使盐溶溶滤和变质作用的发生，从而产生了该区域高的矿化度的富锂、钾深藏卤水。

4）成矿亚系列成矿模式

该成矿亚系列对应建立了与沉积作用及深部流体叠加作用有关的锂、硼、钾盐类成矿亚系统，按照构造演化的成矿背景、成矿作用、主要控矿因素、突出盐类矿产的原则，建立了亚系统成矿模式图，见图5-8。

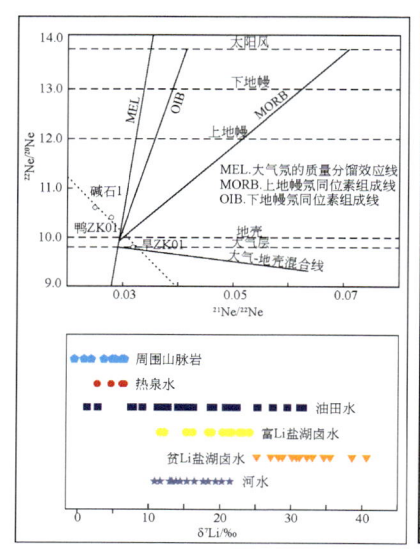

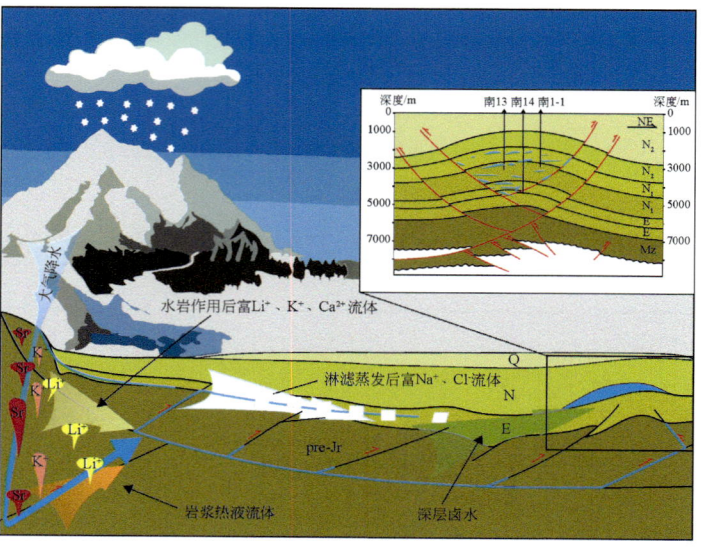

图5-8 古近纪—新近纪背斜构造裂隙孔隙卤水成矿模式

5.1.2 与新近纪蒸发沉积作用有关的锶、石盐、石膏、芒硝矿成矿亚系列

5.1.2.1 成矿亚系列结构与特点

该成矿亚系列处于柴达木盆地西部次级盆地凹陷区，成矿范围主要受上新世晚期盐湖沉积中心分布区域的控制。上新世时期，湖泊沉积中心从大浪滩明显向东、向北东迁移，至察汗斯拉图、大风山、油墩子一带，此时气候更加干旱，湖水进一步浓缩，出现天青石、石膏、芒硝、岩盐等盐湖相蒸发岩系，形成了以大风山锶矿、察汗斯拉图芒硝矿为典型矿床的硫酸盐类沉积矿床。从空间结构看，矿床主要赋存于上新世狮子沟组，呈多层状分布于次级盆地中，其底板为黏土层，反映出当时已处于半深湖相沉积的特征，也起到了隔水层的作用。从时间结构看，成矿主要发生于上新世，沉积作用已演化为以硫酸盐矿物蒸发结晶沉积为主的阶段。成矿物质来源也非常清楚，成矿元素源自盆地周边山系淋滤，古新世成矿元素迁移至盆地中尕斯库勒—狮子沟一带，形成古盐湖，然后盐湖从西往北东、东南方向迁移，受气候条件变化影响，湖水逐步浓缩，盐类矿物从碳酸盐阶段转化至硫酸盐阶段，形成了继承性沉积成盐过程。这也是柴达木盆地古近纪—新近纪演化中一次重要的成矿阶段。

该类型成矿亚系列矿床的主要控矿因素为狮子沟组化学沉积岩层，明显受干旱、寒冷气候的影响。已发现的矿床主要有大风山锶矿、尖顶山锶矿，察汗斯拉图芒硝矿等。

5.1.2.2 典型矿床特征——茫崖市大风山锶矿床

大风山锶矿床（天青石矿床）位于柴达木盆地西部，属青海省海西蒙古族藏族自治州茫崖市花土沟镇管辖，东距冷湖镇 12 km，西距花土沟镇 166 km，交通便利。矿田由四个矿区组成，东西长约 20 km，南北平均宽约 4 km，面积为 80 km²。矿区内地形较为平坦，相对高差较小。

1. 区域地质

大风山锶矿床大地构造位于柴达木地块内的柴达木新生代断陷盆地（Ⅰ-6-1）之中央拗陷，具体隶属大风山平缓隆起"V"级构造单元。成矿区带属柴达木盆地成矿带之柴中成矿亚带（Ⅳ-25-2）。区域上出露地层主要为古近纪、第四系更新统及全新统等，其中古近纪地层主要为内陆湖相沉积碎屑岩、碳酸盐岩及硫酸盐岩等组成，天青石矿床赋矿地层主要为渐新统下干柴沟组、中新统上干柴沟组、中新统下油砂山组、上新统上油砂山组、上新统狮子沟组等。背斜构造线呈北西向展布，地层产状平缓，一般在 5°左右，短轴背斜呈平缓、开阔型构造，如南翼山、大风山、尖顶山、黑梁子、碱山等平坦、开阔型短轴背斜构造（图 5-9）。随构造挤压应力和侧向压力作用持续增加，背斜构造在轴部或附近产生次生脆性断裂，并产生北西-南东向压扭性断裂，北西向断裂为主断裂；其次为北北西-北北东向平移断层，规模相对较小，多成群出现于大风山、碱山、尖顶山、黑梁子等背斜轴部。

2. 矿区地质

1）地层

矿区出露地层为新近纪上新统狮子沟组和第四系全新统，岩性较简单，自老至新分叙于下。

（1）上新统狮子沟组（N_2s）

狮子沟组是矿区内唯一固结成岩的地层，厚度大，相变亦大，遍布整个矿区，可分上、下两个岩性段。

①下段（N_2s^1）分布于区中部，由 N_2s^{1-1}、N_2s^{1-2} 和 N_2s^{1-3} 三个岩性层组成：N_2s^{1-1} 为深灰~灰黑色含碳泥晶灰岩、含碳泥质灰岩、含碳钙质泥岩偶夹浅灰色薄层天青石矿层，含碳泥晶灰岩。具晶粒结构，由 95%以上粒度细小（一般粒径在 0.005 mm 左右）且均匀的它形粒状方解石，以及碳质、石英、斜长石、角闪石等砂屑组成。含碳泥质灰岩和含碳钙质泥岩无论是外貌还是矿物组分，均与含碳泥晶灰岩十分相似，仅黏土矿物含量较高，三者互为相变，肉眼极难区分。薄层天青石矿层实际上就是天青石含量较高的泥晶灰岩，无固定层位，埋深大，厚度薄，质量差，目前为止尚未发现有工业价值的矿体。本层厚度大于 250 m，地表未出露。N_2s^{1-2} 为黄灰色、浅黄绿色的泥晶灰岩、含砂泥晶灰岩夹薄层灰岩和薄层天青石矿层。泥晶灰岩具晶粒结构、含砂晶粒结构，层状构造，主要由细粒（粒径在 0.003 mm 左右）它形晶的方解石和占比不足 5%的石英、斜长石、黑云母、角闪石砂屑，铁质、黏土矿物组成，黏土矿物含量增多时，则相变为泥质灰岩。天青石矿层一般夹于本层的顶部，为含天青石的泥晶灰岩。本层厚度为 18~24 m，与 N_2s^{1-1} 为渐变过渡关系。N_2s^{1-3}

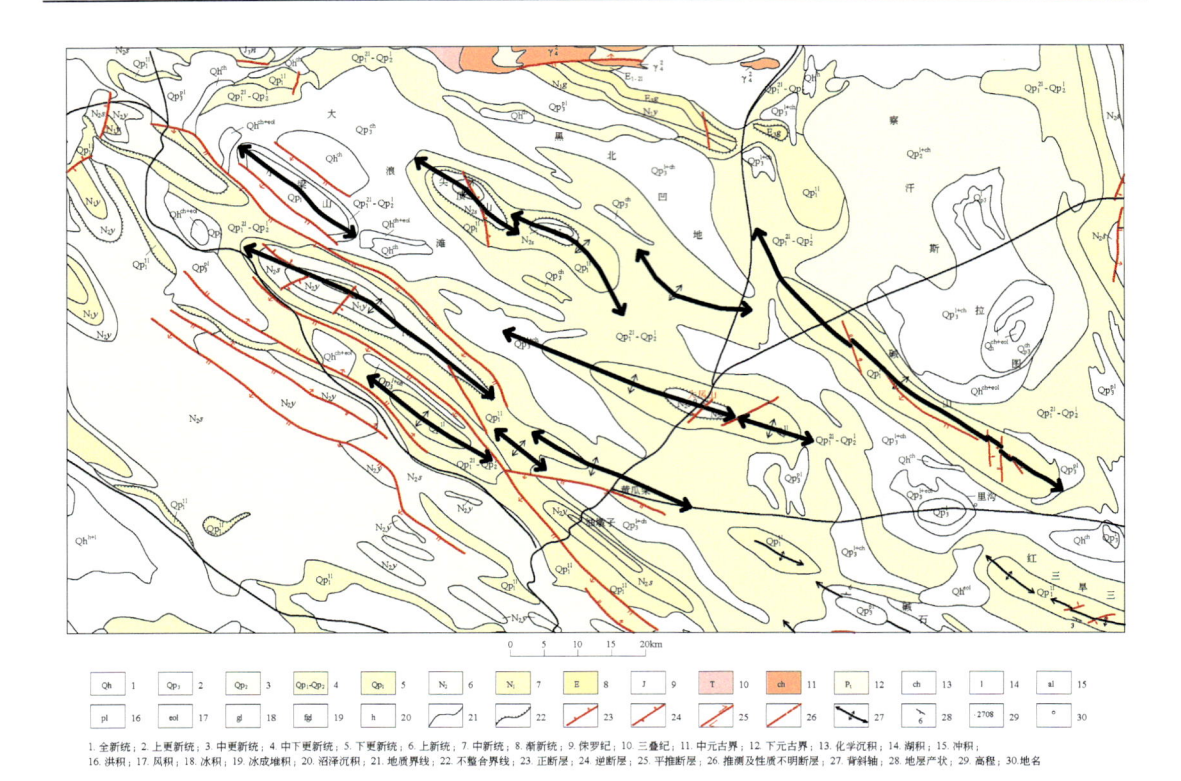

图 5-9 大风山矿区地质图①

为黄灰色、浅黄绿色泥晶灰岩夹薄层灰岩和天青石矿层，厚 15 m 左右，是本矿区的主要含矿层位。岩性特征与 N_2s^{1-2} 基本相似，但夹薄层灰岩层较多。薄层灰岩呈青灰、浅灰黄色，晶粒结构，局部为竹叶状碎屑结构，块状或孔洞状构造，由 95%以上的方解石，不足 5% 的白云石、石膏、天青石、砂屑等组成。方解石、白云石多为它形粒状，粒径一般为 0.005 m；石膏粒径为 0.03～0.1 m，呈不规则团块状集合体；砂屑为石英、黑云母、斜长石、普通角闪石等；天青石为它形晶粒，粒度为 0.1 m，嵌于方解石晶粒间。竹叶状碎屑由透明度较高，颗粒较粗的碳酸盐组成，而胶结物为透明度较差，粒度较细的碳酸盐。孔洞外形很不规则，似变形虫。主矿层赋存在本层底部与 N_2s^{1-2} 的分界处。在无主矿层存在的地段，N_2s^{1-3} 与 N_2s^{1-2} 之间无明显标志层予以区分。

②上段（N_2s^2）分布于矿田的南部和北部。未见顶，可分为上下两层：N_2s^{2-1} 由泥晶灰岩质石膏岩、石膏质泥晶灰岩夹薄层白云质灰岩、石膏质鲕状灰岩、石膏质灰岩和透镜状天青石矿层组成。本层岩性复杂，相变特大。宏观上由西向东，由北向南相变为泥晶灰岩质石膏岩、石膏质泥晶灰岩；由下至上，从岩性来看，石膏质泥晶灰岩与泥晶灰岩质石膏岩之间、石膏质鲕状灰岩与石膏质碎屑灰岩之间、天青石矿层与石膏质鲕状灰岩或石膏质碎屑灰岩之间互为相变关系。石膏质鲕状灰岩呈浅黄褐色，鲕状或砾屑鲕状结构，块状构造，由 75%以上的方解石、白云石，15%～20%的少量石膏，0～10%的天青石以及少量碳

---

① 青海省第一地质矿产勘查大队. 1993. 青海省花土沟镇大风山锶矿田 I、II、III 矿区详查地质报告[R]，有修改.

质等组成。鲕粒呈球状或椭球形,为薄皮鲕,鲕径为 0.1~0.6 m,鲕粒和砾屑均由方解石或白云石组成。胶结物为石膏、天青石和碳酸盐,天青石为半自形晶,粒度为 0.03~0.1 mm,SrO_4 含量达 25%,本层为大风山天青石矿区又一重要含矿层位,厚度达 23 m。在矿区的西北端,底部见 0.2~50 m 厚的褐铁矿角砾(似风化壳产物)。该层平行不整合于 N_2s^{1-3} 之上。N_2s^{2-2} 为石膏质泥晶灰岩、泥晶灰岩质石膏岩夹薄层白云质灰岩、白云岩、条带状薄层灰岩和石膏质鲕状灰岩,厚度大于 42 m,与下伏 N_2s^{2-1} 为渐变过渡关系。

(2)第四系全新统达布逊组(Qhd)

该组不整合覆盖于狮子沟组之上,主要为 0.3~1.00 m 厚的盐壳,局部地段见风成砂丘和砾石层。特别应该指出的是西起Ⅳ矿区,东至Ⅰ矿区以北区域分布有一条长达数千米,宽仅 10 m 的高台砾石层,砾石成分单一,主要是块状天青石矿石和灰岩,出露高度基本一致,宏观上似一条拦河大坝;基底岩石为 N_2s 的泥晶灰岩,其成因很可能是潮边的冲积砂坝。

2)构造

大风山背斜构造是天青石矿区范围一个轴向为 290°~300° 的舒缓复式短轴背斜,长度在 10 km 以上,宽度在 2 km 左右,核部地层为狮子沟组下段(N_2s^1),两翼为上段(N_2s^2),背斜西段由两个较大的次级背斜和背斜间的向斜组成,其北翼基本为一平缓的单斜层,南翼地层表现为波状褶曲(图 5-10)。地表倾角较陡,一般为 20°~30°,地下较平缓,仅 5° 左右。其中背斜南翼出露Ⅰ、Ⅱ、Ⅳ矿区,北翼为Ⅲ矿区,天青石矿体沿这些次级褶皱重复出现。矿区内发育 EW、NEE 向次级平移断裂,在Ⅳ矿区内使狮子沟组下段上部层位的白云质灰岩及石膏碎屑灰岩等岩层发生错位,北盘东移,断距达 30~150 m;Ⅱ矿区内东西向次级断裂是一条走向为 87° 的平移断层,断面北倾,倾角为 75°,北盘东移,断距达 300 m 以上。

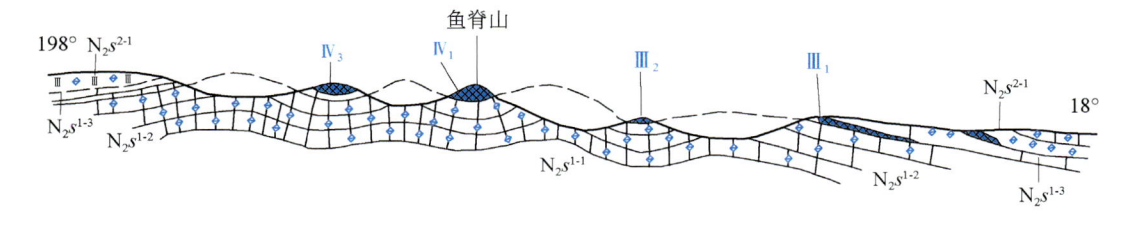

图 5-10 矿区构造示意图[①]

3. 矿床特征

1)矿体特征

大风山锶矿床东西长约 20 km,南北宽约 4 km,由Ⅰ、Ⅱ、Ⅲ、Ⅳ四个矿区组成(图 5-11),其中Ⅰ、Ⅳ矿区矿床基本探明储量达中等规模,Ⅱ、Ⅲ矿区储量达大型矿床规模。矿区内有三个含矿层位,主含矿层位为新近纪上新统狮子沟组下段上部层位,Ⅱ、Ⅲ两个主矿体均赋存于该层位的钙质泥岩中,呈延伸稳定的板状体,与围岩呈整合接触关系,底部局部地段赋存薄层菱锶矿层;次含矿层位为狮子沟组上段下部层位及狮子沟组下段上部层位,矿体多呈透镜状、扁豆状、薄层状、似层状等产于含碳钙质泥岩中,矿体较薄,延

---

① 青海省第一地质矿产勘查大队. 1993. 青海省花土沟镇大风山锶矿田Ⅰ、Ⅱ、Ⅲ矿区详查地质报告[R],有修改.

伸小。各个矿区分述如下。

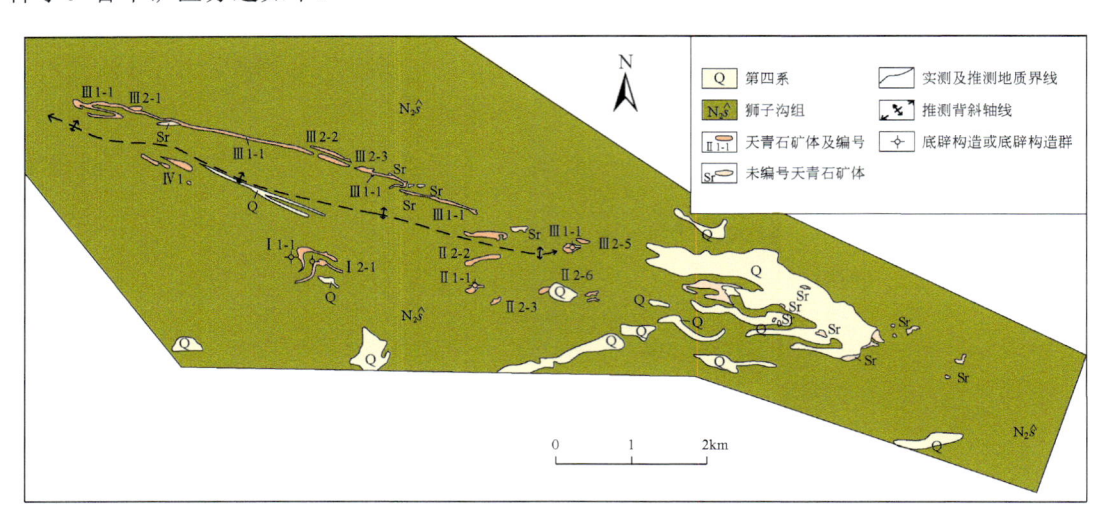

图 5-11 青海茫崖大风山天青石矿床地质图①

Ⅰ矿区含矿层出露长约 2 km，圈定矿体 3 条，其中Ⅰ1-1 规模相对较大，呈弧形展布，产状变化大，倾角为 5～10°，长度为 1.62 km，宽度为 50～200 m，最厚处达 6.74 m，平均厚度为 1.82 m，平均品位为 31.36%。其余矿体规模均较小，主要赋矿地层为 $N_2^2s^{2-1}$ 底部白云质灰岩。矿体埋深浅，一般埋深为 10～20 m，最大埋深位于 0 线附近，为 45 m。

Ⅱ矿区主要含矿层东西长约 1900 m，圈定矿体 5 条，矿体埋深为 0～15 m，均可以露天采集，其中Ⅱ1-1 矿体规模较大，长度为 1.9 km，平均延伸 543 m，厚度变化不大，平均厚度为 5.1 m，厚度变化系数为 45.33%，矿体呈波浪形的板状体，与地层整合产出，倾向南，倾角在地表陡，一般在 10°左右，在地下平缓，为 5°左右，矿体侧向延伸距离在 0 线剖面中最大，为 1320 m，在 48 线剖面中最小，为 120 m，平均延伸距离为 543 m，$SrSO_4$ 含量一般在 30%～40%，矿体平均品位为 35.14%，赋存于大风山背斜南翼 $N_2^2s^{1-2}$ 地层的白云质灰岩中。矿体主要由原生的块状、角砾状矿石和次生的假层纹状、同心圆状矿石组成，如 ZK10-5 孔中矿体由几乎为乳白色的假层纹状矿石组成，品位较富，单孔平均品位为 73.81%。

Ⅲ矿区圈定工业矿体 12 条，分别赋存于 $N_2^2s^{2-1}$ 地层的底部和顶部，矿体规模一般较小，沿走向及倾向延伸都不大，多呈透镜体状与围岩整合产出，全部裸露地表，往往形成正地形的山脊或孤立小山丘。Ⅲ2-2 矿体位于 15～22 勘探线之间，赋存于 $N_2^2s^{2-1}$ 地层的底部，总体走向为 290°，呈长透镜体状产出，与地层产状一致，水平产出。矿体长约 700 m，延伸很小，出露宽度为 50～90 m，平均宽度为 65 m，矿体厚度为 2.23～6.46 m，平均厚度为 4.09 m，自 7 线、8 线向东西两端变薄直至尖灭，相变为空洞状白云质灰岩。组成矿体的矿石以原生的角砾状、块状和次生的假层纹状、同心圆状矿石为主，原生矿石常见石膏嵌晶，却从未见过糖粒状和土状矿石。矿体次生地段品位为 50%～60%，原生地段品位为 30%～

---

① 青海省第一地质矿产勘查大队. 1993. 青海省花土沟镇大风山锶矿田Ⅰ、Ⅱ、Ⅲ矿区详查地质报告[R]，有修改。

40%，平均品位为40.38%。而III2-3矿体位于III2-2矿体北侧约60~70 m处，赋存于$N_2^2s^{2-1}$地层顶部的鲕状灰岩及石膏碎屑灰岩中，分布于19~12勘探线间（图5-12），走向290°，北倾，倾角5°~7°，呈长条形的透镜体状产出，与围岩整合产出，矿体长度为800 m，15线中矿体最宽，为150 m，8线最窄，为75 m，平均出露宽度为97 m。矿体厚度变化大，7线中最厚，为14.98 m，8线最薄，为1.8 m，平均厚度为6.9 m，沿走向发育为含石膏鲕粒灰岩或碎屑石膏岩，平均品位为43.56%。

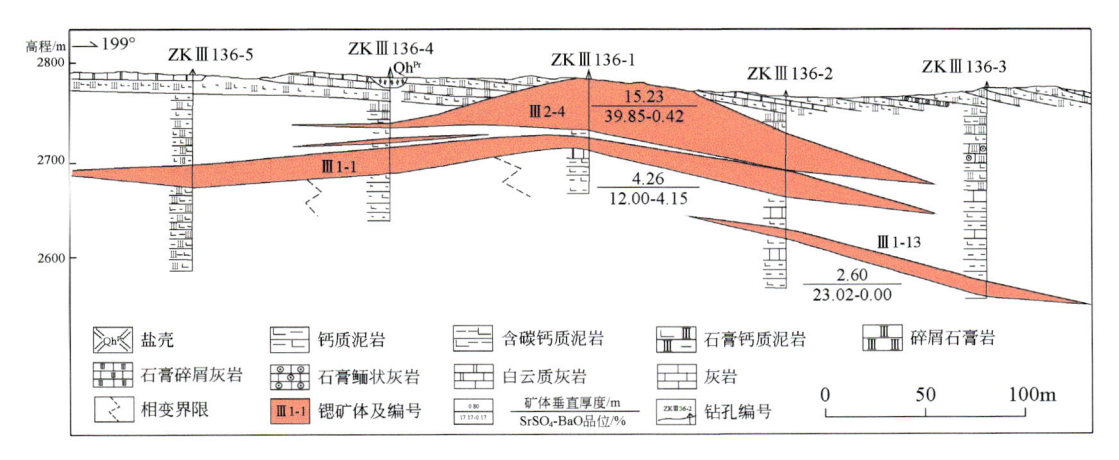

图5-12 大风山地区III矿体勘探线剖面图①

IV矿区探明工业矿体7条，单工程控制从属小矿体13条，矿体赋存于$N_2^1s^{1-3}$泥晶灰岩中，呈透镜体状产出（图5-13）。其中IV1以及IV3规模较大，IV1矿体分布于向斜中，呈大透镜体状整合产出，产状与地层一致，矿体长度为598 m，在6线中最宽，为108 m，在11线最窄，仅2 m，平均宽度为50.13 m，矿体厚度变化大，厚大部位位于1~2线间，厚度为7.46~10.6 m，向两侧逐渐变薄，平均厚度为5.56 m，厚度变化系数为83%，平均品位为36.89%。IV3矿体位于IV1矿体南偏西约110 m处，由5~23线剖面控制，形态与IV1矿体基本相同，南翼出露地表，矿体长度为495 m，在23线最宽，为73.5 m，在5线最窄，为2.5 m，厚度沿走向变化较小，平均厚度为5.29 m，厚度变化系数为30%。

2）矿石特征

（1）矿石物质组成

矿石为天青石、菱锶矿，浅灰绿色、灰白色、深灰色，呈糖粒状、土状、角砾状、泥状和少量块状，天青石分布相对较广，菱锶矿零星分布。天青石可划分为原生天青石和次生天青石矿石，原生天青石矿石以层状、似层状、透镜状等产出，分布范围广，是主要矿石类型；次生天青石矿多产于表层次级构造裂隙或解理中，可能是含锶流体顺层沿裂隙、解理面充填交代的结果，呈脉状、针状、放射状、柱状等，局部可见角砾状和鲕状结构矿石。

脉体矿物主要由白云石、方解石、绢云母、伊利石、石英、石盐、石膏等组成，含少量角闪石、绿泥石、绿帘石、重晶石、磷灰石等，金属矿物主要为褐铁矿。

---

① 青海省第一地质矿产勘查大队．1993．青海省花土沟镇大风山锶矿田I、II、III矿区详查地质报告[R]，有修改．

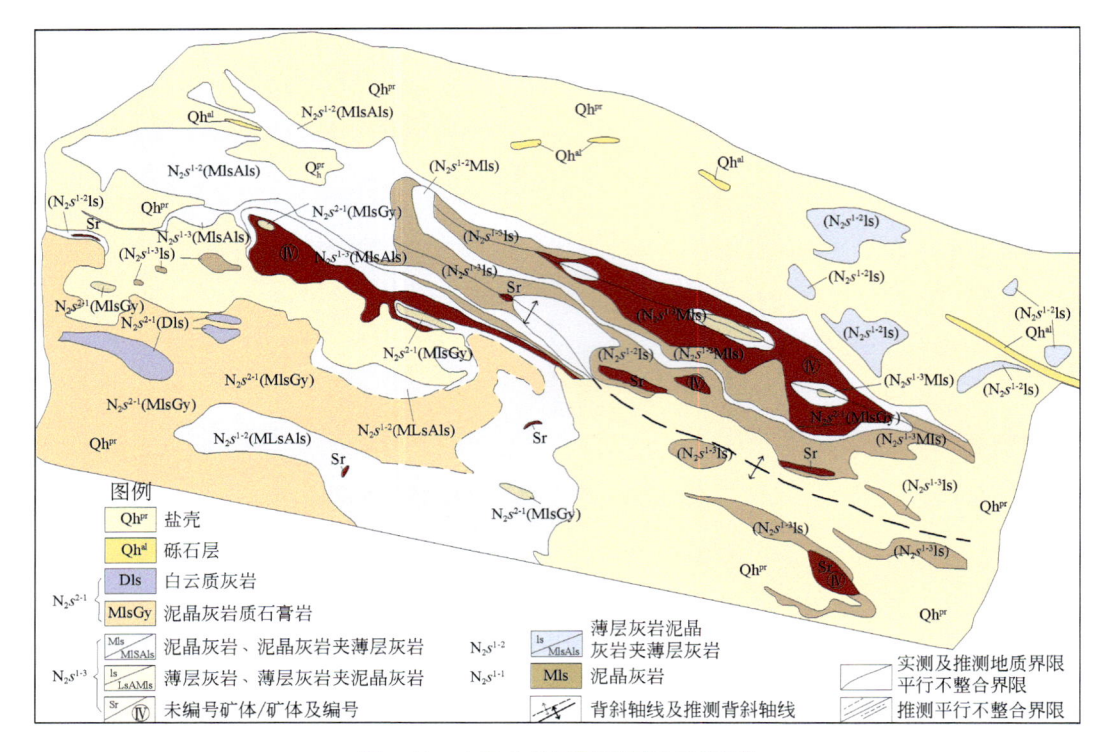

图 5-13 大风山地区Ⅳ矿区地质简图①

（2）矿石结构构造

矿石结构包括自形晶-半自形晶结构、不规则状结构、它形粒状结构、隐晶-微晶质结构、交代结构、包含结构、纤维状结构和球粒状结构。

矿石构造包括糖粒状构造、土状构造、角砾状构造、块状构造、浸染状构造、泥状构造、条带状构造和晶洞（巢）状构造。

4. 成矿模式

1）成矿物质来源

柴达木盆地西北缘处于新生代内陆湖环境，成矿物质中锶的来源有周边山系、富锶的油田水和深部断裂补给三个来源②。

（1）盆地周边山系富锶补给

葛文胜等（2001）认为锶的物源涉及古生代至新生代的各类侵入岩及沉积岩。其中，可可西里火山岩（13～20Ma）中锶的平均丰度为 700～1200 ppm；中昆仑火山岩（10～15 Ma）锶的平均丰度大于 920 ppm；阿尔金山的古老地层中石膏矿含锶高达 3300 ppm。盆地内早古近纪孔隙度较大的碎屑岩、碳酸盐岩的广泛分布为富锶流体的运移和储存提供有利条件。盆地基底和周边山系岩石为锶的富集区，例如，柴达木盆地下古生界原岩中锶占比为 0.11%，风化物中锶占比为 0.007%，有 93.6%的锶是风化作用过程中流失后被迁移、汇入

---

① 青海省第一地质矿产勘查大队. 1993. 青海省花土沟镇大风山锶矿矿田Ⅰ、Ⅱ、Ⅲ矿区详查地质报告[R]，有修改.
② 青海省第一地质矿产勘查大队. 2000. 青海省柴达木盆地西北部锶资源评价综合研究[R].

古湖中，在埋藏压实过程中释放出大量的孔隙水、吸附水和晶格水等富锶流体，在尚未胶结的碎屑岩、碳酸盐岩中受蒸发作用浓缩而呈过饱和结晶，形成原生天青石矿或菱锶矿。

（2）深部卤水

柴达木盆地也是重要的油气富集区，盆地西部古近纪—新近纪地层中常伴有自井中喷出的矿化度较高的深层卤水（又称油田水），且具有较高的钾、硼、锂、碘及锶等有益组分（付建龙等，2012）。认为盆地西部古近纪—新近纪富锶油田水主要为氯化物型水，含有极高的锶、钾、钡、锂、碘、溴等元素，锶含量为几至 300 mg/L。例如，鄂博梁Ⅰ号油田水和冷湖长垣现代泥火山水锶含量达 200 ppm 以上，该高盐度液体至今仍在溢流。由此柴达木盆地西北缘深部油田水作为成矿流体亦为大风山地区天青石锶矿的形成提供了巨量的锶物源。

（3）成矿通道

印度板块与欧亚板块碰撞挤压作用使柴达木盆地基底断裂复活，沿背斜构造产生了一系列北西向断裂及张性断裂、地层裂隙（张明利等，1999）。这些断裂裂隙相互沟通，将深部富锶流体大量运移至类似大风山的背斜构造中，流体的物理化学性质发生急剧变化，相平衡状态被破坏，发生卸载、沉淀（肖荣阁等，1994）。盆地内已发现多处现代富锶成矿卤水，例如，察尔汗盐湖北侧深循环水中锶含量较高，溢出地表后形成天青石（杨谦等，1995）。锶含量高的盐湖基本上沿深大断裂展布，其高的锶含量与沿深部断裂上升水体的补给有关。

综上所述，大风山天青石矿床的形成可能是通过深层地下水持续补给，将不同类型岩石中的有益组分（钾、锶、铷、锂等矿物质）通过化学、渗滤、交代等作用溶解出去后，运移至盆地适宜部位沉积、沉淀，形成天青石或菱锶矿。

2）成矿机理

柴达木盆地西部锶矿床主要形成于干燥气候条件下的内陆滨浅湖环境中，成矿物质主要来源于周边山系含锶水的补给，其次有少量油田水及深部富锶水的补给。大风山天青石矿床主要赋矿地层为上新统狮子沟组，为一套内陆湖相碎屑、化学沉积岩。天青石矿主要赋存于狮子沟组下段含碳钙质泥岩、竹叶状（角砾状）灰岩及上段下部层位白云质灰岩、鲕状灰岩、石膏碎屑灰岩及碎屑石膏岩中，含矿层位不稳定，多呈薄层状或透镜状产出；矿体处于碳酸盐相沉积及早期硫酸盐相沉积之间，矿石主要为天青石、菱锶矿、石膏（透石膏）等，呈晶粒状、碎屑状及鲕状结构，具糖粒状、土块状、葡萄状、细脉状构造；显著具有陆相湖泊化学沉积型特征（薛天星，1999；林文山等，2005）。大风山矿床中部分深部富锶成矿热液在运移过程中，与孔隙度较大的围岩发生渗滤、交代、充填等作用沉淀形成网脉状、纹层状、鞘状等次生天青石矿脉及矿体。表明大风山锶矿床成因具有陆相湖泊化学沉积型特征。

3）成矿期及成矿阶段

据矿物特征及矿石组构研究，成矿期可划分为沉积成岩期和次生富集期。在沉积成岩期，来自盆地周边的水体带入大量成矿物质，在蒸发环境下，先后生成钙菱锶矿和天青石。到后期次生富集期，随着柴达木盆地西北缘褶皱隆起、湖水迁移，矿体出露地表遭受剥蚀，经地表水和地下水次生富集作用，在构造滑脱部位、层间裂隙及空间内形成次生天青石。

总之，该矿床形成过程有多阶段性特征，早期为沉积成岩，后期受褶皱作用影响，在地表水及地下水的参与下，发生次生富集，并表现出多期次的特点。

4）成矿模式

柴西北缘地区锶矿床形成于干燥气候条件下的内陆滨浅湖环境，成矿物质主要来源于盆地周边山系岩石的风化剥蚀；由于蒸发作用（振荡干化），湖水浓缩咸化，湖水中锶浓度随之增大，达到硫酸锶饱和，天青石则同碳酸盐以胶结物的形式沉积，或与黏土矿物等混杂沉积形成原始天青石矿层，后期背斜的改造对矿床品位的提高起到积极作用，在保留原始面貌的同时，成矿物质进一步富集（图5-14），在各成矿阶段，矿物的生成主要受溶解度和溶液浓度的控制，一般按方解石、钙菱锶矿→方解石→（重晶石）→天青石→石膏的顺序生成。经沿倾向展布的钻探工程的验证，发现沉积成岩期含矿层位存在，但并不形成矿体，说明后期次生富集是矿床形成中的重要成矿阶段。由此，柴达木盆地西北缘地区锶矿的形成具有陆相湖泊化学沉积型特征兼具次生富集型特征。

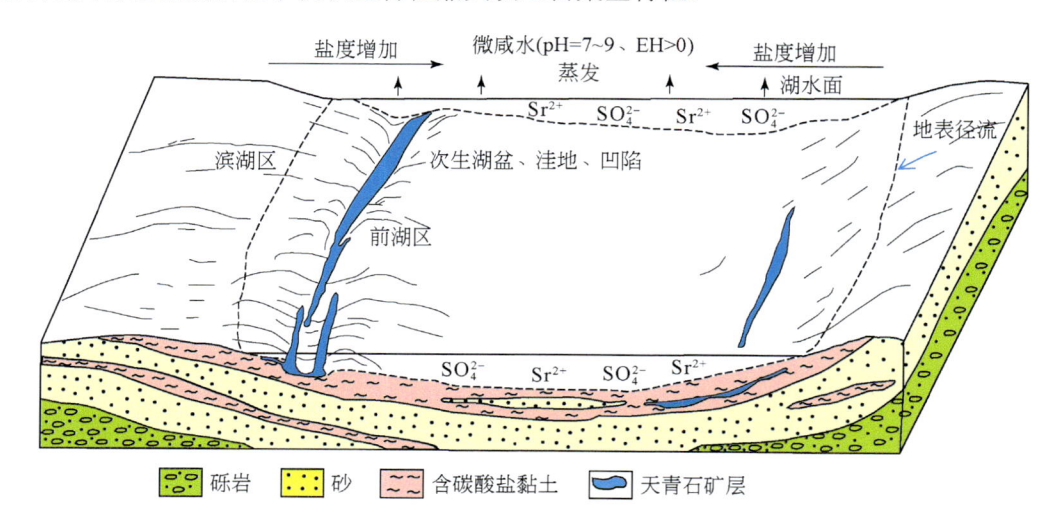

图 5-14　陆相湖泊化学沉积型锶矿成矿模式图（据青海省地质矿产勘查开发局，2024）

5.2　与第四纪沉积作用有关的钾、石盐、镁、锂、硼、天然碱矿床成矿系列

上新世末期，柴达木盆地南北向挤压作用强烈，大规模褶皱隆升，将柴达木统一古湖盆分隔，柴达木盆地的成盐盆地格局初步形成。

第四纪时期，柴达木盆地进入快速隆升造山期。早更新世阶段，因受第一期、第二期新构造运动强烈抬升的影响，狮子沟—油砂山—茫崖—斧头山一线褶皱隆起形成背斜，尕斯库勒被隔离成独立的次级盆地，向浅湖相沉积环境演变。此时气候明显向干冷方向转化，湖水进一步浓缩，盐类沉积明显增加，尕斯库勒、马海、昆特依普遍出现石膏沉积，进入预备盐湖阶段。早更新世末期，昆特依、马海地区进入盐湖环境，此时三湖地区处于微咸水湖发育阶段。

中更新世时期，因受第三期新构造运动抬升影响，柴达木盆地西部继续抬升，次级构造相继露出水面，大浪滩、察汗斯拉图、昆特依、马海、一里坪等次级盆地进一步被分割，石盐和硫酸盐类持续沉积。沉降中心此时迁移到东部的察尔汗地区。

早-中更新世时期，大规模挤压作用在阿尔金—赛什腾山山前形成逆冲推覆构造，在阿尔金—赛什腾山山前堆积了大厚度的古近纪—新近纪含盐沉积地层，大气降水沿构造裂隙进入山前的古近纪—新近纪地层中，溶滤了化学沉积盐层中K^+、Na^+、Mg^{2+}等易溶盐组分并进入早-中更新世松散的冲洪积相储层中，形成砂砾石型孔隙卤水。与此同时，由于盆地周围山系隆升阻挡了暖湿气流，降水补给量骤减，分隔后的各成盐盆地残留咸化湖水进一步蒸发浓缩，在早期成盐矿物，如石膏（$CaSO_4$）、芒硝（Na_2SO_4）、石盐（$NaCl$）等的广泛沉积层中形成晶间卤水钾镁盐矿。

晚更新世早-中期，受第四期新构造运动抬升的影响，下-中更新统全面褶皱隆升，形成一系列北西向背斜构造，导致柴达木古湖完全解体，西部的大浪滩、察汗斯拉图、昆特依、马海次级盆地完全独立，并进入干盐湖阶段，硫化物盐类、氯化物盐类依次沉积成矿。但此时一里坪和东部的察尔汗盐湖依然相连。晚更新世时期，柴北缘温泉沟—居红图高硼地热水沿塔塔棱河补给大小柴旦湖，柴南缘可可西里富锂卤水沿那陵郭勒河补给东西台吉乃尔、一里坪及别勒滩地区，硼、锂及稀有金属元素在盆地中开始逐步富集。

晚更新世晚期—全新世阶段，受第五期新构造运动抬升影响，加之气候极度干旱，一里坪、察尔汗等盐湖急剧浓缩，开始形成广泛的石盐沉积，全面进入盐湖成盐阶段，并在全新世中期干枯形成干盐滩，仅在局部残存小盐湖。至全新世时期，柴达木盆地整体隆升，盆地西部次级凹地中的残余卤水浓缩、干涸，进入干盐湖阶段，形成以钾镁盐为主的固液相矿床，规模以中小型居多；大小柴旦湖地区形成大规模固体硼矿和中小型晶间卤水型、地表卤水型钾、镁、硼、锂矿床；三湖地区有大规模固体钾镁盐沉积，同时形成晶间卤水型、地表卤水型钾、镁、硼、锂等液体矿床；在干盐湖沉积中心，含盐层底部的黏土层中形成了黏土吸附型锂矿。

第四纪盆地演化阶段，归纳得到了 3 个与沉积作用有关的成矿亚系列，即"与第四纪蒸发沉积作用有关的浅层钾、石盐、镁、锂、硼、天然碱矿成矿亚系列"、"与第四纪溶滤-沉积作用有关的深藏卤水钾矿成矿亚系列"和"与第四纪沉积作用有关的黏土型锂矿成矿亚系列"。

5.2.1 与第四纪蒸发沉积作用有关的浅层钾、石盐、镁、锂、硼、天然碱矿成矿亚系列

5.2.1.1 成矿亚系列结构与特点

该成矿亚系列是盆地盐类成矿的主要产物，分布范围从盆地西部大浪滩一带一直延伸至东部察尔汗地区，明显受次级盆地控制，第四纪新构造运动所形成的构造凹陷、凹地、冲洪积扇前湖为成盐提供了良好空间。成矿矿种涉及硫酸盐类、氯化物型的钾、钠、镁、锂、硼、钙、溴、碘、铷、铯等成矿化合物。以钾为主的成矿分固体和液体两种形态出现，固体钾盐矿及其他固体盐矿是在古气候由冷暖交替型转为寒冷干燥型（Yu et al.2013）时，

盐湖浓缩成干盐滩（王明儒.2001），经化学沉积作用形成，在察尔汗、大浪滩、昆特依地区形成了钾镁盐矿田，在南八仙、巴隆地区形成天然碱矿床，中更新世时期在更加干冷的气候条件下，盆地北部大柴旦、小柴旦次级盆地内沉积有石盐、芒硝及丰富的固体硼矿层（Gao et al.2016）；液体钾矿以晶间卤水的形式赋存于石盐层中，从盆地西部的大浪滩到东部的察尔汗，各次级盆地均有分布。

从成矿空间结构看，平面分布从西到东存在规律变化，西部大浪滩、察汗斯拉图、昆特依等盆地以石膏、芒硝、天青石等硫酸盐矿物为主，氯化物型钾、钠、镁沉积为次；盆地中部一里坪、东西台吉乃尔以锂、硼盐矿为主，钾盐为次；到盆地东部察尔汗地区，则以氯化物型钾、钠、镁沉积为主，共（伴）生硼、锂盐矿等；其他稀有金属元素以伴生形式在各区不同程度分布。从垂向分布看，西部以察汗斯拉图、昆特依为代表，从上新世晚期到全新世呈现连续化学沉积，从硫酸盐类矿物到氯化物型沉积逐渐变化；马海盆地从早更新世开始盐类沉积；在东部的察尔汗地区，晚更新世—全新世为主要成盐期。这种平面、垂向的分布特征也是盐湖继承性演化过程中逐步沉积的结果。

从时间结构看，早更新世、中更新世、晚更新世、全新世是一个连续沉积成盐的过程，全新世时期，盐湖最终消亡进入干盐滩阶段，成为柴达木盆地盐类成矿规模最大的阶段，也是第二个主要成矿期。

从物源结构看，钾、钠、镁等主成矿元素主要继承自古近纪—新近纪古盐湖的成矿物质，也有周边山系的持续淋滤补给。早-中更新世以来，柴北缘温泉沟—居红图高硼地热水沿塔塔棱河补给大小柴旦湖，柴南缘可可西里富锂卤水沿那陵郭勒河卤水补给东西台吉乃尔、一里坪及别勒滩地区，这是硼、锂成矿的主要物质来源和成矿时期。近期的最新研究表明，察尔汗盐湖锂、硼、铷、铯等元素品位较高，可能存在深源流体的补给，但仍需进一步研究证明。

该类型成矿亚系列矿床的主要控矿因素为早更新世—全新世化学沉积盐层，受干旱寒冷气候影响明显，属于典型的化学沉积成因。形成石膏、芒硝、石盐、镁盐、钾盐等蒸发沉积型盐类及天然碱矿床26处，其中大型矿床有10处、中型矿床有2处、小型矿床有14处，典型矿床有察尔汗钾镁盐矿田、小柴旦湖硼矿床、大柴旦湖硼矿床、开特米里克硼矿点、大浪滩钾矿田、昆特依大盐滩钾镁盐矿、东西台吉乃尔锂硼钾矿床、一里坪锂硼钾矿床、南八仙天然碱矿床、宗家—巴隆天然碱矿床等。

5.2.1.2 典型矿床特征——察尔汗盐湖钾镁盐矿床

察尔汗盐湖是一个以钾盐为主，其次为镁盐和石盐，并含硼、锂等多种有益组分的盐湖矿床，位于柴达木盆地腹地，行政区划隶属于青海省海西蒙古族藏族自治州格尔木市，地理坐标为东经93°43′～96°15′，北纬36°38′～37°13′，面积约5856 km^2，东西长度为168 km，宽约20～40 km，海拔为2675～2680 m。距青藏铁路达布逊站约23 km、距察尔汗站约35 km，北距大柴旦镇约129 km，南距格尔木市约65 km，东至西宁市约768 km，敦格公路、青藏铁路平行横穿矿区。

矿床由西北地质局632地质队于1955年发现，后续经多家单位及多位勘探专家开展的不同程度的勘查工作，提交KCl资源总量为40688.2×10^4 t，MgCl$_2$总量为380361.17×10^4 t，

LiCl 总量为 1313.80×10^4 t，B$_2$O$_3$ 总量为 524.01×10^4 t，NaCl 总量：5364051.80×10^4 t。察尔汗盐湖是赋藏钾、镁、钠盐为主，伴生锂、硼、溴、碘、铷、铯等丰富的盐类矿产的固、液并存的大型综合矿床。察尔汗盐湖钾镁盐矿的开发始于 1958 年的海西州察尔汗钾肥厂，现已有多家企业进行开采、生产，目前已形成钾盐、金属镁、聚氯乙烯（PVC）三大工业基地。

1. 区域地质

察尔汗盐湖钾镁盐矿床位于柴达木盆地东南部最低洼的沉降带——达布逊凹陷中，属于柴达木盆地III级成矿带（III-25），构造单元处于柴达木新生代断陷盆地（Ⅰ-6-1），是柴达木盆地内最大的次级成盐盆地。新构造运动使得柴达木盆地西部褶皱区更加隆起，东部相对沉降，整个盆地南北两侧的抬升使得盆地内的河流不断向盆地中心侵蚀，并将丰富的盐分带入中东部的察尔汗盐湖内沉积成盐、成钾。中-晚更新世以来形成了察尔汗盐湖北部的涩北构造和盐湖构造，在稍晚的晚更新世时期，则形成了哑叭尔构造。察尔汗盐湖钾镁盐矿床自西向东分为别勒滩、达布逊、察尔汗和霍布逊四个连续的区段（图 5-15）。整个盐湖地层被第四系完全覆盖，厚度最厚可达 2700 m，地表出露地层主要为全新统达布逊组（Qhd），部分地区见有上更新统察尔汗组（Qp$_3c$）。察尔汗盐湖赋藏丰富的盐类矿产，以钾、镁、钠盐为主，伴生锂、硼、溴、碘、铷、铯等矿产。

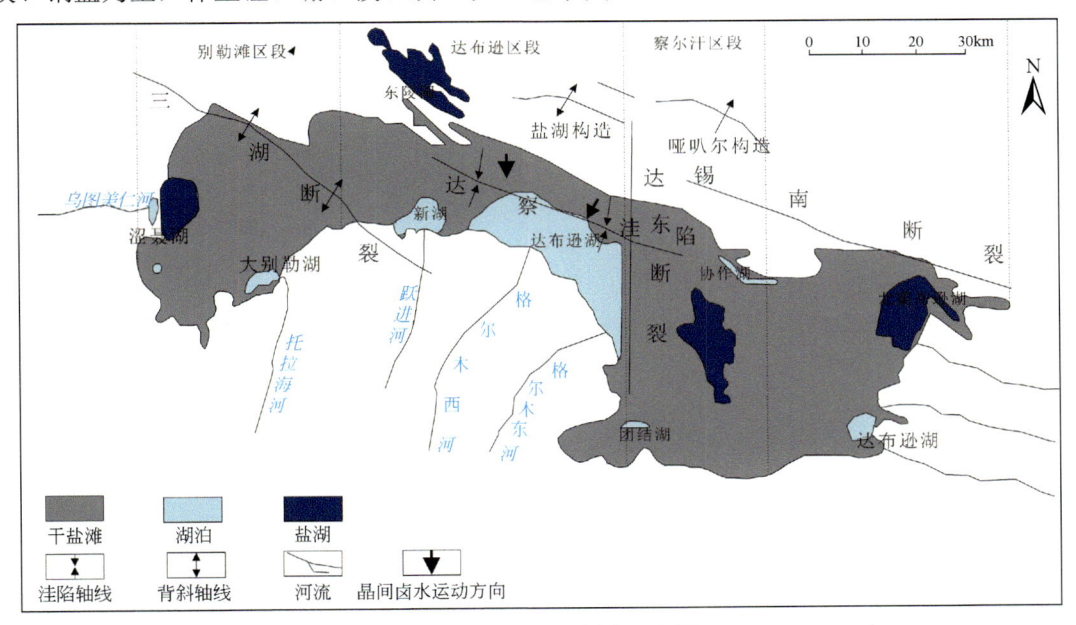

图 5-15 柴达木盆地察尔汗盐湖区段划分示意图（Li et al.，2010）

2. 矿区地质

察尔汗盐湖北侧为中、下更新统组成的涩北、盐湖、哑叭尔等背斜构造所形成的丘陵，背斜轴向和盐湖延伸方向一致，丘陵地形的海拔高出矿区 100～300 m；盐湖西北方向通过更新统的平缓隆起和东西台吉乃尔盐湖相隔；盐湖东北方向是前古生界片岩、片麻岩系组成的埃姆尼克山，以及山前新近系、第四系上更新统组成的丘陵和洪积、冲积砂砾石裙带；

盐湖东、南、西三面为昆仑山山前由晚更新世和全新世洪积、冲积层所组成的广阔平原，近湖地带为冲洪积平原（图5-16）。

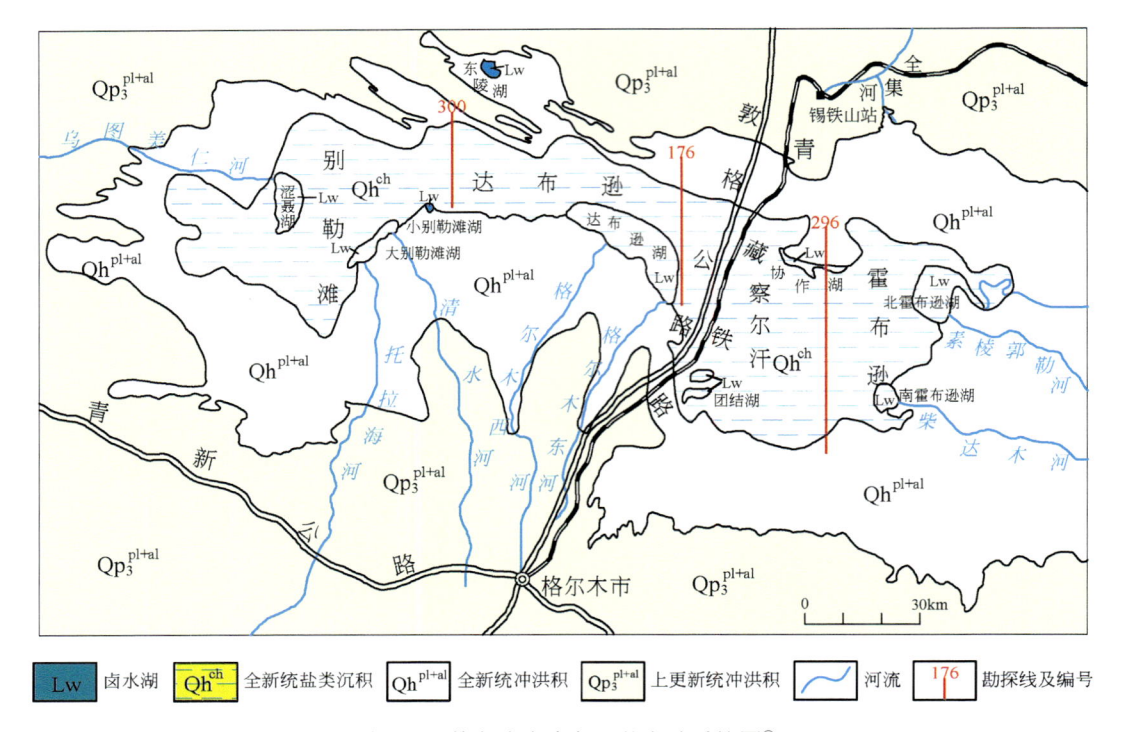

图 5-16　格尔木市察尔汗盐湖地质简图①

1) 地层

察尔汗湖区在新生代时期是强烈沉降区，新生界厚度可达数千米。地表均为第四系覆盖，按沉积物的沉积时代、成因和岩性可分为三个带：①晚更新世洪积砂砾石带，分布于山前，组成山前洪积扇，形成山前倾斜平原，主要由分选很差的砂砾石组成。②全新世或晚更新世—全新世的冲洪积带或洪积与湖积的混合带，本带分布于察尔汗湖区南侧，主要由砂质黏土或黏土组成，并断续分布有较多的盐坑，盐坑中有芒硝、石盐沉积。③湖泊化学沉积带，是盐湖的盐类沉积区。

据达参 1 井钻孔资料，矿区第四系沉积厚度在 2779 m 以上，第四系自老至新可分为中-下更新统、上更新统和全新统。其中，①中-下更新统（Qp_{1-2}）以灰绿色、棕红色砂质黏土层为主，夹浅灰色粉砂层和含碳质黏土层。②上更新统（Qp_3）可划分为下、中两个含盐组，下含盐组由一个沉积韵律组成，上部为 S_1 石盐层，下部湖积碎屑层由深灰色、灰绿色、灰黑色淤泥质黏土、亚黏土、亚砂土和泥炭层组成，厚度达 349.3 m；中含盐组由两个沉积韵律组成，有 S_2、S_3 两个石盐层，上部韵律由石盐层（S_3）、含石盐粉砂层和淤泥质粉砂层组成，下部韵律由石盐层（S_2）和薄层淤泥组成，总厚度达 18.49 m。③全新统（Qh）由含粉砂和含光卤石的石盐（S_4）组成，S_4 为主要含盐层，厚度为 12.6~18.3 m。

---

① 青海省地质调查院. 2004. 青海省格尔木市察尔汗盐湖钾镁盐矿床补充勘探和综合评价报告[R], 有修改.

其中，晚更新世和全新世湖相地层的特点可归纳如下：

地层西部最厚，向东变薄，其下部和上部的盐层也有同样的厚度分布规律，中部盐层则以达布逊区段最厚，向东、向西变薄；盐层分布范围以上部盐层最大，下部盐层次之，中部盐层最小，上部、下部、中部盐层的分布面积分别约为 5856 km²、3086 km² 和 2300 km²；下部盐层构造最致密，向上渐变松散，上部盐层大多呈松散状；从盐类矿物组成角度来看，中部和下部盐层简单，以石盐为主，含少量石膏或夹石膏薄层，上部盐层则较复杂，除石盐、石膏外，尚有芒硝、钾石盐、光卤石、杂卤石、钾石膏、软钾镁矾、水氯镁石、泻利盐等盐类沉积，其中尤以别勒滩区段最为复杂；各盐层中普遍含有少量碳酸钙；各盐层间的湖积层岩性以含石盐粉砂为主。

2）构造

察尔汗盐湖南北两侧均受断裂控制，北侧为三湖断裂，南侧为察南断裂，该盐湖沿这两条断裂沉陷而成。据钻孔资料，察尔汗盐湖基底构造由两个凹陷和一个隆起组成（图5-17）。盐湖西部为别勒滩凹陷，轴向呈北西向，经涩聂湖向南转折为南南东向，它控制了别勒滩区段盐体的形态；东部为达察凹陷，轴向为北北西，到协作湖附近转为近东西向，它控制了达布逊、察尔汗及霍布逊三个区段盐体的形态；别勒滩凹陷和达察凹陷之间为别达隆起，其轴向呈北西向，将察尔汗盐湖分成两个汇水盆地。

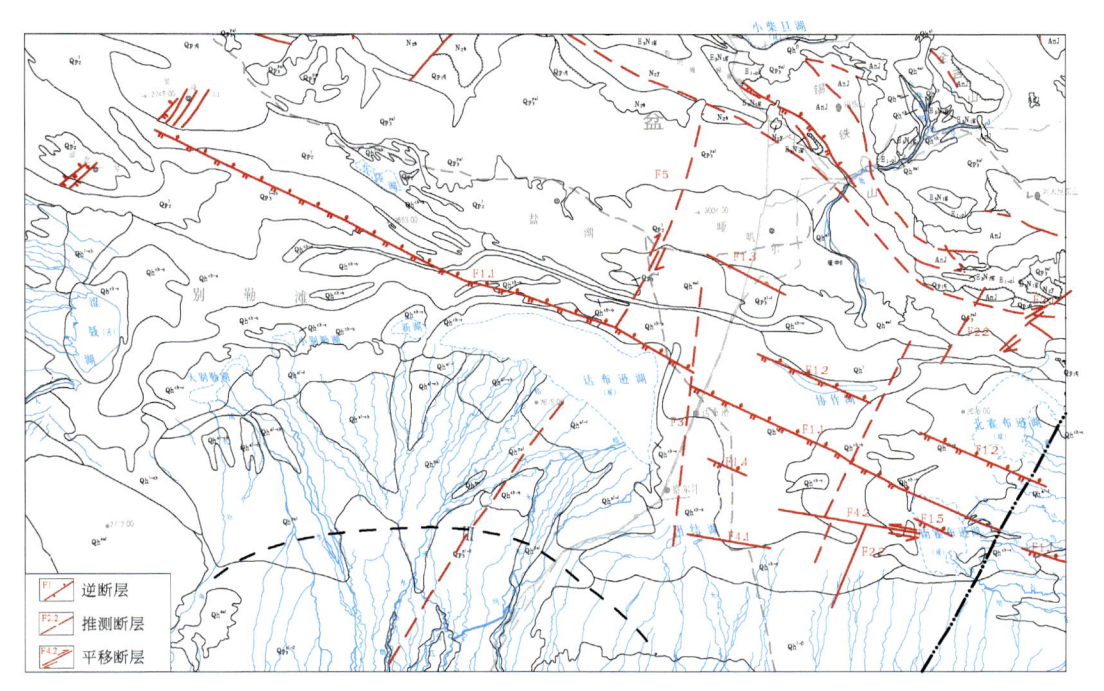

图 5-17 察尔汗盐湖地区构造纲要简图[①]

盐湖北部的涩北构造、盐湖构造是早-中更新世以后形成的新构造，哑叭尔构造形成时间则稍晚，在晚更新世以后形成，致使上更新统洪积砾石层发生拱曲，又因其形成后受外

[①] 青海省柴达木综合地质矿产勘查院. 2022. 格尔木市察尔汗钾镁盐矿床柴达木盆地第四系现代盐湖可利用资源核查报告[R].

力破坏较小，因此地形等高线基本反映了构造形态。这些构造的共同特点是两翼倾角较小，一般为几度，南翼倾角稍比北翼大。

盐湖内地层接触关系一般为整合接触，局部为假整合，产状一般水平。盐湖地表虽平坦，但由于盐湖底部各部分下陷幅度不一，产生了相对的拱起和凹陷，形成了湖底构造，盐层底板起伏反映了湖底构造情况。据此，湖底可划分为三个主要构造，分别为别勒滩凹陷、别达拱起和达察凹陷，其共同特点是轴向为北西—南东向，两翼倾角都小于1°，北翼倾角稍比南翼大；其中别达拱起形成了别勒滩区段和达布逊区段的"地下分水岭"，构造顶部盐层最大厚度为19.2 m。

综上所述，早-中更新世以来盐湖及周边新构造运动持续发生，表现为北部的隆起和湖区的凹陷，影响着盆地内的矿床特征。

3. 矿区水文地质特征

矿床地下水埋深浅，周边补给量少，天然条件下水位较稳定。矿区内富矿卤水开采目的层为晶间潜卤水，含水层岩性以石盐为主。别勒滩矿区自然状态下的含水层厚度最大为25.29 m，达布逊和察尔汗矿区最大为18.16 m，水位埋深0.5 m，大部分地段富水性等级为强至极强，少部分地段富水性等级为弱至中等，易于开采。

1）地下水类型

按地下水的赋存条件、含水介质、水理性质等要素，可将察尔汗矿区地下水划分为两大类型，分别为结晶盐岩类晶间卤水和松散岩类孔隙水。

松散岩类孔隙水广泛分布于察尔汗盐湖四周及全集河谷地。除全集河谷地及盐湖北缘小片范围存在单一潜水含水层外，大部分地区潜水与承压水并存。结晶盐岩类晶间卤水在察尔汗区段大部分区域、别勒滩区段中部、达布逊区段西部均有分布，面积约1030 km²。含水层以含粉砂中粗粒石盐为主，含薄层状、浸染状光卤石及少量钾石盐、杂卤石等。含水层厚度为9.92～19.95 m，潜水位一般埋深0.16～0.89 m。多数钻孔单井涌水量为432.17～1864.94 m³/d，渗透系数为114～367 m/d，矿化度一般为310～437.2 g/L，水化学类型主要为氯化物型，少数地段为硫酸镁亚型。

化学盐类晶间卤水水量极丰富地段主要分布在察尔汗区段大部分区域、别勒滩矿区中部、达布逊矿区西部，其富水性从极丰富区域向四周扩散式减弱，至察尔汗盐湖边缘地带，富水性达到中等等级，在霍布逊矿区东端、别勒滩矿区以北一带，富水性贫乏。含水层以含粉砂中粗粒石盐为主，含薄层状、浸染状光卤石及少量钾石盐、杂卤石等。含水层厚度为9.97～24.466 m，潜水位一般埋深0.16～0.89 m。在水量极丰富地段，多数钻孔单井涌水量为1308.096～1431.043 L/d，换算成单位涌水量为1127.669～3785.829 L/（d·m），渗透系数为118.616～137.066 m/d，矿化度为350～383 g/L；察尔汗矿区水化学类型属氯化物型，别勒滩矿区水化学类型属硫酸镁亚型；KCl含量一般在1%以上，最高可达3.59%。

2）地下水的补给、径流和排泄条件

地下水的补给：察尔汗盐湖区气候干燥，大气降水的入渗补给有限。周边孔隙含水层与盐湖各盐组、盐层，以及粉砂、粉细砂等碎屑岩层直接接触，且盐湖是地表、地下水的汇集中心，主要通过周边孔隙水径流补给晶间卤水。

地下水的径流：周边地下水向察尔汗盐湖缓慢汇集，达布逊闭流排泄中心平均水力坡

度为 0.045‰，别勒滩闭流排泄中心平均水力坡度为 0.029‰，几乎接近停滞状态。全集河是塔塔棱河水体下渗后经洪积扇裙径流而成，向南呈扇形插入察尔汗盐湖，水力坡度为 4～1.73‰，进入盐湖后水力坡度变得更缓。格尔木冲洪积扇自流斜地砂层孔隙水呈扇形由南向北往察尔汗盐湖径流，在径流过程中伴随着排泄，下部承压水或高压自流水通过亚砂土等隔水层向上部潜水越流，该冲洪积扇东翼地下水向达布逊湖汇聚，西翼地下水在补给盐层孔隙水、大别勒湖后再向北径流至别勒滩。由于在别勒滩、察尔汗区段中心地带大规模采卤，已形成小范围的降落漏斗区，受此影响晶间卤水改变流向由四周向漏斗中部径流。

地下水的排泄：天然条件下察尔汗盐湖晶间卤水的排泄方式主要是陆面蒸发和湖水蒸发，近年来大规模采卤已成为晶间卤水排泄的主导途径。

3）地下水水化学特征

潜卤水自湖区边缘向湖心浓缩，矿化度增高，矿区基本分为别勒滩、达布逊、察尔汗三个浓缩中心，矿化度也从外围到湖心呈环带状分布，水化学类型从边缘半咸水硫酸镁亚型向高矿化度氯化物型卤水正向演化，干旱气候条件下蒸发作用及溶滤（溶解）作用是导致水化学类型环状分带的直接原因（图 5-18）。

图 5-18 察尔汗盐湖潜卤水水化学类型分布示意图[①]

承压卤水以涩聂湖以东的 536～568 线之间的矿区中段为沉积中心，矿化度在 53618-1 孔一带最高，达到 372.21 g/L，向四周逐渐降低，最低约 310 g/L，自西向东呈降低趋势；水化学类型以氯化物型为主，在外围主要为氯化物过渡型，硫酸镁亚型卤水仅在西南部零星钻孔出现（图 5-19）。

4. 矿床特征

察尔汗盐湖是一个以钾盐为主、固液并存的超大型钾镁盐矿床，其中，固体矿品位低、矿层薄，但经水溶解后，也可以开发利用；液体矿资源储量大，品位变化小，是主要的工业矿体。

1）固体钾盐矿

察尔汗盐湖的盐类沉积是在晚更新世末至全新世时期形成的，含盐系的厚度最大可达

[①] 青海省柴达木综合地质矿产勘查院. 2022. 格尔木市察尔汗钾镁盐矿床柴达木盆地第四系现代盐湖可利用资源核查报告[R].

70 m 以上，一般为 40~55 m，自西向东逐渐变薄。含盐系由 4 个石盐层和夹于其间的碎屑层组成，在各盐层中，盐类矿物主要为石盐，其次为钾石盐、光卤石、水氯镁石、石膏、钾石膏、杂卤石、芒硝、钾芒硝、泻利盐、钾盐镁矾、钾镁矾、无水钾镁矾等。石盐层中自下而上可划分出 8 个钾盐层（图 5-19，表 5-9）。

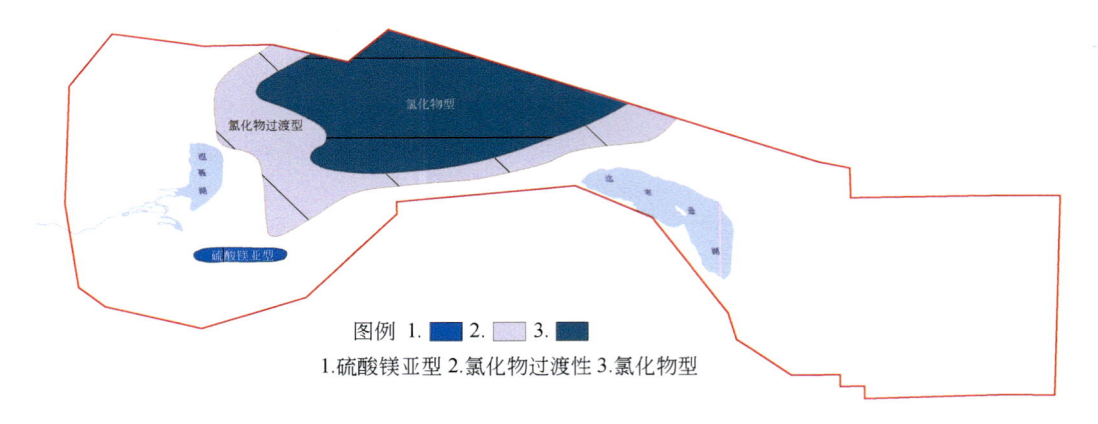

图 5-19 察尔汗盐湖承压卤水水化学类型分布示意图①

表 5-9 察尔汗盐湖盐层和钾盐层关系表

盐系	含盐组	盐层（代号）	钾盐层（代号）
察尔汗盐湖含盐系	顶部含盐组	第 5 盐层（S_5）	第 8 钾盐层（K_8）
		第 5 碎屑层（L_5）	—
	上部含盐组	第 4 盐层（S_4）	第 7 钾盐层（K_7）
			第 6 钾盐层（K_6）
			第 5 钾盐层（K_5）
			第 4 钾盐层（K_4）
			第 3 钾盐层（K_3）
		第 4 碎屑层（L_4）	—
	中部含盐组	第 3 盐层（S_3）	第 2 钾盐层（K_2）
		第 3 碎屑层（L_3）	—
		第 2 盐层（S_2）	第 1 钾盐层（K_1）
		第 2 碎屑层（L_2）	—
	下部含盐组	第 1 盐层（S_1）	—
		第 1 碎屑层（L_1）	—

其中以 K_3、K_4、K_5、K_7 为主，K_7 最富，分布面积广，直接出露地表或近地表，KCl 含量一般为 2%~4%，大于 6% 的盐层较少，K_8 为新生光卤石，主要分布在达布逊湖边，被雨水全部被溶解成为液体矿。钾盐矿物成分以光卤石、钾石盐为主，次为杂卤石、软钾

---

① 青海省柴达木综合地质矿产勘查院. 2022. 格尔木市察尔汗钾镁盐矿床柴达木盆地第四系现代盐湖可利用资源核查报告[R].

镁矾等。固体钾镁盐矿的特点是分布面积广、层数多、矿层薄、品位低、储量大，单独开采困难，现采用水溶法开采，已被利用。

K_1钾盐层：呈透镜状，分布于别勒滩区段，KCl含量最高为3.42%，最低为2.08%，一般含量为2.21%~2.82%，厚度为0.5~2 m，埋深50~62 m。达布逊区段埋深达8.6~17.2 m，以小透镜体零星分布，为含石盐的黏土钾盐矿，矿体面积约4 km²，KCl含量最高为3.92%，最低为2.03%，一般为2.76%，厚度一般为2.11~4.7 m。

K_2钾盐层：呈透镜状，在别勒滩、达布逊、察尔汗三个区段均有分布。其中，在别勒滩区段呈零星分布，埋深达38.5 m，为含钾石盐矿，KCl含量一般为2.05%~5.2%，分布面积为6 km²，厚度为0.5~1 m。在达布逊区段为含石盐的粉砂钾盐矿，分布面积50 km²，KCl含量为2.25%~5.95%，厚度最大为4.12 m，最小为0.21 m，一般为0.5~2 m。察尔汗区段分布在上部湖积层中，呈星点状分布，为含石盐砂质黏土钾盐矿，分布面积约2 km²，KCl含量为2.32%~4.46%，厚度为1.1~3.5 m，埋深为6~17 m。

K_3钾盐层：主要分布在达布逊区段，赋存在上部盐层的底部，埋深约4~14.6 m，呈层状、似层状和透镜状，为含石盐黏土粉砂钾盐矿，矿体面积达166.66 km²，KCl含量为2.05%~9.01%，一般为3.24%~7.85%，厚度为0.5~2.02 m。钾盐在别勒滩、察尔汗区段呈透镜状零星分布，埋深达4~19.8 m，矿体面积约为17 km²，KCl含量为2.02%~9.37%，一般为2.32%~7.42%，矿层厚度为0.5~1.6 m。

K_4钾盐层：广泛分布于别勒滩、达布逊、察尔汗三个区段，以别勒滩区段为主，分布面积为575.2 km²，一般厚度为1~1.5 m，最厚可达7.96 m。KCl含量一般为3%~7%，最高可达16.68%。矿物成分主要为石盐、光卤石及钾镁硫酸盐矿物。光卤石呈粒状，大部分呈浸染状分布于石盐的晶间孔隙中，局部呈层状，单层厚度为7~10 cm，软钾镁矾呈微粒状，不均匀分布，局部呈薄层状。杂卤石一般呈微粒状，局部呈薄层状。

K_5钾盐层：广泛分布于达布逊、察尔汗区段，矿体呈层状、扁豆状，分布面积分别为223.33 km²和26.51 km²，矿物成分与K_4相同。

K_6钾盐层：本钾盐矿层分布面积较K_5小，在别勒滩区段，该层与K_5合并为一层。在达布逊区段矿体面积为52 km²，在察尔汗区段矿体面积为65.72 km²，一般厚度为0.6~0.7 m，最厚可达2.86 m。KCl含量一般为2.08%~9.92%。矿物成分与K_4相同。

K_7钾盐层：主要分布于别勒滩、达布逊、察尔汗三个区段。此矿层分布比较散，单个矿体比较小，矿层多呈薄层状，少数为透镜状，厚度较薄。在达布逊和别勒滩区段，矿体面积共计可达275.35 km²，在察尔汗区段矿体面积为53.61 km²，单层厚一般小于1 m，最厚可达5.3 m。KCl含量一般为3%，最高可达17.54%。矿层主要成分为石盐和泥砂，其次为光卤石和软钾镁矾，含少量杂卤石、钾石膏和石膏。

K_8钾盐层：主要分布于达布逊湖北岸，分布面积达55 km²，单层厚度为0.2~0.59 m，KCl最高可达17.98%。在察尔汗区段分布于团结湖以北，矿层分布面积为83.4 km²，厚度为0.3~3.92 m，KCl含量一般为2.05%~14.72%。矿层出露地表，由含粉砂光卤石石盐、粉砂光卤石石盐、石盐光卤石和含光卤石石盐组成。

除上述K_1~K_8矿层外，在上部盐层中，还有呈层状、星点状、浸染状产出的固体低品位钾镁盐矿，分布于矿床西端，东西长约110 km，南北宽约15~30 km，总面积约2821.45 km²，其中，在别勒滩区段的分布面积为 1137.53 km²，在达布逊区段为 832.06 km²，在察尔汗区段为 851.9 km²。KCl 含量最高可达 1.79%，最低为 0.05%，一般含量为 0.5%～1%。矿层最厚可达 23.99 m，最小为 0.3 m，一般为 6～15 m。该矿层虽然 KCl 含量低，但分布面积广，矿层厚度大。

总的来说，固体钾镁盐矿的围岩大多为石盐层，少数为泥砂。夹石多为含石盐的泥砂，各个区段夹石的层数、厚度、分布范围等均不一样，这与当时的沉积环境有着密切的关系。$Q_4^{S_3}$ 盐层中是钾矿层赋存最多的层位，但各区段夹石的赋存情况差别较大，夹石最多的区段为达布逊区段，以及察尔汗区段西部与达布逊区段相接的部分地段，夹石层数一般为 6～8 层，最多达 10 层，单层厚度一般为 0.2～0.4 m，最厚达 1.89 m，最薄为 0.1 m；其次为别勒滩区段，夹石层数为 3～5 层，厚度变薄，一般为 0.1～0.3 m。盐层比较纯净、夹石很少的区段为察尔汗区段的大部分地段和别勒滩部分地区。

盐层的富水性和孔隙度大小均与夹石的多少有直接的关系，夹石愈多，也说明当时的气候多变、补给水量变化较大。盐湖沉积时，若气候潮湿、卤水淡化、补给水量充足，则会带来较多的泥砂；气候干旱、补给水量不足时，湖水则浓缩形成盐层；湖水浓缩、淡化频繁，会形成盐、泥互层的沉积层。

2）液体钾盐矿

液体钾盐矿分晶间卤水、地表卤水及孔隙卤水三种，以晶间卤水为主，赋存在石盐层中。地表卤水主要分布于达布逊湖，湖水面积在不同年份和不同季节有所变化，面积为 184～354.67 km²。不同季节，不同部位和不同卤水层，其盐度及含钾量亦不同，K⁺ 含量一般为 6～27.84 g/L。孔隙卤水赋存于各盐层间的碎屑岩中（图 5-20）。

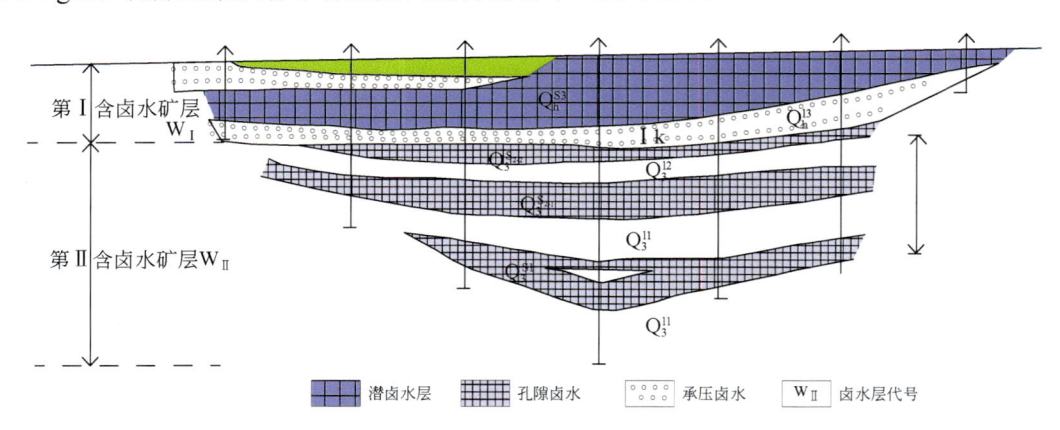

图 5-20 察尔汗矿区地层、含水层、卤水层相互关系对比示意图[①]

晶间卤水钾盐矿是察尔汗盐湖钾盐矿床的主要开采对象。察尔汗区段东西长约 30 km，达布逊区段东西长约 57 km，别勒滩区段东西长约 58.5 km，根据晶间卤水的赋存特征可分为上下两个含水层。上含水层由 S₄ 盐层和碎屑岩层组成，水位埋深在 0.5 m 左右，厚度为 10～25 m，属潜卤水，含卤层岩性主要为粗粒-巨粒石盐或含粉砂石盐，结构松散，富水性

---

① 青海省地质调查院. 2004. 青海省格尔木市察尔汗盐湖钾镁盐矿床补充勘探和综合评价报告[R]，有修改.

强，孔隙度一般为20%～30%，单位涌水量为50～80 L/(s·m)，渗透系数为300～400 m/d，为高矿化卤水，是主要晶间卤水钾盐层。下含水层由S_1、S_2、S_3三个盐层及其间的碎屑层组成。属承压水，含水层岩性主要为石盐，结构比较致密，富水性差，孔隙度一般为5%～15%，单位涌水量仅0.01～0.10 L/(s·m)，最大不超过2.00 L/(s·m)。晶间卤水的矿化度一般为310～400 g/L，主要阳离子为K^+、Na^+、Mg^{2+}，主要阴离子为Cl^-、SO_4^{2-}，察尔汗和达布逊区段的卤水中KCl含量为1.58%，别勒滩区段的卤水中KCl含量为2.16%，水化学类型为氯化物型。

晶间卤水在含盐系空间上的分布规律表现为：绝大部分地区自下而上KCl含量越来越高，即最上部盐层中KCl含量大于1%，往下KCl含量从0.5%～1%过渡至小于0.5%；KCl含量大于1%的矿层，其厚度表现出东部大于西部的特征，最大厚度达18.64 m，一般厚度为16 m。KCl含量在0.5%～1%的矿层在全区均有分布，厚度17 m左右。

3）共（伴）生矿产

固体共（伴）生矿主要为NaCl和$MgCl_2$。其中NaCl分布面积为5545.94 km^2，厚度最大为53.50 m，最小为0.40 m，一般为7～15 m，NaCl品位最高97.10%，最低30.00%，一般50%～80%；$MgCl_2$分布面积为2820.96 km^2，厚度最大23.99 m，最小0.35 m，一般0.50～2.91 m，$MgCl_2$品位最高15.35%，最低0.44%，一般2.05%～12.16%。

液体钾矿的共（伴）生组分包括$MgCl_2$（或$MgSO_4$）、NaCl、LiCl、B_2O_3、Rb_2O、Br、I。矿体的分布面积为2340.62 km^2，含矿层厚度为3～20 m。KCl品位为1.5%～3.2%，最高可达4.08%；$MgCl_2$品位为18.78%～22.74%，最高达34.15%；NaCl品位为1.5%～10%，最高可达22.6%；LiCl品位为0.35～3 g/L，最高达4.96 g/L；B_2O_3品位为0.3～1.5 g/L，最高达2.18 g/L；Rb_2O品位为28.97 mg/L；Br含量一般为30～50 mg/L，最高为58.65 mg/L；I含量一般为0.5～2 mg/L，最高达7.3 mg/L。

4）固体、液体矿的相互关系

盐湖固体、液体钾矿床是相互依存的关系，当卤水浓缩到饱和、过饱和时，光卤石、钾石盐结晶出来，形成固体钾矿，当丰水年淡水补给量大时，固体矿又被溶解，未溶解完的固体矿，被泥砂覆盖或被下次结晶的石盐层覆盖而得以保存，形成钾矿层。这种淡化-浓缩作用反复进行，各次的淡化、浓缩强弱不同，各个地段的浓缩、淡化阶段又有差别，所以在察尔汗盐湖第四纪成盐过程中，钾矿层与浓缩的卤水密切相关。

在垂直分异区，以及卤水浓缩程度较高地段的第Ⅰ含矿层中，各矿段均有固体钾镁盐矿的分布。各矿段固体钾矿品位相差很大，与其所处位置的地质背景和周边淡水补给有关，固体钾矿一般都在卤水浓缩的最后阶段生成，因此该区域富集的固体矿均产生在盐湖后期。由于地形低洼，卤水蒸发浓缩，又有晶间卤水或盐湖水的大量补给，钾的来源丰富，在达布逊湖北岸、东岸生成了大量的新生光卤石，这也是察尔汗西南部的地表（K_7）富矿的主要原因。而在浓缩区的中心，因缺乏钾的补给，钾矿并不富集，只有低含量的KCl存在。

卤水产生垂直分异的情况，推测只发生在卤水浓缩的后期，即光卤石开始结晶或结晶后，因重水下降轻水上升而形成了垂直分带，因此在垂直分异区下部（察尔汗区段）镁含量高的卤水中不富集固体钾矿是可想而知的。根据野外观察，固体钾盐矿物一般以两种形式产出，一种是随着石盐的生成而同时生成，即原生钾矿；另一种是石盐生成后，卤水进一步浓缩而生成的，钾矿物充填于石盐颗粒之间，即次生钾矿；察尔汗盐湖中以后者为主。

5. 成矿模式

1）成矿物质来源

察尔汗盐湖的盐类沉积属"事件性"的。盆地东部沉降区自上新世中—晚期以来就已存在的古湖，在30 ka前仍是一个浅湖、滨湖、大面积沼泽化的地区，湖区为碎屑沉积环境，基本没有盐类沉积。30 ka以来，强烈的新构造运动使柴达木盆地的"高山深盆"地貌环境进一步发育，并导致南部原先短小的那陵郭勒、格尔木、香日德等河流向南溯源侵蚀，袭夺了30 ka前昆仑山古近纪—新近纪以来所存在的一系列古湖，如在东昆仑山系发育的古昆仑湖、古那陵湖、古秀沟湖、古霍兰湖和古阿拉克湖，以及在柴北缘地区发育的古托素湖，这些古湖在第三夷平面抬升时（即中更新世晚期柴达木运动影响下发生的抬升）各自封闭，湖水已经过长期蒸发、浓缩，盐分含量较高，特别是"古昆仑湖""古那陵湖"曾接受洪水河上游的火山-地热水补给，富含钾、硼、锂元素。这些古湖被袭夺后补给察尔汗凹陷，加之气候变得异常寒冷、干燥，察尔汗凹陷在较短时间内形成了巨大规模的盐类沉积，并在地堑式断陷区存在明显的边沉降、边沉积的现象。

2）成矿机理

察尔汗盐湖区域巨厚的盐类沉积和钾盐矿床的形成，与范围局限的盆地和持续的干旱气候有关，也直接或间接地与区域构造条件有极密切的关系。察尔汗盐湖的成盐、成钾条件主要有如下因素的互相配合：

（1）新构造运动和"高山深盆"的地形地貌环境

柴达木盆地位于青藏高原北侧，是一个受其南部印度板块向北俯冲的水平推挤作用影响而形成的中生代—新生代断陷盆地。古近纪以来，随着青藏高原的大幅度隆升，盆地沉降剧烈，达布逊湖一带仅第四系厚度就达2779 m左右，据该区域水孔孔深的系统地层学研究，布容正向极性期和松山反向极性期的交界位于井深845 m处，也是中更新统和下更新统的分界。这种盆缘高山隆升和盆内沉降，形成了"高山深盆"的地貌景观，盆内强烈的凹陷区成为独立的封闭盆地，汇水区内不同高度的地表水、地下水和盐类物质最终汇聚于凹陷区内。盆缘和盆内的断裂是深循环水和深部盐类物质上涌补给的通道。察尔汗盐湖区一般海拔为2678~2683 m，昆仑山区和柴达木盆地相对高差达2500 m以上，高耸的喜马拉雅山系和昆仑山系成为印度洋暖湿气候向北运输的屏障，柴达木盆地又处于内陆腹地，来自西伯利亚的寒流则越过盆地被阻挡于昆仑山山前，形成了盆地寒冷干旱的气候特征。年平均气温仅5.2 ℃，年平均降水量为24.1 mm，年平均蒸发量高达3549.5 mm。"高山深盆"的地形地貌提供了有利于成盐成钾的构造环境。

（2）盆内断裂活动与聚盐凹陷

察尔汗盐湖位于柴达木盆地新生代沉降带内，其南侧和北侧均为压扭性深断裂，聚盐区正处于这一地堑式凹陷内。据水6孔、达1孔等钻孔的岩心研究结果，早更新世末期以来，古气候一直处于寒冷干燥和温凉半干燥或温和略湿润相间的环境，湖盆则以浅水湖为主，间或出现中深湖和沼泽化环境。晚更新世末期，在察尔汗古湖周围形成了哑叭尔、盐湖和涩北等长垣构造，正是这次剧烈的新构造运动使察尔汗古湖萎缩于现代的地堑区内，同时加剧了断裂活动，为深部古近纪—新近纪高矿化度的油田水向上渗流创造了条件，提供了盐类物质的新来源。诺木洪西北的残留贝壳堤（海拔2704m）是察尔汗古湖退缩期残留的有力证据，贝壳的^{14}C年龄为距今45~28.7 ka。在水6孔井深58.34 m处开始出现粉砂石盐沉积（该处^{14}C年龄为距今36 ka），标志察尔汗古湖进入了盐湖自析阶段。

（3）多源盐类物质的长期积聚和卤水掺杂作用

内陆盐湖的盐类物质主要来源于汇水区内的风化物质。据周边水系的携带盐量统计数据估算，数万年来，由周边水系带入盐湖的盐量为$8.37×10^8$ t，盐湖总盐量为$579.6×10^8$ t，已基本接近察尔汗盐湖现有的资源总量。被断裂贯通的古近纪—新近纪地层中的油田水也是盆地内部盐湖主要的盐类补给来源之一，东陵湖、协作湖与部分钻孔中揭露的深部油田水，均为高矿化度的$CaCl_2$型水。由于本区蒸发量极大，不少盐泉因结盐而趋于封闭，表明深部油田水的上升溢水量大致与蒸发量相当，计算得出深部油田水补给的总盐量为$17.9×10^8$ t，KCl总量为$0.14×10^8$ t（约占盐湖总量的19.5%）。此外，昆仑山区域新生代古湖均为柴达木古湖盆的一部分，随着新构造运动作用下盆地的隆升、沉降、水系袭夺，会为盆地内部盐湖带入相当数量的盐类物质。湖盆南部的昆仑山区域至今仍有与火山作用有关的热液活动，已被证明是盆地内硼、锂的主要物源，也应是察尔汗盐湖的物质来源之一。聚盐凹陷内汇聚了新生代以来的大量盐类物质，是形成察尔汗盐湖的物质基础。

盐类物质的多源补给，必然引起卤水的掺杂作用。现存的察尔汗盐湖北部为氯化物型水，南部为硫酸盐型水，北部的高Ca^{2+}中心与南部的高SO_4^{2-}中心形成南北对峙的水化学特征，察尔汗盐湖属氯化物型钾盐矿床，正是两种卤水长期掺杂作用的结果。深部油田水的δD和$\delta^{18}O$的比值均接近本区大气降水线，表明系大气降水而非岩浆水。此外，氚（^3H）的分析结果反映深部油田水曾经历了长期的数万年以上水循环过程。

（4）干盐湖与钾盐富集

干盐湖指大面积的干盐滩与残留卤水湖并存，是内陆盐湖演化过程中必然出现的阶段。干盐滩的晶间卤水经重力分异，上部形成高钾卤水，下部为高镁卤水。当卤水湖水位低于晶间卤水位时，晶间卤水上部的高钾水补给卤水湖，当卤水湖因入湖的河水量过大，泛及干盐滩的地段，一方面可使晶间卤水的浓度变淡，另一方面又可选择性地溶解盐层中的钾盐矿物，增加晶间卤水中的钾质含量。反复地溶解及补给，使卤水湖成为富集钾质的钾盐洼地。达布逊湖北部湖滨现代光卤石带的形成，就是这种钾盐分异富集过程的实例。干盐滩内，大部分钾盐层集中在S_4、S_5盐层，也表明干盐湖阶段是主要的盐湖成钾时期。多年的水盐均衡表明，达布逊湖由晶间卤水补给的部分占比约72%~93%，$MgCl_2$占71%~80%，总盐量占46%~61%，这种选择性溶解作用造成钾质的固液转化，是察尔汗盐湖主要的成钾机理。在察尔汗盐湖的成盐史中，达布逊湖因受南部河流补给而发生变化（扩大或收缩），形成S_4、S_5盐层中各钾盐层叠置于达布逊湖北部的现象，充分表明，达布逊湖现代光卤石的沉积模式是主要的钾盐成矿模式。

3）成矿期及成矿阶段

（1）自析盐阶段

察尔汗盐湖从距今37 ka形成独立盆地以后，在东、西、南三面大量水源的补给和极端干旱的气候条件下，经过约6 ka的时间，便进入盐自析阶段。这时，由于东侧地表水补给量大于西侧的补给量，察尔汗区段200线以东的湖水浓度较小，盐类沉积主要发生在达布逊区段和别勒滩区段，二者之间别达隆起的轴部湖水较浅，加之两区段古地形的差别，形成的 S_1 盐层在别勒滩区段厚度较厚且分布范围广，在达布逊区段则厚度较薄且分布范围较小。S_1 盐层沉积的时间约为 5.2 ka。

大约距今 25.8 ka 左右，气候相对湿润，周边大量淡水涌入，盐湖湖水淡化，故沉积了 L_2 碎屑层，此层沉积时间约为 1.1 ka。

距今约 24.6 ka 左右，由于气候又转为干旱，盐湖水开始浓缩，大约在距今 19 ka，在达布逊、别勒滩区段沉积了 S_2 盐层，此层沉积时间大约为 6.8 ka。

大约距今 16.5 ka，盐湖又遭到一次范围广泛而且历时较长的淡化，沉积了 L_3 碎屑层，此层沉积时间约为 1.5 ka。

距今 15 ka 左右，察尔汗盐湖发展到鼎盛阶段，湖区范围内全部进入自析盐阶段，沉积了遍布全湖区的 S_3 盐层。此层沉积时间在 7 ka 左右。此后，气候进一步干旱，周边水补给量减少，蒸发量超过补给量，盐湖进入干盐湖阶段。

但在每次成盐过程中，仍然出现过频繁的周期性气候交替，致使盐层中出现多层厚度不大，且连续性不稳定的碎屑层，尤其在 S_2 盐层中有一层厚度较大的碎屑层。

（2）干盐湖与卤水湖并存阶段

从干盐湖开始出现到盐湖的消亡，是一个相当长的时期，在这段时间里，存在干盐滩与卤水湖并存的局面，并为层状钾盐矿的生成提供了良好的地质条件。

S_3 盐层沉积之后，察尔汗盐湖北部和中部出现了大面积的干盐滩。但由于新构造运动的影响和气候周期性变化的存在，也会出现大量淡水的涌入。据前人研究，大约在距今 6 ka 左右，察尔汗盐湖曾有过一次较大范围的淡化，在 S_3 盐层的南部沉积有淤泥黏土层，厚约 0.2~0.5 m，有的地段为棕红色黏土，埋深 0.6~1.5 m，是开发修建隔离盐田的理想地段。而后，湖水范围进一步缩小，除了在有河水补给的地段保留了一些卤水湖以外，盐湖大面积变成了干盐滩，形成了察尔汗盐湖的现今面貌。

4）察尔汗盐湖钾盐矿成藏模式

察尔汗盐湖钾盐矿被归为第四纪盐类蒸发沉积成矿亚系统，分析总结其成矿环境、成矿规律和主要控矿因素的差异，完善了青海省察尔汗盐湖钾盐矿成藏模式（图 5-21）。

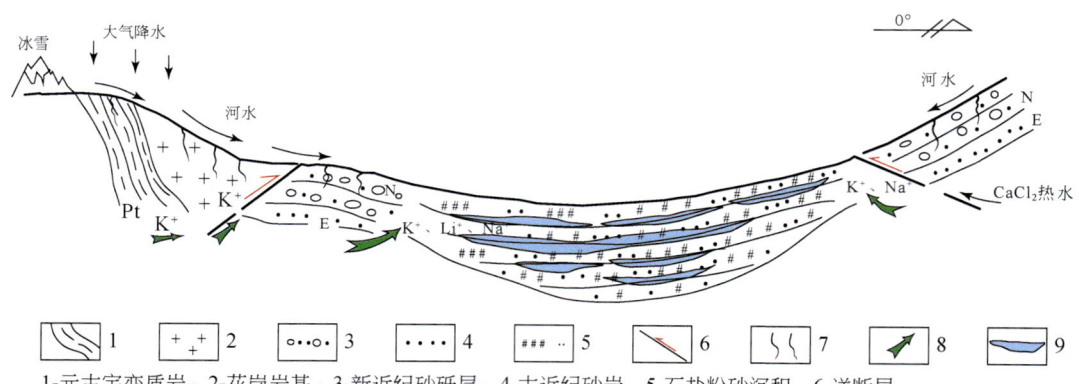

1-元古宇变质岩；2-花岗岩基；3-新近纪砂砾层；4-古近纪砂岩；5-石盐粉砂沉积；6-逆断层；7-渗滤物质交换；8-矿质运移；9-钾盐矿体

图 5-21 青海省察尔汗盐湖钾盐矿成藏模式

5) 成矿亚系列成矿模式

该成矿亚系列对应建立了与沉积作用和第四纪蒸发沉积作用有关的浅层钾、石盐、镁、锂、硼、天然碱矿成矿亚系列，按照构造演化的成矿背景、成矿作用、主要控矿因素、突出盐类矿产的原则，建立了成矿亚系列的成矿模式图（图 5-22）。

5.2.2 与第四纪溶滤-沉积作用有关的深藏卤水钾矿成矿亚系列

5.2.2.1 成矿亚系列结构与特点

该成矿亚系列矿床主要分布于柴达木盆地西部阿尔金、赛什腾山前地区，受山前次级盆地早-中更新世砂砾石层控制，呈厚层状，至三角洲相扇前，黏土层逐渐增多，含矿卤水层逐渐尖灭。成矿时间以早-中更新世为主，后至全新世，均有持续的淋滤-沉积作用。主要成矿产物是 KCl 液体卤水，其来源一部分是周边山系淋滤的补给，但未形成矿体，另一部分是山前古近纪—新近纪古盐层的淋滤补给，是成矿富集的主要来源。新生代以来，随着柴达木板块向北漂移和青藏高原隆升，柴达木盆地经历了炎热干旱到寒冷干旱的单旋回气候演化；古近纪时期，由于受阿尔金走滑作用的影响，盆地以大型走滑拉分性质为主。在这种走滑和挤压背景下，柴达木盆地西部形成一系列北西向展布的逆冲断层，由北往南，可见元古代金水口岩群（Pt_1j）变质岩超覆于古近纪干柴沟组（E_3N_1g）沉积岩之上，古近纪干柴沟组（E_3N_1g）又超覆于新近纪油砂山组（N_2y）碎屑岩之上，在北部阿尔金山山前形成反冲构造，并导致上新世晚期含盐地层与早中更新世冲洪积砂砾石层接触，使得扇三角洲沉积体系中赋存含钾卤水（高小芬等，2013；Zheng et al., 2006）。目前该成矿亚系列下发现大型矿床 4 处、中型矿床 1 处，主要控矿因素为早中更新世砂砾石层，形成的典型矿床有大浪滩深藏卤水钾矿床、马海深藏卤水钾矿床等。

柴达木盆地第四纪砂砾石型孔隙卤水钾矿是青海省柴达木综合地质矿产勘查院在 2008 年首次发现的盐湖矿床新类型，通过十余年的勘查工作，已取得找矿突破。其中，阿尔金山山前的大浪滩—黑北凹地矿区，初步圈定的含水层分布面积为 2165.38 km^2，含水层厚度为 197~800 m，单井涌水量为 2000~9600 m^3/d，KCl 品位为 0.31%~1.56%；赛什腾山前的马海地区，其含水层分布面积为 3252.51 km^2，储卤层厚度为 314.08~1265.14 m，平均厚度为 793.10 m，单井涌水量为 1500~6073 m^3/d，KCl 平均品位为 0.53%，资源潜力巨大。

5.2.2.2 典型矿床特征——马海钾矿床

马海钾矿床是一个固体、液体钾矿并存，伴生镁、钠多种组分的典型的第四系现代盐湖蒸发沉积型矿床，位于柴达木盆地西北部的牛郎织女湖—巴伦马海盐湖一带，其北缘可至赛什腾山南坡一带。地理坐标为东经 93°25′31″~94°32′05″，北纬 38°03′39″~38°36′58″。其中，矿床西北部隶属青海省海西蒙古族藏族自治州茫崖市冷湖镇管辖，东南部隶属大柴旦行委管辖，西距茫崖市冷湖镇 85 km，东距大柴旦行委 108 km，其南侧为茶（茶卡）—冷（冷湖）公路，北侧有 215 国道连通马海农场—马海钾矿区—冷湖镇，交通尚属方便。

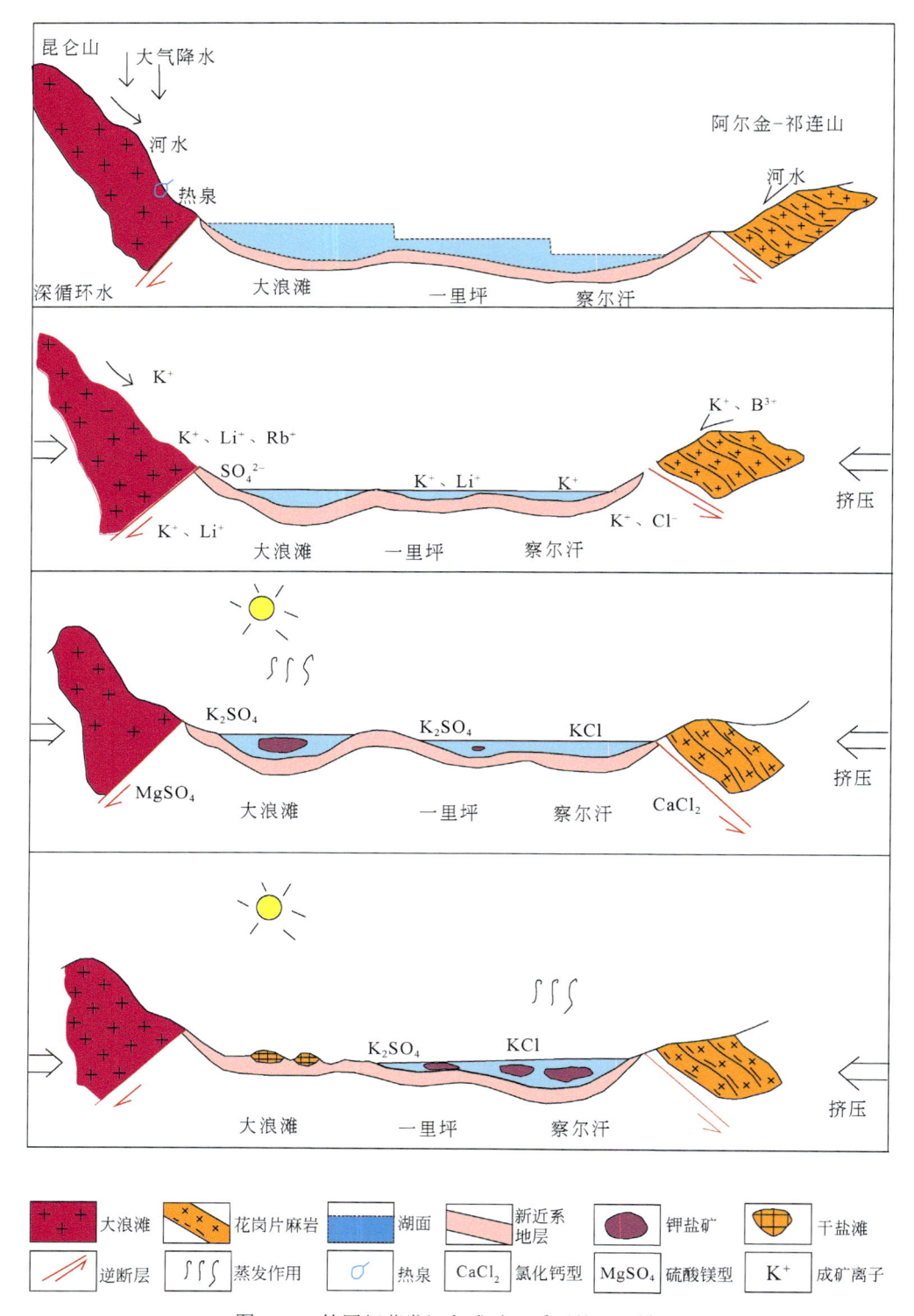

图 5-22 第四纪蒸发沉积成矿亚系列的成矿模型

矿床由青海省柴达木综合地质勘查大队在 1985 年的 1∶5 万航空能谱钾异常检查的基础上发现，后续在马海成盐盆地开展了以钾盐为主的盐类矿产勘查工作。2012 年至 2015 年，青海省柴达木综合地质勘查院在马海盆地开展"青海省冷湖镇马海地区钾矿资源调查评价"，初次证实马海地区深层卤水钾矿具良好找矿前景。2015 年至 2017 年，中央财政大调查项目"青海省冷湖镇马海—巴仑马海一带卤水钾盐资源调查评价"覆盖本次普查区，调查评价最终提交液体盐类矿产中 KCl 的孔隙度资源量为 1.7350 亿 t，给水度资源量 0.6687 亿 t。2015～2019 年，青海省柴达木综合地质矿产勘查院开展"青海省茫崖市马海地区深层卤水钾矿预查"，并预测潜在资源：液体 KCl 的孔隙度资源为 $2.8188×10^8$ t，给水度资源为 $1.3346×10^8$ t；NaCl 的孔隙度资源为 $122.616×10^8$ t，给水度资源为 $58.1678×10^8$ t，$MgCl_2$ 的孔隙度资源为 $17.0928×10^8$ t，给水度资源为 $8.0904×10^8$ t。矿产规模达到超大型。

1. 区域地质

矿区位于柴达木盆地西部中央凹陷带的西部隆起区，其北东为柴北缘褶皱带，北西为阿尔金构造带，南缘为昆北断裂带。

矿区的大地构造位置属柴达木板内裂陷盆地，盆内构造格局较为复杂，分三个一级构造单元：北缘块断带、柴西凹陷和三湖凹陷。其中，北缘块断带紧邻祁连造山带南侧，中生代—新生代构造变形主要受祁连造山带向南挤压作用的影响，又可划分为 7 个二级构造单元，分别为鄂博梁构造带、昆特依凹陷、冷湖构造带、赛什腾凹陷、马海—大红沟凸起、鱼卡—红山凹陷和德令哈拗陷，此区域范围内绝大部分地区分布新生界，元古界和中生界分布不广。

区域内出露的地层由老至新有下元古代、奥陶系、泥盆系、石炭系、二叠系、三叠系、侏罗系、白垩系、古近系、新近系和第四系。第四系在区域内发育完全，自下更新统阿拉尔组（Qp_1a）、中更新统尕斯库勒组（Qp_2g）、上更新统察尔汗组（Qp_3c）、全新统达布逊组（Qhd）均有出露，约占区域总面积的三分之二，马海钾矿区盐类矿产主要赋存于上更新统—全新统的化学沉积层中。

总体观之，区域内沉积厚度较大，地质构造复杂，岩浆活动频繁，加里东期至燕山期侵入岩均有分布。区域内矿产丰富，尤以锂、硼、钾、镁盐类矿产为主。本区域内有加里东期、海西期、印支—燕山期侵入岩，其岩性有橄榄岩、暗绿色辉长岩、灰色石英闪长岩、花岗闪长岩、斜长花岗岩、蚀变斜长花岗岩、黑云母二长花岗岩等。

2. 矿区地质

1）地层

马海钾矿床的矿区范围为整个马海成盐盆地。马海盆地位于柴达木盆地东部沉降区的西段，是在褶皱和断裂构造运动影响下形成的一个次级盆地。盆地周边的低山和丘陵分布着古近纪和新近纪地层，盆地内部广泛分布着第四系，下更新统阿拉尔组（Qp_1a）在地表未出露，仅在钻孔中被揭露。矿床的钾矿层主要赋存在中更新统尕斯库勒组（Qp_2g）、上更新统察尔汗组（Qp_3c）和全新统达布逊组（Qhd）中（见图 5-23）。

下更新统为一套湖积碎屑沉积，岩性主要为棕褐色、绿灰色、灰黄色的黏土、粉（细）砂黏土、含石膏和粉砂的黏土、含石膏的中-细砂互层黏土。

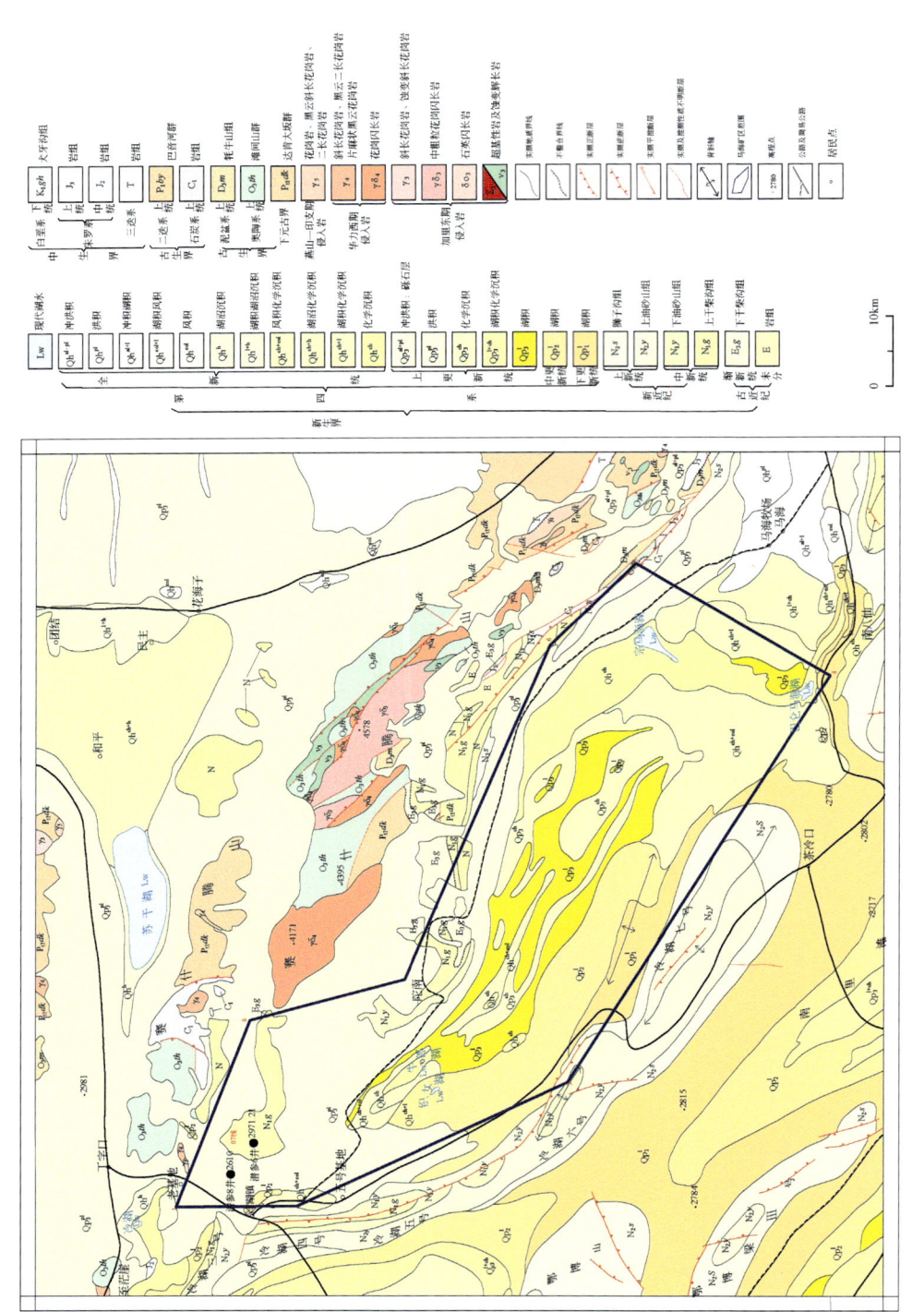

图5-23 青海省茫崖市马海地区砂砾孔隙卤水钾矿区地质图[1]

[1] 青海省柴达木综合地质勘查院. 2021. 青海省茫崖市马海地区深层卤水钾矿预查报告[R].

中更新统在盆地南部大面积分布，主要岩性为灰绿色、绿灰色、土黄色、黄褐色、褐色的含石膏的黏土粉砂、含石膏和粉砂的黏土、含石膏黏土、黏土、粉砂黏土、黏土粉砂、粉砂、含砾的粉-细砂等。

上更新统地表出露有碎屑层及湖泊化学沉积，厚度为2.90~45.30 m。其岩性主要有灰-灰白色的砂砾、砂土，灰白色、浅黄褐色的含粉砂的石盐、粉砂石盐、含石膏和粉砂的石盐、含石膏的粉砂石盐，绿灰色、黄绿色、土褐色、黄褐色的含石膏和粉砂的黏土、含石膏的粉砂黏土、含石膏的黏土、含石膏的黏土粉砂等。

全新统的岩性主要为浅棕褐色、棕褐色的含粉砂的石盐及黏土粉砂，厚度为3.36~6.30 m。

2）构造

收集Landsat-7搭载的ETM+（增强型专题制图仪，enhanced thematic mapper plus）获取的多波段遥感图像，图像空间分辨率为1.5 m，重点探测构造及隐伏构造。遥感影像显示，马海盐湖颜色呈浅绿色、暗黑色，边缘呈棕红色，因含水性不同而色彩差异较大，形态不规则，呈斑片、斑点状分布。从解译结果看，马海地区分布有主要褶皱4条、断层13条，褶皱、断裂带两侧的地形特征也具有明显的差别。其中，褶皱表现为大型褶皱，分别为驼南背斜、小丘林—玛瑙背斜、冷湖Ⅵ号背斜、冷湖Ⅶ号背斜，因被后期断层破坏及第四系覆盖，褶皱保留不完整，褶皱轴向以NW—SE向为主，与区域构造线方向基本一致，褶皱规模不等，大者可长达数千米，多为轴面近直立、枢纽近水平的紧闭褶皱；断层均为喜马拉雅晚期以来的新构造活动断裂，其中NW—SE向断裂为主要断裂构造，包括平南断裂（F_1）、鹊南断裂（F_3），潜南断裂（F_6）、冷湖六号断层（F_7、F_8、F_9、F_{10}）、冷湖七号断层（F_{11}、F_{12}、F_{13}）等，断层数量多、规模大，地表常形成数十米至近百米的构造破碎带；近EW向断裂以驼南断裂（F_2）为主，规模大，对区内深藏卤水钾盐的成矿具有重要意义，F_4、F_5为小型次生断裂（图5-24）。

3. 水文地质特征

1）马海矿区地下水的类型

据地下水赋存条件、水理性质及水力特征，将区内地下水划分为碎屑岩类裂隙孔隙水、化学盐类晶间水、松散岩类孔隙水三种含水岩组。

（1）碎屑岩类裂隙孔隙水

碎屑岩类裂隙孔隙水主要分布于新生界新近系及第四系下-中更新统中。包括新近纪油田水，以及第四系下-中更新统中的构造层所形成的水。

其中，油田水主要是赋存于新构造运动引起的褶皱系统的各背斜构造部位的高矿化卤水，赋存部位在地貌上表现为低山、丘陵区。其含水介质由一套微胶结的碎屑岩构成，岩性为半胶结的泥质砂岩、砂岩、粉砂岩，透水性弱，水头压力高，与石油、天然气共生。矿层厚度、涌水量及品位等矿体特征在各构造位置差异较大。含水层的富水性一般较弱，矿化度较高。水化学类型按苏林分类法的分类原则属氯化钙型。碎屑岩类裂隙孔隙水主要分布在冷湖Ⅵ号、Ⅶ号构造和马海构造，大部分属封存型高矿化承压-自流油田水，涌水量差异较大，含水岩组埋深在300~2018 m，古近系—新近系中的含水层岩性为粉砂岩、细砂岩等。

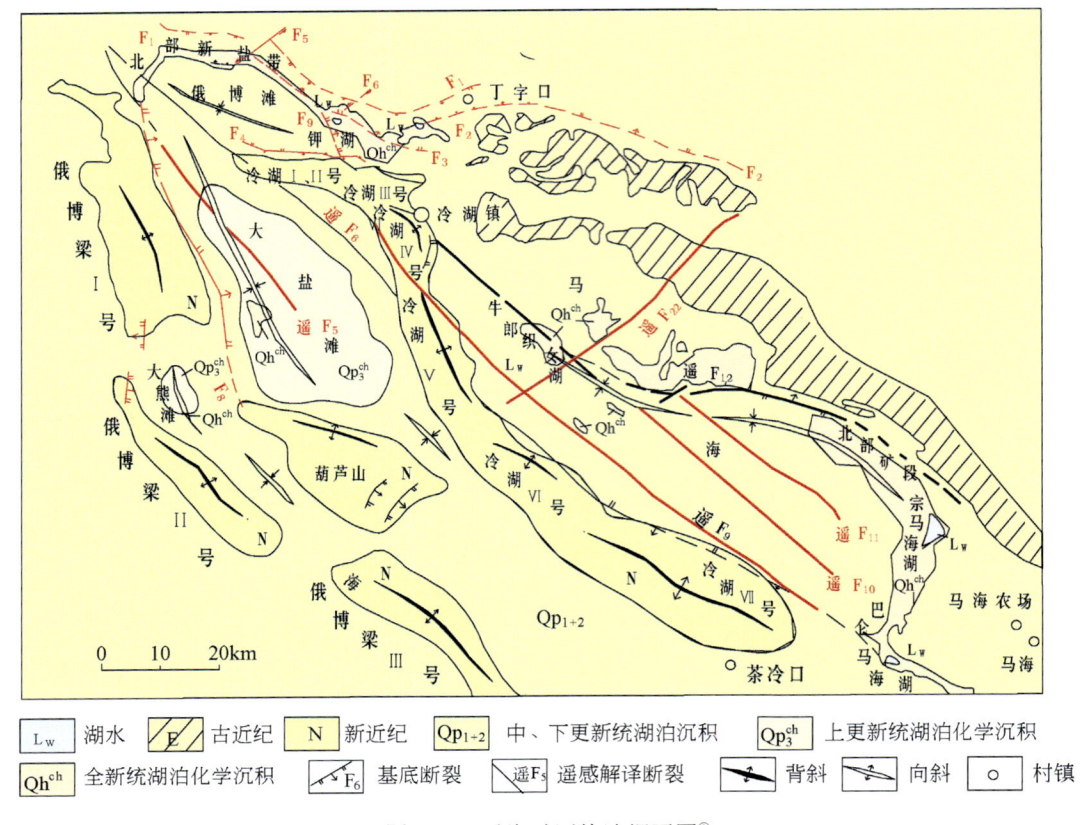

图 5-24 马海矿区构造纲要图[①]

（2）化学盐类晶间水

①晶间潜卤水

分布于矿区的中部，含水层岩性为上更新统和全新统中化学沉积的含粉砂的石盐、含黏土的石盐及石盐，隔水层岩性为含石盐的砂质黏土和砂质黏土等。含水层绝大部分地段富水性强，局部地段富水性中等。含水层厚度为 1.61～14.78 m，水位埋深为 0.20～2.17 m，单位涌水量达 13.37～936.68 t/(d·m)，局部地段大于 1000 t/(d·m)，矿化度为 308.20～416.84 g/L，水化学类型属硫酸镁亚型，局部属氯化物型。

②晶间承压卤水

在矿区的中部广泛分布，在 315 m 以浅有四个含水岩组。

第一含水岩组主要为上更新统含粉砂的石盐、含淤泥黏土的石盐、石盐等，纯厚度为 4.80～12.08 m，平均厚度为 7.46 m，含水层顶板埋深约 9.55～26.80 m，底板埋深约 17.10～43.91 m，水头为 0.73～7.43 m，单位涌水量达 0.02～68.73 t/(d·m)，富水性划分等级普遍为弱，矿化度为 307.80～387.00 g/L，水化学类型绝大多数为硫酸镁亚型。

第二含水岩组为中更新统上部的含粉砂的石盐、含黏土的石盐、含淤泥的石盐等，纯厚度为 3.31～32.51 m，平均厚度为 16.55 m，含水层顶板埋深达 23.60～58.59 m，底板埋深

---

① 青海省柴达木综合地质勘查院. 2021. 青海省茫崖市马海地区深层卤水钾矿预查报告[R].

为 45.50～100.18 m，水头为 1.23～18.77 m，单位涌水量达 0.022～278.07 t/(d·m)，总体而言，矿区内绝大部分地段的富水性等级属弱，矿化度为 306.90～351.00 g/L，水化学类型以硫酸镁亚型为主。

第三含水岩组为中更新统下部的含粉砂的石盐、含黏土的石盐，纯厚度为 7.72～18.43 m，平均厚度为 14.13 m，含水层顶板埋深为 86.45～114.92 m，水头为 7.72～18.43 m，单位涌水量达 0.002～0.169 t/(d·m)，矿化度为 313.5～326.4 g/L，水化学类型属硫酸镁亚型。

第四含水岩组为下更新统的含石膏和粉砂的石盐及薄层的粉-细砂层，纯厚度为 8.87～28.24 m，平均厚度为 16.32 m，含水层顶板埋深为 146.78～190.85 m，水头为 9.94～23.00 m，单位涌水量为 0.04～0.177 t/(d·m)，矿化度在 320 g/L 以上，水化学类型属硫酸镁亚型。

（3）松散岩类孔隙水

松散岩类孔隙水分布于矿区北部的山前倾斜平原至湖盆边缘范围内，以及宗马海湖东侧的冲积湖沼平原地带。在山麓地带和山前冲洪积平原的中上部，松散岩类孔隙水主要为潜水，含水层厚度为 2.30～95.15 m，水位埋深为 0.36～15.43 m，单位涌水量一般为 10～337.11 t/(d·m)，总体上从山麓至湖盆边缘，水质由咸水过渡至卤水，水化学类型由硫酸钠亚型过渡为硫酸镁亚型，直至氯化物型。在山前冲洪积平原的中下部至湖盆边缘地带和冲洪积、湖沼平原地带，松散岩类孔隙水一般为上部潜水、下部承压水的双层结构，浅部承压水厚度一般为 23.87～46.26 m，含水层顶板岩性为砂质黏土、黏土等，埋深 0.50～110.58 m，单位涌水量一般为 15.29～240.18 L/(d·m)，矿化度为 17.5～75.7 g/L，最高可达 192.5 g/L，水化学类型主要属硫酸钠亚型；深部承压水顶板埋深 136.67～295.70 m，底板埋深 358.96～2066.93 m，含水层厚度为 131.16～1507.24 m，单位涌水量为 0.240～565.029 L/(d·m)，矿化度为 4.636～290.741 g/L，含水层顶板埋深由北西向南东方向逐渐变深，含水层厚度由西向东逐渐增大，水位埋深由北西向南东逐渐增大，矿化度从北向南逐渐增大，水化学类型为氯化物型，隔水层岩性主要为粉砂黏土、含粉砂黏土等。

2）地下水的补给、径流和排泄条件

马海凹地东侧有德宗马海湖和巴伦马海湖，西北角有呈星点分布的牛郎织女湖群；地表水系主要有鱼卡河、嗷唠河和脑儿河等河流，其中鱼卡河是常年河流，直接注入德宗马海湖；嗷唠河和脑儿河是发源于山间平原的泉集河，二者渗漏后补给地下水；东部湖积平原也发育有许多泉集河，有鲁西河、马海河等，分别汇入德宗马海湖和巴伦马海湖。地下水靠近湖中心处呈双层结构，上部为晶间卤水层，含水层为石盐、芒硝等盐类，下部为砂砾孔隙卤水层，含水层含砾砂、中粗砂、粉细砂等，皆为承压水。靠近基岩山区为深层砂砾孔隙卤水，为潜水和多层承压水，水位埋深 26.46～50.00 m，深层砂砾孔隙卤水赋存地层的单位涌水量为 33.82～181.82 L/(d·m)，富水性强，Na^+、K^+、Mg^{2+}、Cl^-、SO_4^{2-} 等含量高，达到工业指标，水化学类型为氯化物型，矿化度为 259.0～279.5 g/L，地下水主要靠基岩山区补给，凹地内为径流区和排泄区。

4. 矿床特征

马海矿床是一个固体、液体钾矿并存、伴生镁、钠多种组分的第四纪盐湖矿床。固体矿产主要为钾镁盐矿和石盐矿，液体矿产以 KCl、NaCl、$MgCl_2$ 为主。矿床浅层固体、液体钾矿床亦达到中型规模，总体上具有分布较集中、品位高、埋藏浅、易开发等优势和特点。

马海矿床已达到工业价值的固体盐类主要为钾盐矿和石盐矿，不具工业价值的固体盐类矿产有杂卤石、芒硝、白钠镁矾、硼及天然碱，这些固体矿主要分布于马海凹地的湖积中心地区，一般埋藏较浅。

1) 固体盐类矿体特征

（1）固体钾盐矿

按产出部位和所属地层层位可将具工业意义的固体钾盐矿产划分为三个钾矿层，分别为 J_{IV}、J_{III}、和 J_{II}。其中，J_{IV} 钾矿层埋藏最浅，品位最高，规模最大，亦是整个矿区内最主要的固体钾矿层，其赋存于全新统的化学沉积和碎屑沉积中，包括 6 个钾矿体，各矿体平均厚度为 0.2～6.05 m，底板埋深为 0.1～8.59 m。J_{III} 钾矿层赋存于上更新统的化学沉积中，有 6 个钾矿体，各矿体平均厚度为 0.5～4.17 m，底板埋深为 13.08～37.71 m。J_{II} 钾矿层赋存于中更新统的化学沉积中，有 17 个钾矿层，各矿体平均厚度为 0.5～2.25 m，底板埋深为 43.10～120.30 m。各矿层接近水平产出。该矿体厚度总的变化趋势是西薄东厚，中部厚、边缘薄。

（2）固体石盐矿

具有工业价值的固体石盐矿主要分布于 40～80 线，属于大型石盐矿，由于石盐层数多，厚度小，连续性较差，故按其成盐时代可划分为四层石盐矿层，分别为 S_{IV}、S_{III}、S_{II} 和 S_I。盐类矿产呈层状，固体石盐矿矿层厚度总的变化趋势是北厚南薄、东厚西薄。

马 ZK5608 和马 ZK7212 孔是在以往浅孔的基础上，将 S_I 层固体盐矿继续揭露，向深部进行了拓展，故仍将其定为 S_I 矿层。其中，马 ZK5608 孔揭露 200 m 以下盐层 9 层，累计厚度达 17.96 m，埋深为 205.67～360.48 m，岩性主要为含粉砂的中粗粒、中粒石盐；马 ZK7212 揭露 275 m 以下盐层 1 层，厚度为 0.74 m，埋深为 307.41～308.15 m，岩性为含粉砂的中细粒石盐。

（3）芒硝、白钠镁矾、硼

这一类固体矿物均为单工程见矿，分布面小，品位低，与石盐、杂卤石、白钠镁矾共生，单独开采的工业意义不大。

（4）天然碱

天然碱仅在硼矿分布区的盐坑型硼矿地段有零星分布，且多呈"碱霜"散布地表，不具工业意义。

2) 液体矿床

马海矿床的液体矿位于马海盆地，以钾为主的液体盐类矿分两种类型，一是产于第四系下更新统阿拉尔组（Qp_1a）及中更新统尕斯库勒组（Qp_2g）的孔隙卤水盐类矿；二是产于第四系上更新统察尔汗组（Qp_3c）及全新统达布逊组（Qhd）中的晶间卤水盐类矿。本书重点论述早-中更新世（Qp_{1-2}）孔隙卤水型液体钾盐矿（图 5-25）。

（1）第四纪早更新世（Qp_1）孔隙卤水型液体钾盐矿（W_S）

该矿床沿赛什腾山山前呈带状分布，产出于早更新世到中更新世（Qp_{1-2}）的松散地层之中，矿层从西向东由马 ZK0802、马 ZK0808、马 ZK2413、马 ZK3212、马 ZK4007、马 ZK4010、马 ZK5602、马 ZK5608、马 ZK7201、马 ZK7212、马 ZK7220 及马 ZK8806 等深孔控制，总分布面积约 477km²；按照分布范围可分为山前矿体、湖积中心矿体两种类型：

山前矿体位于赛什腾山山前，分为两个块段；湖积中心矿体位于马海盆地的湖积中心，可划分为一个块段。这两种类型卤水的矿层厚度、埋深、地层岩性及水文地质特征存在一定差异，故将地质、水文地质特征及主微量含量特征分别叙述如下。

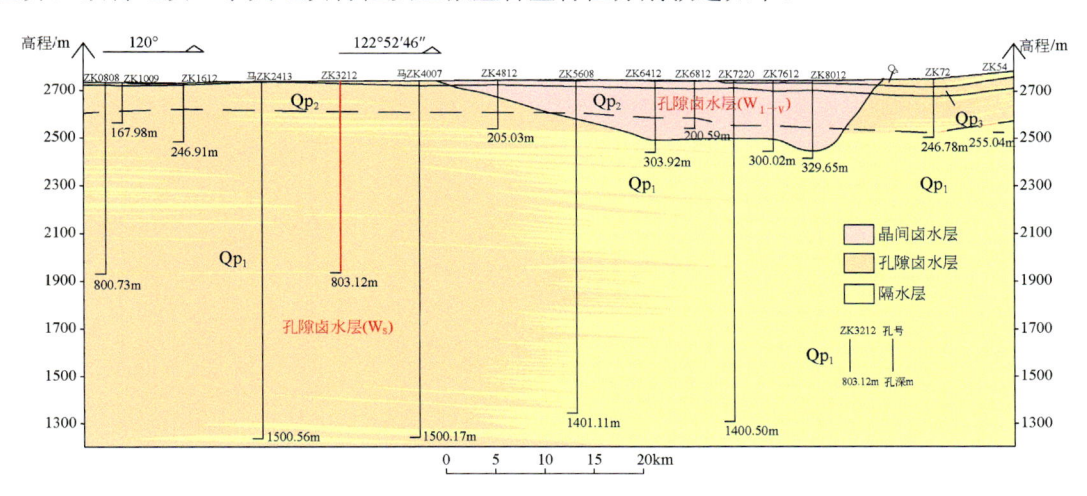

图 5-25 马海矿区深部孔隙卤水剖面示意图[①]

山前矿体的长度大于 60 km，宽度为 3～6 km，分布面积约 295 km²。因马 ZK2413 孔品位低而分为两个块段，矿体顶板埋深为 164.00 m（马 ZK3212）～295.70 m（马 ZK8806），底板埋深为 800.73 m（马 ZK3212）～2066.93m（马 ZK7201），矿层厚度在 234.42 m（马 ZK0802）～1507.24 m（马 ZK7201）。受工作量的限制，马 ZK0802、马 ZK2413、马 ZK3212、马 ZK4007 孔均未完全揭穿该矿层。储卤层主要以粗颗粒的砾砂、含砾的中-粗砂为主，局部夹杂粉-细砂、含黏土的中-细砂等，隔水层岩性主要为黏土粉砂、粉砂黏土等。孔隙度为 21.86%～32.16%，给水度为 6.55%～18.18%。卤水颜色呈灰色、亮灰色等。KCl 品位为 0.34%～0.53%（其中马 ZK0705、马 ZK2413 孔的 KCl 品位分别为 0.03%、0.14%，低于边界品位），NaCl 品位为 16.97%～20.05%，$MgCl_2$ 品位为 2.31%～3.18%，$MgSO_4$ 等其他矿物的品位未达到综合评价指标。水化学类型为氯化物型（马 ZK0802、马 ZK0808 孔部分水样为硫酸镁亚型）。

盆地中部的 32～72 线揭露该山前矿体的含水层以粗颗粒的砾砂、含砾的中-粗砂为主，且含水层厚度大，富水性强，平均孔隙度为 22.21%，平均给水度为 8.75%；至冲洪积扇边缘，含水层颗粒逐渐变细，以砂层为主，且黏土含量变高，富水性相对稍差，平均孔隙度为 27.11%，平均给水度为 12.13%。

湖积中心矿体的长度约 24 km，宽度为 4～12 km，分布面积约 181 km²。矿体顶板埋深为 193.72 m（马 ZK7220）～307.41 m（马 ZK7212），底板埋深为 774.16m（马 ZK5608）～1221.08m（马 ZK7220），厚度为 6.39 m（马 ZK7212）～71.98 m（马 ZK5608）。储卤层主要以细颗粒的中-粗砂、粉-细砂、含黏土的粉砂为主，在上部夹杂少量含粉砂的石盐，隔水层主要为黏土粉砂、粉砂黏土、含粉砂的黏土等。孔隙度为 19.36%～23.82%，给水度为

---

① 青海省柴达木综合地质勘查院. 2021. 青海省茫崖市马海地区深层卤水钾矿预查报告[R].

6.37%～11.32%。卤水颜色呈灰色、亮灰色等。KCl 品位为 0.49%～0.88%（其中马 ZK7212 孔第二—第三试段的 KCl 品位为 0.05%，马 ZK5608 孔第二试段的 KCl 品位为 0.10%，均低于边界品位），NaCl 品位为 19.94%～21.70%，MgCl$_2$ 品位为 2.58%～3.28%，MgSO$_4$ 等其他矿物的品位未达到综合评价指标。该矿体储卤层之上的部分地段分布有浅部的晶间卤水层，卤水水化学类型为氯化物型（马 ZK7212 孔个别水样为硫酸镁亚型）。

马海盆地深部卤水的主要有益组分为 KCl，共生组分为 NaCl，伴生组分为 MgCl$_2$。卤水中 KCl 最低品位为 0.14%（马 ZK2413），最高品位为 0.89%（马 ZK7212），平均品位为 0.50%，矿区除马 ZK0705、马 ZK2413 孔以外，其他矿层的 KCl 均达到边界品位，个别达到最低工业品位；卤水中 NaCl 最低品位为 16.97%（马 ZK4007），最高品位为 21.69%（马 ZK5608），平均品位为 19.66%，在矿层中普遍达到最低工业品位；MgCl$_2$ 最低品位为 1.72%（马 ZK2413），最高品位为 3.31%（马 ZK7212），平均品位为 2.56%，在矿层中均达到综合评价指标；卤水中 LiCl 的最低品位为 15.60 mg/L（马 ZK2413），最高品位为 31.76 mg/L（马 ZK7212），平均品位为 23.71 mg/L，在矿层中普遍未达到综合评价指标；卤水中 B$_2$O$_3$ 最低品位为 64.048 mg/L（马 ZK2413），最高品位为 156.572 mg/L（马 ZK7212），平均品位为 96.69 mg/L，在矿层中普遍只有个别达到综合评价指标。

马海盆地深部卤水的微量元素中，Br$^-$ 含量较高，为 18.62～46.50 mg/L，平均值为 33.61 mg/L，Br 元素是盐湖矿产中最有效、灵敏的特征元素，该元素在自然界是以分散状态为主，易与金属、碱土金属形成溶于水的化合物，还以配位体的形式与金属、碱土金属形成稳定的络合物；B$_2$O$_3$ 含量为 57.97～147.91 mg/L，平均值为 84.64 mg/L，含量较高，B 是易溶元素，在自然界中主要存在于水圈和上地壳沉积岩系中，对于沉积环境及各种地质作用具有明显的指示意义，是判别沉积环境、物源的有效地球化学参数（肖荣阁等，1999）；Sr^{2+} 含量为 30.77～96.89 mg/L，平均值为 67.16 mg/L，其含量偏高，该元素是典型的分散元素，在自然界中主要以类质同相的形式分布在造岩矿物中，是判断水体的补给来源、古沉积环境的有效地球化学参数（张西营等，2002）。相较之下，Br 元素含量较低，B 和 Sr 元素含量较高可间接证明马海盆地的深部卤水具有地表水的补给。Rb$^+$ 含量除在马 ZK5602、马 ZK7220、马 ZK2413 孔较小外，一般为 0.21～1.26 mg/L；I$^-$ 含量为 3.01～8.25 mg/L，平均值为 4.13 mg/L。

（2）第四纪中更世至全新世（Qp$_2$—Qh）向斜凹地内以钾为主晶间卤水型盐类矿（W$_{I-V}$）

在马海盆地内 315 m 以浅的全新统、中-早更新统地层中可划分为五个矿层，液体矿的主要组分是 KCl，伴生组分是 NaCl、MgCl$_2$、MgSO$_4$、LiCl、B$_2$O$_3$、Br，其中 LiCl、B$_2$O$_3$、Br 分布零星，一般不具综合利用价值。盆地边缘及深部主要为孔隙（裂隙）型卤水，盆地中心及上部主要为晶间卤水。各矿层之间的隔水层一般为含粉砂、粉砂黏土，厚度为 3.00～30.00 m，由于隔水层弱的透水性，以及承压水越流和顶托补给作用，各矿层之间存在着一定的水力及水化学联系。在冷湖Ⅵ号、Ⅶ号背斜构造和马海背斜构造处，由于缺少资料，盐矿特征尚不清楚，下面简要叙述已知的矿床特征。

第Ⅰ卤水矿层（W$_I$）：在马海盆地的凹地内，东西向长度为 28.00 km，宽度为 2.00～26.00 km，面积为 416.12 km^2。为晶间潜卤水层，呈层状产出，潜水位埋深为 0.20～3.66 m，底板埋深为 1.30～18.61 m，为黏土粉砂及含石膏的黏土。卤水赋存于全新统（Qh）及上更新统（Qp_3）上部的松散盐层晶间，储卤层主要岩性为含粉砂的石盐，矿层平均厚度为 7.80 m，矿层厚度变化较大。矿层孔隙度平均为 13.98%；给水度平均为 6.51%。单位涌水量在北东部一般为 100～1000 L/(d·m)，局部地段大于 1000 m³/d·m；西南部的单位涌水量为 100～1000 L/(d·m)。水化学类型主要为硫酸镁亚型。卤水中 KCl 的平均品位为 1.52%；NaCl 的平均品位为 13.80%；$MgCl_2$ 的平均品位为 10.84%；$MgSO_4$ 的平均品位为 1.29%。

第 II 卤水矿层（W_{II}）：在马海盆地的凹地内，东西向长度为 28 km，南北向宽约 18 km，面积为 436.72 km²。顶板埋深为 5.10～32.74 m，岩性为粉砂黏土、含石膏的黏土。底板埋深为 12.30～49.95 m，岩性为含石膏和粉砂的黏土。卤水赋存于上更新统（Qp_3）下部的松散盐层晶间，储卤层岩性主要为含粉砂的石盐、含黏土的石盐。矿层厚度平均为 9.89 m。单位涌水量为 0.034～0.122 L/(d·m)，水化学类型为硫酸镁亚型。卤水中 KCl 最低品位为 0.52%，最高品位为 1.66%，平均品位为 1.10%。矿层的平均孔隙度为 10.26%，平均给水度为 5.89%。

第III卤水矿层（W_{III}）：分布于马海盆地凹地的 32～80 线间，东西向长度为 52 km，南北向宽度为 8～26 km，面积为 843.01 km²，其沉积中心和 W_{II} 矿层基本一致。顶板埋深为 16.89～83.30 m，岩性为含石膏的粉砂黏土。底板埋深为 22.94～118.15 m，岩性为含石膏的粉砂黏土、淤泥。含矿卤水赋存于中更新统上部（Qp_2）的盐层晶间，储卤层主要岩性为含粉砂黏土的石盐。矿层纯厚度平均为 16.22 m，单位涌水量为 0.005～0.177 L/(d·m)，水化学类型均为硫酸镁亚型。卤水中 KCl 最低品位为 0.31%，最高品位为 1.88%，平均品位 1.17%。矿层的平均孔隙度为 13.40%，平均给水度为 7.32%。

第 IV 卤水矿层（W_{IV}）：分布于马海盆地的凹地内 40～80 线间，为承压卤水层，矿体呈层状、似层状产出，顶板埋深 55.64～131.27 m，岩性为含石膏的粉砂黏土、淤泥。底板埋深 68～205.88 m，岩性为粉砂黏土、淤泥。卤水主要赋存于中更新统下部的盐层之晶间，含水层岩性为含石膏黏土的石盐、含黏土的石盐，矿层平均厚度为 21.19 m，水化学类型为硫酸镁亚型，卤水中 KCl 平均品位为 1.26%。矿层的平均孔隙度为 10.88%，平均给水度为 5.55%。

第 V 卤水矿层（W_V）：分布于凹地内 40～80 线间，为承压卤水层，矿体呈层状、似层状产出，顶板埋深为 130.35～241.21 m，岩性为粉砂黏土、淤泥。底板埋深最浅为 139.46 m，岩性为含石膏的粉砂黏土、黏土粉砂。卤水主要赋存于下更新统（Qp_1）的盐层晶间及碎屑岩孔隙中，储卤层岩性为含石膏粉砂之石盐及粉-细砂，矿层平均厚度为 12.40 m，水化学类型主要为硫酸镁亚型，个别地段为卤化物型，卤水中 KCl 平均品位为 0.93%。矿层平均孔隙度 8.20%，平均给水度 2.21%。

3）固体矿石质量特征

（1）物质成分

在马海矿区，矿物种类主要有盐类矿物和杂质，盐类矿物主要有石盐、光卤石、钾石盐、水氯镁石、石膏、芒硝等；杂质有粉砂、黏土、淤泥。杂质充填于盐类矿物粒间，或混生，极少数以盐类矿物的包裹体呈现。

（2）矿石结构、构造

在马海矿区，矿石结构主要有粒状结构、砂状结构、粒状镶嵌结构、残余结构、包含结构、交代结构等。矿石构造主要有松散多孔构造、块状构造、斑状构造。

（3）矿石类型

①矿石自然类型：按矿石成分分类，其类型较多，但常见并构成主矿体的矿石自然类型主要有按矿种划分为钾石盐、光卤石、石盐、水氯镁石、石膏等，杂质为粉砂等。

②矿石工业类型及品级划分：依据矿石自然类型大致可分为二种工业类型，一种是钾石盐矿、石盐矿等，主要矿石矿物为钾石盐、光卤石、石盐及芒硝等，含微量石盐、石膏及其他盐类；另一种是石盐芒硝矿石、石盐杂卤石矿等，主要矿石矿物为芒硝，杂卤石等，伴（共）生伴生石膏等其他盐类矿物。

4）矿体围岩及夹石特征

矿体围岩多数为矿体顶、底板中含杂质（主要为粉砂，少数为黏土、淤泥）数量不等的石盐。因而杂质层是矿体（层）的围岩和夹石，将矿层分隔成数个薄层。围岩与矿体（层）有两种关系，一种是过渡关系，另一种是突变关系。围岩主要岩性为灰褐色、黄绿色、黑色、灰黑色等颜色的含石盐的黏土、含石膏的黏土、含黏土的粉-细砂、黏土质粉砂、淤泥、含石盐和芒硝的淤泥、黏土淤泥等。

5. 成矿模式

1）成矿物质来源

马海地区深部卤水的钠氯系数为 0.80~0.85，小于 0.85，氯溴系数为 4079~5452，马海地区孔隙卤水的钠氯系数反映其来源为蒸发残余的地下卤水，然而深部卤水的氯溴系数则反映了其来源为盐岩溶解，脱硫系数及钙镁系数反映出该地区封闭性较差，较低的钾氯系数值反映出地下卤水浓缩程度较低，推测马海地区深部卤水来源为蒸发残余的卤水，但由于该地区封闭性较差，受地表淡水的影响，其浓缩程度较差，同时地表淡水注入的过程中溶滤了大量盐岩，使卤水中 Cl^- 含量增大，由此氯溴系数变大，由此推测马海地区深部卤水是蒸发残余卤水及盐岩溶滤卤水混合成因的多源性卤水[①]。

2）成矿期及成矿阶段

①上新世末期以前，马海矿区是古柴达木湖的一部分，接受滨湖相-三角洲相沉积。上新世末期开始的第一次新构造运动使区域内发育冷湖六号、冷湖七号构造褶皱，形成水下隆起的半封闭环境，来源于祁连山花海子汇水区的水源经矿区西北部注入矿区，经蒸发、浓缩后流向古柴达木湖。作为一个次级预备盆地，马海盆地在早更新世开始时接受碳酸盐和石膏沉积，此后开始接受石盐沉积（仅限于矿区东南部小面积内）。

②早更新世中、晚期的两次新构造运动使矿区封闭程度加剧，在枯水期与古柴达木湖隔离，盐类沉积范围扩大，并有芒硝析出；在丰水期水域扩大，与古柴达木湖连通，仍作为后者的预备盆地，接受碎屑沉积。因矿区封闭与连通的状况交替进行，所以盐类沉积与碎屑沉积互层。在此期间区域内主要补给水系仍来源于矿区西北部，40 线以北区域中、下更新统中大量代表冲积环境的粗碎屑沉积是补给来源的一个佐证。

③中更新世晚期的第四次新构造运动使盆地变成封闭盆地，来源于北部的水系仍是矿区的主要补给源，后来逐渐被东部鱼卡河水系补给所代替。由于封闭盆地的形成和气候的日趋干旱，中更新世晚期以后湖水逐渐向东南方向退缩至 80 线附近，并出现干盐滩环境，

---

① 青海省柴达木综合地质勘查院. 2021. 青海省茫崖市马海地区深层卤水钾矿预查报告[R].

开始析出白钠镁矾。西北部的水源进行补给或以深循环形式补给矿区。

④距今 30 ka 前开始的第五次新构造运动，是一次规模巨大的运动，使区域内已形成的背斜带更加隆升，向斜凹地更加凹陷，结果使成矿物质向矿区东南部集中。由于区域内干盐滩广布，矿区东南部盐沼带面积大，因而来源于矿区东部的水系经盐沼带沉积分异后，至地德宗马海湖已经演化成硫酸镁亚型卤水，K^+、Mg^{2+} 含量很高。而矿区西北部、西南部和东部除有潜水补给外，深部水的补给也占相当大的比重，二者掺杂后在现今牛郎织女湖和巴伦马海地区形成氯化物型卤水。由于地形原因，晶间卤水向德宗马海湖方向运移，与硫酸镁亚型卤水掺合，形成光卤石和钾石盐沉积，这就是马海盆地 30 ka 以来固体钾矿的主要成因。

总之，马海盆地的成盐作用和湖泊演化有着密切的关系。气候持续干旱，湖水蒸发、浓缩，盐类物质沉积，构造活动使得马海盆地逐渐由"开放体系"变成"半封闭体系"直至"封闭体系"，形成了具有独特的盐类沉积矿产和含矿卤水。

3）成矿模式

自阿尔金山山前至大浪滩盆地中心，地形坡度逐渐变缓，沉积物由冲洪积物逐渐变为湖相沉积层，自北向南颗粒由粗变细，直至湖盆中心形成盐类沉积，地下水水质也由淡-咸水逐渐演变为高矿化卤水。盆地内卤水层具有明显的水平分带性，卤水类型也由孔隙卤水变为晶间卤水。近年来在大浪滩凹地北部边缘揭露的以砂卵砾石为含卤介质的孔隙卤水层，其富水性较强，卤水中 KCl 含量一般在边界品位以上。

马海盐湖卤水型钾盐的成藏模式可以总结为：地表水补给主要来自东北部的赛什腾山区，流经马海盆地最终汇入盆地东部的低洼地区；马海盆地在上新世末期与柴达木古湖中分隔，此后受构造运动影响逐渐封闭而形成，马海盐湖在上新世末期已是卤水湖，成矿物质来源除风化、淋滤、迁出的 K^+ 等物质及深部循环水之外，还继承了古卤水湖的古卤水。更新世—全新世期间，断裂活动加剧，驼南断裂和鹊南断裂等逆冲断裂在深部相连，形成了深部卤水向浅部运移的通道，使 K^+ 进入到盐层及附近的松散沉积层中（图 5-26）。

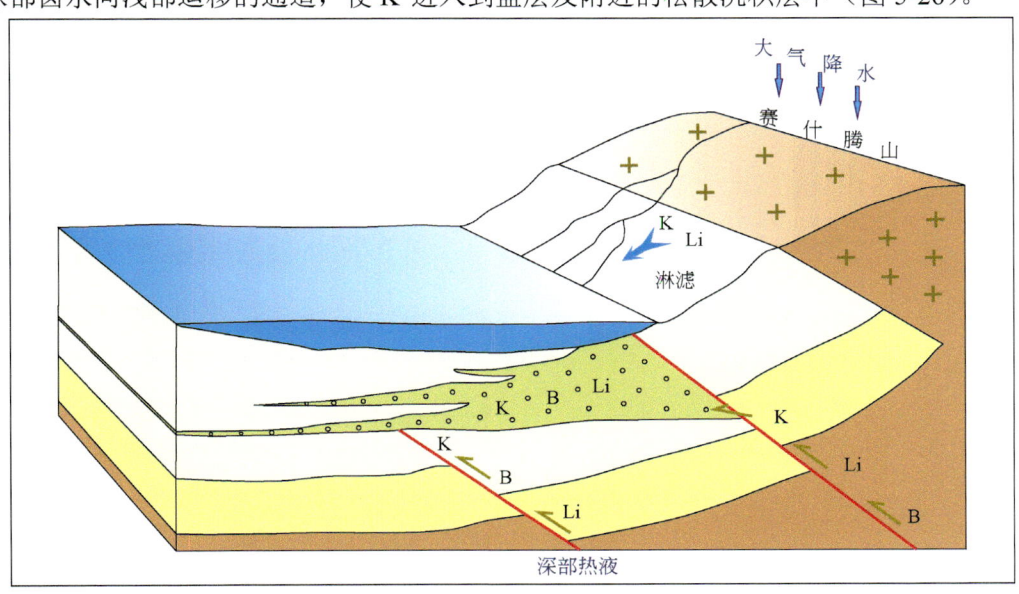

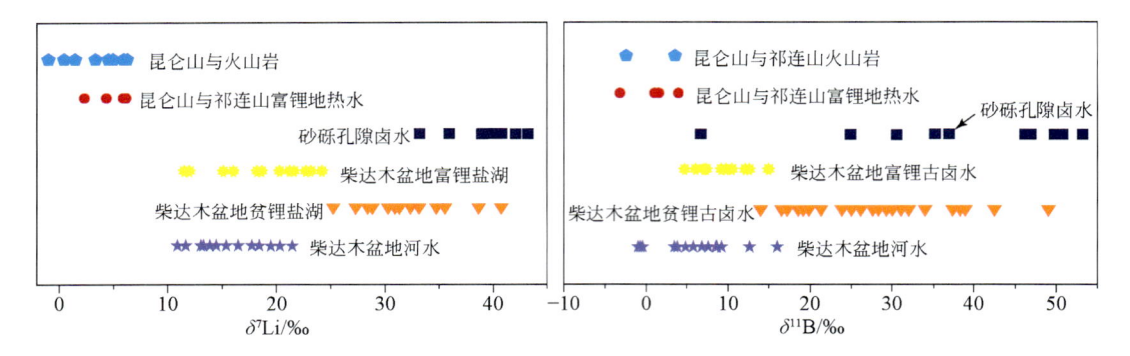

图 5-26 马海地区成矿模式图

4）成矿亚系列成矿模式

该成矿亚系列对应建立了与第四纪溶滤-沉积作用有关的深藏卤水钾矿成矿亚系列，按照构造演化的成矿背景、成矿作用、主要控矿因素、突出盐类矿产的原则，建立了阿尔金—赛什腾山山前砂砾石型孔隙卤水钾矿床成矿模式图（图 5-27）。

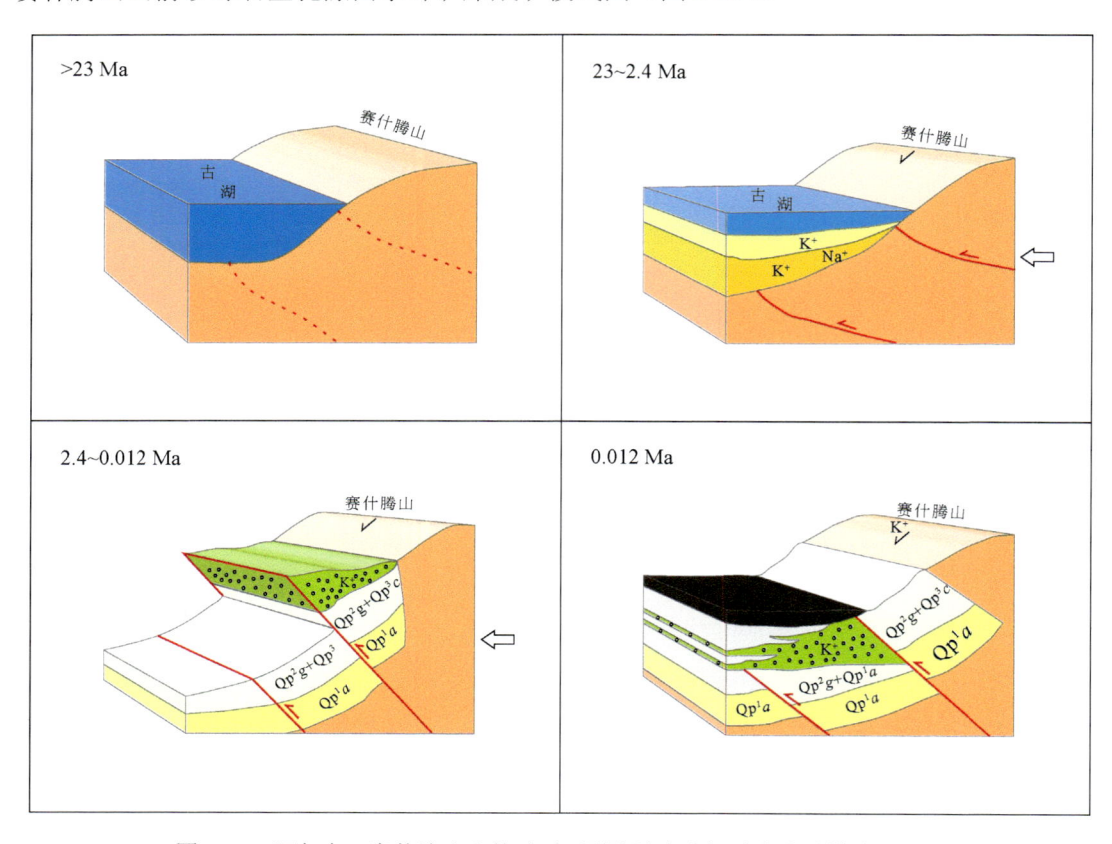

图 5-27 阿尔金—赛什腾山山前砂砾石型孔隙卤水钾矿床成矿模式示意图

5.2.3 与第四纪沉积作用有关的黏土型锂矿成矿亚系列

5.2.3.1 成矿亚系列结构与特点

该成矿亚系列分布于柴达木盆地第四纪次级盆地干盐滩中，成矿层位为全新统石盐层间或全新统底部的黏土层，是在全新世干盐滩形成过程中，在消亡的盐湖底部经机械沉积的细粒黏土吸附锂离子而逐步富集成矿，因此成矿物质来源于第四纪盐湖沉积物。该成矿亚系列是 2022 年在柴达木盆地马海地区首次发现的新的盐湖成矿类型，展现了盐湖新类型锂矿的巨大找矿前景（潘彤等，2023）。

5.2.3.2 典型矿床特征——巴伦马海盐湖黏土型锂矿床

巴伦马海盐湖黏土型锂矿床位于柴达木盆地北缘的马海盆地东南部，位于大柴旦镇北西西方向 100 km 处，2022 年青海省第四地质勘查院对该区域第四系含盐地层展开调查时，发现含锂黏土层广泛发育，其中全新统达布逊组（Qhd）和上更新统察尔汗组（Qp$_3$c）的黏土层，具有较高的钾锂矿成矿潜力。2023 年开展了较系统的研究，发现在巴伦马海钾矿区当年溶矿车间的产能规模下，每提供 1 t 碳酸锂，溶矿车间形成的利润为 3.93 万元，证实该类盐湖黏土型钾锂矿具备开发利用的价值。

1. 区域地质特征

马海盆地内广泛分布第四系盐类沉积，并伴随着碎屑层（黏土层、粉砂层）的沉积，在同一沉积环境下，盆地的盐类矿物和黏土层具有相同的沉积相。黏土层广泛发育在全新统达布逊组（Qhd）、上更新统察尔汗组（Qp$_3$c）、中更新统尕斯库勒组（Qp$_2$g）和下更新统阿拉尔组（Qp$_1$a）中。

马海盆地内构造较简单，北部地层为单斜层，倾向为 SW，南部地层呈宽缓褶皱，总体倾向为 NW，构成盐湖盆地的向斜构造特征。根据遥感资料，在盆地西南部存在若干条 NW 向大断裂带，长度为数十至数百千米。

2. 矿区地质特征

1）地层

巴伦马海矿区是马海盆地的一部分，盆地内地层、构造及沉积特征等与整个马海盆地的地质特征相符。除下更新统阿拉尔组（Qp$_1$a）在矿区地表未出露，其他地层均有出露，各类地层之间的接触关系主要为突变接触和渐变接触（图 5-28）。中更新统尕斯库勒组（Qp$_2$g）在巴伦马海矿区西部和南部出露；察尔汗组湖泊化学沉积（Qp$_3$c^{ch}）分布于巴伦马海矿床外围西北方向，呈带状分布；察尔汗组的湖相沉积地层（Qp$_3$c^l）出露面积较大，达布逊组（Qhd）在巴伦马海矿区均有分布。每个地层岩性特征见（图 5-29）。

2）构造

根据地震资料解译结果，F2 和 F3 断裂带为矿区的两条主要断裂带（图 5-28），构成了巴伦马海矿区的主体，区域内第四系沉积特征、矿体特征，以及石盐、钾盐、卤水的赋存特征也是基本受这两条断裂带的控制，特别是含矿卤水，受断裂带的控制明显。断裂带也控制着第四系黏土中稀有金属元素的富集。

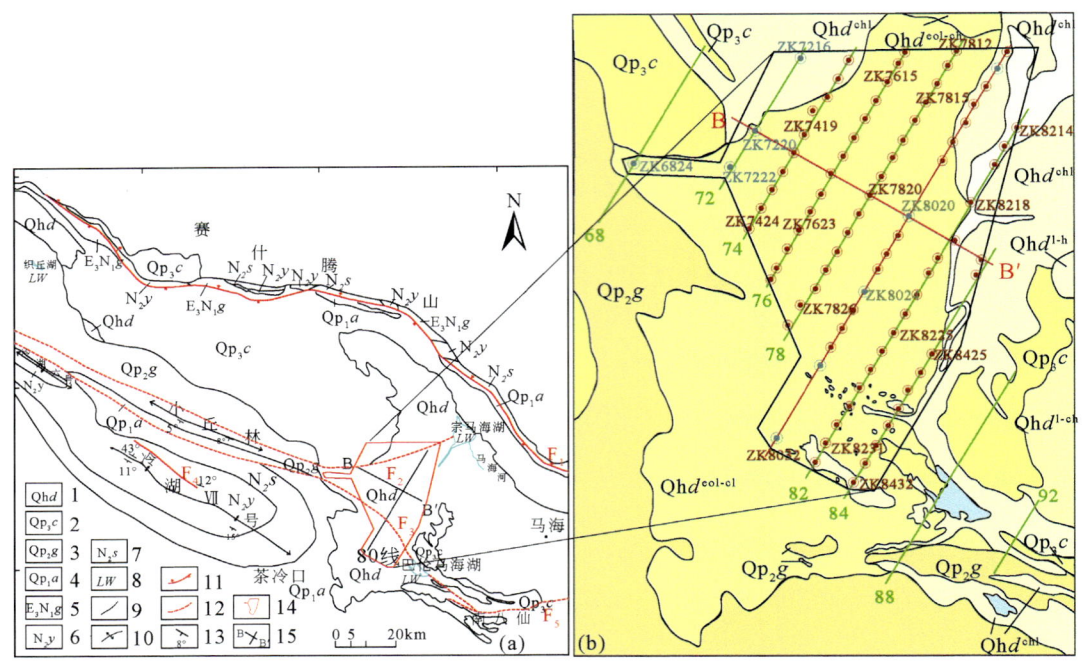

图 5-28 巴伦马海区域地质简图（据潘彤等，2023修改）

1.全新统达布逊组；2.上更新统察尔汗组；3.中更新统尕斯库勒组；4.下更新统阿拉尔组；5.干柴沟组；6.油砂山组；7.狮子沟组；8.现代湖水；9.实测地质界线及不整合地质界线；10.背斜轴；11.逆断层；12.推测断层；13.地层产状；14.调查评价区；15.剖面及编号

界	系	统	厚度/m	柱状图	岩性特征
新生界（K2）	第四系（Q）	全新统达布逊组（Qhd）	0.60~17.80		化学沉积：褐黄色含光卤石(钾石盐)、粉砂的石盐、砂石盐、含粉砂石盐等。厚度为0.60~16.70m。 湖积：灰绿色、褐红色的含粉砂的黏土、粉砂黏土、黑色淤泥，局部含石盐河石膏，厚度0.51~11.05m
		上更新统察尔汗组（Qp₃c）	17.20~63.63		冲洪积、湖积、化学沉积：灰-灰白色砂砾、灰白色、黄褐色的含粉砂的石盐、粉砂石盐、含石膏、粉砂的石盐。灰绿、灰褐、黄绿色的含石膏、粉砂的黏土，粉砂黏土及黑色淤泥
		中更新统尕斯库勒组（Qp₂g）	>150		湖积：黄褐色、灰黄褐色、灰绿色、褐红色黏土、含粉砂的黏土、粉砂黏土、黑色淤泥、含石膏的黏土、含石盐的粉砂及黏土粉砂。 化学沉积：灰白色、灰色、黄灰色含石膏、黏土的石盐、含黏土的石盐、含石膏的粉砂石盐、粉砂石盐、含粉砂的石盐、含杂卤石的黏土石盐及含黏土、芒硝的石盐
		下更新统阿拉尔组（Qp₁a）	>160		湖积：灰绿色、灰色、褐色的含粉砂的黏土、含石膏的黏土、含石膏的粉砂黏土、黑色淤泥、含石膏的黏土、含石膏的粉砂、黏土粉砂及浅黄色粉细砂。 化学沉积：灰白色、灰色、灰褐色含粉砂的石盐、含黏土的粉砂石盐、含石膏的黏土石盐
	新近系（N）	上新统（N₂）	>3000		黄绿、棕灰色泥岩、砂质泥岩、泥质粉砂岩夹砾岩、泥灰岩、岩盐、石膏

图 5-29 巴伦马海盆地地层综合柱状图（据潘彤等，2023）

3）黏土矿层规模、形态、产状

巴伦马海矿区是一个以液体钾矿为主，固液体矿并存的综合性钾矿床。液体矿产主要有 KCl、NaCl、MgCl$_2$ 等，固体矿产以石盐（NaCl）为主，在矿区中部地表的风积沙堆积地带，有薄层的固体钾矿（KCl）分布。含矿黏土层与盐层互为顶底板（围岩），均为湖相沉积地质作用形成。液体矿、固体石盐矿、固体钾盐矿和碎屑岩地层中均含有 Li、Rb、Cs 等元素，但黏土层中含量最高。根据调查结果，矿区含矿黏土层在第四系下更新统、中更新统、上更新统和全新统均有分布，可按两类标准进行划分：第一类按照黏土层颜色不同可划分为灰褐色黏土、灰绿色黏土和黑色含碳黏土；第二类按照黏土层的组分不同可划分为含粉砂黏土、含石膏黏土、含石盐黏土和含碳黏土（图 5-30）。

图 5-30 不同黏土类型的岩心照片

(a) 灰绿色含石膏的黏土（ZK7816 孔：4.9~5.0 m）；(b) 灰褐色含石膏和粉砂的黏土（ZK7816 孔：11.0~11.1 m）；(c) 灰褐色含粉砂的黏土（ZK7816 孔：20.5~20.6 m）；(d) 黑色含石膏、含碳黏土（ZK7816 孔：24.5~24.6 m）；(e) 棕褐色含石膏的黏土（ZK7424 孔：4.3~4.4 m）；(f) 黑色含碳黏土（ZK7424 孔：7.2~7.3 m）；(g) 灰褐色含石盐和粉砂的黏土（ZK7424 孔：15.0~15.1 m）；(h) 青灰色含石膏的黏土（ZK7424 孔：23.3~23.4 m）

对应地层系统自下而上共划分为 4 个含矿黏土层（N_I~N_{IV}）。含矿黏土层多呈层状和似层状产出，在垂向上连续性好，厚度变化稳定。固体石盐矿层、钾盐矿层、液体钾矿与含矿黏土层呈互补关系，固体矿层发育地段黏土层薄，黏土层发育地段固体矿层不发育（图 5-31）。

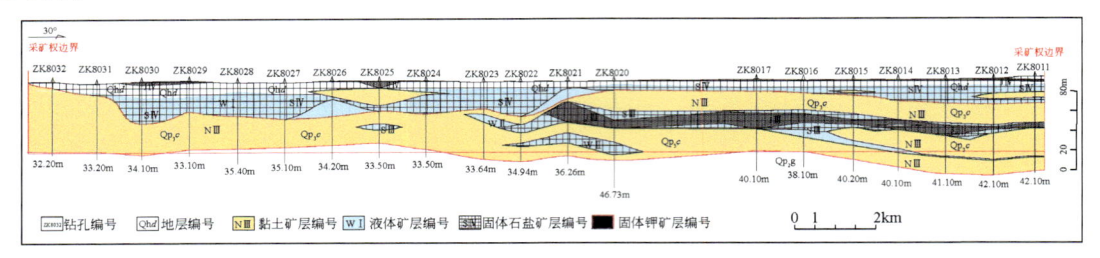

图 5-31 80 线各类矿体分布图

其中，N_I 含矿黏土层埋深大，不在巴伦马海矿区范围内（垂向上超出了 2711 采矿权下限），N_{II} 含矿黏土层仅有个别钻孔揭露。产出于全新统和上更新统的 N_{IV}、N_{III} 含矿黏土层控制和研究程度较高，具体特征见表 5-10。

表 5-10 N_{IV}、N_{III} 含矿黏土层特征表

含矿黏层编号	埋深/m 自	埋深/m 至	平均厚度/m	平均含量 LiCl/ppm	平均含量 Rb_2O/ppm	平均含量 Cs_2O/ppm	平均含量 B_2O_3/ppm	平均含量 K^+/%	平均含量 KCl/%	潜在资源/万 t LiCl/ppm	潜在资源/万 t Rb_2O/ppm	潜在资源/万 t Cs_2O/ppm	潜在资源/万 t B_2O_3/ppm	潜在资源/万 t KCl/%
N_{IV}	0.0	10.6	2.42	351.40	103.34	7.98	754.89	1.89	0.33	1.64	0.51	0.035	3.38	29.26
N_{III}	0.0	34.1	13.29	346.94	112.1	9.83	500.26	1.91	0.35	110.38	34.44	3.04	156.57	1415.68

注：表中 K^+ 含量为酸溶法分析结果，在计算潜在资源时利用水溶法溶出比例（K^+ 的利用率达到 9.3%）进行了转化，并将 K^+ 含量通过配盐转换成了 KCl。

（1）N_{IV} 含矿黏土层

N_{IV} 含矿黏土层产于全新统达布逊组（Qhd）内，分布局限，平面上主要在 74~80 线南部、80~84 线北部一带分布，分布面积约 21.09 km²。全区有 15 个钻孔控制了该含矿黏土层，多以似层状及透镜状产出，厚度一般为 0.51~7.6 m，平均厚度为 2.42 m，厚度变化系数为 76.4%，厚度变化较稳定。不含夹石，结构简单。含矿黏土层内 LiCl 含量为 298.05~422.16 ppm，平均含量为 351.40 ppm，含量变化系数为 11.57%，含量变化稳定；B_2O_3 含量为 350~1500 ppm，平均含量为 754.89 ppm，含量变化系数为 41.71%，含量变化稳定；Rb_2O 含量为 60.69~177.16 ppm，平均含量为 103.34 ppm，含量变化系数为 18.47%，含量变化稳定；Cs_2O 含量为 4.56~13.68 ppm，平均含量为 7.98 ppm，含量变化系数为 28.46%，含量变化稳定；K^+ 含量为 1.36%~3.16%，平均含量为 1.89%，含量变化系数为 21.38%，含量变化稳定。含矿黏土层岩性主要为灰褐色、灰绿色含石盐和石膏的黏土，灰黑色淤泥黏土，棕褐色含石膏的黏土，黑色含粉砂的淤泥。矿石结构多为粉砂泥质结构，结构松散；顶板埋深 0~6.7 m，顶板以褐色黏土粉砂、含石盐的粉砂、含粉砂的石盐等为主；底板埋深 0.96~10.6 m，底板以灰褐色含粉砂的石盐、中粗粒石盐为主，局部为含黏土和石盐的粉砂。

（2）N_{III}含矿黏土层

N_{III}含矿黏土层产于上更新统察尔汗组（Qp_3c）内，分布广泛，分布面积约174.85 km²。全区有89个钻孔控制了该矿层。N_{III}含矿黏土层多以层状、似层状及厚层状产出，厚度一般为0.73～23.45m，平均厚度13.29m，厚度变化系数39.22%，厚度变化稳定（图5-32）。黏土层结构简单，含夹石数量多为1层，局部为3～5层，为结构简单-较简单的矿层。夹石厚度为0.5～5.85 m，以灰褐色、黑色等颜色的含粉砂（黏土、或淤泥）的石盐，含芒硝、粉砂的石盐，含黏土、石盐的粉砂，含芒硝、淤泥的石盐、含黏土的粉（细）砂，含石盐的粉砂，黏土粉砂，粉（细）砂，以及灰褐色黏土粉砂为主。

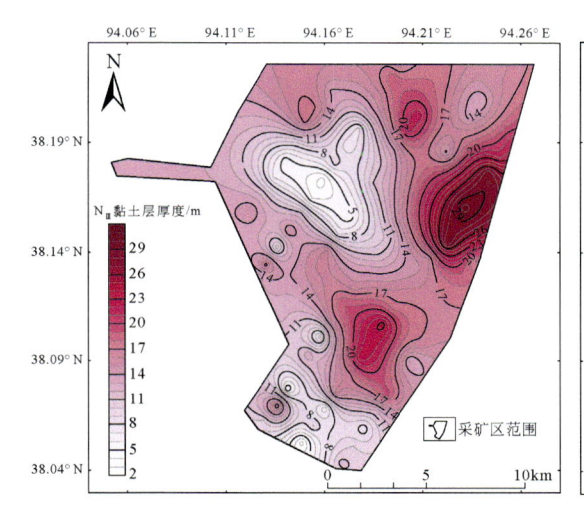

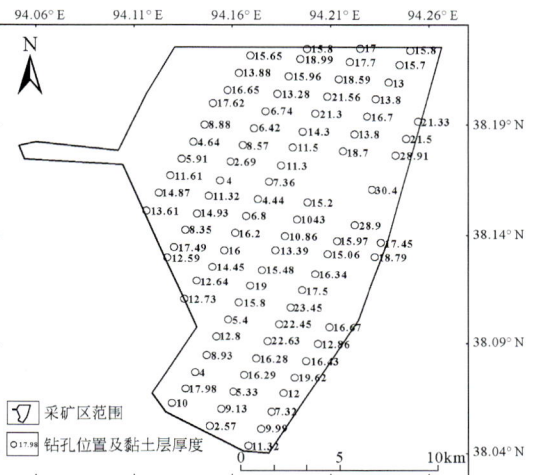

图5-32 N_{III}黏土层分布及厚度等值线图

N_{III}含矿黏土层内LiCl含量为204.78～624.85 ppm，平均含量为346.94 ppm，含量变化系数为13.77%，含量变化稳定；B_2O_3含量为18～1300 ppm，平均含量为500.26 ppm，含量变化系数为73.46%，含量变化稳定；Rb_2O含量在14.76～211.06 ppm，平均为112.1 ppm，含量变化系数27.77%，含量变化稳定；Cs_2O含量为1.06～27.25 ppm，平均含量为9.83 ppm，含量变化系数30.83%，含量变化稳定；K^+含量为0.08%～3.21%，平均含量为1.91%，含量变化系数87.36%，含量变化稳定（图5-33）。

N_{III}含矿黏土层岩性主要为灰褐色、灰绿色、灰黑色的含石膏的黏土和含石盐的黏土，灰褐色、灰绿色的含粉砂的黏土，以及含石膏、含石盐、含粉砂的黑色淤泥。顶板埋深2.1～27.4 m，顶板以灰褐色、灰白色的含粉砂石盐、粉砂石盐，灰黑色含芒硝、淤泥的石盐，灰褐色含黏土的粉砂石盐，灰褐色含石盐、黏土的粉砂，灰褐色含黏土的粉砂，灰褐色含石盐的粉（细）砂，灰褐色中-细（粉-细）砂等为主；底板埋深21.47～34.1 m，底板以灰褐色、黑色等颜色的含粉砂（或含淤泥）的石盐、粉砂石盐、含粉砂（或含石膏）和黏土的石盐、含淤泥和粉砂的石盐、含石膏和黏土的粉砂、含黏土的粉（细）砂、黏土粉砂等为主。

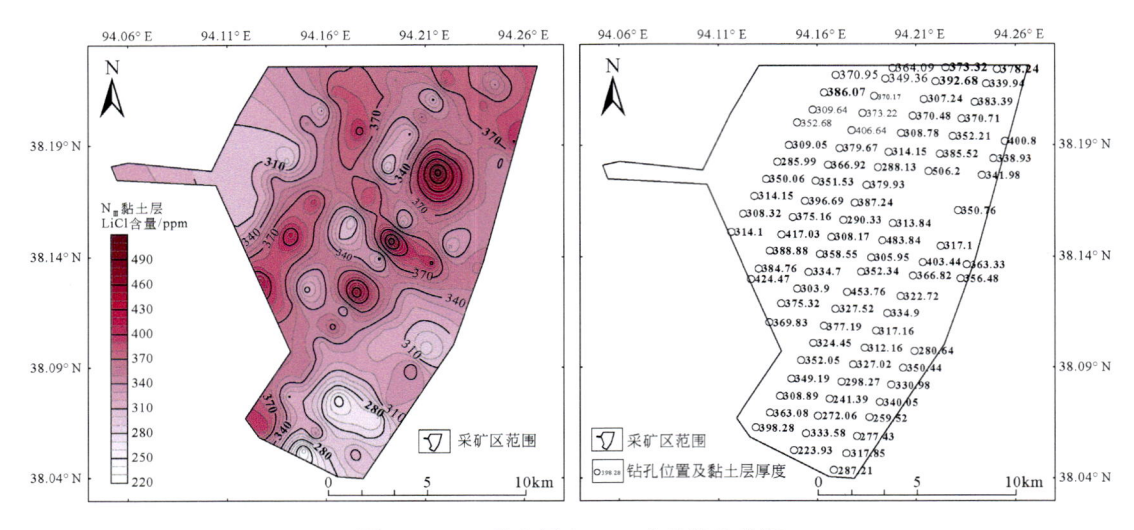

图 5-33　N_Ⅲ黏土层中 LiCl 含量等值线图

3. 矿石特征

巴伦马海盐湖黏土型钾锂矿的主要矿物类型为造岩矿物碎屑、盐类矿物、吸附于矿物表面或层状矿物结构面的物质这三种。主要化学成分为 K、Na、O、Cl，盐类矿物成分中 Cl^-、SO_4^{2-}、K、Ca、Na、Mg、B_2O_3 含量高，稀有元素中 Li、Rb、Cs、Sr 富集明显。黏土层中水的可溶物为石盐、光卤石、水氯镁石，Li、K 可以通过水溶方式溶取利用。稀有元素 Li、Rb、Cs 和 Sr 与伊利石的形成关系密切。

含矿黏土层的主要矿物有石英、斜长石、方解石、文石、白云石、伊利石、绿泥石、高岭石、伊蒙（伊利石-蒙脱石）混层及盐类矿物石盐、石膏、光卤石等。其中主要黏土矿物为伊利石、伊蒙混层、绿泥石、高岭石，水的可溶物为石盐、光卤石、水氯镁石。

K 的赋存类型主要为可溶性盐类矿物、长石和黏土矿物；Li 的赋存类型主要为吸附锂和结构型锂，吸附锂包括水溶锂和酸浸锂，残渣态锂属于结构型锂。

巴伦马海矿区盐湖的黏土型钾锂矿中既有结构型锂，也有吸附型锂，是介于碳酸盐黏土型锂矿与火山岩黏土型锂矿之间的一类黏土型锂矿。锂以铁锰结合态为主，残渣态次之。这与柴达木盆地物源区地质背景相一致，物源区的锂和含锂矿物被水流搬运进入巴伦马海湖的湖相沉积体系中，通过阶段性多旋回的沉积地质作用、吸附（水-岩反应）作用，形成空间上含矿黏土层和固体石盐层互为顶底板的矿（化）体。巴伦马海盆地评价区不同颜色、不同组分的含矿黏土中稀有轻金属元素含量变化稳定，变化系数小，锂等稀有元素含量与黏土含量关系密切，黏土含量越高，元素含量越高。黏土矿物以伊利石为主，伊蒙混层、绿泥石次之，伊利石约占矿物总量的 15%，绿泥石占矿物总量的 5%，伊蒙混层约占矿物总量的 4.5%，高岭石约占矿物总量的 2.1%。

4. 成矿阶段

第四纪巴伦马海矿区经历了五次新构造运动，控制着马海古湖的演化和盆地的沉积充填序列。据早更新世、中更新世、晚更新世、全新世的湖积特征巴伦马海矿区内可以划分为四个成矿期。即①早更新世成矿期，矿产组合为黏土型钾锂矿、固体石盐；②中更新世成矿期，碎屑沉积与盐类沉积互层，矿产组合为黏土型钾锂矿、芒硝、白钠镁矾、钾石盐、固体石盐；③晚更新世成矿期，碎屑沉积与盐类沉积互层，地层的含盐率一般为20%～40%，矿产组合为黏土型钾锂矿、芒硝、白钠镁矾、杂卤石、钾石盐、固体石盐；④全新世成矿期，化学沉积和碎屑沉积互层，地层中含盐率比较高，大部分钻孔中达40%以上，最高92.43%，矿产组合为黏土型钾锂矿、光卤石、钾石盐、固体石盐、硫酸镁亚型卤水、氯化物型卤水。每一个成矿期黏土型钾锂矿可划分为沉积初始富集阶段、吸附富集成矿阶段两个成矿阶段。

5. 控矿条件分析

巴伦马海盐湖黏土型钾锂矿的形成，不仅与受局限的盆地、强烈且持续的干旱气候、区域构造条件有极密切的关系，主要还受到沉积环境、成矿作用、成矿阶段的共同制约。矿区内黏土型钾锂矿的地质特征表明，钾锂矿的主要控矿因素为地层、岩性、构造、岩浆活动、岩相古地理等。

1）地层与成矿

根据调查结果，巴伦马海矿区的黏土层的 Li 含量为 74.7 ppm，远高于固体石盐层中 Li 含量（48.44 ppm），也高于区域硬质岩石区的岩石地球化学背景值（21.54 ppm），黏土层中 Li 含量分别是柴北缘、柴周缘、青海省全省背景值的3.24倍、2.65倍、1.9倍，说明矿区黏土层中稀有金属元素富集的现象明显。根据野外地质特征初步判断，黏土层沉积在砂岩和粉砂岩地层之上，推断富锂黏土可能形成于古盐湖形成的晚期，地表水淋滤蚀源区的K、Li在黏土岩中富集。因此，富K、Li的地层可能代表了盆地内数百万年以来K、Li的输入和富集过程。

2）岩性与成矿

含矿黏土层是成矿地质体，主要为泥质结构，绝大多数矿物粒度小于0.01 mm。从岩性剖面看，自地表向下有石盐层、灰褐色含石盐粉砂黏土层、灰绿色含石膏黏土层和黑色含石膏的淤泥。灰绿色、灰色及棕褐色的黏土、粉砂黏土是浅湖背景下静水环境的产物。黑色淤泥层反映当时处于沼泽环境或是处于湖心滞水环境。黏土层和石盐层属于互层关系，推测黏土和卤水中的K、Li元素相互影响，是一个解析-吸附的过程，K、Li在黏土层中的富集受到卤水中K、Li的溶解度和黏土矿物的吸附容量的影响。

3）构造与成矿

新近纪末期以来的新构造运动对马海盆地的地质演化和形态发育产生了深远影响。这些构造运动导致了地层的褶皱隆起、断裂活动的发展，以及盆地的相对下降，最终形成了闭流盆地和干盐湖。巴伦马海矿区内分布的F_2和F_3断裂带，控制着区内第四系沉积特征、矿体特征，以及石盐、钾盐、卤水的赋存特征，特别是含矿卤水，受断裂带控制明显。断裂带起着导水作用，也控制着第四系黏土中稀有金属元素的富集。

4）岩相古地理与成矿

矿区更新统和全新统湖积沉积主要为冲积相、滨湖相、浅湖相和盐湖相。浅湖相沉积主要是黏土、淤泥、含粉砂黏土互层；滨湖相沉积主要是粉砂岩、砂岩，盐湖相沉积主要是化学沉积的石盐夹黏土、淤泥。浅湖相沉积与盐湖相沉积主要控制着黏土层的产出，也控制着盐湖黏土型钾锂矿的空间分布。在矿区中东部地区，含粉砂黏土、黏土、淤泥发育最好，是盐湖黏土型钾锂矿的有利靶区。

6. 矿床类型

根据黏土矿的上述成矿特征，我们初步定义巴伦马海盐湖矿区是由沉积作用形成的黏土型锂矿床。

7. 成矿模式

1）成矿物质来源

稀土元素与同位素在风化、搬运、沉积及成岩过程中组成变化较小，所携带的物源区源岩信息一般不会丢失，因此被视为重要的物源示踪物。

稀土元素的分布特征和曲线形态分析结果显示，巴伦马海盆地上更新统灰黑色含石盐、淤泥的黏土和灰绿色含石膏的黏土，与赛什腾埃姆尼克二级走滑构造带的岩浆岩、金矿石、达肯大坂群斜长片麻岩、滩间山群火山岩、万洞沟群碳质千枚岩、晚二叠世赛什腾火山岩的稀土元素的分布特征和曲线形态极其相似，证明盆地内黏土沉积物质来源于赛什腾埃姆尼克二级走滑构造带（图5-34）。

蚀源区是一个富K、Li的地球化学背景区，对于马海盆地中K、Li的富集和沉积起着重要作用。盆地北部赛什腾埃姆尼克二级走滑构造带的滩间山群变质岩、达肯大坂群变质岩、晚二叠世赛什腾火山岩、岩浆岩的K、Li含量较高，是巴伦马海盐湖中K、Li等元素的主要来源。岩石中K、Li的平均含量分别为2.23%和46 ppm，与它们的克拉克值相比较，K的平均含量接近于克拉克值（2.09%），而Li的平均含量则高于克拉克值（20 ppm）。花岗岩类的分布面积约占其外围山系总面积的2/3，其K的平均含量为4.06%，是地壳克拉克

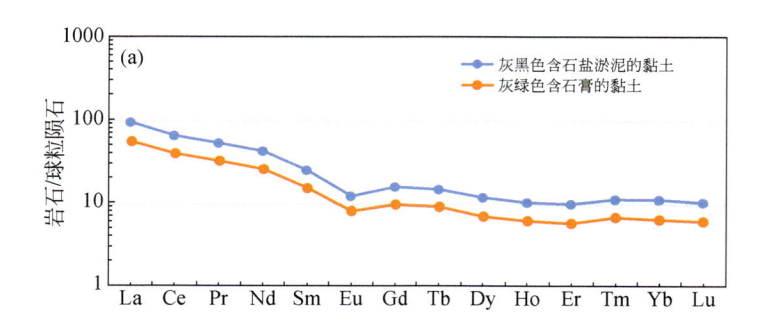

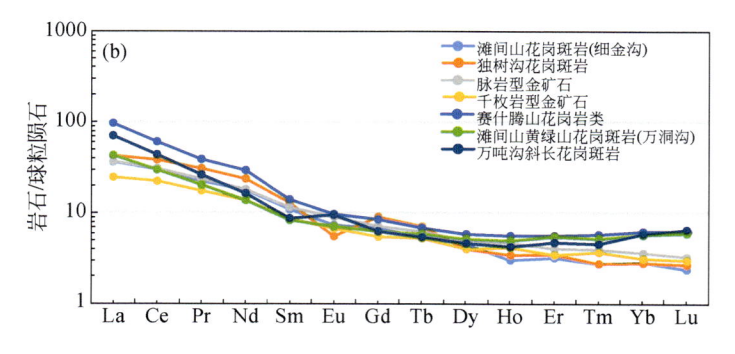

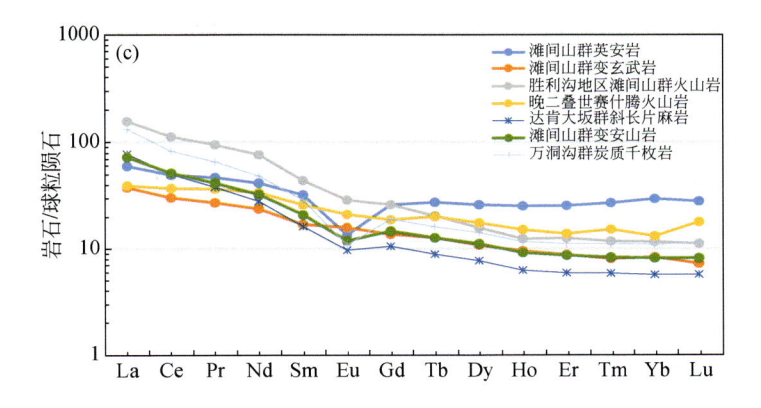

图 5-34 巴伦马海矿区上更新统黏土与蚀源区岩石稀土元素球粒陨石标准化配分型式图

(a) 巴伦马海矿区上更新统黏土层稀土元素球粒陨石标准化配分型式图；(b) 赛什腾埃姆尼克二级走滑构造带岩浆岩及金矿石稀土元素球粒陨石标准化配分型式图；(c) 赛什腾埃姆尼克二级走滑构造带变质岩稀土元素球粒陨石标准化配分型式图

值的 1.9 倍，Li 在酸性岩体中较为富集，最高含量达 61.08 ppm。在弱酸性水条件下，K^+ 的迁出作用明显，当 pH=5 时，常温常压下 K^+ 的迁出量达岩石中的 0.20%。蚀源区母岩中 K、Li 的迁出主要是依靠大气降水或冰雪融化水对母岩的溶滤。溶出的 K、Li 等元素进入古湖水中，融入盆地沉积体系中，未溶出的 K、Li 等元素则主要以黏土矿物的形式赋存在黏土层中，黏土矿物中 K 含量高，也是盆地中 K 的来源矿物。

黏土 $^{87}Sr/^{86}Sr$ 值为 0.7122~0.7173，浅层地下卤水 $^{87}Sr/^{86}Sr$ 值为 0.711，这一取值范围同硅酸盐 $^{87}Sr/^{86}Sr$ 值相吻合，间接证实了黏土及浅层地下卤水的 Sr 源于硅酸盐的风化淋滤。

马海盆地浅层地下卤水 δ^7Li 均值为 33.56‰，与大柴旦地区大气降水的 δ^7Li 值（29.13‰）近似，表明马海矿区浅层地下卤水的 K、Li 可能主要源于淡水（大气降水或地表径流）补给。黏土中的 K、Li 也源于富 K、Li 的浅层地下卤水，从透射显微镜能谱分析结果可以看出，含 K、Na 的盐类矿物主要充填于矿物颗粒间孔隙中，开展的 HAADF（high-angle annular dark-field，高角环形暗场）成像分析显示代表盐类矿物的 B、代表黏土矿物的 Al 和有机碳分布于石英、碳酸钙矿物颗粒间（图 5-35）。含 K、Na 的盐类矿物也是巴伦马海盐湖黏土型钾锂矿中水溶钾、锂（光卤石）的主要来源。

2）成矿温度、压力、氧化还原电位

伊利石和伊蒙混层的形成温度分别为 230~300 ℃和 180~230 ℃，推断巴伦马海盐湖黏土型钾锂矿中结构型锂的成矿温度约为 180~300 ℃。

将标准黏土置于卤水溶液中开展了不同温度的吸附试验，结果显示，在常温条件下，高岭石、伊利石、蒙脱石和绿泥石对 Li^+ 的吸附量均保持相对稳定，表明常温条件下，温度对吸附过程影响较小。然而，当温度升至 45 ℃时，四种矿物对 Li^+ 的吸附量均呈现明显的上升趋势，揭示了温度对吸附性能的显著影响。推断巴伦马海盐湖黏土型钾锂矿中吸附型锂的成矿温度约为 20~160 ℃（成岩温度），该成岩温度覆盖了高岭石的转化温度，高岭石是碎屑岩层中常见的自生黏土矿物，高岭石向迪开石和伊利石转化的转化温度大致为 150~160 ℃，这也解释了黏土层中伊利石的存在。

图 5-35　灰绿色含石膏的黏土的 HAADF 成像分析及 B、Ca、Si、O、C 图像

根据矿区矿层的赋存深度、水样的 pH 判断，矿区的成矿压力、酸碱性、氧化还原电位分别为浅层地层压力、pH 弱酸性（平均 6.15）、EH 为 -150 mV～200 mV（丁成旺等，2024）。

3）成矿模式

新近纪以来，随着青藏高原的大幅度隆升，柴达木盆地剧烈沉降，马海封闭盆地形成，具备了高山深盆地貌景观。马海盆地矿床为同生矿床，碎屑层（黏土层、粉砂层）沉积过程中同生盐类矿物，在同一沉积环境下，盆地内的盐类矿物和黏土层具有统一的沉积体系。固体盐类矿物主要通过沉积作用和蒸发作用成矿，而巴伦马海盐湖的黏土型钾锂矿主要通过沉积作用和吸附作用成矿。

蚀源区（高山）碎屑物和富 K、B、Li 元素的地表水、地下水源源不断的补给，使盆地湖水中汇聚了大量的 K^+、Na^+、B^+、Li^+ 等物质，在湖相沉积、化学沉积的不同沉积环境和沉积作用下，形成了碎屑和盐类沉积体系，完成了水岩的初期反应，物理化学条件的变化促进 K^+、Na^+、B^+、Li^+ 等物质在碎屑物中富集。当碎屑物进入成岩阶段，随着温度的升高、时间的增加、物理化学条件的变化，黏土的吸附作用程度增强，K^+、Na^+、B^+、Li^+ 等物质在黏土层中进一步富集成矿。

湖泊中的黏土矿物多为外源碎屑成因，结构孔隙率和比表面积大，可以在湖水中以离子交换的形式吸附 Li，或进行类质同象替换；或在电荷平衡的前提下，Li^+ 进入黏土层间，不占据晶格位置。同时，黏土矿物在汇入湖泊时也会吸附流域周围的 Li^+，从而形成矿区黏土层中 Li^+ 超常富集的现象。

根据黏土锂的成矿物质来源、成矿物质迁移、多阶段成矿作用等构建了巴伦马海盐湖黏土型钾锂矿的成矿模型（图 5-36）。

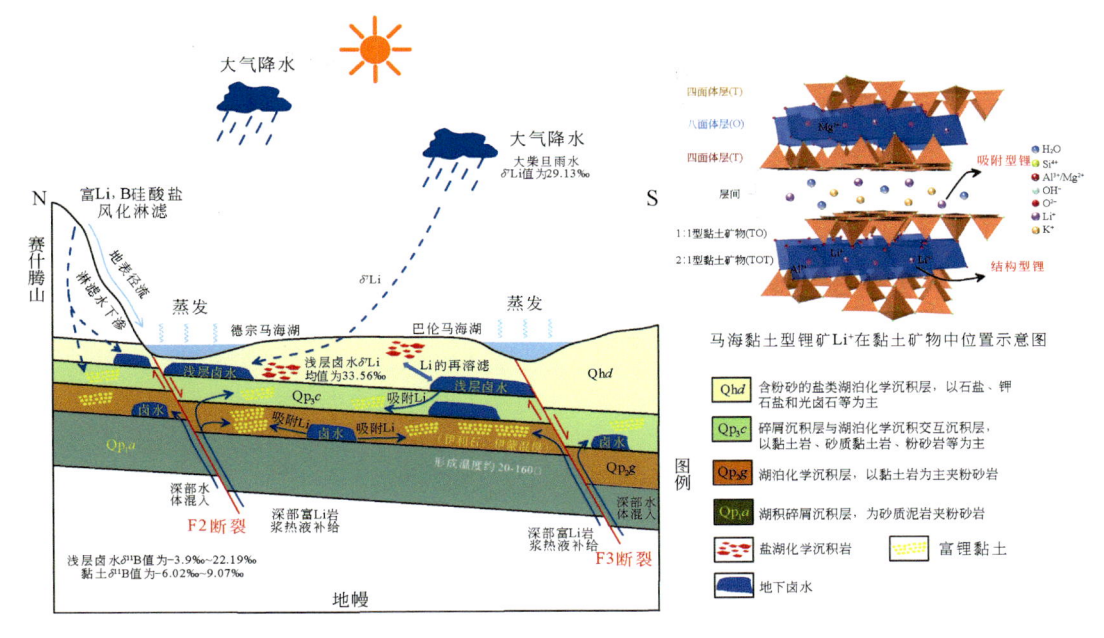

图 5-36 马海矿区盐湖黏土型钾锂成矿模式图

6 柴达木盆地盐类成矿改造与保存

　　一个成矿系统的作用过程结束后，其所生成的矿床、矿点和异常又进入一个新的发展阶段，即这些产物受后来地质作用影响而发生变化和被改造的阶段。盆地经历多期次构造变动和改造必然会导致成矿物质发生多次动态聚散和晚期矿床定位困难。柴达木盆地盐湖盐类矿床不论是深埋矿藏还是地表矿产，不论是固体矿还是液体矿，在其成矿作用过程中及矿床形成后，均遭受了不同程度的，甚至多期次、复合的改造，矿床的后期改造作用使原始矿床的构造、产状、共生关系等发生不同程度的变化，或对原始矿床造成破坏，或使原始矿床的有益组分在特定的部位再富集保存。改造作用强烈是中国沉积盆地最主要特点之一（刘池洋，1996），对于改造型盆地而言，查明和研究盆地改造作用类型、改造强度和改造过程，是确定盆地盐湖盐类矿产保存单元、保存条件的基础和前提，对盐类矿产勘探具有重要的指导意义。柴达木盆地盐湖盐类矿床主要的改造类型有隆升剥蚀、沉降深埋、构造变形、热力改造、流体活动和人力扰动，盆地内常表现为多种地质作用同时参与的复合式改造，决定了矿床的保存现状。

6.1　隆升与剥蚀

　　隆升与剥蚀为两个相互竞争、矛盾统一的地质作用过程，贯穿于大陆构造和盆地演化的始终。引起柴达木盆地差异性隆升的原因很多：比如，区域构造挤压作用不仅导致盆地内发生构造反转，同时使盆地整体抬升；后期叠加的变形产生差异性升降；岩浆侵入形成的热穹隆构造，可引起局部地区的隆升。而剥蚀作用在柴达木盆地主要表现在盆地周缘山区，为盆地提供了源源不断的成矿物源，盆地内部的剥蚀及物质迁移相对有限，但其为成矿物质聚集及保存起到了关键作用。柴达木盆地区域隆升与剥蚀作用与青藏高原的快速抬升、造山有关，青藏高原现今突兀的身躯决定了其整体处于被剥蚀的阶段，而在柴达木盆地尺度范围内隆升的差异性和剥蚀的不均一性，在盆地区域内形成了一个相对平衡的物源系统。由隆升引起的剥蚀改造作用是沉积盆地后期演化阶段最重要的改造作用类型，剥蚀强度（剥蚀量）对盆地卤水的保存、成藏和定位等起到了决定性的作用。

　　在古近纪以来的快速隆升、区域构造挤压作用下，柴达木盆地整体隆升，在长期隆升过程中盆地周缘山区遭受强烈剥蚀，源源不断的物源被运移至盆地相对沉降中心区域；盆地内部后期叠加的变形导致的差异性升降活动，造成了湖盆由西向东迁移，以及盆地内局部存在差异较大的隆升和剥蚀过程。

　　盆地的差异性隆升和剥蚀作用，如今表现为盆地西部的剥蚀程度强于东部。如鄂博梁、南翼山等区域已出露渐新世—早中新世地层，在背斜构造区上新统及第四系已被完全剥蚀，该区域强烈的剥蚀作用导致原产于中新世—上新世时期的部分古盐类矿产已被破坏，不排除原赋存于新近纪地层中的含矿古卤水因失去盖层而迁移的可能性；在盆地中部的红三旱等背斜构造区，狮子沟组地层尚未被剥蚀出露地表，赋存于背斜构造深部狮子沟组、油砂山组中的深藏卤水保存完好，近年来已在红三旱四号、鸭湖等构造区上新世地层中发现了颇具规模的深藏卤水，这得益于该区域较低的剥蚀程度下较好的盖层条件；而盆地西部的少部分凹陷区及盆地东部大部分区域现今仍持续接受沉积碎屑物及成矿物质的持续堆积，形成了东西台吉乃尔、别勒滩、察尔汗、珂珂、茶卡等大型现代盐湖，这些盐湖矿床主要是接受周缘山区剥蚀、物源运移补给，再经蒸发浓缩形成的蒸发盐类矿床。近年来，在阿尔金山南麓的大浪滩地区发现了巨厚砂砾石型孔隙卤水，郑绵平等（2015）研究认为是阿尔金山南麓新近纪含盐地层被挤压隆升出露地表后，古盐层被剥蚀，经降水溶滤下渗至早更世砂砾层中而形成。

6.2 沉降深埋

沉降深埋指盆地的部分或大部分地区在后期发生相对沉降，被新的沉积盆地叠加覆盖而深埋其下，沉积实体部分或整体得到保存（刘池洋等，1999）。在柴达木盆地，沉降深埋作用为深层含矿卤水提供了良好的储、盖条件，深埋作用对早期盆地含盐系统产生多种效应：一方面，盆地的沉降深埋为古盐类矿产的保存提供了封闭环境，避免了盐类矿产被剥蚀，对盐类矿产保存起到了积极的作用；另一方面，深埋作用造成地温升高和成岩程度的进一步成熟，加速了水-岩的深入交换，使岩石中成矿有益元素进入原始的、较低矿化度的流体中而富集形成较高矿化度的卤水，这一积极的成矿作用与流体运移、热力改造作用同期发生、共同作用；再一方面，深埋使地层静压力增大，压实成岩持续作用，卤水储层物性变差，在这个过程中往往发生潜藏卤水向承压卤水的转化，早期含矿卤水会通过薄弱通道迁移至其他有利的储集空间富集成矿，在这个过程中若遇构造切穿盖层，则原有卤水有可能沿通道溢出至地表，发生有益组分的迁移。

柴达木盆地深埋藏的盐类矿产分为两类：一类是在盆地西部古近纪晚期—新近纪背斜构造区赋存的富锂卤水，通常赋存在 600 m 以深的碎屑岩、碳酸盐储层中，随着深埋压实及成岩作用的深入，卤水储层进一步成熟，泥质含量高的地层进一步脱水释放含矿流体，使其进入物性条件良好的砂岩、砾岩孔隙中富集，同时深埋作用使其形成了高温、高承压卤水，其高承压自流的特性为开发利用提供了便利条件；另一类是发育在阿尔金山、赛什腾山山前冲洪积扇裙带中的大厚度富钾卤水，通常赋存在 200 m 以深的砂砾层中，快速深埋沉积的砂砾层厚度巨大（科探 ZK01 井施工 1900 m，砂砾层厚达 1200 m），富水性好，但浅部由于与地表水体连通而品位偏低，深部对卤水的保存则更为有利。固体盐类矿产主要分布在柴达木西部的上油砂山组、下油砂山组、狮子沟组地层中，深埋作用使部分古盐类沉积在南翼山、狮子沟、大风山、尖顶山一带，也确保了它们现今的完整性。

可以说，沉降过程中沉积物叠加深埋作用对深藏卤水及古盐类成矿系统更具建设性意义，通常有利于矿藏的富集和保存，是深藏卤水富集成矿和固体盐类矿床保存的前提条件。

6.3 构造变形

　　构造运动是造山事件的产物，它可以控制矿床的形成，同时又可对早期形成的矿产进行改造、破坏或重新定位。构造变形指矿床形成后，区域构造或局部构造变形使矿床遭受较强烈的变形改造，构造变形导致的改造往往与隆升、埋藏等作用相伴发生和叠加进行，柴达木盆地从 65 Ma 以来接受多期挤压变形改造，较强的构造变形常常造成褶皱和断裂的发育，尤其是新构造运动以来，柴达木盆地经受了剧烈的压扭和抬升，形成了现今背斜、向斜呈北西—南东向分布的线状构造格局。

　　柴达木盆地的构造变形程度在不同的成矿单元区的差异性较大，整体上盆地东部、南部的察尔汗钾-石盐-镁-锂-硼-天然碱成矿亚带（Ⅳ4）及德令哈石盐-天然碱成矿亚带（Ⅳ5）主要表现为中等构造变形，形成了相对独立的三湖凹地、德令哈凹地等，主要形成了现代盐湖矿产；而盆地北部、西部的柴北缘硼-锂-钾盐成矿亚带（Ⅳ1）、中央钾-石盐-镁-锂-天青石-芒硝成矿亚带（Ⅳ2）和昆北硼-钾-石盐-芒硝成矿亚带（Ⅳ3）变形强烈，褶皱构造、断裂构造发育，形成了南翼山、鄂博梁、冷湖等一系列北北西向的背斜构造，以及尕斯库勒、大浪滩、昆特依等凹陷，也形成了由昆北断裂、甘森—小柴旦断裂（盆地中央断裂）、阿尔金走滑断裂所控制的复杂构造网络系统。

6.3.1 褶皱构造

　　褶皱构造在柴达木盆地十分发育，有南翼山、碱山、红三旱、鄂博梁、落雁山、鸭湖等 212 个背斜构造，以及马海、察汗斯拉图、黑北凹地等 36 个向斜构造，大多数褶皱构造发育在盆地西部地区，北西—南东向展布，以雁列式排列，靠近盆地边缘地带的构造多为狭长的长轴背斜或鼻状背斜，而靠近区内中部地带的构造，则多为穹窿背斜或箱状背斜。以往对压扭性盆地的油气勘探实践已经证明，这些雁列式褶皱常常是很好的油、气、水圈闭（图 6-1）。褶皱构造在挤压应力作用下发生了差异塑性变形，使得相对塑性的砂岩层向背斜顶部富集加厚，为深藏卤水提供了良好的储集空间，而在向斜部位常常形成凹地，为成矿物质汇聚、富集提供了天然场所，长期接受剥蚀作用提供的物源而形成了现代盐湖矿床。

6.3.2 断裂构造

　　盆地内的断裂通常与褶皱在时间和空间上有一定的相关性，不同性质、规模和部位发生的断裂对成矿作用及后期矿床的改造作用的影响不同。断裂构造变形作用常常会使固体盐类矿床错断、肢解，影响原始矿床的完整性和连续性，甚至会导致矿床被完全破坏。发育在背斜构造区的断裂构造与深藏卤水富集有着紧密的联系，断裂及其次生的裂缝为流体运移提供通道，作为深部卤水的有效运移通道进一步改善储层的储集性能，通常可增加深部储层的渗透性，控制了储层的非均质性及横向展布规模，通常压扭性应力能够驱使含矿卤水沿断层、裂隙或储层通道向雁列式褶皱的核部运移。

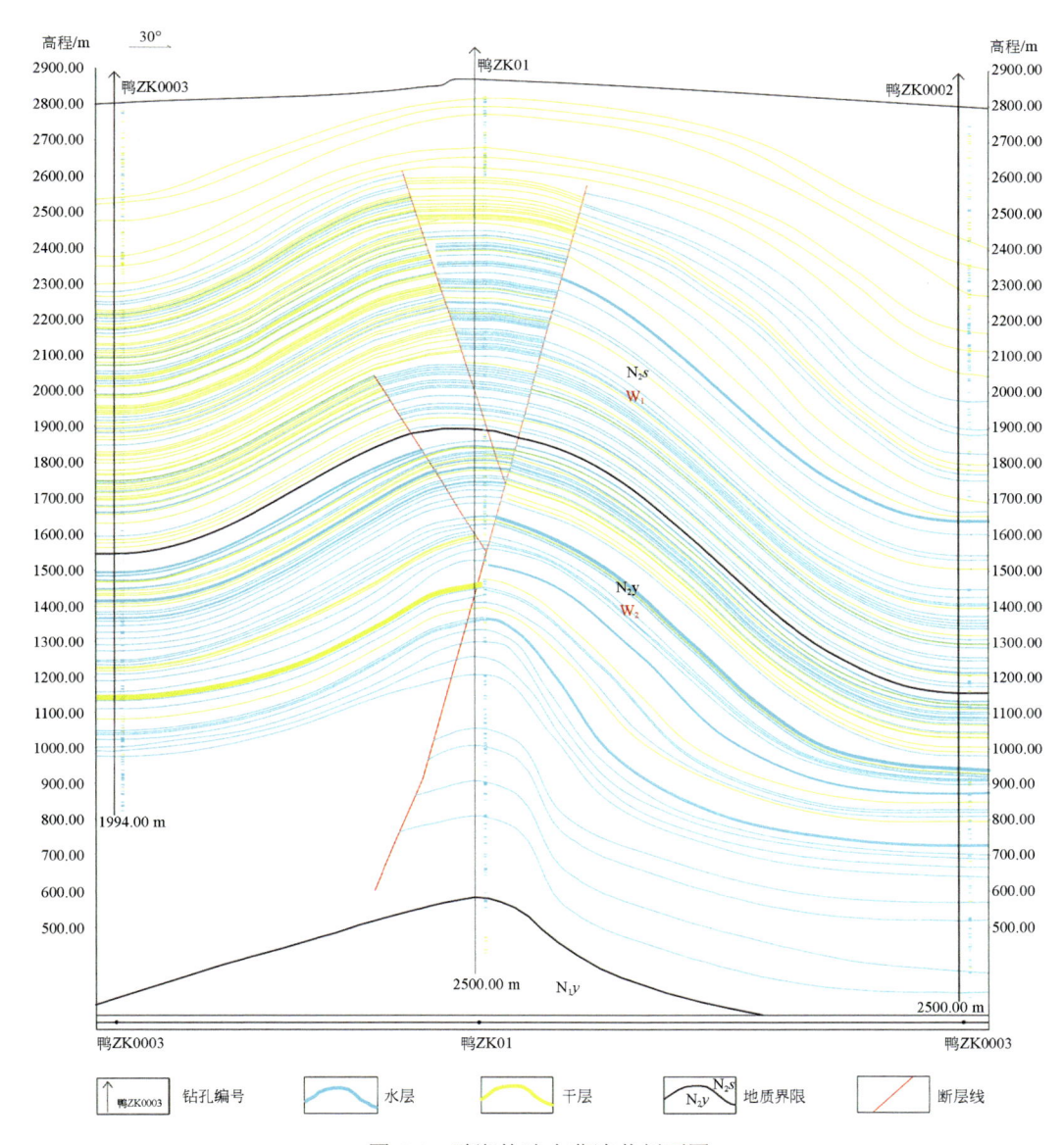

图 6-1 鸭湖构造水藏连井剖面图

柴达木盆地内分布的断裂根据规模大小可大致分为断层、裂隙、微裂缝三大类：微裂缝通常规模较小，通常在微观尺度可观察到，可增强深藏卤水储层的渗透性但总体影响较有限（图 6-2）；裂隙是在岩心编录中最为常见的断裂类型，高导裂隙通常可切穿储层，甚至导通多层储集层（图 6-3）；断层是对区内矿床的改造和保存影响最大的断裂，根据性质不同又可分为逆断层、正断层、平移断层、层间顺层断层 4 种类型（图 6-4）。

逆断层组在柴达木盆地各主要构造带上均有分布，断层走向均为 NW、NWW 向，与皱褶构造基本平行，大多与皱褶构造同时形成或稍晚于皱褶构造形成，因此在各断裂中是较早期发育的断层。其规模一般较大，延伸多在 3~5 km，最大延伸可达 16 km，断层带宽一般为 0.2~0.5 m，规模稍大的断层带内有断层角砾及断层泥。逆断层是背斜构造中深藏卤水由深部运移至浅部的重要通道，同时逆断层将各含水层（组）中的卤水沿断层在纵向上进行了联通，是背斜构造深藏卤水运移、富集的重要构造条件。

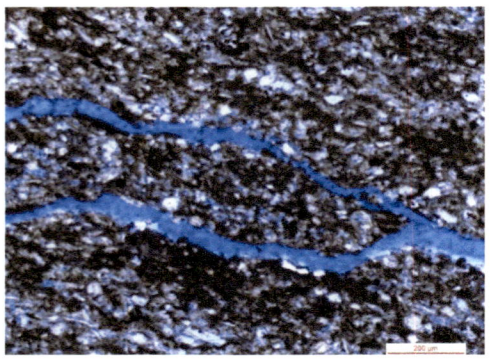

图6-2　微裂缝的显微镜下照片

图6-3　高导裂隙

正断层组多为 NEE、NE 向，与褶皱构造轴线基本直交，也有个别断层为 NW、NWW 向。其形成时间大多晚于逆断层组，部分可能与褶皱构造同时形成。其规模比逆断层组小，延伸约 1~4 km，最大延伸为 7~8 km。正断层发育位置通常伴有破碎带和裂隙，地层中的破碎带和断层裂隙是深藏卤水的重要储存空间。

平移断层组走向多为 NNE 向，属于与构造轴线斜交的断裂组，一般延伸 1~2 km，最长可达 5 km，水平错距一般为 20~50 m，最大可达 200~300 m。平移断层是背斜构造深藏卤水各含水层的层间通道，背斜构造两翼含水层间的层间水沿平移断层在地层压力影响下逐步向轴部运移。同时平移断层也是各含水层间的卤水赋存场所。

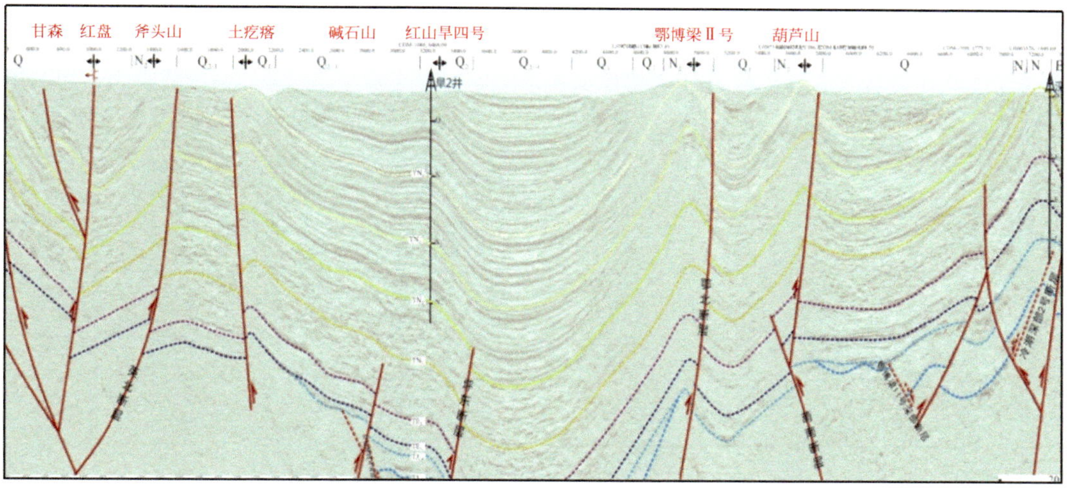

图 6-4　柴达木盆地褶皱、断裂系统示意图[①]

层间顺层断层组一般发育于褶皱之中，断层面与地层层面平行，地表出露不明显，但分布范围比较广，该类断层往往使深藏卤水储层在背斜核部加厚而形成厚大的储层，同时在储层中发育次生的裂隙而优化储层物性。

部分学者提出深部基底断裂可能成为深部成矿物质的导通构造，将深部来源的 $CaCl_2$ 型水体导通至背斜构造区储层而富集成矿，该理论还需要更多的依据进一步证明；但事实证明不同级别的断裂相互关联构成的断裂网络系统在一定空间范围内对深藏卤水起到了导通作用，同时也成为裂隙水的主要赋存空间。前人以南翼山典型矿床为研究对象，研究得到一定的卤水水量的变化规律，大量南翼山的钻孔证实地层和钻孔出水量较大的地区断裂较为发育。红三旱四号构造、碱石山构造、鸭湖构造施工的钻孔均证实断裂附近岩心普遍较为破碎，地层出水量大的层段大多都有断层和裂隙分布。

2017 年碱石山背斜构造油井调查中发现碱石 1 井在施工至 2194 m 处时出水，该出水层位出现裂隙水的主要原因是该层位发育一条次级断裂，地震资料也证实了该孔揭示的这条次级断裂。在鄂博梁Ⅱ号构造施工的"鄂 2 井"在施工过程中多次出现承压水出水情况，在 1780 m 处出水近 3400 m^3，其主要原因就是该层段发育有一条次级断层，钻孔钻至该断层处出现大量涌水。2018 年在鄂博梁Ⅱ号构造施工的鄂 ZK01 孔，钻孔施工至 1700 m 以下时孔内多次严重塌孔，并伴有出水现象，说明 1700～1900 m 位置发育有断层和破碎带，较大的出水量与断层发育关系较为密切。

中国石油天然气股份有限公司青海油田分公司在鸭湖构造施工的鸭参 2 井、鸭参 3 井，在施工至 1500 m 附近时井内出现大量涌水，最大涌水量达 1500～1700 m^3/d，鸭参 2 井至今自流，每日自流水量为 450 m^3。鸭参 2 井、鸭参 3 井的地震解释剖面显示，鸭湖构造深

---

① 青海省柴达木综合地质矿产勘查院. 2023. 柴达木盆地含油气构造深层卤水富集区资源储量评价方法研究报告. 格尔木: 青海省柴达木综合地质矿产勘查院.

部发育有 1 条大的深部断裂，浅部发育有 1 条延伸较大的断裂和 2 条小的次级断裂，钻孔钻进至 1500 m 深度正处于断层附近（表 6-1）。

表 6-1　鄂 ZK01 孔（1500~2000 m）岩心及裂隙统计表

序号	孔深/m 自	孔深/m 至	厚度/m	岩性	岩心特征	备注
41	1579.99	1588.35	8.36	粉砂质泥岩	1583.2 m、1583.6 m 发育裂隙；1582.46~1583.4 m、1587.32~1587.5 m 岩心破碎	
42	1588.35	1597.73	9.38	泥质粉砂岩	1589.4~1589.9 m、1596.3~1596.8 m 岩心破碎	
43	1607.4	1611.43	4.03	粉砂质泥岩	1607.4 m、1609.25 m、1612 m 发育裂隙；岩心破碎	
44	1644.52	1645.12	0.6	粉细砂岩		
45	1645.12	1648.72	3.6	粉砂质泥岩	1648.7 发育 1 条裂隙；1645.75~1646.18 m 岩心破碎	
46	1667.6	1667.8	0.2	粉砂质泥岩	1667.6~1667.8 m 发育多条裂隙	
47	1669.74	1672.45	2.71	粉细砂岩	1672.4 发育裂隙	
48	1674.69	1689.31	14.62	泥质粉砂岩	1681.3 m 发育 1 条裂隙，1678.4~1678.7 m 岩心破碎	
49	1734.72	1735.62	0.9	粉细砂岩		
50	1744.4	1745.67	1.27	粉细砂岩	1744.4~1744.9 m 岩心破碎	
51	1760.92	1763.2	2.28	粉砂质泥岩	岩心破碎	
52	1849.22	1884.9	35.68	粉砂质泥岩	1850.3 m、1858.2 m、1860.5~1862.7 m、1874~1878 m 发育裂隙；1860~1862 m、1874~1877 m、1884.9~1888.3 m 岩心破碎	井内严重塌孔
53	1884.9	1896.44	11.54	泥质粉砂岩		
54	1901.8	1923.46	21.66	粉砂质泥岩	1908.3 m、1910.9 m 发育裂隙	
55	1923.46	1924.31	0.85	粉细砂岩		
56	1924.31	1932.99	8.68	粉砂质泥岩	1931.5~1932.7 m 发育裂隙；1924~1928 m 岩心破碎	

综上所述，断裂构造除了会造成早期固体盐类矿体错断而改变其原始产状外，主要对深藏卤水的保存产生较大影响，断裂可在不均质水层间起到了良好的导通作用，也提供了一定量的储水空间，在上部地层的覆盖和压力作用下，地层水在一些断层破碎带及裂隙中形成了高压水层。与背斜构造卤水成矿关系密切的断裂构造主要为古新世—中新世时期形成的一些次级断层，主要发育在下油砂山组—下干柴沟组地层中。柴达木盆地的地震剖面显示，柴达木盆地中每个北西—南东向和西南—北东向的背斜构造深部均发育有 2~3 条深部断层，并且断层延伸规模较大，这些深部断层为卤水的赋存及由深部向浅部运移提供了空间和通道，同时在地层深部的锂、硼等进行水岩交换和溶解后将其逐步向上运移。

6.4 热力作用

在柴达木盆地,成矿热力作用主要体现在对深部矿床的影响,通常对现代盐湖及砂砾石型孔隙富钾卤水成矿后的改造影响甚微,热力作用对背斜构造区深藏卤水储层的成岩、物质组成和致密化有一定的影响。青海省柴达木综合地质矿产勘查院在红三旱四号、鸭湖、鄂博梁、碱石山、落雁山构造区施工的 13 口井深度一般在 2000~3500 m,井底温度为 70~85℃,目前没有获得断裂活动和深部岩浆等作用造成地层异常增温的直接证据,卤水温度属正常地层埋藏增温的温度范围。在没有异常高温参与的背景下,柴达木盆地中热力作用对水-岩交换产生的影响并不明显,但在新生代早期柴达木周缘火山活动频繁,这引发和促进了白云岩化、硅化、碳酸盐化等一系列水-岩相互作用的进行,硫化物、烃类等有机酸的溶蚀作用增强,从而对岩层储渗性能产生了明显的影响(马永生等,2020),也加速了水-岩之间成分的充分交换。通常情况下,直接介入盆地沉积地层中、参与热力作用改造的物质成分复杂多样,通常含大量的 CO_2 和 H_2S 等成分,它们会有选择性地促进储层中溶蚀的发生、储集空间的扩容,对碳酸盐岩的影响更为明显(陈学时等,2002)[图 6-5(a)、(b)]。热力改造也可能造成显著的沉淀、充填,使储层孔隙空间减少,在 CO_2 分压低的区域会有大量碳酸盐沉淀,造成储层原始孔隙的损失(张月霞等,2018)[图 6-5(c)、(d)]。

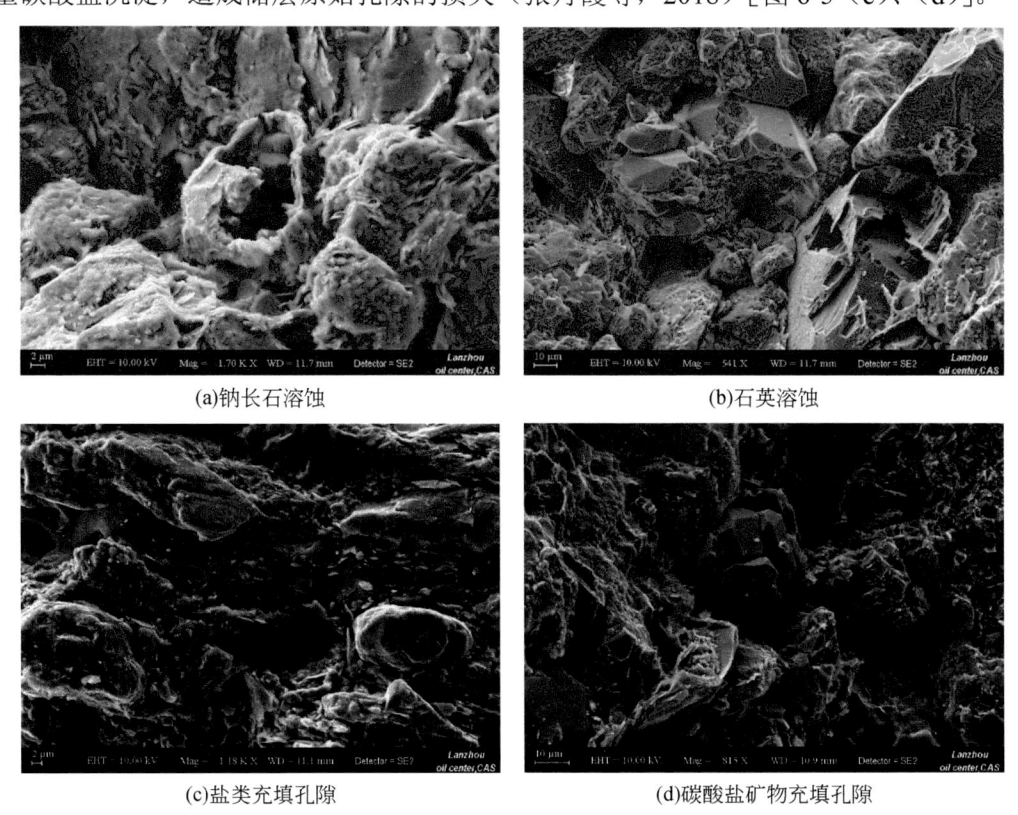

(a)钠长石溶蚀

(b)石英溶蚀

(c)盐类充填孔隙

(d)碳酸盐矿物充填孔隙

图 6-5 热力作用下流体溶蚀造成水-岩交换和储层物性的改造

6.5 气候与流体

干旱的气候环境与含矿流体补给是形成盐湖矿产的必然要素，流体携带的 Na^+、K^+、Ca^{2+}、Mg^{2+}、Li^+、Cl^-、SO_4^{2-}、CO_2^{2-} 等离子源源不断补给到盆地，为盐类矿产成矿提供了基础物源，而含矿流体通过干旱气候条件下的蒸发浓缩才能形成盐湖盐类矿床。

柴达木盆地从古近纪以来的差异性升降运动使得盆地西部沉降较剧烈，在盆地西部形成了相对沉降中心和流体聚集中心，经湖水浓缩产生了高含钙、高含盐的碎屑岩和碳酸盐岩组合。中新世早期至上新世，盆地相对沉降中心则向北东迁移，中新世后期至上新世晚期，区域内气候渐趋干燥，在盆地中心东迁的过程中，盆地西部沉积了大量的石盐和石膏。更新世期间，湖盆迅速抬升，西部广大地区出现褶皱系统，使湖水迅速退缩至以大浪滩为中心的诸构造凹地中。在长期半干旱-干旱条件下，周围山地不断隆升，山前凹陷相对持续沉降，形成了山前巨厚砂砾型含钾卤水，主要富集于阿尔金山山前及赛什腾山前冲洪积扇裙带中。

柴达木盆地流体补给来源包括①大气降水入渗补给；②地表流水补给；③周边地下水径流补给；④深部水的补给。流体在运移的过程中通过水-岩交换、溶滤等作用将成矿物质携带进入盆地。

（1）大气降水入渗补给

柴达木盆地气候干燥，降水稀少，多年平均降水量为 20～30 mm，蒸发量远远大于降水量，所以降水对地表盐类矿床的直接影响仅表现为较轻微的盐溶洞。大气降水需经过饱气带才能进入潜卤水层，经过潜卤水层才能进入承压卤水，所以并非所有降水都能形成有效补给，大气降水对卤水的补给影响甚微，可忽略不计。

（2）地表流水补给

地表流水补给是现代盐湖补给的最主要方式，控制全区的水质变化规律，是卤水稀释淡化的主要因素。察尔汗盐湖、台吉乃尔盐湖、一里坪盐湖、大浪滩盐湖均常年接受现代河流补给，其中察尔汗盐湖同时接受格尔木河、乌图美仁河、全集河等 8 条大小不等的河流补给。以地表水为主要补给的矿区，其卤水水质一般成环带状分布，离补给方向越远卤水浓度越大，河流补给不但为盐湖带来源源不断的成矿物质，也为盐湖开发提供了水资源，地表流水补给形成的湖水同时也会补给晶间卤水，从而使晶间卤水更加充沛，但在丰水年份，地表水的过量补给会造成矿床现代盐湖固体矿溶解，使卤水品位降低，一定时期内影响开发企业的采收率。

（3）周边地下水径流补给

周边地下水径流补给对浅部现代盐湖的影响只在矿区边部起作用，在察尔汗矿区北、东、南三面均有"砂舌"插入盐层之间，在盐滩边部因淡水补给，卤水成为高钠的较淡卤水。周边地下水径流对卤水的影响主要表现为阿尔金山—赛什腾山山前冲洪积扇体中的水体对砂砾石型孔隙卤水的改造，地下水在径流过程中与含水岩层进一步发生了溶滤作用，使水中某些化学组分或离子含量发生变化。地下水随径流距离增加，溶滤作用发生时间变长，矿化度随之增高。当潜水径流至山前冲洪积扇前缘时，地下水演变成 Cl^-、SO_4^{2-} 及 Mg^{2+}、

Na⁺离子占主导地位，原来水中的 HCO_3^-、Ca^{2+} 离子被交替演化居次要位置，成为以溶滤型为主的地下水水化学特征。

近年来在阿尔金—赛什腾山山前开展的砂砾孔隙富钾卤水勘查研究工作显示，尽管柴达木盆地西部至北缘降水量很小，但其对砂砾孔隙卤水水质的影响却不容忽视，实践表明，柴西北缘大气降水对砂砾孔隙富钾卤水的影响范围大致在 200 m 以浅，并且随着深度增加其影响逐渐减弱。因此本书研究工作收集了阿尔金山山前金鸿沟—柴达木大门口浅部（200 m 以浅）水源地勘查资料与大浪滩—黑北凹地深部卤水（200 m 以深）勘查资料进行对比分析，从而深入了解区域季节性大气降水对砂砾孔隙富钾卤水的影响。

阿尔金山山前洪积平原地带，沉积了较厚的第四纪松散沉积物，为地下水赋存提供了良好的空间。多年的勘探资料显示，中、上更新统为冰碛、冰水、冲洪积地层，岩性主要为砂卵砾石、泥质砂砾石，岩层中颗粒普遍较粗、松散，相应的孔隙度、给水度也大，在接受地表水的垂直渗漏补给后，成为地下水分布和赋存的主要部位。洪积扇后缘至前缘，在纵向上，地下水水量、水质、埋藏条件发生了一系列变化，表现为岩性颗粒由粗变细，即由砂卵砾石层逐渐变为砂砾石、中粗砂、粉细砂、黏土层。含水层也由洪积倾斜平原的单层结构变为洪积细土平原的多层薄层结构，含水层的富水性由强至弱，径流条件由好变差，水化学作用也由溶滤过渡至积聚。水位埋深由洪积扇后缘的大于 100 m 到前缘盐沼-盐壳平原区的 5 m，地下水最终消耗于蒸发。盐沼-盐壳平原区上部为晶间卤水，下部为承压卤水、自流卤水。

周边地区的淡水一般都含有一定量的 SO_4^{2-} 和 Ca^{2+}，当它们和较高矿化度的深部水补给发生混合作用时，由于物理化学条件的改变，会导致石膏的快速沉积，形成微粒状石膏，在昆特依盐床溶沟带的泉眼附近分布有大量微粒石膏晶片，钾湖东侧也有类似情况。

（4）深部水的补给

深部水的补给和硫酸盐型浅层水，以及地层原生卤水混合时，常发生下列反应：

$$Na_2SO_4+CaCl_2+2H_2O \longrightarrow 2NaCl+CaSO_4 \cdot 2H_2O\downarrow;$$
$$MgSO_4+CaCl_2+2H_2O \longrightarrow MgCl_2+CaSO_4 \cdot 2H_2O\downarrow。$$

促使硫酸盐型水转变为氯化物型水，在受构造活动影响的冷湖、钾湖、北部新盐带及清水河中游地带，广泛分布着粒状细晶石膏，卤水中 SO_4^{2-} 含量大量减少，如果这种反应不彻底，常形成硫酸镁-氯化物过渡型卤水。柴达木盆地深藏卤水均为氯化钙型水，可能有更深的深藏卤水的加入，但这观点还有待被进一步证实。

李建森等（2014，2021）认为柴达木油田水均为相对高钙低镁的氯化钙型水体，这与该油田水长期被封存在地层中且接受多种来源的补给有关，通过氢氧同位素分析认为柴达木油田水可能接受了更多的深源岩浆流体补给，也可能接受了来自深部地壳的物质，甚至幔源物质的补给，李建森等（2022）还认为柴达木盆地西部局部古卤水沿断裂带上涌提供的补给造成了盐湖晶间卤水相对高的锂、铷含量，且在垂向上随深度增加而表现出锂、铷含量有所增加的规律。大风山天青石矿床是陆相湖泊化学沉积型及热水沉积叠加改造矿床（马顺青，2012）。张彭熹等（1993）通过氢氧同位素研究，认为构造裂隙-孔隙卤水是干旱区蒸发作用和深部水体掺杂共同影响的结果。葛文胜和蔡克勤（2006）认为深藏含矿卤水部分因深部地质流体的混入而形成。

6.6 蒸发作用

干旱气候条件下的地表蒸发作用是形成现代盐湖矿床的最重要因素之一。柴达木盆地现代盐湖大多经历从淡水湖泊-咸水湖泊-卤水湖-干盐湖的发展历程,从中新世后期开始,柴达木盆地气候渐趋干燥,在以油墩子为中心,包括凤凰台及南翼山东部的区域内出现了局部盐湖区,沉积有少量石膏和石盐薄夹层,上新世晚期开始,盆地基底普遍隆起,盆地西部开始不均匀抬升,尤其以大风山至黄石一带基底隆升最为强烈,使柴达木古湖盆被相对分为内湖盆及湖岛,同时气候继续趋于干燥,在以油墩子为中心的盐湖区沉积了大量的石盐和石膏;新构造运动时期,柴达木盆地的沉积中心运移到柴达木盆地东部三湖地区。全新世气候持续趋于干燥,各小凹地内湖水迅速浓缩,湖水退缩并出现湖底相对抬升裸露接受氧化作用的情况,且在近地表层位形成干盐湖沉积环境,察尔汗盐湖地区进入干盐湖发育时期,沉积了厚层的盐类矿物和最大的液体钾镁盐矿床(陈克造和 Bowler,1985)。位于盆地东部的察尔汗盐湖在蒸发浓缩过程中经历了从碳酸盐、硫酸盐到氯化物的全阶段析盐过程,西部的大浪滩则只经历了碳酸盐到硫酸盐的析盐过程。

6.7 人力扰动

人为扰动改造主要是通过现代盐湖矿床的开采、盐田建设等工业生产行为对原始矿床形态、固液平衡、组分含量的变化产生影响,主要表现在察尔汗矿田、东西台吉乃尔、一里坪、大浪滩、昆特依、大柴旦湖等开发矿区。目前的矿床开发主要针对浅部固体矿及晶间卤水,在抽卤开采过程中主要表现为矿床品位降低,伴随固液转换及岩溶发育等特征。在开采前后,矿床中钾、锂、镁、钠等离子含量在潜卤水和承压卤水中变化明显。

在东台吉乃尔矿区开采后,潜卤水进一步浓缩,盐类矿物演化普遍进入钾混盐(白钠镁矾)析出阶段,卤水中 Ca^{2+} 浓度明显减小,Mg^{2+}、SO_4^{2-}、Li^+ 和总溶解性固体(total dissolved solid,TDS)浓度明显增大,矿床 LiCl 品位较开采前增大;而承压卤水会向相对淡化的方向演化,承压卤水中 Ca^{2+}、Cl^-、Li^+ 和 TDS 浓度明显减小,SO_4^{2-} 和 Na^+ 浓度增大,矿床 LiCl 品位较开采前降低。开采前后 LiCl 矿体发生明显变化。开采后潜卤水层矿体厚度和面积大幅减小,开采后形成较大的"降水漏斗",进而形成不连续的南北矿层,改变了原有矿体条状连续分布的特征,但承压卤水的分布特征在开采后较开采前无明显变化。开采前后 LiCl 矿区潜卤水和承压卤水的水盐均衡状态发生较大变化,开采前矿区水盐条件基本处于均衡状态,由于开采过程中水量补给小于卤水开采量,破坏了原有的水盐均衡状态(韩光等,2020)。

察尔汗盐湖经过近几十年的疏干型开采,区内的水质和水位均大幅度降低。采矿权范围内石盐矿受到水溶开采的影响,整体上看水溶开采区域内 NaCl 品位较以往均已升高,大部分区段固体 KCl 的品位逐渐降低,矿体已不连续、不稳定,矿体的厚度也逐渐变薄(表 6-2)。

表 6-2 固体钾矿厚度、品位统计表

序号	孔号	2004 年 厚度/m	2004 年 品位/%	2021 年 厚度/m	2021 年 品位/%	序号	孔号	2004 年 厚度/m	2004 年 品位/%	2021 年 厚度/m	2021 年 品位/%
1	B22405	14	1.03	1	0.32	9	B22401	9.5	0.91	2.26	0.22
2	H20810	5.7	1.38	2	0.23	10	H24802	11	0.57	2.45	0.24
3	H20815	15.8	1.6	0.72	0.24	11	H26402	6.6	0.57	11.88	0.73
4	H21204	8.1	0.73	6.56	0.36	12	H25201	9.6	3.43	16.18	1.02
5	H19206	4.2	1.77	2.08	0.25	13	B22407	17	0.97	4.8	0.45
6	B22409	13	1.03	7.5	0.82	14	B22403	14.5	0.82	0.5	0.34
7	B23201	13	0.89	0	0	15	H20813	15.6	1.69	11.23	1.56
8	H28004	15.75	0.58	0	0	—	—	—	—	—	—

2019～2021 年涩聂湖、达布逊湖矿物质含量变化情况见表 6-3。其中，涩聂湖 2019 年湖水的矿化度和 K、Na、Mg、Li、B 等含量较高，LiCl 的品位在工业品位之上，达到了 588 mg/L，2021 年矿化度降低，LiCl 的品位降至边界品位附近，主要原因为矿区西部及南部河流补给后，高浓度的湖水被稀释淡化；达布逊湖与涩聂湖的情况恰恰相反，2020～2021 年矿化度明显高于 2019 年，KCl 含量整体上升，LiCl 的品位超过工业品位，分析主要原因是溶矿作用后，达布逊湖作为排泄区，地下水向湖水补给的过程中带入了一定量的有益组分，致使矿化度增高。

表 6-3 2019～2021 年涩聂湖和达布逊湖水质分析表

地点	取样日期	密度/(g/cm³)	矿化度/(g/L)	分析数据/% KCl	NaCl	MgCl₂	MgSO₄	B₂O₃/(mg/L)	LiCl/(mg/L)
涩聂湖	2019 年底	1.100	128.6	0.17	2.61	8.30	0.47	143	588
涩聂湖	2020 年底	1.044	52.5	0.06	1.22	3.49	0.16	59	159
涩聂湖	2021 年底	1.044	58.5	0.09	2.53	2.81	0.12	126	161
达布逊湖	2019 年底	1.120	156.0	0.19	6.53	7.50	0.21	186	276
达布逊湖	2020 年底	1.191	268.9	0.52	10.88	9.88	0.31	174	442
达布逊湖	2021 年底	1.176	253.7	0.26	9.66	11.97	0.25	241	449

察尔汗地区卤水开采量逐年加大，根据相关资料，2015～2019 年各盐湖企业年采卤量从 4.86×10^8 m³ 逐渐增长至 6.028×10^8 m³，大规模采卤已成为晶间卤水排泄的主导途径。自 2014 年起，察尔汗地区人工补给水溶开采固体钾矿，成为矿区地下水补给的重要来源之一。

上述柴达木盆地后期改造作用中，隆升与剥蚀对早期矿床起破坏作用，但盆地周边山区的隆升与剥蚀是盆地内部相对沉降和深埋成矿的必要条件，沉降深埋作用则对矿床的富集和保存起到了建设性作用。构造变形的机制及类型较为复杂，对成矿改造作用的影响存在较大差异性，在柴达木盆地发育的褶皱构造对成矿多表现为积极的作用，但往往与褶皱构造相伴发育的断裂构造或为成矿提供有利空间，或对矿床造成本质的破坏作用。热力作用及流体活动在地层深部往往相伴发生，相互作用，对成矿多起到积极的作用，流体活动对浅部矿床的负面影响往往是短暂的，长期来说，在干旱的气候环境下蒸发作用对盐类成矿的改造是建设性的。人力扰动主要表现在开采矿区，需要合理规划，提高高效开采与综合利用才是正向的改造。

7 柴达木盆地成藏系统与实践

7.1 深藏卤水找矿技术方法组合

7.1.1 以往制约深藏卤水勘查的技术评价

深藏卤水资源自发现以来，其勘查技术方法一直是制约勘查工作进程和实现找矿突破的主要因素，与第四纪现代盐湖相比，深藏卤水在成矿时代、分布位置、储卤层位、卤水性质等方面均存在较大差异，沿用传统现代盐湖勘查评价方法开展深藏卤水评价面临以下几个方面的主要问题。

（1）靶区定位不准确

第四纪现代盐湖主要赋存于早更新世以来形成的现代湖盆中，应用区域地质调查、地貌、重力等方法可以有效识别矿床分布位置。而深藏砂砾孔隙卤水主要分布于早-中更新世时期的古冲洪积相地层中，背斜构造深藏富锂卤水主要赋存于古近纪—新近纪湖相地层中，经历了多期新构造运动的叠加改造，传统方法在确定矿床分布范围、埋深方面面临较大困难。

（2）钻探取心难度大、勘查成本高

深藏砂砾孔隙卤水储层以松散的砂砾石层为主，岩心结构松散，传统取心方法采取率低，难以达到勘查规范要求。背斜构造深藏卤水埋藏深度大，一般钻孔深度在 2000～3500 m，取心成本高、勘查周期长。以 2000 m 钻孔为例，采用传统方法开展钻探验证时，单孔施工周期往往长达 10 个月以上、施工成本高达 2000 余万元，严重制约了勘查工作进程。

（3）成井工艺复杂

深藏富矿卤水勘查一般采用分段成井的工艺进行抽、放水试验。砂砾孔隙卤水储层松散、分段扩孔过程中经常出现塌孔、卡钻、埋钻等井内事故，成井难度大，并且由于地层松散，分段止水质量往往难以保证。背斜构造深藏卤水为高温、高压环境，分段扩孔过程中经常出现井涌、井喷等事故，导致钻孔报废。另外，传统的止水材料在深部高温、高压环境下往往效果不佳，影响止水质量。

（4）含水层、卤水层识别及区分困难

以往第四纪现代盐湖勘查过程中根据地质编录结果将化学沉积层、具备卤水储存空间的粗颗粒碎屑层均划分为含水层，该方法在埋藏较浅的盐湖卤水勘查过程中较为适用。深藏卤水储层沉积环境复杂，加上后期叠加改造，部分具备储水空间的储层并不含水，依靠传统地质编录无法区分水层和干层。深藏卤水在数百万年至上千万年的沉积演化过程中，水化学类型变化复杂，传统方法对卤水层与淡水层无法有效识别。

（5）资源量计算参数无法准确获取

传统资源量计算参数孔隙度、给水度样品一般通过采样测试求取，而深藏卤水埋深大，储卤层多处于高压状态，采集的岩心样品压力释放后其结构会发生较大变化，传统方法测试的孔隙度、给水度值往往与实际差别较大，导致资源量计算结果不准确。

7.1.2 背斜构造区深藏裂隙孔隙卤水有效勘查方法组合

背斜构造深藏裂隙孔隙富锂卤水虽然发现较早，但是由于该类型矿床埋藏深度较大、成矿条件复杂、勘探成本较高，所以以往很少专门针对该类型矿床开展过勘查评价工作。近年来受新能源产业发展、锂矿资源短缺等因素影响，背斜构造深层裂隙孔隙富锂卤水逐渐引起关注。青海省柴达木综合地质矿产勘查院自 2008 年以来陆续对南翼山、油墩子、鄂博梁Ⅱ号、鸭湖、红三旱四号构造、落雁山构造等区域赋存的背斜构造深层裂隙孔隙富锂卤水进行了勘查评价工作，另外，中国石油天然气股份有限公司青海油田分公司于 2013 年以来利用油气资源评价方法在南翼山、狮子沟等地区进行了一系列勘查评价工作，本书通过对以往评价方法的有效性进行综合分析，初步建立了背斜构造深层裂隙孔隙富锂卤水评价方法组合。

矿床评价过程整体划分为三个阶段：圈定背斜构造、确定找矿靶区；确定裂隙孔隙卤水分布范围及层位；圈定矿体、计算资源储量、评价矿床。其中，背斜构造裂隙孔隙卤水有效评价方法组合如图 7-1 所示。

（1）圈定背斜构造、确定找矿靶区

采用区域遥感解译、区域重力测量、中小比例尺区域地质测量、地震剖面测量或收集以往相关资料等方法开展综合分析研究工作。古近纪—新近纪背斜构造在遥感影像上表现为不同深浅或不同色彩的平行色带，或呈圈闭的圆形、椭圆形、长条形的图形，褶皱类型包括穹窿状背斜、箱状背斜、梳状背斜等；区域重力测量能够较好地区分第四纪松散沉积和古近纪—新近纪构造隆起，在识别隐伏构造方面具有较好的效果；区域地质测量通过不同时代的地层分布、层序特征、产状变化等信息对地表出露的背斜构造展布特征、构造形态等进行准确识别；利用以往油气勘查施工的地震剖面能够准确判断构造形态、断裂分布特征、储卤层分布位置等信息，为验证工程布置提供依据。通过以上方法的综合应用，可以准确定位找矿靶区，为后续勘查工作开展提供依据。

（2）确定裂隙孔隙卤水分布范围及层位

地震资料精细化解译、广域电磁测量、油井调查、编制岩相古地理图等方法能够详细确定背斜构造深层裂隙孔隙富锂卤水在平面及纵向上的分布范围、层位。

岩相古地理编图是开展深藏卤水找矿工作的重要手段，通过岩相古地理编图，能够详细了解不同地质时期勘查区内沉积相分布及变化特征，从而确定找矿目标层位，为后续工作开展提供依据。

地震资料解译结果认定的能够储存卤水的空隙，一般具有以下特征：杂乱反射相、强弱振幅中频较连续的楔状反射相一般判断为背斜构造中深层裂隙孔隙富锂卤水的重要储层；中振幅中频亚平行断续相一般判断为化学沉积层；中弱振幅中高频波状较连续相、中弱振幅中高频亚平行较连续相一般判断为背斜构造中深层裂隙孔隙富锂卤水的普通储层。

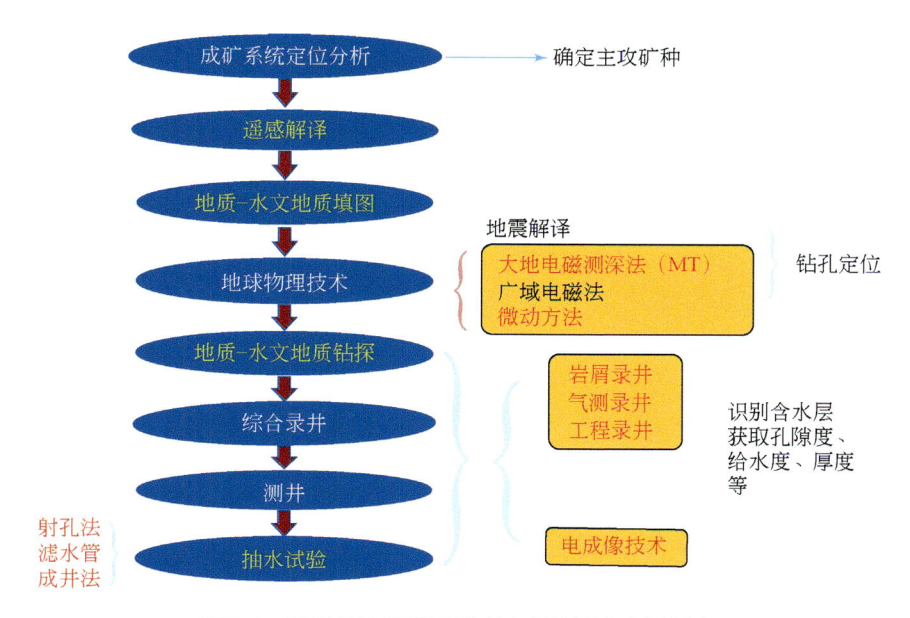

图 7-1　背斜构造裂隙孔隙卤水有效评价方法组合

地震剖面精细化解译虽然能够较好地定位储层，但在识别水层与干层方面存在局限，而广域电磁法、大地音频电磁测量等方法可以较好地填补这一空白，该方法具有勘探深度大、对含水层识别效果好的特点，在识别水层方面发挥着重要作用。

（3）圈定矿体、计算资源储量、评价矿床

钻探工程验证是发现矿层的必需手段，与传统全孔取心钻探工艺相比，优化后的钻探工作中增加了综合录井和综合测井工作手段，在减少取心数量、降低勘查成本的同时，通过录井及测井工作获取的数十项参数可以更加准确地识别储卤层分布范围、厚度、岩性及物性特征等信息。在此基础上，通过抽、放水试验，样品分析测试等工作综合判断水量、水质信息，从而圈定卤水层，获取完整的资源量计算参数对资源量进行计算。

7.1.3　砂砾石型深藏孔隙卤水有效勘查方法组合

砂砾石型深藏孔隙卤水形成于更新世阶段，早更新世阿拉尔组、中新世尕斯库勒组冲洪积相地层是主要储卤层位。矿床的形成经历了构造沉降-抬升、砂砾层沉积、古地下水径流期和高矿化度卤水形成四个阶段。早更新世—中更新世时期，在阿尔金—赛什腾山山前沉积了巨厚的碎屑层，即砂砾石层，形成了卤水钾矿储层。然后，地下水溶解古盐岩层中成钾、成盐物质，并通过径流作用，将其搬运到砂砾层。最后，含钾、含盐的地下水在封闭的砂砾层中演化成不饱和的高矿化度卤水，从而成钾、成矿。与传统湖相沉积成矿作用相比，该类型矿床具有形成条件复杂、赋存层位独特的特征，传统勘查方法已不能满足该类型矿床的勘查需求。

青海省柴达木综合地质矿产勘查院经过十余年探索，采用地震解译、高精度电磁频谱（或大地电磁测深）、水文地质钻探及人机交互反演模拟技术，有效规避了覆盖巨厚沉积物的盆地条件对常规地质、化探方法的限制，也克服了其对盆地区内地质观察、化探测量造成的困难，从而实现快速了解盆地区域的地震响应特征、高精度电磁频谱（或大地电磁测深）特征，减小物探解译的多解性，达到寻找深藏卤水钾盐、锂盐矿的目的，缩短盆地区深藏卤水钾盐或锂盐类矿勘查周期。该方法组合能够在覆盖有巨厚沉积物的盆地条件下，快速缩小找矿靶区、实现储卤层的定位，从而提高找矿成功率，具有勘查周期短、效率高、勘查成本低的优点。砂砾石型深层孔隙卤水有效评价方法组合如图 7-2 所示。

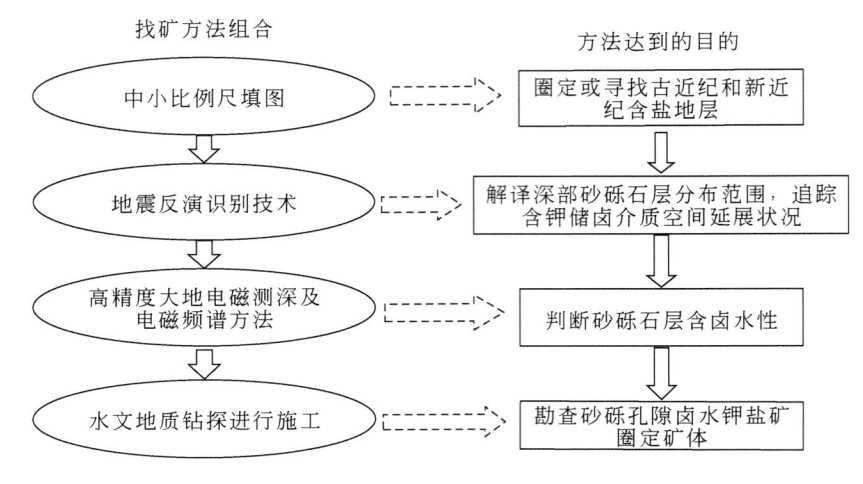

图 7-2　砂砾石型深层孔隙卤水有效评价方法组合

（1）找矿靶区圈定及储卤层识别

以确定盆地砂砾石型深藏卤水为目的，在柴达木盆地早-中更新世地层分布区系统开展 1∶10 万（或 1∶5 万）立体填图（编制岩相古地理图），确定成矿环境，找矿类型；以观测深藏卤水钾盐或锂盐矿储卤层地质特征为目的，开展地震解译、反演、识别，初步圈定成矿有利区段；对圈定的成矿有利地段通过高精度电磁频谱、大地电测深等电法勘探方法进行测量，确定卤水的分布范围及空间位置。

（2）钻探验证

钻探验证包括岩心钻探、成井、抽卤实验和测井 4 个方面：①岩心钻探一般为千米钻，循环液应使用浓度和卤水矿化度基本一致的高矿化度卤水；②成井工艺要求一是保证抽卤所需要的潜水泵正常工作，二是保证含卤层中下置滤水管，三是滤水管孔隙率达到 20%以上；③抽卤实验，按照泵量大小选择不同的降深、大小落程分别进行实验，水位稳定后，按照《矿区水文地质工程地质勘查规范》（GB/T 12719—2021）进行抽卤实验；④测井要求进行综合测井，内容包括自然伽玛、自然电位、双感应-八侧向、井径、井斜方位、补偿密度、补偿中子、补偿声波等的测量。

（3）圈定矿体及资源量计算

对钻探工程获取的卤水样品进行分析测试，测试项目包括 K^+、Na^+、Ca^{2+}、Mg^{2+}、Li^+、B_2O_3、Cl^-、SO_4^{2-}、HCO_3^-、CO_3^{2-}、Rb^+、Cs^+、Sr^{2+}、Br^-、I^- 含量，以及 pH、密度、矿化度等数值，根据分析结果圈定矿体。通过物性测试（孔隙度、给水度、渗透率等）获取资源量计算参数，根据相关规范要求进行资源量计算。

7.2 深藏卤水成矿预测

7.2.1 前人工作的基础

翟裕生院士提出的成矿系统理论（翟裕生，1999），认为成矿系统由地质要素、成矿作用过程、矿床系列和异常系列组成，这些要素共同构成了具有成矿功能的自然系统，对矿床的形成和保存起着重要的控制作用，研究成矿系统可以更好地理解矿床的形成机制。成矿系统从矿床形成、变化和保存以及矿床系列、矿化异常系列角度开展研究，更有利于指导找矿预测（翟裕生，1996a，1996b，1999，2004）。自成矿系统理论提出以来，人们逐渐开始从整体的角度、系统的高度来研究矿床的形成过程，并进行区域成矿规律研究和找矿预测。

2012 年，青海省地质矿产勘查开发局完成的"青海省钾矿、锂矿、硼矿资源潜力评价成果报告"，通过对柴达木盆地构造运动、地质事件与盆地演化与成盐作用的分析，对典型矿床研究的基础上，建立了青海省钾矿、锂矿、硼矿 3 个矿种的 4 个预测工作区及典型矿床数据库，预测了青海省钾矿、锂矿、硼矿资源潜力。

2021～2023 年以"青海省矿产资源潜力评价（2012）"成果资料为本底资料，收集最新"青海省矿产地质志"基础地质资料、物化遥重调查进展及各单矿种近十年的勘查工作进展，沿用或更新相关成果资料，在此基础上开展单矿种资源潜力动态更新工作。建立了青海省盐类矿产中钾矿、锂矿、硼矿、盐矿、镁盐、芒硝矿、溴矿、碘矿 8 个矿种的 5 个预测工作区及典型矿床数据库，预测了青海省盐类矿产资源潜力。

基础资料包括青海省原青海省矿产资源潜力评价项目，青海地质矿产局、甘肃地质矿产局、新疆地质矿产局编制的盆地周边山区的 1∶20 万区调图幅资料、柴达木盆地 1∶20 万区调图资料，青海省地质志编图资料，以及青海石油局、青海省第一地质水文地质大队编制的石油、盐湖普查和详查的有关资料等。

矿床资料等主要包括青海省地质矿产勘查开发局历年来有关柴达木盆地第四纪盐类矿产的普查、详查、勘探的所有资料，比例尺为 1∶5 万～1∶10 万的矿区地质图、矿产图，1∶1 万～1∶2.5 万的大比例尺的矿区地质图，以及青海省石油管理局和其他单位部门在柴达木盆地取得的地震、测井等主要成果资料。

7.2.2 工作思路

以成矿系统理论为指导，在建立成矿系统的成矿模式基础上，详细研究成矿系统内的异常系列，建立成矿系统的找矿模型。

以柴达木盆地盐类成藏系统理论为基础，通过对成藏系统成矿模式、异常系列、典型矿床找矿模式的分析，提取成矿的地质必要条件，初步分析不同成矿系统的找矿方向，建立找矿模型，根据柴达木盆地盐类矿不同成矿系统的特点，采用综合信息预测方法，对不同成矿单元内的地球物理异常信息、遥感异常信息、岩相古地理信息和已有矿化线索开展综合研究，编制找矿预测相关图件，划分重点找矿靶区和一般找矿靶区，评价其找矿前景（图 7-3）。

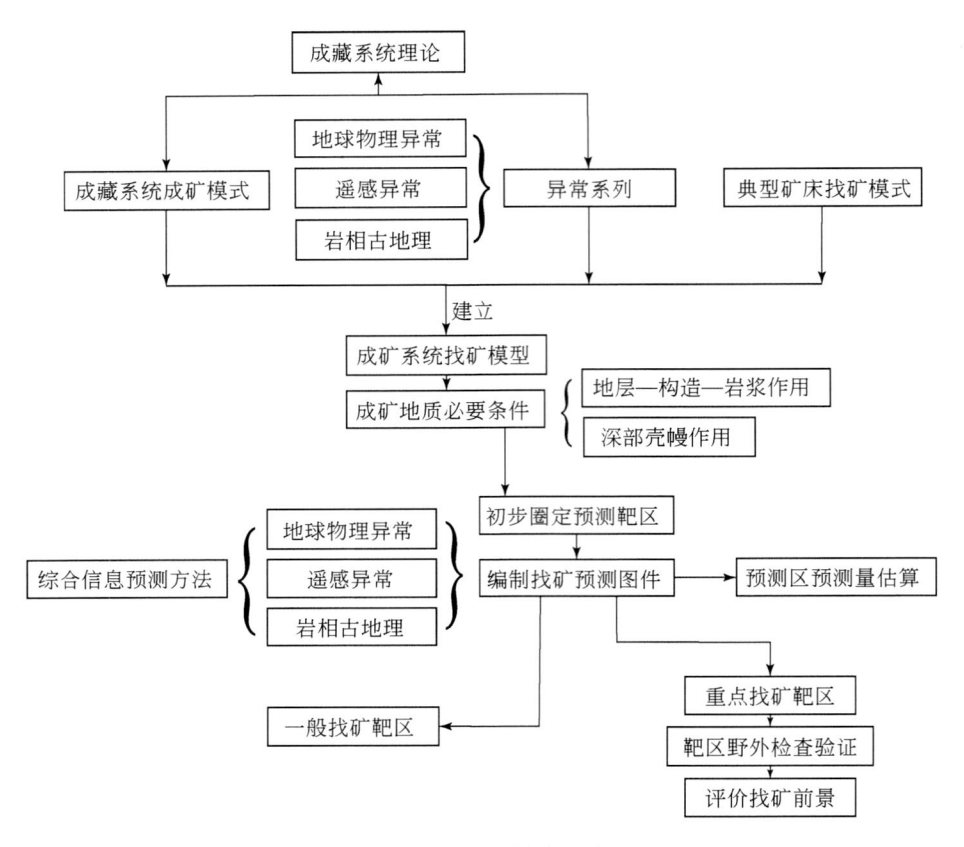

图 7-3　成矿预测技术路线图

青海省盐类矿产主要是以蒸发沉积型矿床为主，第四纪现代盐类沉积型矿床分布在柴达木盆地第四纪现代盐湖成盐区，其形成时代属晚更新世至全新世。新近纪—古近纪地下卤水型矿床分布在柴达木盆地西部背斜构造区。

以盐类矿床成矿系列为指导，以成矿单元为基础，以围绕有利含矿地质体圈定为导向，以不同卤水化学类型元素组合、沉积建造、成矿特征为找矿线索，以发现富矿卤水层为目的，综合判断分析，在建立深藏卤水成矿模型基础上进行靶区优选。

根据不同类型矿产的地质成矿条件和找矿标志、地球物理、岩相古地理等特征分别建立了典型矿床预测模型，在预测模型的基础上，以典型矿床为中心，根据各类成矿要素的重要性分类，采用交集、并集处理方式，圈定矿床的模型区。在矿区建造构造图的基础上，叠加矿（化）体分布图、地质剖面图、典型矿床区域构造略图、矿床成矿模式图、矿床预测要素图等进行优选，并在预测要素图的基础上采用地质体积法开展矿床深部及外围预测。

7.2.3　成矿预测原则

潘彤等（2024）根据柴达木盆地演化、地质构造单元、成矿机制及其成因联系等原则，以沉积作用为主体，将柴达木盆地盐类矿产划分出两个成矿系列：与古近纪—新近纪沉积作用及深部流体叠加有关的钾、石盐、镁、锂、硼、锶、石膏、芒硝矿床成矿系列、与第四纪沉积作用有关的钾、石盐、镁、锂、硼、天然碱矿床成矿系列。本书以盐类矿床成矿系列为指导，以成矿单元为基础，以围绕有利含矿地质体圈定为导向，以不同卤水化学类型元素组合、沉积建造、成矿特征为找矿线索，以发现富矿卤水层为目的，综合判断分析，进行成矿预测。

7.2.3.1 古近纪—新近纪沉积作用及深部流体叠加有关的成矿预测原则

根据最新成矿区带划分及近年来的钻探成果，针对背斜构造区高矿化度、高钙低镁的卤水背斜构造等找矿标志，深入研究在区域上成矿与典型矿床关系。对各种找矿标志（或预测变量）进行逐步筛选、优化、组织与整合，形成最优找矿标志组合。

依据成矿背斜构造、岩相古地理条件、水化学特征、成矿时代、沉积作用、沉积建造（蒸发盐夹膏盐建造）、大地构造位置（柴达木盆地中东部背斜构造）等信息，圈定有利含硼、锂地质体范围。圈出青海省柴达木盆地新近系油砂山组（N_2y）南翼山式地下卤水型钾盐矿预测工作区、青海省柴达木盆地古近系干柴沟组（E_3N_1g）南翼山式地下卤水型钾盐矿预测工作区。

青海省柴达木盆地新近系油砂山组（N_2y）南翼山式地下卤水型钾盐矿预测工作区是根据预测要素顺次连接落雁山构造东侧、剩余重力异常区、牛鼻子梁构造断层西侧、西北角咸水泉构造，并沿浅湖相沉积的界线向东直至自流井所围成的区域，面积约 $2.85×10^4$ km^2。

青海省柴达木盆地古近系干柴沟组（E_3N_1g）南翼山式地下卤水型钾盐矿预测工作区是根据各预测要素连接茫崖—油墩子构造东侧、乱山子构造西侧、长尾梁构造南西侧、尖顶山构造西北侧、红沟子构造、干柴沟构造北断层、油南断层—茫崖构造所围成的区域，面积约 $2.79×10^4$ km^2。

7.2.3.2 第四纪沉积作用有关的成矿预测原则

根据柴达木盆地盐矿床的固液状态、物质组分，各次级盆地的演化历史、成矿时间、物质来源、矿床类型、矿物组合，以及盆地东、西部水化学特征等特点对各种找矿标志（或预测变量）进行逐步筛选、优化、组织与整合，形成最优找矿标志组合。

依据盆地内各次级凹地的盐类地层时代、矿化特征、水化学特征、沉积作用、沉积建造（蒸发盐夹膏盐建造）、水文条件、大地构造位置（柴达木盆地含盐凹陷）、成矿构造等信息，圈定有利含矿地质体范围。圈出青海省柴达木盆地第四系察尔汗组—大柴旦组（Qp_3c—Qhd）大柴旦式现代盐湖型钾盐矿预测工作区、青海省柴达木盆地第四系阿拉尔组—尕斯库勒组（Qp_1a—Qp_2g）大浪滩式现代盐湖型钾盐矿预测工作区、青海省柴达木盆地第四系察尔汗组—大柴旦组（Qp_3c—Qhd）察尔汗式现代盐湖型钾盐矿预测工作区（图7-4）。

青海省柴达木盆地第四系察尔汗组—大柴旦组（Qp_3c—Qhd）察尔汗式现代盐湖型钾盐矿预测工作区的圈定是在地貌与第四纪地质图基础上，根据构造凹地、剩余重力低异常区、水化学异常等值线、地层厚度等值线、矿化线索，顺次连接茫崖以西的阿拉尔、花海子、霍布逊湖东侧、大灶火西南山、甘森湖南所围成的区域，面积为 $6.52×10^4$ km^2。

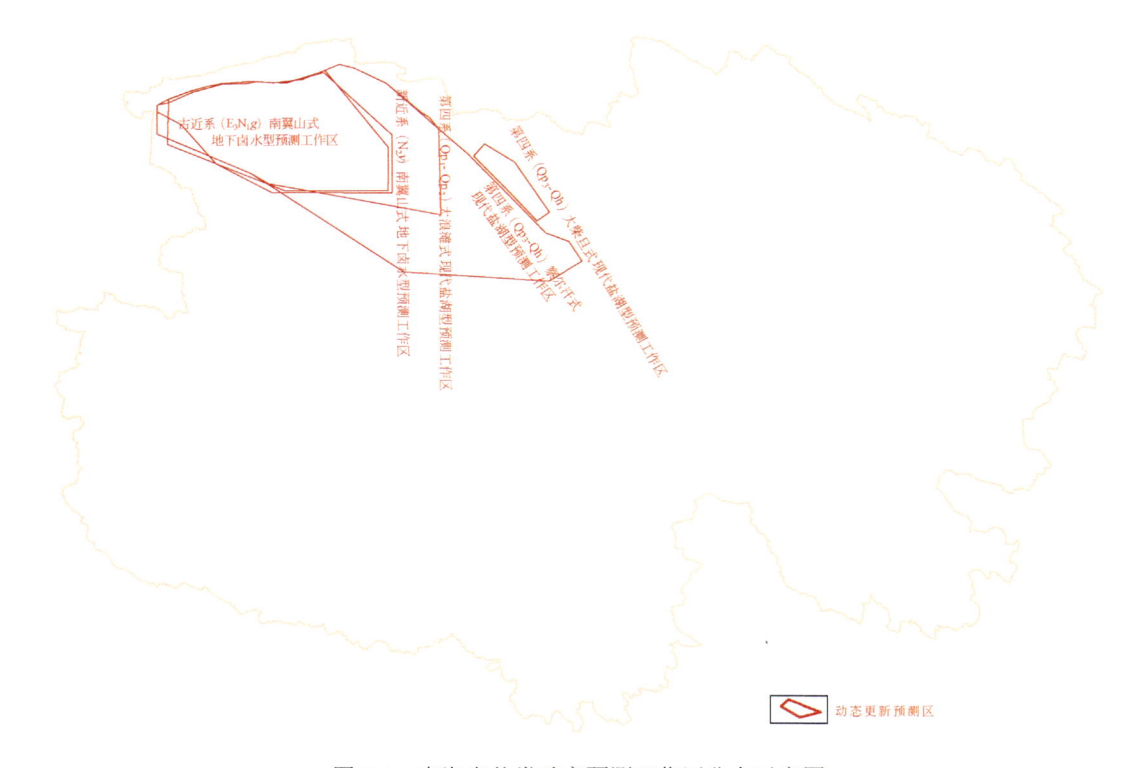

图 7-4　青海省盐类矿产预测工作区分布示意图

青海省柴达木盆地第四系察尔汗组—大柴旦组（Qp_3c—Qhd）大柴旦式现代盐湖型钾盐矿预测工作区是在地貌与第四纪地质图基础上，根据构造凹地、剩余重力低异常区、水化学异常等值线、地层厚度等值线、矿化线索，顺次连接大柴旦、小柴旦所围成的区域，面积为 2693 km^2。

青海省柴达木盆地第四系阿拉尔组—尕斯库勒组（Qp_1a—Qp_2g）大浪滩式现代盐湖型钾盐矿预测工作区是在地貌与第四纪地质图基础上，根据构造凹地、剩余重力低异常区、水化学异常等值线、地层厚度等值线、矿化线索，顺次连接茫崖以西的阿拉尔、花海子、大柴旦东侧、涩北二号、甘森湖南所围成的区域，面积为 $3.94×10^4 km^2$。

7.2.4　成矿预测结果

7.2.4.1　古近纪—新近纪沉积作用及深部流体叠加有关的成矿预测结果

通过对青海省柴达木盆地新近系油砂山组（N_2y）南翼山式地下卤水预测工作区、青海省柴达木盆地古近系干柴沟组（E_3N_1g）南翼山式地下卤水预测工作区展开调查，共圈定钾矿预测区 33 处，其中，A 类预测区 4 处，B 类预测区 10 处，C 类预测区 19 处，估算钾矿预测量达 $16451×10^4$ t（图 7-5，图 7-6）；圈定锂矿预测区 45 处，其中，A 类预测区 4 处，B 类预测区 14 处，C 类预测区 27 处，估算锂矿预测量达 $1638.56×10^4$ t（图 7-7，图 7-8）。

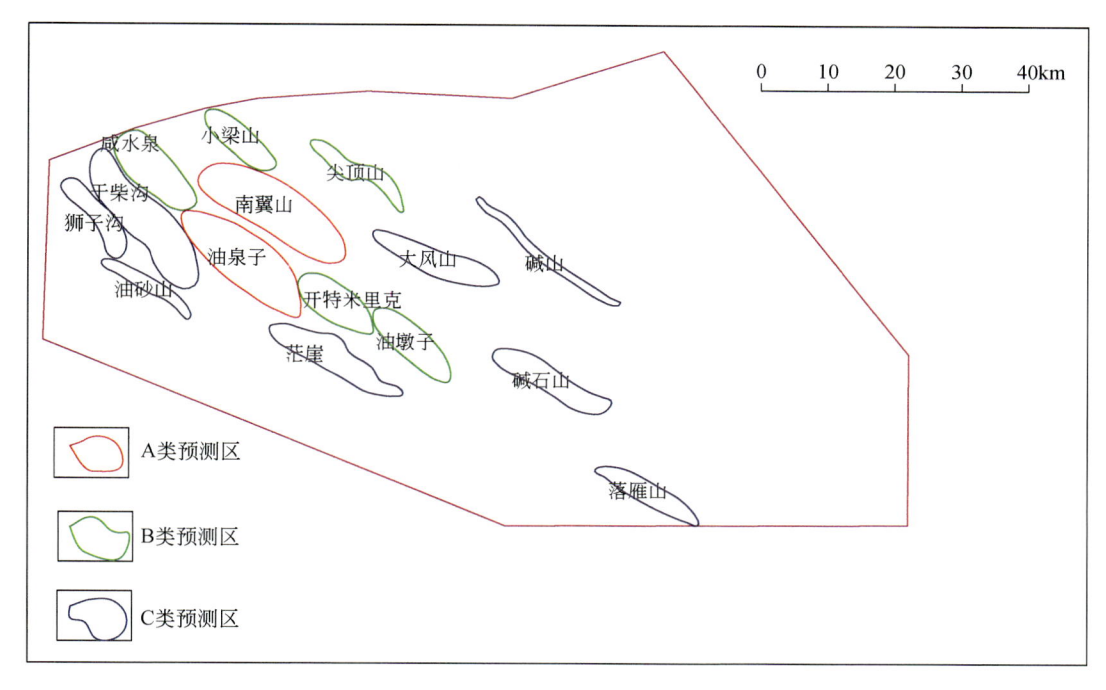

图 7-5　青海省柴达木盆地地下卤水型钾盐矿 E_3N_1g 预测区示意图

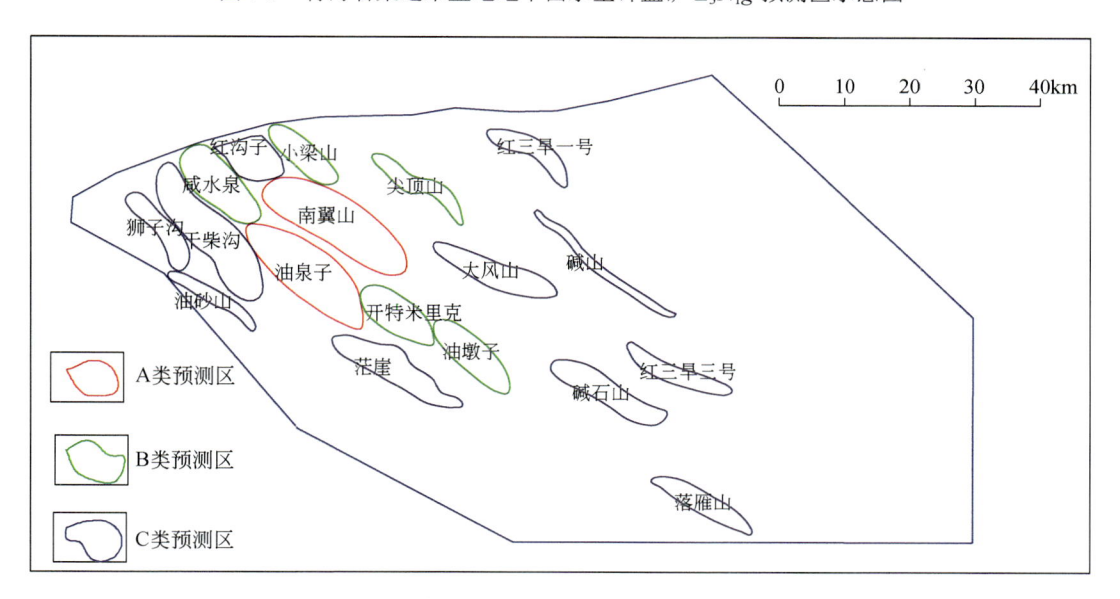

图 7-6　青海省柴达木盆地地下卤水型钾盐矿 N_2y 预测区示意图

1. 重点预测区

1）南翼山 E_3N_1g 钾、锂矿预测区

分布于柴达木盆地西部，由南翼山背斜带组成，属柴达木盆地稳定地块的茫崖凹陷区，属于较深湖相沉积区。背斜轴部出露新近系油砂山组地层，两翼被第四系七个泉组覆盖，

古近系地层厚度达 2063 m，分布面积达 623 km²，累计含矿层厚度为 390.43 m，K⁺平均含量为 3380.88 mg/L，Li⁺平均含量为 134.6 mg/L，矿化度大于 200 g/L。

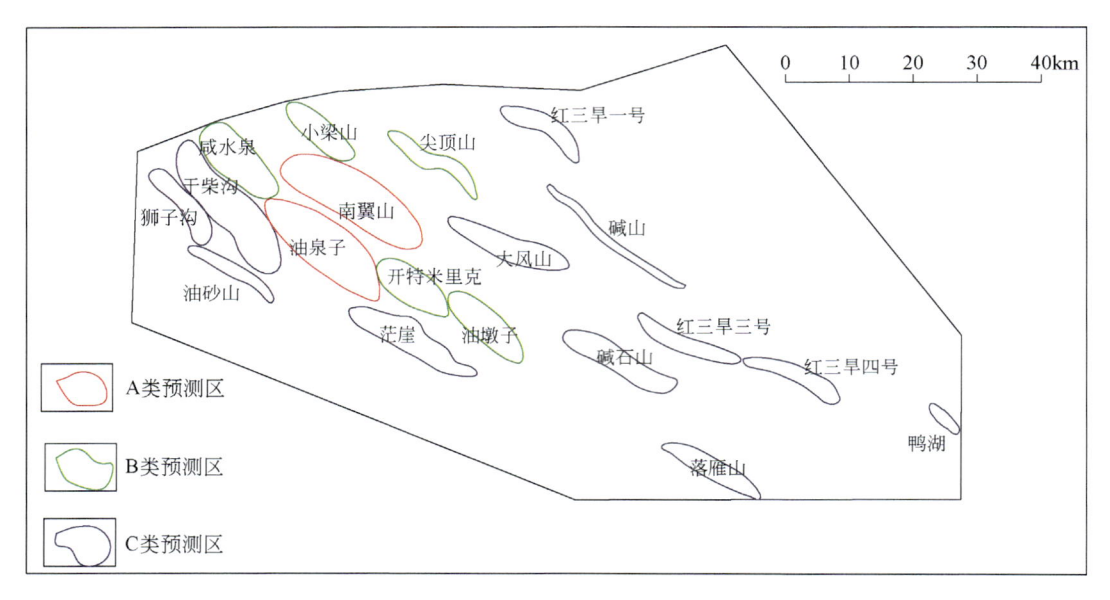

图 7-7　青海省柴达木盆地地下卤水型锂矿 E_3N_1g 预测区示意图

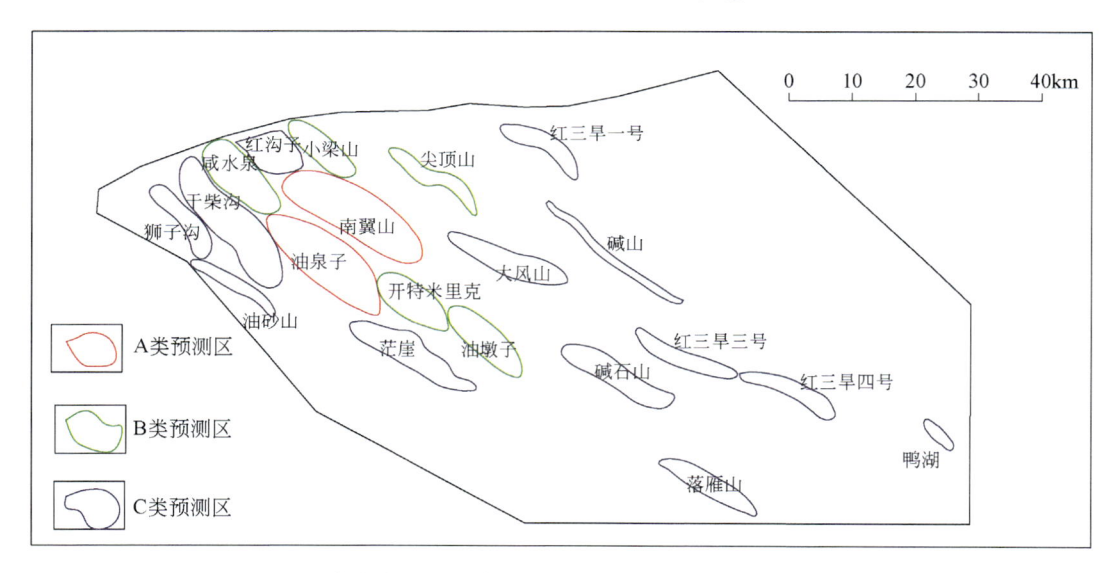

图 7-8　青海省柴达木盆地地下卤水型锂矿 N_2y 预测区示意图

2）油泉子 E_3N_1g 钾、锂矿预测区

分布于柴达木盆地西部，由油泉子背斜带组成，属柴达木盆地稳定地块的茫崖凹陷区，属于较深湖相沉积区。背斜轴部出露新近系狮子沟组地层，两翼被第四系七个泉组覆盖，古近系地层厚度达 2567 m，分布面积达 550 km²，累计含矿层厚度为 390.43 m，K⁺平均含量为 4981.33 mg/L，Li⁺平均含量为 92.7 mg/L，矿化度大于 200 g/L。

3）南翼山 N_2y 钾、锂矿预测区

分布于柴达木盆地西部，由南翼山背斜带组成，属柴达木盆地稳定地块的茫崖凹陷区，属于较深湖相沉积区。背斜轴部出露新近系狮子沟组地层，两翼被第四系七个泉组覆盖，新近系地层厚度达 2210 m，分布面积达 623 km^2，累计含矿层厚度大于 296 m，K$^+$ 平均含量为 9762.1 mg/L，Li$^+$ 平均含量为 109 mg/L，矿化度大于 200 g/L。

4）油泉子 N_2y 锂矿预测区

分布于柴达木盆地西部，由南翼山、油泉子背斜带组成，属柴达木盆地稳定地块的茫崖凹陷区，属于较深湖相沉积区。背斜轴部出露新近系狮子沟组地层，两翼被第四系七个泉组覆盖，新近系地层厚度达 2600 m，分布面积为 550 km^2，累计含矿层厚度大于 296 m，K$^+$ 平均含量为 4981.33 mg/L，Li$^+$ 平均含量为 109 mg/L，矿化度大于 200 g/L。

该区域位于凹陷区，长期接受沉积，沉积厚度大，气候湿冷、干旱交替出现，水量丰沛，富含有机质；在气候干旱条件下，古湖水蒸发浓缩，矿化度升高，致使有益组分富集，赋存于沉积物碎屑空隙中，在后期深埋于地层深部，遭受离子吸附与交替作用、轻微变质作用，有益元素进一步富集，故该区域找矿潜力较大。

2. 次重点预测区

1）开特米里克 E_3N_1g 钾、锂矿预测区

位于西部拗陷区茫崖凹陷亚区，属较深湖相沉积区，古近系 E_3N_1g 地层沉积厚度为 1800 m，地表出露 Qp$_1$a—Qp$_2$g、N$_2y$ 地层，沉积建造为含砾泥岩，矿化度大于 200 g/L。

2）油墩子 E_3N_1g 钾、锂矿预测区

位于西部拗陷区茫崖凹陷亚区，属较深湖相、浅湖相沉积区，地层沉积厚度为 2800 m，地表出露 Qp$_1$—Qp$_2$、N$_2s$、N$_2y$ 地层，沉积建造为含砾泥岩，矿化度大于 200 g/L。

3）咸水泉 E_3N_1g 锂矿预测区

位于西部拗陷区茫崖凹陷亚区边部，为最早的凹陷中心，属较深湖相、浅湖相沉积区，地层沉积厚度为 1166 m，地表出露 Qp$_1$a—Qp$_2$g、N$_2s$ 地层，位于油南断层北侧，矿化度大于 200 g/L。

该区域位于凹陷区，气候湿冷、干旱交替出现，干旱期湖水蒸发，矿化度升高，有益组分富集，具有一定的找矿潜力。

4）红三旱四号 E_3N_1g 锂矿预测区

位于西部拗陷区茫崖凹陷亚区东部，属较深湖相、浅湖相沉积区，地层沉积厚度为 3000 m，矿化度大于 200 g/L。Li$^+$ 平均含量为 360 mg/L。

5）开特米里克 N_2y 钾、锂矿预测区

位于西部拗陷区茫崖凹陷亚区，属较深湖相沉积区，新近系 N_2y 地层沉积厚度为 2600 m，地表出露 Qp$_1$a—Qp$_2$g、N$_2y$ 地层，沉积建造为含砾泥岩，K$^+$ 平均含量 5512 mg/L，有含高品位钾的样品出现，Li$^+$ 平均含量 74.5 mg/L。

6）油墩子 N_2y 钾、锂矿预测区

位于西部拗陷区茫崖凹陷亚区，属较深湖相、浅湖相沉积区，地层沉积厚度为 1600 m，地表出露 Qp$_1$a—Qp$_2$g、N$_2s$、N$_2y$ 地层，沉积建造为含砾泥岩，K$^+$ 平均含量为 2364 mg/L，Li$^+$ 平均含量为 56.9 mg/L。

7）咸水泉 N_2y 锂矿预测区

位于西部拗陷区茫崖凹陷亚区边部，为最早的凹陷中心，属较深湖相、浅湖相沉积区，地层沉积厚度位 1578 m，地表出露 Qp_1a—Qp_2g、N_2s 地层，位于油南断层北侧。K^+平均含量为 451 mg/L，矿化度大于 200 g/L。

7.2.4.2 第四纪沉积作用有关的成矿预测结果

通过对青海省柴达木盆地第四系察尔汗组—大柴旦组（Qp_3c—Qhd）察尔汗式现代盐湖矿预测工作区、青海省柴达木盆地第四系察尔汗组—大柴旦组（Qp_3c—Qhd）大柴旦式现代盐湖矿预测工作区、青海省柴达木盆地第四系阿拉尔组—尕斯库勒组（Qp_1a—Qp_2g）大浪滩式现代盐湖矿预测工作区展开调查，共圈定钾矿预测区 30 处（图 7-9，图 7-10），其中，A 类预测区 5 处，B 类预测区 12 处，C 类预测区 13 处，估算钾矿预测量达 $11.18×10^8$ t；圈定锂矿预测区 20 处（图 7-11，图 7-12），其中，A 类预测区 10 处，B 类预测区 4 处，C 类预测区 6 处，估算锂矿预测量达 $82.22×10^8$ t。

1. 重点预测区

1）大浪滩 Qp_1a—Qp_2g 钾、锂矿预测区

位于盆地西部拗陷区茫崖凹陷亚区，是西部分割盆地中沉陷较深、盐湖演化历史最长、成盐时期最早的一个代表性次级盆地，地貌上属中海拔盐湖沉积平原。大浪滩盐湖是一个以卤水钾矿为主，固体、液体矿并存，同时伴生多种其他盐类矿产的大型矿床。赋矿地层时代为第四系下更新统至全新统，沉积岩相为盐湖-滨湖交替相、滨湖相、盐湖相。地表出露 Qp_3c—Qhd 盐类地层，其下部为 Qp_1a—Qp_2g 的盐类地层，K^+含量为 5446.06～10582.68 mg/L，卤水中 Li^+含量在此区虽较低，但矿层厚度大，在本区内已发现有 6 个大、中、小型矿床（点），其中的梁中矿床已经开发。

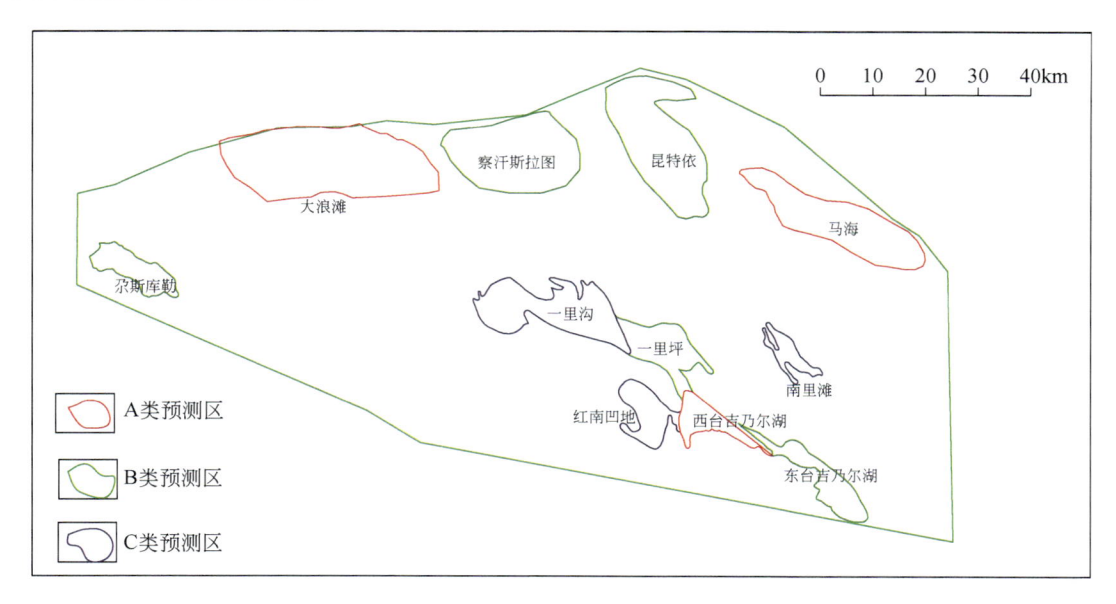

图 7-9 青海省柴达木盆地现代盐湖型钾盐矿大浪滩式 Qp_1a—Qp_2g 预测区示意图

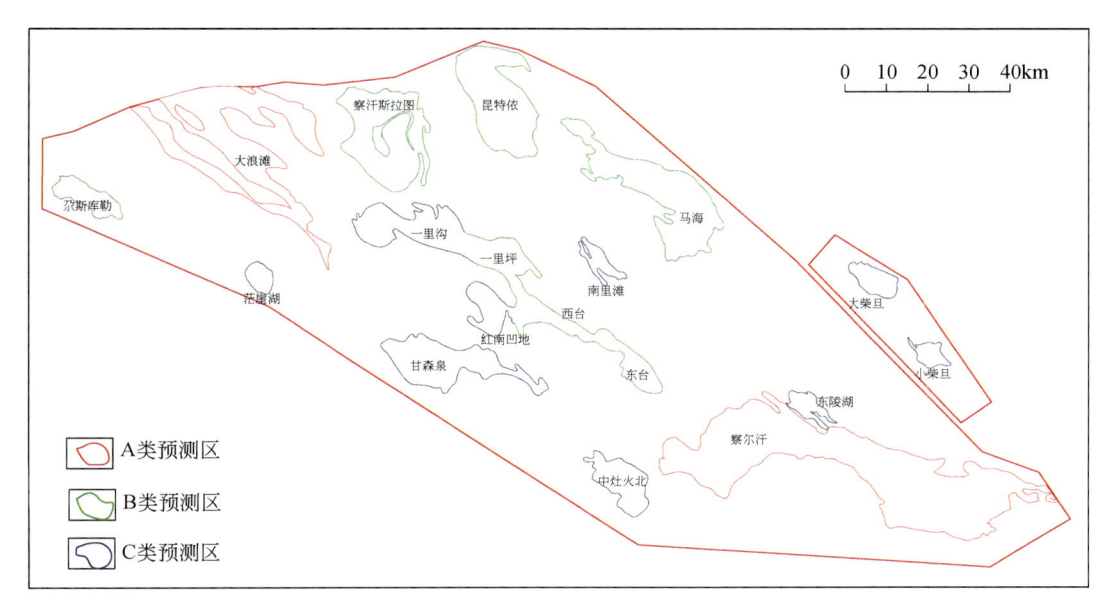

图 7-10　青海省柴达木盆地现代盐湖型钾盐矿察尔汗式 Qp$_3$c—Qhd 预测区示意图

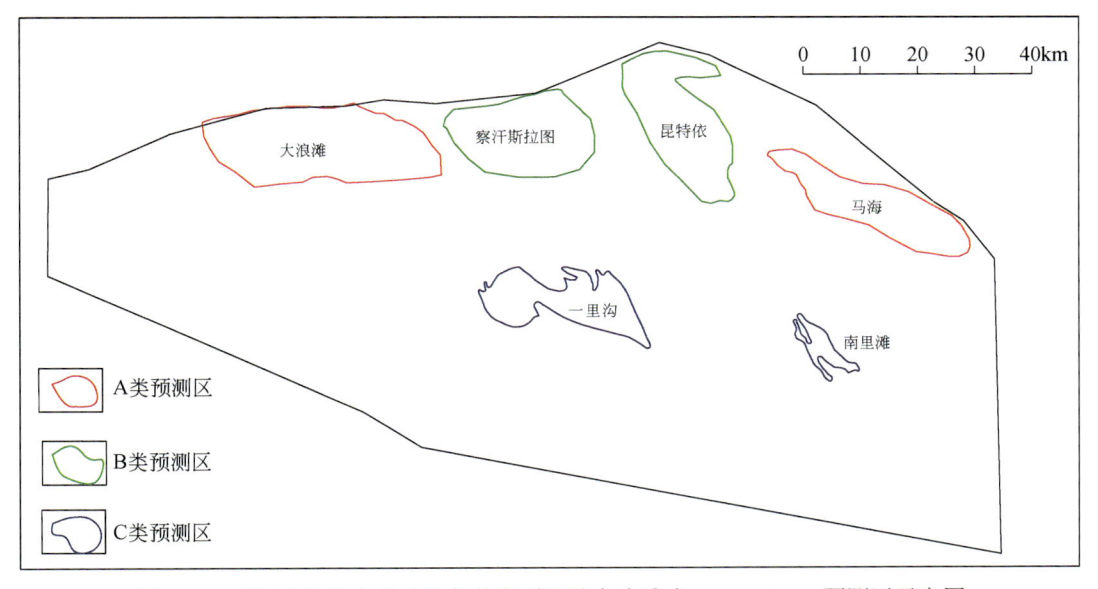

图 7-11　青海省柴达木盆地现代盐湖型锂矿大浪滩式 Qp$_1$a—Qp$_2$g 预测区示意图

2）马海 Qp$_1$a—Qp$_2$g 钾、锂矿预测区

位于盆地西部拗陷区马海凹陷亚区，是从柴达木古湖盆地中分离出来的小型独立闭流盆地之一，是在其北侧老山及周边古近纪—新近纪褶皱、断裂构造运动共同影响下形成的一个次级成盐盆地，地貌上属中海拔盐湖沉积平原。马海盐湖为一固体、液体矿并存的矿床，除钾镁盐矿产外，卤水中伴生有硼、锂等有益组分。赋矿地层时代为第四系下、中更新统和上更新统至全新统，Li$^+$最高含量为 70.48 mg/L，平均含量在 17.3 mg/L 左右。是最

早的凹陷中心，地表出露 Qp_3c—Qhd 盐类地层，其下部为 Qp_1a—Qp_2g 的盐类地层，在本区内已发现有 1 个大型矿床，该矿床已经开发。矿床浅部已达到详查阶段。

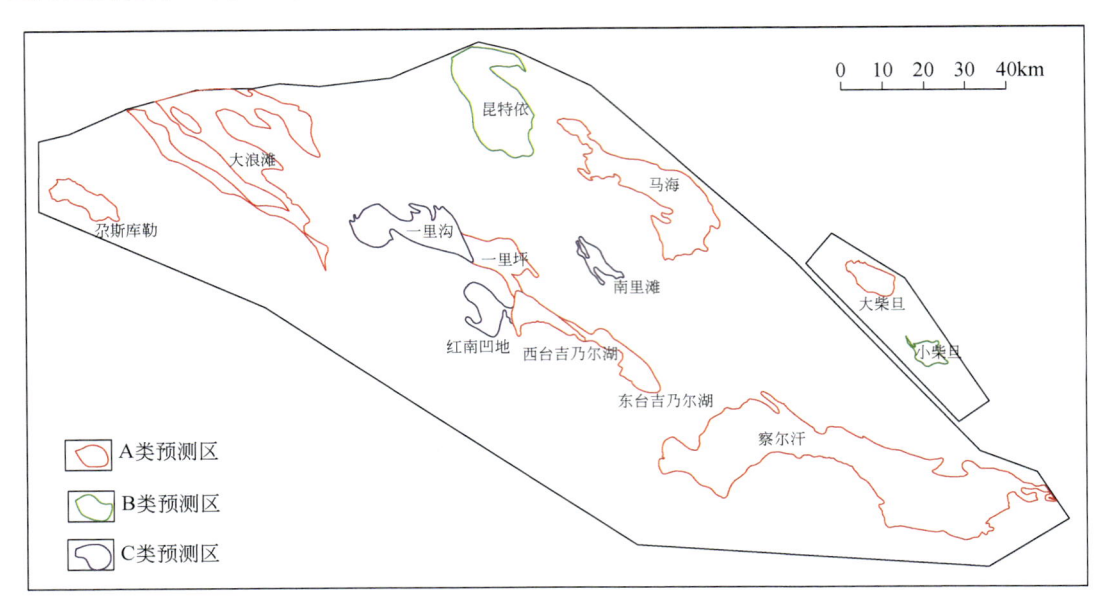

图 7-12 青海省柴达木盆地现代盐湖型锂矿察尔汗式 Qp_3c—Qhd 预测区示意图

3）大浪滩 Qp_3c—Qhd 钾、锂矿预测区

位于盆地西部拗陷区茫崖凹陷亚区，是西部分割盆地中沉陷较深、盐湖演化历史最长、成盐时期最早的一个代表性次级盆地，地貌上属中海拔盐湖沉积平原。大浪滩盐湖是一个以卤水钾矿为主，固体、液体矿并存，同时伴生多种其他盐类矿产的大型矿床。赋矿地层时代为第四系下更新统至全新统，Li^+含量为 33.33～58.33 mg/L，最高为 137.5 mg/L，沉积岩相为盐湖-滨湖交替相、滨湖相、盐湖相。位于西部拗陷区茫崖凹陷亚区，地表出露 Qp_3c—Qhd 盐类地层，在本区内已发现有 6 个大、中、小型矿床（点），其中的梁中矿床已经开发。

4）察尔汗 Qp_3c—Qhd 钾、锂矿预测区

位于盆地中东部拗陷区三湖沉降凹陷亚区，地貌上属中海拔盐湖沉积平原。察尔汗盐湖是以钾为主，固体、液体矿并存的大型钾镁盐矿床，共（伴）生有大型石盐、硼、锂、铷、溴、碘、锶等矿产。该预测区是以钾镁盐为主矿种、伴生硼、锂等有益组分含量的大型综合型矿床，是伴生液体硼矿成矿有利区，属 A 类预测区。地表出露 Qp_3c—Qhd 盐类地层，上更新统至全新统地层沉积厚度钻孔揭露深度为 48 m，厚度为 35.90 m；晶间承压卤水矿化度为 320.95～360.8 g/L，Li^+最高含量为 135.98 mg/L，平均含量在 66.8 mg/L 左右，在本区内已发现有 1 个大型矿床，是我国最大的钾肥生产基地。

5）西台吉乃尔湖 Qp_3c—Qhd 锂矿预测区

位于盆地中东部拗陷区三湖沉降凹陷亚区，属中海拔盐湖沉积平原。第四系上更新统至全新统厚度小于 50 m，矿层最大埋深在 35 m 左右，分布面积为 547.26 km^2，卤水矿化

度平均值为 330 mg/L，Li$^+$平均含量在 666.67 mg/L 左右，最高达 1420 mg/L。

2. 次重点预测区

1) 昆特依 Qp$_1$a—Qp$_2$g 钾、锂矿预测区

位于盆地西部拗陷区茫崖凹陷亚区，是由断裂和褶皱运动共同形成的一个次级盆地。地貌上属中海拔盐湖沉积平原。昆特依盐湖是一个以液体钾矿为主的特大型矿床，同时伴生有硼、锂等有用组分矿产。赋矿地层时代为第四系下、中更新统和上更新统至全新统。区内下更新统沉积厚度大于 196 m，碎屑层厚度为 21.30 m，盐层最大厚度为 1.93 m；中更新统矿层最大埋深可达 203.11 m，含矿层纯厚度为 11.11～19.81 m。承压晶间卤水矿化度大于 320 g/L，最高可达 372.15 g/L，Li$^+$最高含量为 4.57 mg/L，平均含量为 1.83 mg/L。是最早的凹陷中心，地表出露 Qp$_3$c—Qhd 盐类地层，其下部为 Qp$_1$a—Qp$_2$g 的盐类地层，在本区内已发现有 5 个大、中、小型矿床（点），其中的 3 个矿床已经开发。

2) 察汗斯拉图 Qp$_1$a—Qp$_2$g 钾、锂矿预测区

位于盆地西部拗陷区茫崖凹陷亚区，其四周为下、中更新统所围绕的中更新世晚期至全新世的沉积-剥蚀成盐次盆地，地貌上属中海拔盐湖沉积平原。察汗斯拉图盐湖是固体、液体矿共存的大型矿床，赋矿地层时代为第四系下更新统—上更新统。第四系中更新统是该区域主要成矿地层，自下而上分为 5 个化学沉积层，其中相间 4 个湖积层，含矿层累计纯厚度为 38.76 m。晶间承压卤水矿化度一般为 325～350 g/L。该预测工作区主矿种以芒硝、钾盐及石盐为主，卤水中伴生镁、硼、锂、溴、碘等有益组分，该预测区除主矿种外，伴生的硼、锂有较好的矿化显示，属 B 类级预测区。是最早的凹陷中心，地表出露 Qp$_3$c—Qhd 盐类地层，但厚度小于 5 m，已发现的钾盐矿赋存于其下部的 Qp$_1$a—Qp$_2$g 盐类地层中。

3) 昆特依 Qp$_3$c—Qhd 钾、锂矿预测区

位于盆地西部拗陷区茫崖凹陷亚区，是由断裂和褶皱运动共同形成的一个次级盆地。地貌上属中海拔盐湖沉积平原。昆特依盐湖是一个以液体钾矿为主的特大型矿床，同时伴生有硼、锂等有用组分矿产。赋矿地层时代为第四系下、中更新统和上更新统至全新统。分布面积为 1610.78 km^2。该区域第四系含盐系厚达 335.81 m，第四系上更新统至全新统地层沉积厚度分别为 33.68～100.03 m、4.20～16.98 m；潜晶间卤水矿化度一般均达到 315 g/L 以上，最高达 498 g/L，Li$^+$最高含量为 2.08 mg/L，平均含量为 1.48 mg/L。是最早的凹陷中心，地表出露 Qp$_3$c—Qhd 盐类地层，其下部为 Qp$_1$a—Qp$_2$g 的盐类地层，在本区内已发现有 5 个大、中、小型矿床（点），其中的 3 个矿床已经开发。

4) 察汗斯拉图 Qp$_3$c—Qhd 钾矿预测区

位于盆地西部拗陷区茫崖凹陷亚区，其四周为下、中更新统所围绕的中更新世晚期至全新世的沉积-剥蚀成盐次盆地，地貌上属中海拔盐湖沉积平原。察汗斯拉图盐湖是固体、液体矿共存的大型矿床，固体矿以钾盐、芒硝和石盐为主，液体矿以钾为主，伴生镁、石盐、硼、锂、溴、碘等有益组分。赋矿地层时代为第四系下更新统—上更新统。该预测区除主矿种外，伴生的硼、锂有较好的矿化显示，属 B 类级预测区。是最早的凹陷中心，地表出露 Qp$_3$c—Qhd 盐类地层，已发现的钾盐矿赋存于其下部的 Qp$_1$a—Qp$_2$g 盐类地层中。

5) 西台吉乃尔湖 Qp$_3$c—Qhd 钾矿预测区

位于盆地中东部拗陷区三湖沉降凹陷亚区，是由褶皱和断裂构造运动形成的一个次级成盐盆地，地貌上属中海拔盐湖沉积平原。西台吉乃尔盐湖是以液体锂矿为主，固体、液体矿共生的大型矿床，除固体石盐矿达到大型规模外，可溶性钾镁盐次之；液体矿产中还伴生有 KCl、B_2O_3、$MgCl_2$、NaCl 等。该预测区是以锂矿为主矿种、伴生硼、钾、镁等有益组分含量的矿床，是伴生液体硼矿成矿有利区。地表出露 Qp_3c—Qhd 盐类地层，在本区内已发现有 1 个中型矿床，该矿区目前已经开发。

6）小柴旦盐湖 Qp_3c—Qhd 锂矿预测区

位于柴达木中间地块的北缘，为一山间凹陷成盐次盆地，形成于第四系全新世中、晚期，分布面积为 141.15 km²，矿层埋藏浅，最深不超过 20 m。晶间卤水矿化度为 350～370 g/L，Li^+ 最高含量为 150 mg/L，平均含量为 35.67 mg/L。

7.2.5 找矿潜力分析

根据潘彤等（2024），将柴达木盆地盐类矿产找矿潜力主要归纳成如下 3 个方面。

7.2.5.1 古近纪—新近纪深藏卤水找矿方向

构造裂隙孔隙富锂卤水与古近系—新近系圈闭构造、古盐类沉积及有利储层关系密切，赋矿部位往往是背斜构造核部裂隙发育部位。在柴达木盆地西部的古近纪—新近纪背斜构造新发现深藏含锂卤水，具有锂含量高、镁锂比低、原卤矿化度低等诸多优势特点，从西往东在狮子沟、南翼山、碱山、落雁山、鸭湖、伊克雅乌汝等 11 个圈闭构造均发育良好的碳酸盐、碎屑岩储层，并显示有深藏卤水赋存，因此，柴达木盆地古近纪—新近纪背斜构造深层含锂卤水找矿空间巨大，根据成矿系列理论判断有 27 个背斜构造成矿条件良好，重点勘查范围主要位于中央钾-石盐-镁-锂-天青石-芒硝成矿亚带（Ⅳ2）。

7.2.5.2 第四纪深藏卤水找矿方向

柴达木盆地在早、中更新世时期相对雨量丰富，水动力较强，沉积物多以砂、砾为主，为典型的冲洪积相，在柴达木盆地北缘沉积了巨厚的砂砾层。对砂砾石储集层的验证先是在大浪滩—黑北凹地一带发现了该类型深藏卤水，随后通过成矿系列理论的指导在察汗斯拉图、昆特依及马海地区均发现了该类型深藏卤水，取得了重大找矿突破。已发现的 5 处矿产地均分布于中央钾-石盐-镁-锂-天青石-芒硝成矿亚带（Ⅳ2），而该亚带的红沟子地区—苏干湖北—柴达木大门口一带也分布较厚大的砂砾石储集层，具有该类型钾盐矿产成矿的有利条件。现阶段在盆地南缘的祁漫塔格山、鄂拉山山前局部地段同样发育该类型储层。宗务隆山山前雅沙图一带的山间凹地也沉积有较厚大的冲洪积相砂砾石，具备寻找砂砾孔隙卤水型硼矿的条件。

7.3 深藏卤水找矿突破

我国是粮食大国，钾作为粮食的"粮食"，一直以来对外依赖度很高，现代盐湖钾矿面临保障能力不足的挑战，近年来，随着全球新能源产业和传统工业产业的快速发展，我国对"能源金属"锂和"工业维生素"硼的对外依存度居高不下，培育钾、锂、硼等战略性矿资源储备基地，对于推动地方经济发展和维护国家能源资源安全具有重要意义。

近年来，青海省地质矿产勘查开发局以成藏系统理论为基础，从盐类矿产源、运、储、变、保 5 个方面建立了柴达木盆地盐类成藏系统理论，创新了深部预测及勘查方法。在中央财政、青海省地方财政及市场资金的支持下，通过地质资料搜集、成矿规律研究、找矿信息提取、找矿靶区预测、地物遥钻等综合勘查、现代测试分析等手段，指导开展了一批调查（勘查）项目，取得了深藏卤水钾、锂、硼等资源的重大找矿突破。

7.3.1 第四纪深藏富钾卤水找矿突破

2008 年以来，在柴达木盆地评价了赋存于砂砾石的砂砾石型孔隙深藏卤水，钾盐找矿取得重大突破。该类型深藏卤水分布于柴达木盆地西部的阿尔金山和赛什腾山南缘，总体呈北西西向带状分布，在尕斯库勒、大浪滩、察汗斯拉图、昆特依、马海等地区圈定深藏含钾卤水面积约 5417.99 km^2，现阶段勘查评价的区块共 8 处，共施工 79 个钻探工程，钻探工作量 7 万 m 以上，估算 KCl 潜在资源约 8.03×10^8 t（表 7-1），其中资源规模最大的有大浪滩—黑北凹地勘查区和马海勘查区。

表 7-1 柴达木盆地第四纪砂砾石型深藏卤水资源概况表

项目名称	资源级别	KCl 资源/万 t	备注
青海省茫崖市马海地区砂砾孔隙卤水钾矿普查	推断	22873.76	数据来源为 2024 年《青海省茫崖市马海地区砂砾孔隙卤水钾矿普查报告》
青海省冷湖镇昆特依矿区深层卤水钾矿预查	潜在	10453.84	数据来源为 2018 年《青海省冷湖镇昆特依矿区深层卤水钾矿预查报告》
青海省茫崖市阿拉巴斯套地区卤水钾矿预查	潜在	1357.10	数据来源 2021 年《青海省茫崖市阿拉巴斯套地区卤水钾矿预查报告》
青海省茫崖镇察汗斯拉图地区深层卤水钾矿预查	潜在	819.35	数据来源为 2018 年《青海省茫崖镇察汗斯拉图地区深层卤水钾矿预查》
青海省格尔木市一里坪—霍布逊深层卤水钾盐资源调查评价	潜在	5546.79	数据来源为《青海省格尔木市一里坪—霍布逊深层卤水钾盐资源调查评价报告》
柴达木盆地大浪滩—黑北凹地勘查	潜在+推断	37030.98	数据来源为 2020 年柴达木盆地西部新近纪深部卤水钻探工程项目计算的资源量，最终未评审、资源量未上表；2020-2024 年新增少，未系统计算
青海省茫崖镇狮子沟地区深层卤水调查评价	潜在	1385.79	数据来源为 2016 年《青海省茫崖镇狮子沟地区深层卤水调查评价报告》
青海省茫崖镇尕斯库勒湖地区钾矿资源调查评价	潜在+推断	814.67	数据来源为 2015 年《青海省茫崖镇尕斯库勒湖地区钾矿资源调查评价报告》

资源潜力最大的大浪滩—黑北凹地矿区，深藏含钾卤水顶板埋深 273.9～897.65 m，底板埋深 808.46～1600 m，卤水储层为含砾中-粗砂、砂砾石、含粉砂角砾、细粉砂层，含水层厚度一般为 197.3～846 m；单位涌水量为 28.58～231.89 L/(d·m)，富水性为中等—强；卤水矿化度为 287.05～333.63 g/L，KCl 平均含量为 0.18%～1.56%，NaCl 品位为 18.79%～22.14%，MgCl$_2$ 品位为 0.14%～1.81%，MgSO$_4$ 品位为 0～2.73%，水化学类型主要为氯化

物型[①]。

资源勘查级别最高的马海矿区，深藏含钾卤水藏于 200 m 以深，卤水储层为第四系冲洪积相松散砂砾石，含水层厚度一般位 706～1100 m，单井涌水量为 241.75～6076.00 L/d，富水性为中等-强，卤水矿化度为 185.54～302.65 g/L，KCl 品位为 0.24%～0.53%、平均为 0.40%，NaCl 平均品位为 18.24%、MgCl 平均品位为 2.48%，水化学类型为卤化物型。2024 年度估算 KCl 推断资源量为 $2.29×10^8$ t，达到大型矿床规模。该地区通过产能抽卤试验验证了马海地区深藏卤水富水性好、流量及品位稳定，野外盐田自然蒸发试验（规模为 5000 m²）中盐田回收率达 79.76%、选矿回收率达 62.04%，证明该类型深藏卤水可采、可选、可用，为柴达木盆地该类型深藏卤水的调查评价和规模化利用奠定了坚实基础[②]。

7.3.2 古近纪—新近纪深藏卤水找矿突破

2017 年始，青海省柴达木综合地质矿产勘查院启动了古近纪—新近纪背斜构造区富锂深藏卤水评价，在柴达木盆地 240 个背斜构造中发现了 27 处锂矿找矿线索，通过勘查先后在鄂博梁Ⅱ号构造、红三旱四号构造、落雁山构造、鸭湖构造、碱石山构造、鄂博梁Ⅰ号构造和碱山构造开展了深藏卤水调查（勘查）工作，估算 LiCl 潜在资源量为 $312.95×10^4$ t、B_2O_3 潜在资源量为 $1496.89×10^4$ t、Br 潜在资源量为 $116.59×10^4$ t、I 潜在资源量为 $41.34×10^4$ t，取得了深藏卤水锂硼矿找矿的实质性突破[③④]。该类型深藏卤水具有含水层相对稳定，水量大，锂硼品位大多达到工业品位，共（伴）生溴、碘、铷、铯等微量元素，高承压自流，镁锂比低的特点，属于有益元素综合利用价值大、易采、易提卤水。

在鸭湖背斜构造区，深藏富锂、硼卤水藏于 400 m 以深，受地层和构造控制，圈闭面积为 150～200 km²，封闭性良好，含水层厚度较大，单孔自流量多超过 1000 L/d。新近纪狮子沟组（N_2s）地层厚度为 989～1800 m、上油砂山组（N_1^2y）地层厚度为 350～1511 m、下油砂山组（N_1^1y）地层厚度为 580 m（未揭穿）。有效含水层岩性为细砂岩、粉砂岩，狮子沟组平均厚度为 151.18 m，LiCl 平均含量为 127.85 mg/L，B_2O_3 平均含量为 355.39 mg/L，微量元素 Br^- 平均含量为 51.97 mg/L，I^- 平均含量为 19.62 mg/L，镁锂比为 59.57；上油砂山组平均厚度为 176.58 m，LiCl 平均含量为 160.70 mg/L，B_2O_3 平均含量为 374.90 mg/L，微量元素 Br^- 平均含量为 57 mg/L，I^- 平均含量为 24 mg/L，Sr^{2+} 平均含量为 331 mg/L，镁锂比为 45.84；下油砂山组个别钻井揭露，无分层试水数据[⑤]。鸭湖构造区取得的深藏卤水找矿突破，为柴达木盆地该类型深藏卤水的勘查提供了成功的示范。

---

① 青海省柴达木综合地质矿产勘查院. 2016. 青海省茫崖镇大浪滩东北部深层卤水钾盐矿普查（技术报告）.
② 青海省柴达木综合地质矿产勘查院. 2024. 青海省茫崖市马海地区砂砾孔隙卤水钾矿普查报告（技术报告）.
③ 青海省柴达木综合地质矿产勘查院. 2019. 青海省柴达木盆地锂资源调查评价报告（技术报告）.
④ 青海省柴达木综合地质矿产勘查院. 2021. 青海省大柴旦行委西台吉乃尔湖东北深层卤水钾矿普查（技术报告）.
⑤ 青海省柴达木综合地质矿产勘查院. 2024. 青海省大柴旦行委西台吉乃尔湖东北深层卤水钾矿普查（技术报告）.

结　　语

　　柴达木盆地盐湖盐类矿产资源极其丰富，以品位高、储量大、矿种齐全、矿床成因类型多、便于开采等优势著称于世，探明的资源有钾、钠、镁、锂、硼、溴、碘、铷、锶、芒硝、天然碱等，其中钾盐、镁盐、锂盐、锶矿储量居全国首位，石盐、芒硝和溴矿储量居全国第二位，硼矿储量居全国第三位，天然碱和碘矿储量居全国第四位。因此，柴达木盆地有"聚宝盆"的美称。自 20 世纪 50 年代盐湖资源勘查开发以来，为青海省经济发展乃至全国粮食安全保障做出了重要贡献。

　　习近平总书记 2016 年 8 月到青海考察时指出了盐湖资源在青海省乃至全国的重要战略性地位，2021 年 3 月提出了青海"四地"建设的要求，明确指出"要结合青海优势和资源，贯彻创新驱动发展战略，加快建设世界级盐湖产业基地……"，2024 年 6 月进一步强调了青海省"要有效聚集资源要素，加快建设世界级盐湖产业基地……"。

　　随着盐湖产业的不断发展，柴达木盆地以钾盐为主的盐湖资源勘查开发持续推进，同时也暴露出了一些制约盐湖资源快速评价和高效开发、制约盐湖可持续发展的科学技术问题，比如对柴达木盆地成矿规律认识的深度不够，对盐类成藏系统研究的不足，新发现的深藏卤水钾、锂等矿资源潜力不明，深藏卤水是否可被工业利用等。为此，2018 年青海省地质矿产勘查开发局部署了柴达木盆地盐类成藏系统研究工作，通过基础理论创新引领，先后开展了马海、大浪滩—黑北凹地、察汗斯拉图、昆特依等地区砂砾石型孔隙深藏卤水勘查，以及鸭湖、碱石山、红三旱四号、落雁山、鄂博梁等背斜构造区孔隙裂隙型深藏卤水调查评价，为世界级盐湖产业基地建设提供了重要资源保障。

　　青海省地质矿产勘查开发局、青海省柴达木综合地质矿产勘查院在总结和提炼柴达木盆地盐类矿产勘查研究成果的基础上，编写完成了本书，书中较详细地阐述了以往及近年来柴达木盆地的盐类矿产勘查历程，总结了盐类成藏系统理论创新、找矿新突破、开发利用研究等成果。总体有以下三个方面的思考和认识。

1）围绕制约盆地找矿疑难问题、不断理论创新

　　（1）以柴达木盆地构造演化为基础，突出盐类矿产，依据构造环境、成矿作用、成矿时代和成矿规律，将柴达木盆地盐类成矿带重新科学划分出 5 个Ⅳ级成矿亚带，首次详细划分出 21 个Ⅴ级成矿单元（矿集区），为成矿系统研究提供了基础资料，为柴达木盆地盐类矿产找矿勘查及成矿预测提供了技术支撑。

　　（2）精细厘定了柴达木盆地不同类型盐类矿产成矿模式。即柴达木盆地第四纪现代盐湖成矿模式、阿尔金—赛什腾山山前砂砾石型孔隙卤水成藏模式、古近纪—新近纪背斜构造裂隙孔隙卤水成藏模式，在典型矿床研究、成矿规律研究基础上，系统总结提出了柴达木盆地盐类成矿"两时段、多来源、多因素、多过程"的区域成矿新认识。

　　（3）首次开展了以"源、运、储、变、保"为核心的盐类成藏系统研究，建立了两个成矿系统：古近纪—新近纪沉积作用及深部流体多源叠加有关的盐类成矿系统、第四纪沉积作用有关的盐类成矿系统，为今后盐类矿产勘查开发和环境研究提供了理论依据。

2）成果的及时转化、应用，实现找矿突破

（1）以成藏系统理论为指导，开展了柴达木盆地盐类矿产资源潜力评价。划定钾盐找矿靶区 63 处，锂找矿靶区 65 处，对靶区进行钻探深部验证，提交新增 KCl 推断资源量为 $2.29×10^8$ t（马海凹陷区），估算新增 LiCl 潜在资源量为 $312.95×10^4$ t（鸭湖、红三旱四号、落雁山背斜构造区等）。

（2）以找矿预测及勘查实践为依托，研究创新了深藏卤水预测评价的关键技术方法。通过典型矿床的研究建立了柴达木盆地成藏理论，成矿单元，确定深藏卤水类型；通过区域地球物理、区域遥感方法进行靶区圈定；根据地震解译、广域电磁勘测、油井调查、岩相古地理及成矿模式综合分析，识别含卤水层位；最后进行大口径钻探深部验证和抽（放）卤试验，实现找矿突破。通过实践已证明了该勘查方法组合的有效性。

（3）通过实验室及野外盐田大型蒸发实验，获得了深藏卤水蒸发浓缩过程中的析盐规律及实验室选矿相关参数。马海矿区产能试验验证了深藏卤水富水性好、流量及品位稳定，野外盐田蒸发实验产出了 KCl 含量为 18%的优质光卤石，盐田回收率达 79.76%、选矿回收率达 62.04%，均高于规范要求，证明该类型深藏卤水可采、可选、可用；鸭湖背斜构造区富锂深藏卤水为高承压自流卤水，实验室自然蒸发及选矿试验锂综合回收率达 68.35%，初步证明其为可利用资源。

3）未来资源保障是仍我们义不容辞的重大责任

（1）在群山环抱中，孕育"聚宝盆"柴达木盆地。大山深盆给我们馈赠了盐湖、能源等矿产宝藏，它们不仅在经济社会发展中起到了重要作用，而且有着巨大的找矿潜力。

（2）在感叹大自然给这片大地馈赠了极大的宝藏的同时，我们不禁对探寻地下宝藏的无数地质工作者肃然起敬。在柴达木盆地资源发现的奋斗历程中，他们牺牲了生命，留下了开拓者的足迹，凝聚了创业者的心血，闪烁着探索者的智慧。先行者们无私无畏的开拓、无怨无悔的奉献，在国家和青海省社会经济发展史上，写下了辉煌的篇章，也让社会更加理解和重视地质矿产事业。

（3）昔日的辉煌理应珍惜，未来的征途更须奋进。矿产资源推动社会文明发展，是人类社会发展不可缺少的物质基础。盐湖资源增产保供任务艰巨，一些科学问题需要持续研究，为此牢固树立"推动绿色发展、促进人与自然和谐共生"的发展理念，以出成果、出人才为价值取向，加大盐湖矿产勘查力度，提高盐湖矿产资源保障力度，增加资源储量，为国家经济社会发展，在能源矿产资源安全做出柴达木的贡献！

参 考 文 献

艾子业, 李永寿, 唐启亮, 等. 2018. 基于水文地球化学模拟的昆特依盐湖杂卤石成矿流体来源初步研究. 盐湖研究, 26(4): 44-50,72.

陈安东, 郑绵平, 宋高, 等. 2020. 晚第四纪 MIS6 以来柴达木盆地成盐作用对冰期气候的响应. 地质论评, 66(3): 611-624.

陈安东, 顾佳妮, 王学锋, 等. 2022. 晚第四纪柴达木盆地盐湖成盐期与冰期对比方案的再认识. 矿床地质, 41(2): 426-439.

陈从喜, 蔡克勤, 沈宝琳. 1998. 矿床成矿系列研究的若干问题与方向——兼论非金属矿床成矿系列研究的有关问题. 地质论评, 44(6): 596-602.

陈敬清, 刘子琴, 房春晖. 1994. 盐湖卤水的蒸发结晶过程. 盐湖研究, 02(1): 43-51.

陈克造, Bowler J M. 1985. 柴达木盆地察尔汗盐湖沉积特征及其古气候演化的初步研究. 中国科学(B 辑 化学 生物学 农学 医学 地学), (5): 79-89.

陈柳竹, 马腾, 马杰, 等. 2015. 柴达木盆地盐湖物质来源识别. 水文地质工程地质, 42(4): 101-107.

陈世悦, 徐凤银, 彭德华. 2000. 柴达木盆地基底构造特征及其控油意义. 新疆石油地质, 21(3): 175-179,253.

陈廷愚, 耿树方, 陈炳蔚. 2010. 成矿单元划分原则和方法探讨. 中国地质, 37(4): 1130-1140.

陈旭. 2014. 川东地区长平三井含盐系特征及石盐流体包裹体的研究. 北京: 中国地质科学院.

陈学时, 易万霞, 卢文忠. 2002. 中国油气田古岩溶与油气储层. 海相油气地质, 7(4): 13-25.

陈毓川. 1994. 矿床的成矿系列. 地学前缘, 01(03): 90-94.

陈毓川. 1999. 中国主要成矿区带矿产资源远景评价. 北京: 地质出版社.

陈毓川, 裴荣富, 王登红, 等. 2015. 论矿床的自然分类——四论矿床的成矿系列问题. 矿床地质, 34(06): 1092-1106.

陈毓川, 裴荣富, 王登红, 等. 2020. 论地球系统四维成矿及矿床学研究趋向——七论矿床的成矿系列. 矿床地质, 39(05): 745-753.

曹国强, 陈世悦, 徐凤银, 等. 2005. 柴达木盆地西部中—新生代沉积构造演化. 中国地质, 32(1): 33-40, 444-453.

程裕淇. 1993. 成矿系列研究的若干问题. 矿床地质, 12(4): 301-310.

程裕淇, 陈毓川, 赵一鸣, 等. 1983. 再论矿床的成矿系列问题——兼论中生代某些矿床的成矿系列. 地质论评, 29(2): 127-139.

戴俊生, 叶兴树, 汤良杰, 等. 2003. 柴达木盆地构造分区及其油气远景. 地质科学, 38(03): 291-296.

狄恒恕, 王松贵. 1991. 柴达木盆地北缘中、新生代构造演化探讨. 地球科学, 16(05): 533-539.

丁成旺, 马玉亮, 陈建洲, 等. 2024. 柴达木盆地巴仑马海盐湖黏土沉积矿物学及稀有稀散元素地球化学特征. 盐湖研究, 32(03): 32-39.

杜建军, 张士安, 肖伟峰, 等. 2017. 柴达木盆地北缘中-下侏罗统碎屑岩地球化学特征及其地质意义. 地球科学与环境学报, 39(6): 721-734.

杜忠明, 樊龙刚, 武国利, 等. 2016. 柴达木盆地东部新生代盆地结构与演化. 地球物理学报, 59(12): 4560-4569.

段振豪, 袁见齐. 1988. 察尔汗盐湖物质来源的研究. 现代地质, 2(04): 420-428.

樊馥, 侯献华, 郑绵平, 等. 2021. 柴达木盆地大浪滩梁 ZK02 孔早—中更新世石盐纯液相流体包裹体均一温度及其对钾盐成矿的约束. 地学前缘, 28(06): 105-114.

樊启顺, 马海州, 谭红兵, 等. 2007. 柴达木盆地西部卤水特征及成因探讨. 地球化学, 36(06): 601-611.

方小敏, 吴福莉, 韩文霞, 等. 2008. 上新世—第四纪亚洲内陆干旱化过程——柴达木中部鸭湖剖面孢粉和盐类化学指标证据. 第四纪研究, 28(5): 874-882.

冯昌格, 刘绍文, 王良书, 等. 2009. 塔里木盆地现今地热特征. 地球物理学报, 52(11): 2752-2762.

付建龙, 等. 2012. 南翼山深层富钾卤水成矿特征及资源评价研究. 西宁: 青海省第三地质调查院.

付锁堂, 袁剑英, 汪立群, 等. 2014. 柴达木盆地油气地质成藏条件研究. 北京: 科学出版社.

高春亮, 余俊清, 闵秀云, 等. 2015. 柴达木盆地大柴旦硼矿床地质特征及成矿机理. 地质学报, 89(03): 659-670.

高军平, 方小敏, 宋春晖, 等. 2011. 青藏高原北部中—新生代构造-热事件:来自柴西碎屑磷灰石裂变径迹的制约. 吉林大学学报(地球科学版), 41(05): 1466-1475.

高小芬, 林晓, 张智勇, 等. 2013. 青藏高原第四纪钾盐矿时空分布特征及成矿控制因素. 地质通报, 32(1): 186-194.

葛晨东, 王天刚, 刘兴起, 等. 2007. 青海茶卡盐湖石盐中流体包裹体记录的古气候信息. 岩石学报, 23(09): 2063-2068.

葛文胜, 蔡克勤. 2001. 柴达木盆地西北部锶矿成矿系统研究. 现代地质, (01): 53-58, 117.

葛文胜, 蔡克勤. 2006. 柴达木盆地富锶卤水的特征及成因. 第八届全国矿床会议《矿床地质》增刊: 327-331.

国家市场监督管理总局, 中国国家标准化管理委员会. 2021. 矿区水文地质工程地质勘查规范（GB/T 12719-2021）. 北京: 中国标准出版社.

国家石油和化学工业局. 2000. 孢粉分析鉴定（SY/T 5915—2000）. 北京: 中国标准出版社.

韩光, 韩积斌, 刘久波, 等. 2020. 开采背景下柴达木盆地东台吉乃尔盐湖氯化锂矿床变化特征. 无机盐工业, 52(12): 17-22.

韩光, 樊启顺, 刘久波, 等. 2021. 柴达木盆地中西部背斜构造深层卤水水化学特征与成因. 盐湖研究, 29(04): 1-11.

韩佳君, 周训, 姜长龙, 等. 2013. 柴达木盆地西部地下卤水水化学特征及其起源演化. 现代地质, 27(6): 1454-1464.

和钟铧, 刘招君, 郭巍, 等. 2002. 柴达木北缘中生代盆地的成因类型及构造沉积演化. 吉林大学学报(地球科学版), 32(04): 333-339.

洪荣昌, 高春亮, 余俊清, 等. 2017. 青藏高原典型盐湖硼矿床成矿条件对比与矿床模式研究. 盐湖研究, 25(01): 8-18.

侯献华, 郑绵平, 杨振京, 等. 2011. 柴达木盆地大浪滩 130ka PB 以来的孢粉组合与古气候. 干旱区地理, 34(2): 243-251.

侯增谦, 李振清, 曲晓明, 等. 2001. 0.5Ma 以来的青藏高原隆升过程——来自冈底斯带热水活动的证据.

中国科学(D 辑:地球科学), (S1): 27-33.

胡宇飞, 汪明泉, 赵艳军, 等. 2021. 柴达木盆地一里坪盐湖成盐卤水成分变化及其意义——来自 LA-ICP-MS 分析石盐流体包裹体组成的证据. 地质学报, 95(07): 2109-2120.

胡宇飞, 赵艳军, 汪明泉, 等. 2023. 柴达木盆地一里坪盐湖富锂卤水干冷气候成矿的流体包裹体证据. 岩石学报, 39(07): 2185-2196.

黄汉纯, 黄庆华, 马寅生. 1996. 柴达木盆地质与油气预测——立体地质·三维应力·聚油模式. 北京: 地质出版社.

黄汲清, 任纪舜, 姜春发, 等. 1977. 中国大地构造基本轮廓. 地质学报, 51(2): 117-135.

黄麒, 韩凤清. 2007. 柴达木盆地盐湖演化与古气候波动. 北京: 科学出版社.

黄麒, 蔡碧琴, 余俊青. 1980. 盐湖年龄的测定——青藏高原几个盐湖的 ^{14}C 年龄及其沉积旋回. 科学通报, 21: 990-994.

姜光政, 高堋, 饶松, 等. 2016. 中国大陆地区大地热流数据汇编(第四版). 地球物理学报, 59(08): 2892-2910.

金之钧, 张明利, 汤良杰, 等. 2004. 柴达木中新生代盆地演化及其控油气作用. 石油与天然气地质, 25(06): 603-608.

孔红喜, 王远飞, 周飞, 等. 2021. 鄂博梁构造带油气成藏条件分析及勘探启示. 岩性油气藏, 33(01): 175-185.

李宝兰, 高东林, 袁小龙, 等. 2014. 昆特依大盐滩矿床晶间卤水的赋存特征研究. 盐湖研究, 22(02): 26-32.

李春昱, 王荃, 张之孟, 等. 1980. 中国板块构造的轮廓. 中国地质科学院院报, 02(01): 11-19, 130.

李国华. 1992. 柴达木盆地大地热流特征及地壳热结构分析. 北京: 中国科学院地质与地球物理研究所.

李洪普, 等. 2021. 柴达木盆地深层含钾卤水成矿与利用研究. 武汉: 中国地质大学出版社.

李洪普, 郑绵平. 2014. 柴达木盆地西部深层卤水钾盐矿成矿地质特征. 矿床地质, 33(S1): 935-936.

李洪普, 潘彤, 李永寿, 等. 2022. 柴达木盆地西部构造裂隙孔隙卤水地球化学组成及来源示踪. 地球科学, 47(01): 36-44.

李家棪. 1994. 大柴旦盐湖硼、锂分布规律（续）. 盐湖研究, 02(02): 20-28.

李建森, 李廷伟, 马海州, 等. 2013. 柴达木盆地西部新近系和古近系油田卤水水化学特征及其地质意义. 水文地质工程地质, 40(06): 28-36.

李建森, 李廷伟, 彭喜明, 等. 2014. 柴达木盆地西部第三系油田水水文地球化学特征. 石油与天然气地质, 35(01): 50-55.

李建森, 山发寿, 张西营. 2021. 阿尔金山两侧盐湖物质来源、成钾作用及其控制因素研究. 地质学报, 95(07): 2205-2213.

李建森, 李廷伟, 马云麒, 等. 2022. 柴达木盆地卤水型 Li、Rb 关键金属矿产元素分布特征及富集机制. 中国科学:地球科学, 52(03): 474-485.

李俊. 2021. 柴达木盆地盐湖杂卤石形成机制研究. 西宁: 中国科学院大学(中国科学院青海盐湖研究所).

李俊, 张西营, 张星, 等. 2021. 柴达木盆地昆特依盐湖含杂卤石地层高分辨率矿物学研究. 地质学报, 95(07): 2138-2149.

李人澍. 1996. 成矿系统分析的理论与实践. 北京: 地质出版社.

李润民. 1983. 柴达木盆地察尔汗钾镁盐成矿地质条件. 地质论评, (03): 262-268.

李廷伟, 谭红兵, 樊启顺. 2006. 柴达木盆地西部地下卤水水化学特征及成因分析. 盐湖研究, (04): 26-32.

李文鹏, 何庆成. 1993. 察尔汗盐湖物质来源的讨论. 河北地质学院学报, (03): 254-263.

李雯霞, 张西营, 苗卫良, 等. 2016. 柴达木盆地北缘冷湖三号构造油田水水化学特征. 盐湖研究, 24(02): 12-18.

李星波, 季军良, 曹展铭, 等. 2021. 柴达木盆地北缘古-新近纪河湖相沉积物颜色的气候意义. 地球科学, 46(9): 3278-3289.

李玉梅, 赵澄林. 1998. 盐湖盆地斜坡带碎屑岩成岩作用特征初探——以柴达木盆地阿尔金斜坡第三系碎屑岩地层为例. 沉积学报, (01): 127-131.

李玉文, 李建森, 樊启顺, 等. 2019. 柴达木盆地大盐滩矿区深层晶间卤水的成因. 盐湖研究, 27(01): 82-88.

李宗星, 高俊, 郑策, 等. 2015. 柴达木盆地现今大地热流与晚古生代以来构造-热演化. 地球物理学报, 58(10):19.

梁青生, 韩凤清. 2013. 东台吉乃尔盐湖基本地质特征及锂的分布规律研究. 盐湖研究, 21(03): 1-9.

梁青生, 黄麒. 1995. 青海察尔汗盐湖布逊区段和别勒滩区段的成盐年代. 沉积学报, 13(3): 126-131.

梁文君, 肖传桃. 2015. 自然伽马曲线应用于古气候、古环境研究——以柴达木盆地七个泉地区古近-新近纪地层为例. 全国沉积学大会, 石油天然气工业专题: 521-522.

林畅松, 刘景彦, 张燕梅. 1998. 沉积盆地动力学与模拟研究. 地学前缘, 6（增刊）: 119-125.

林文山, 崔林, 夏明强, 等. 2005. 青海省大风山锶矿矿床成因探讨. 青海国土经略, (02): 29-31.

刘成林. 2013. 大陆裂谷盆地钾盐矿床特征与成矿作用. 地球学报, 34(05): 515-527.

刘成林, 陈永志, 焦鹏程, 等. 2005. 罗布泊卤水室内蒸发及天然石盐包裹体均一温度分析探讨. 东华理工学院学报, (04): 306-312.

刘成林, 吴驰华, 王立成, 等. 2016. 中国陆块海相盆地成钾条件与预测研究进展综述. 地球学报, 37(05): 581-606.

刘池洋. 1996. 后期改造强烈——中国沉积盆地的重要特点之一. 石油与天然气地质, (04): 255-261.

刘池洋, 孙海山. 1999. 改造型盆地类型划分. 新疆石油地质, 20(02): 79-82.

刘和甫. 2001. 盆地-山岭耦合体系与地球动力学机制. 地球科学, (06): 581-596.

刘平, 韩忠华, 廖友常, 等. 2020. 黔中—渝南铝土矿含矿岩系微量元素区域分布特征及物质来源探讨. 贵州地质, 37(1): 1-13.

刘兴起, 倪培. 2005. 表生环境条件形成的石盐流体包裹体研究进展. 地球科学进展, (08): 856-862.

刘兴起, 蔡克勤, 于升松. 2002. 柴达木盆地盐湖形成演化与水体来源关系的地球化学初步模拟:Pitzer 模型的应用. 地球化学, (05): 501-507.

刘兴起, 王永波, 沈吉, 等. 2007. 16000a 以来青海茶卡盐湖的演化过程及其对气候的响应. 地质学报, (06): 843-849.

刘志宏, 王芃, 刘永江, 等. 2009. 柴达木盆地南翼山—尖顶山地区构造特征及变形时间的确定. 吉林大学学报(地球科学版), 39(05): 796-802.

楼谦谦, 肖安成, 钟南翀, 等. 2016. 大型陆相坳陷型沉积盆地原型恢复方法——以新生代柴达木盆地为例. 岩石学报, 32(03): 892-902.

吕宝凤, 赵小花, 周莉, 等. 2008. 柴达木盆地新生代沉积转移及其动力学意义. 沉积学报, 26(04): 552-558.

马金元, 胡生忠, 田向东. 2010. 柴达木盆地马海钾盐矿床沉积环境与开发. 盐湖研究, 18(03): 9-17.

马黎春, 汤庆峰, 张琪, 等. 2014. 蒸发岩矿物单个流体包裹体成分测定方法研究进展. 地球科学进展, 29(04): 475-481.

参 考 文 献

马顺清, 李善平, 谢智勇, 等. 2012. 青海大风山天青石矿床地质特征及成因分析. 西北地质, 45(03): 130-140.

马永生, 黎茂稳, 蔡勋育, 等. 2020. 中国海相深层油气富集机理与勘探开发:研究现状、关键技术瓶颈与基础科学问题. 石油与天然气地质, 41(04): 655-672, 683.

孟凡巍, 倪培, 葛晨东, 等. 2011. 实验室合成石盐包裹体的均一温度以及古气候意义. 岩石学报, 27(05): 1543-1547.

孟凡巍, 刘成林, 倪培. 2012. 全球古海水化学演化与世界主要海相钾盐沉积关系暨中国海相成钾探讨. 微体古生物学报, 29(01): 62-69.

孟凡巍, 张智礼, 卓勤功, 等. 2018. 蒸发岩盆地古环境的直接记录:来自石盐流体包裹体的证据. 矿物岩石地球化学通报, 37(03): 451-460, 561.

倪培, 范宏瑞, 潘君屹, 等. 2021. 流体包裹体研究进展与展望(2011-2020). 矿物岩石地球化学通报, 40(04): 802-818,1001.

倪艳华, 李明慧, 方小敏, 等. 2021. 柴达木盆地西部中更新世气候转型期的古水温:来自SG-1钻孔石盐流体包裹体的证据. 地学前缘, 28(06): 115-124.

牛雪, 焦鹏程, 曹养同, 等. 2015. 青海察尔汗盐湖别勒滩区段杂卤石成因及其成钾指示意义.地质学报, 89(11): 2087-2095.

潘彤. 2017. 青海成矿单元划分. 地球科学与环境学报, 39(01): 16-33.

潘彤. 2018. 柴达木盆地北缘IV级成矿单元划分. 世界地质, 37(04): 1137-1148.

潘彤. 2019. 青海矿床成矿系列探讨. 地球科学与环境学报,41(3): 297-315.

潘彤, 王福德. 2018. 初论青海省金矿成矿系列. 黄金科学技术, 26(4): 423-430.

潘彤, 王秉璋, 张爱奎, 等. 2019. 柴达木盆地南北缘成矿系列及找矿预测. 武汉: 中国地质大学出版社.

潘彤, 张金明, 李洪普, 等. 2022. 柴达木盆地盐类矿产成矿单元划分. 吉林大学学报(地球科学版), 52(05): 1446-1460.

潘彤, 陈建洲, 丁成旺, 等. 2023. 柴达木巴伦马海盆地锂稀有轻金属黏土型矿赋存特征. 黄金科学技术, 31(03): 359-377.

潘彤, 贾建团, 李东生, 等. 2024. 柴达木盆地盐类及地下水矿床成矿系列与找矿方向. 地球科学与环境学报, 46(01): 96-113.

潘裕生. 1999. 青藏高原的形成与隆升. 地学前缘, (03): 153-160，162-163.

祁生胜. 2013. 青海省大地构造单元划分与成矿作用特征. 青海国土经略, (05): 53-62.

钱心甸. 2021. 柴达木盆地钙芒硝的矿物学特征研究. 北京: 中国地质大学（北京）.

青海省柴达木综合地质矿产勘查院院志编撰委员会. 2012. 青海省柴达木综合地质矿产勘查院院志（1955-2012）. 青海.

青海省地方志编纂委员会办公室.2019. 青海解放70年大事记：1949-2019. 西宁: 青海民族出版社.

青海省地质矿产局.1991. 青海省区域地质志. 北京: 地质出版社.

青海省地质调查院. 2023. 中国区域地质志·青海志. 北京: 地质出版社.

青海省自然资源厅. 2021. 青海省柴达木盆地盐湖资源利用与保护规划. 西宁: 青海省自然资源厅.

青海省自然资源厅. 2021. 青海省柴达木盆地盐湖资源利用与保护规划. 西宁: 青海省自然资源厅.

青海省自然资源厅, 青海省地质调查局.2019. 青海省"358地质勘查工程". 北京: 地质出版社.

青海石油管理局. 1990. 青海石油志. 西宁: 青海石油管理局.

青藏油气区石油地质志编写组. 1990. 中国石油地质志卷 14: 青藏油气区. 北京: 石油工业出版社.
邱楠生. 2001. 柴达木盆地现代大地热流和深部地温特征. 中国矿业大学学报, (04): 92-95.
邱楠生. 2005. 沉积盆地热历史恢复方法及其在油气勘探中的应用. 海相油气地质, 10(02): 45-51.
邱楠生, 顾先觉, 丁丽华, 等. 2000. 柴达木盆地西部新生代的构造-热演化研究. 地质科学, (04): 456-464.
邱楠生, 胡圣标, 何丽娟. 2019. 沉积盆地地热学. 青岛: 中国石油大学出版社.
任收麦, 葛肖虹, 刘永江, 等. 2009. 柴达木盆地北缘晚中生代—新生代构造应力场——来自构造节理分析的证据. 地质通报, 28(07): 877-887.
任战利. 1993. 柴达木盆地热演化史, 来自流体包裹体和镜质体反射率资料的证据//赵重远, 含油气盆地地质学研究进展. 西安: 西北大学出版社, 235-247.
商朋强, 李博昀, 熊先孝, 等. 2017. 浅议中国钾盐矿成矿单元划分特征及成因探讨. 化工矿产地质, 39(03): 140-144.
沈显杰, 李国桦, 汪缉安, 等. 1994. 青海柴达木盆地大地热流测量与统计热流计算. 地球物理学报, 37(01): 56-65.
沈振区, 童国榜, 张俊牌, 等. 1990. 青海柴达木盆地西部上新世以来的地质环境与成盐期. 海洋地质与第四纪地质, (04): 89-99.
沈振枢, 程果, 祁国柱. 1990. 察汗斯拉图盐湖第四纪地层划分的初步探讨. 海洋与湖沼, (03): 241-254.
沈振枢, 程果, 乐昌硕, 等. 1993. 柴达木盆地第四纪含盐地层划分及沉积环境. 北京: 地质出版社.
宋博文, 张克信, 徐亚东, 等. 2020. 中国古近纪构造-地层区划及地层格架. 地球科学, 45(12): 4352-4369.
孙大鹏. 1974. 我国某盐湖现代钾盐沉积的形成. 地球化学, (04): 230-248.
孙大鹏. 1984. 柴达木盆地盐类沉积的形成及与油气的关系. 石油与天然气地质, (02): 132-139.
孙大鹏, 李秉孝, 马育华, 等. 1995. 青海湖湖水的蒸发实验研究. 盐湖研究, (02): 10-19.
孙大鹏, Lock D E. 1988. 柴达木盆地钾盐沉积的形成问题. 中国科学(B 辑 化学 生物学 农学 医学 地学), (12): 1323-1333.
孙德君, 罗群. 2003. 柴达木盆地断裂系统特征与油气勘探战略方向. 石油实验地质, 25(05): 426-431.
孙国强, 苏龙, 王旭红, 等. 2009. 柴达木盆地西部地区构造演化的裂变径迹揭示. 天然气工业, 29(02): 27-31, 131-132.
孙小虹. 2013. 罗布泊盐湖盐类矿物特征、成因与成钾作用. 北京:中国地质科学院.
谭红兵, 曹成东, 李廷伟, 等. 2007. 柴达木盆地西部古近系和新近系油田卤水资源水化学特征及化学演化. 古地理学报, (03): 313-320.
滕吉文, 张中杰, 王光杰, 等. 1999. 喜马拉雅碰撞造山带的深层动力过程与陆—陆碰撞新模型. 地球物理学报沉积学报, 42(04): 481-494.
汤济广. 2007. 柴达木北缘西段中、新生代多旋回叠加改造型盆地构造演化及对油气成藏的控制作用. 武汉: 中国地质大学.
汤良杰, 金之钧, 张明, 等. 1999. 柴达木震旦纪—三叠纪盆地演化研究. 地质科学, (03): 289-300.
汤良杰, 金之钧, 张明利, 等. 2000. 柴达木盆地构造古地理分析. 地学前缘, (04): 421-429.
陶君容, 孔昭宸. 1973. 云南洱源三营煤系的植物化石群和孢粉组合. Journal of Integrative Plant Biology, (01): 120-130.
汪傲, 赵元艺, 许虹, 等. 2016. 青藏高原盐湖资源特点概述. 盐湖研究, 24(03): 24-29.
汪明泉. 2020. 柴达木盆地一里坪盐湖富锂卤水成因研究. 北京: 中国地质大学(北京).

汪蕴璞, 王焕夫. 1982. 古水文地质研究内容及方法. 水文地质工程地质, (01): 45-49.

王春男, 郭新华, 马明珠, 等. 2008. 察尔汗盐湖钾镁盐矿成矿地质背景. 西北地质, (01): 97-106.

王笛. 2020. 青海省察尔汗盐湖别勒滩钾盐沉积特征与古水温度. 北京: 中国地质大学（北京）.

王非, 罗清华, 李齐, 等. 2002. 柴达木盆地北缘30Ma前的快速冷却事件及构造意义——$^{40}Ar/^{39}Ar$及FT热年代学制约. 地质论评, 48(增刊): 88-96.

王桂宏, 谭彦虎, 陈新领, 等. 2006. 新生代柴达木盆地构造演化与油气勘探领域. 中国石油勘探, (01): 80-84, 88.

王建, 席萍, 刘泽纯, 等. 1996. 柴达木盆地西部新生代气候与地形演变. 地质论评, (02): 166-173.

王建功, 张道伟, 石亚军, 等. 2020. 柴达木盆地西部地区渐新世下干柴沟组上段盐湖沉积特征. 吉林大学学报(地球科学版), 50(02): 442-453.

王钧, 黄尚瑶, 黄歌山, 等. 1990. 中国地温分布的基本特征. 北京: 地震出版社.

王弭力. 1982. Q凹陷杂卤石的地质意义. 地质论评, (01): 28-37.

王弭力, 杨智琛, 刘成林, 等. 1997. 柴达木盆地北部盐湖钾矿床及其开发前景. 北京: 地质出版社.

王明儒. 2001. 柴达木盆地中新生代三大含油气系统及勘探焦点. 西安石油学院学报：自然科学版, 16(6): 8-12.

王沛生, 王景旺, 程果, 等. 1993. 青海省柴达木盆地第四纪盐湖矿床普查勘探及评价方法总结. 北京: 全国地质资料馆.

王世明, 马昌前, 余振兵, 等. 2008. 柴西新生代沉积源区及盆地热历史的磷灰石裂变径迹分析. 地质科技情报, (05): 29-36.

王永贵. 2008. 柴达木盆地地下水资源及其环境问题调查评价. 北京: 地质出版社.

王朝旭. 2021. 柴达木盆地马海盐湖全新世沉积环境及钾盐成矿作用. 石家庄: 河北地质大学.

魏海成, 樊启顺, 安福元, 等. 2016. 94–9ka察尔汗盐湖的气候环境演化过程. 地球学报, 37(02): 193-203.

魏新俊, 姜继学. 1993. 柴达木盆地第四纪盐湖演化. 地质学报, (03): 255-265.

魏新俊, 姜继学, 王弭力. 1992. 马海钾矿第四纪沉积特征及盐湖演化. 青海地质, (01): 40-52.

魏新俊, 邵长铎, 王弭力. 1993. 柴达木盆地西部富钾盐湖物质组分、沉积特征及形成条件研究. 北京: 地质出版社.

魏岩岩. 2017. 柴西南新生代沉积和构造特征及其与祁漫塔格的构造耦合. 杭州: 浙江大学.

吴磊. 2011. 阿尔金断裂中段新生代活动过程及盆地响应. 杭州: 浙江大学.

肖荣阁, 杨忠芳, 杨卫东, 等. 1994. 热水成矿作用. 地学前缘, (04): 140-147.

肖荣阁, 大井隆夫, 蔡克勤, 等. 1999. 硼及硼同位素地球化学在地质研究中的应用. 地学前缘, (02): 168-175.

校韩立. 2017. 柴达木盆地黑北凹地新型砂砾型含钾卤水成因研究. 北京: 中国矿业大学（北京）.

徐明, 赵平, 朱传庆, 等. 2010. 江汉盆地钻井地温测量和大地热流分布. 地质科学, 45(01): 317-323.

徐仁, 宋之琛, 周和仪. 1958. 柴达木盆地第三纪沉积中的孢粉组合及其在地质学上的意义. 古生物学报, (04): 107-118, 188-197.

徐仁, 陶君容, 孙湘君. 1973. 希夏邦马峰高山栎化石层的发现及其在植物学和地质学上的意义. Journal of Integrative Plant Biology, (01): 103-119.

徐兴旺, 洪涛, 李杭, 等. 2020. 初论高温花岗岩-伟晶岩锂铍成矿系统:以阿尔金中段地区为例. 岩石学报, 36(12): 3572-3592.

徐志刚, 陈毓川, 王登红, 等. 2008. 中国成矿区带划分方案. 北京: 地质出版社.

许志琴, 杨经绥, 李海兵, 等. 2006. 青藏高原与大陆动力学——地体拼合、碰撞造山及高原隆升的深部驱动力. 中国地质, (02): 221-238.

宣之强. 2000. 中国盐湖钾盐 50 年回顾与展望. 盐湖研究, 8(1): 5.

薛天星. 1999. 中国(天青石)锶矿床概述. 化工矿产地质, (03): 141-148.

杨超, 陈清华, 任来义, 等. 2012. 柴达木盆地构造单元划分. 西南石油大学学报(自然科学版), 34(01): 25-33.

杨藩, 孙镇城, 马志强, 等. 1997. 柴达木盆地第四系介形类化石带与磁性柱. 微体古生物学报, (04): 26-33, 35-38.

杨理华, 刘东生. 1974. 珠穆朗玛峰地区新构造运动. 地质科学, (03): 209-220.

杨立强, 邓军, 王中亮, 等. 2014. 胶东中生代金成矿系统. 岩石学报, 30(09): 2447-2467.

杨谦. 1982. 察尔汗内陆盐湖钾矿层的沉积机理. 地质学报, (03): 281-292.

杨谦. 2021. 察尔汗钾盐矿的发现和勘探过程. 柴达木开发研究, (1): 5.

杨谦, 吴必豪, 王绳祖, 等. 1995. 察尔汗盐湖钾盐矿床地质. 见: 中国地质科学院文集(1995 中英文合订本). 北京: 地质出版社.

杨治林. 1984. 柴达木盆地一里平凹陷沉积环境探讨. 石油勘探与开发, (04): 35-42.

弋嘉喜, 樊启顺, 魏海成, 等. 2017. 察尔汗盐湖矿物组合特征及其成因指示. 盐湖研究, 25(02): 47-54.

易立. 2020. 青藏高原隆升对柴达木盆地新生界油气成藏的控制作用. 北京: 中国石油大学(北京).

於崇文. 1994. 成矿作用动力学——理论体系和方法论. 地学前缘, (03): 54-82.

於崇文. 1998. 成矿动力学系统的多组成耦合与多过程耦合. 地质学报, 72(2): 97-105.

余俊清, 洪荣昌, 高春亮, 等. 2018. 柴达木盆地盐湖锂矿床成矿过程及分布规律. 盐湖研究, 26(01): 7-14.

于倩. 2015. 石盐中单个流体包裹体 LA-ICP-MS 测试方法研究. 北京: 中国地质大学（北京）硕士研究生学位论文.

于升松. 2009. 察尔汗盐湖资源可持续利用研究. 北京: 科学出版社.

于升松, 刘兴起, 谭红兵, 等. 2005. 茶卡盐湖水文、水化学及资源开发研究. 盐湖研究, (03): 10-16.

袁见齐. 1946. 西北盐产调查实录目次. 南京: 南京伪财部盐政总局.

袁见齐. 1959. 柴达木盆地中盐湖的类型. 地质学报, (39)3: 318-323.

袁见齐. 1980. 钾盐矿床成矿理论研究的若干问题. 地质论评, (01): 56-59.

袁见齐, 霍承禹, 蔡克勤. 1983. 高山深盆的成盐环境——一种新的盐模式的剖析. 地质论评, 29(2): 159-165.

袁见齐, 蔡克勤, 肖荣阁, 等. 1991. 云南勐野井钾盐矿床石盐中包裹体特征及其成因的讨论. 地球科学, (02): 137-142, 241.

袁见齐, 杨谦, 孙大鹏, 等. 1995. 察尔汗盐湖钾盐矿床的形成条件. 北京: 地质出版社.

袁剑英, 黄成刚, 夏青松, 等. 2016. 咸化湖盆碳酸盐岩储层特征及孔隙形成机理——以柴西地区始新统下干柴沟组为例. 地质论评, 62(1): 111-126.

袁治. 2015. 柴达木盆地冷湖地区晚更新世晚期以来气候特征及对全球气候变化与高原隆升响应. 武汉: 中国地质大学.

翟裕生. 1996a. 成矿系统研究的理论与方法. 地学前缘, 3(3): 105-113.

翟裕生. 1996b. 关于构造—流体—成矿作用研究的几个问题. 地学前缘, (04): 71-77.

翟裕生. 1999. 论成矿系统. 地学前缘, 6(01): 13-27.

翟裕生. 2004. 地球系统科学与成矿学研究. 地学前缘, (01): 1-10.

翟裕生. 2010. 成矿系统论. 北京: 地质出版社.

翟裕生, 林新多, 姚书振, 等. 1979. 长江中下游铁铜成矿带成矿系列研究. 地质学报, 53(2): 89-98.

翟裕生, 邓军, 彭润民. 1992. 长江中下游铜金成矿系统的构造控矿规律. 矿床地质, 11(3): 193-202.

张保珍, 张彭熹. 1995. 青藏高原末次冰期盛冰阶的时限与干盐湖地质事件. 第四纪研究, (03): 193-201.

张保珍, 范海波, 张彭熹, 等. 1990. 察尔汗盐湖石盐的流质包裹体氢氧稳定同位素分析及其地球化学意义. 沉积学报, 8(1): 3-17.

张虎才, 张文翔, 常凤琴, 等. 2009. 稀土元素在湖相沉积中的地球化学分异——以柴达木盆地贝壳堤剖面为例. 中国科学(D 辑:地球科学), 39(08): 1160-1169.

张金明, 付彦文, 田成秀, 等. 2021. 柴达木盆地西部始新世晚期岩相古地理特征及盐岩成因. 地层学杂志, 45(04): 545-553.

张津宁, 张金功, 黄传卿, 等. 2016. 柴达木盆地西部地区地层发育特征. 地下水, 38(01): 207-208.

张克信, 王国灿, 骆满生. 2013. 青藏高原及邻区新生代构造岩相古地理图及说明书. 北京: 地质出版社.

张明利, 金之钧, 汤良杰, 等. 1999. 柴达木盆地中新生代构造应力场特征//第四届全国青年地质工作者学术讨论会论文集. 北京: 中国地质学会.

张培震, 郑德文, 尹功明, 等. 2006. 有关青藏高原东北缘晚新生代扩展与隆升的讨论. 第四纪研究, (01): 5-13.

张彭熹, 等. 1987. 柴达木盆地盐湖. 北京: 科学出版社.

张彭熹. 1992. 中国蒸发岩研究中几个值得重视的地质问题的讨论. 沉积学报, (03): 78-84.

张彭熹, 张保珍. 1991. 柴达木地区近三百万年来古气候环境演化的初步研究. 地理学报, (03): 327-335.

张彭熹, 张保珍, Lowenstein T.K., 等. 1991. 试论古代异常钾盐蒸发岩的成因——来自柴达木盆地的佐证. 地球化学, (2): 134-143.

张彭熹, 张保珍, Lowenstein T.K., 等. 1993. 古代异常钾盐蒸发岩的成因:以柴达木盆地察尔汗盐湖钾盐的形成为例. 北京: 科学出版社.

张文佑. 1984. 断块构造导论. 北京: 石油工业出版社.

张文昭. 1997. 中国陆相大油田. 北京: 石油工业出版社.

张西营, 马海州, 谭红兵. 2002. Sr 的地球化学指示意义及其应用. 盐湖研究, (03): 38-44.

张星. 2019. 基于石盐流体包裹体成分的昆特依盐湖古卤水地球化学特征研究. 西宁: 中国科学院大学(中国科学院青海盐湖研究所).

张雪飞, 郑绵平. 2017. 青藏高原盐类矿物研究进展. 科技导报, 35(12): 72-76.

张业成, 胡景江, 刘春凤. 1990. 柴达木盆地地温基本特征及其与油气关系. 北京: 中国建筑工业出版社.

张以茀. 1982. 对青海省地质构造若干基本特征的认识. 青藏高原地质文集, (03): 17-27.

张月霞, 胡文瑄, 姚素平, 等. 2018. 苏北盆地黄桥地区富 CO_2 流体对二叠系龙潭组砂岩储层的改造与意义. 地质通报, 37(10): 1944-1955.

章少华, 蔡克勤. 1993. 成矿系列研究若干问题讨论. 地质论评, 39(5): 404-411.

赵俊猛, 唐伟, 黎益仕, 等. 2006. 青藏高原东北缘岩石圈密度与磁化强度及动力学含义. 地学前缘, 13(05): 391-400.

赵艳军, 刘成林, 张华, 等. 2013. 古代石盐岩流体包裹体均一温度分析方法及古环境解释. 地球学报,

34(05): 603-609.

赵英杰, 胡舒娅, 赵全升, 等. 2020. 开采条件下马海盐湖地下卤水水化学演化特征. 世界地质, 39(03): 693-699.

赵元艺, 李波涛, 焦鹏程, 等. 2010. 青海别勒滩干盐湖石盐流体包裹体均一温度分析及地质环境意义. 矿床地质, 29(04): 684-696.

赵振明, 刘爱民, 彭伟, 等. 2007. 青藏高原北部孢粉记录的全新世以来环境变化. 干旱区地理, (03): 381-391.

郑孟林, 李明杰, 曹春潮, 等. 2004. 柴达木盆地新生代不同层次构造特征. 地质学报, 78(01): 26-35.

郑绵平, 齐文, 张永生. 2006. 中国钾盐地质资源现状与找钾方向初步分析. 地质通报, (11): 1239-1246.

郑绵平, 向军, 等. 1989. 青藏高原盐湖. 北京: 北京科学技术出版社.

郑绵平, 赵元艺, 刘俊英. 1998. 第四纪盐湖沉积与古气候. 第四纪研究, (04): 297-307.

郑绵平, 袁鹤然, 张永生, 等. 2010. 中国钾盐区域分布与找钾远景. 地质学报, 84(11): 1523-1553.

郑绵平, 侯献华, 于常青, 等. 2015. 成盐理论引领我国找钾取得重要进展. 地球学报, 36(2): 129-139.

郑绵平, 张永生, 刘喜方, 等. 2016. 中国盐湖科学技术研究的若干进展与展望. 地质学报, 90(09): 2123-2166.

郑绵平, 邢恩袁, 张雪飞, 等. 2023. 全球锂矿床的分类、外生锂矿成矿作用与提取技术. 中国地质, 50(06): 1617.

郑如清. 2012. 柯柯盐湖百万吨工业盐生产线技术改造. 盐业与化工, 41(09): 49-51.

中国地质科学院矿产资源研究所. 2015. 郑绵平80年人生历程. 北京: 地质出版社.

中国科学院青海盐湖研究所. 2015. 中国科学院盐湖研究六十年. 北京: 科学出版社.

周建勋, 徐凤银, 吴战军. 2003. 柴达木盆地北缘新生代构造变形的物理模拟. 地球学报, 24(04): 299-304.

朱元清, 石耀霖. 1990. 剪切生热与花岗岩部分熔融——关于喜马拉雅地区逆冲断层与地壳热结构的分析. 地球物理学报, (04): 408-416.

朱允铸, 李争艳, 吴必豪, 等. 1990. 从新构造运动看察尔汗盐湖的形成. 地质学报, (1): 13-21.

邹开真, 庞玉茂, 陈琰, 等. 2023. 柴达木盆地英东地区大地热流及影响因素. 地球科学, 48(03): 1002-1013.

Ayora C, Fontarnau R. 1990. X-ray microanalysis of frozen fluid inclusions. Chemical Geology, 89(1-2): 135-148.

Ballentine C J, Burgess R, Marty B, 2002. Tracing Fluid Origin, Transport and Interaction in the Crust Reviews in Mineralogy and Geochemistry, 47(1): 539-614.

Baumgartner M, Bakker R J. 2010. Raman spectra of ice and salt hydrates in synthetic fluid inclusions. Chemical Geology, 275(1-2): 58-66.

Benison K C, Goldstein R H. 1999. Permian paleoclimate data from fluid inclusions in halite. Chemical Geology, 154(1-4): 113-132.

Chang H, Li L Y, Qiang X K, et al. 2015. Magnetostratigraphy of Cenozoic deposits in the western Qaidam Basin and its implication for the surface uplift of the northeastern margin of the Tibetan Plateau. Earth and Planetary Science Letters, 430:271-283.

Chapman D S, Furlong K. 1977. Continental heat-flow-age relationships. Transactions-American Geophysical Union, 58(12): 1240-1251.

Chapman D S, Pollack H N. 1975. Global heat flow: a new look. Earth and Planetary Science Letters, 28(1):

结　　语

柴达木盆地盐湖盐类矿产资源极其丰富，以品位高、储量大、矿种齐全、矿床成因类型多、便于开采等优势著称于世，探明的资源有钾、钠、镁、锂、硼、溴、碘、铷、锶、芒硝、天然碱等，其中钾盐、镁盐、锂盐、锶矿储量居全国首位，石盐、芒硝和溴矿储量居全国第二位，硼矿储量居全国第三位，天然碱和碘矿储量居全国第四位。因此，柴达木盆地有"聚宝盆"的美称。自 20 世纪 50 年代盐湖资源勘查开发以来，为青海省经济发展乃至全国粮食安全保障做出了重要贡献。

习近平总书记 2016 年 8 月到青海考察时指出了盐湖资源在青海省乃至全国的重要战略性地位，2021 年 3 月提出了青海"四地"建设的要求，明确指出"要结合青海优势和资源，贯彻创新驱动发展战略，加快建设世界级盐湖产业基地……"，2024 年 6 月进一步强调了青海省"要有效聚集资源要素，加快建设世界级盐湖产业基地……"。

随着盐湖产业的不断发展，柴达木盆地以钾盐为主的盐湖资源勘查开发持续推进，同时也暴露出了一些制约盐湖资源快速评价和高效开发、制约盐湖可持续发展的科学技术问题，比如对柴达木盆地成矿规律认识的深度不够，对盐类成藏系统研究的不足，新发现的深藏卤水钾、锂等矿资源潜力不明，深藏卤水是否可被工业利用等。为此，2018 年青海省地质矿产勘查开发局部署了柴达木盆地盐类成藏系统研究工作，通过基础理论创新引领，先后开展了马海、大浪滩—黑北凹地、察汗斯拉图、昆特依等地区砂砾石型孔隙深藏卤水勘查，以及鸭湖、碱石山、红三旱四号、落雁山、鄂博梁等背斜构造区孔隙裂隙型深藏卤水调查评价，为世界级盐湖产业基地建设提供了重要资源保障。

青海省地质矿产勘查开发局、青海省柴达木综合地质矿产勘查院在总结和提炼柴达木盆地盐类矿产勘查研究成果的基础上，编写完成了本书，书中较详细地阐述了以往及近年来柴达木盆地的盐类矿产勘查历程，总结了盐类成藏系统理论创新、找矿新突破、开发利用研究等成果。总体有以下三个方面的思考和认识。

1）围绕制约盆地找矿疑难问题、不断理论创新

（1）以柴达木盆地构造演化为基础，突出盐类矿产，依据构造环境、成矿作用、成矿时代和成矿规律，将柴达木盆地盐类成矿带重新科学划分出 5 个Ⅳ级成矿亚带，首次详细划分出 21 个Ⅴ级成矿单元（矿集区），为成矿系统研究提供了基础资料，为柴达木盆地盐类矿产找矿勘查及成矿预测提供了技术支撑。

（2）精细厘定了柴达木盆地不同类型盐类矿产成矿模式。即柴达木盆地第四纪现代盐湖成矿模式、阿尔金—赛什腾山山前砂砾石型孔隙卤水成藏模式、古近纪—新近纪背斜构造裂隙孔隙卤水成藏模式，在典型矿床研究、成矿规律研究基础上，系统总结提出了柴达木盆地盐类成矿"两时段、多来源、多因素、多过程"的区域成矿新认识。

（3）首次开展了以"源、运、储、变、保"为核心的盐类成藏系统研究，建立了两个成矿系统：古近纪—新近纪沉积作用及深部流体多源叠加有关的盐类成矿系统、第四纪沉积作用有关的盐类成矿系统，为今后盐类矿产勘查开发和环境研究提供了理论依据。

2）成果的及时转化、应用，实现找矿突破

（1）以成藏系统理论为指导，开展了柴达木盆地盐类矿产资源潜力评价。划定钾盐找矿靶区63处，锂找矿靶区65处，对靶区进行钻探深部验证，提交新增KCl推断资源量为$2.29×10^8$ t（马海凹陷区），估算新增LiCl潜在资源量为$312.95×10^4$ t（鸭湖、红三旱四号、落雁山背斜构造区等）。

（2）以找矿预测及勘查实践为依托，研究创新了深藏卤水预测评价的关键技术方法。通过典型矿床的研究建立了柴达木盆地成藏理论，成矿单元，确定深藏卤水类型；通过区域地球物理、区域遥感方法进行靶区圈定；根据地震解译、广域电磁勘测、油井调查、岩相古地理及成矿模式综合分析，识别含卤水层位；最后进行大口径钻探深部验证和抽（放）卤试验，实现找矿突破。通过实践已证明了该勘查方法组合的有效性。

（3）通过实验室及野外盐田大型蒸发实验，获得了深藏卤水蒸发浓缩过程中的析盐规律及实验室选矿相关参数。马海矿区产能试验验证了深藏卤水富水性好、流量及品位稳定，野外盐田蒸发实验产出了KCl含量为18%的优质光卤石，盐田回收率达79.76%、选矿回收率达62.04%，均高于规范要求，证明该类型深藏卤水可采、可选、可用；鸭湖背斜构造区富锂深藏卤水为高承压自流卤水，实验室自然蒸发及选矿试验锂综合回收率达68.35%，初步证明其为可利用资源。

3）未来资源保障是仍我们义不容辞的重大责任

（1）在群山环抱中，孕育"聚宝盆"柴达木盆地。大山深盆给我们馈赠了盐湖、能源等矿产宝藏，它们不仅在经济社会发展中起到了重要作用，而且有着巨大的找矿潜力。

（2）在感叹大自然给这片大地馈赠了极大的宝藏的同时，我们不禁对探寻地下宝藏的无数地质工作者肃然起敬。在柴达木盆地资源发现的奋斗历程中，他们牺牲了生命，留下了开拓者的足迹，凝聚了创业者的心血，闪烁着探索者的智慧。先行者们无私无畏的开拓、无怨无悔的奉献，在国家和青海省社会经济发展史上，写下了辉煌的篇章，也让社会更加理解和重视地质矿产事业。

（3）昔日的辉煌理应珍惜，未来的征途更须奋进。矿产资源推动社会文明发展，是人类社会发展不可缺少的物质基础。盐湖资源增产保供任务艰巨，一些科学问题需要持续研究，为此牢固树立"推动绿色发展、促进人与自然和谐共生"的发展理念，以出成果、出人才为价值取向，加大盐湖矿产勘查力度，提高盐湖矿产资源保障力度，增加资源储量，为国家经济社会发展，在能源矿产资源安全做出柴达木的贡献！

23-32.

Chapman D S, Rybach L. 1985. Heat flow anomalies and their interpretation. Journal of Geodynamics, 4(1-4): 3-37.

Cheng F, Jolivet M, Dupont-Nivet G, et al. 2015. Lateral extrusion along the Altyn Tagh Fault, Qilian Shan (NE Tibet): insight from a 3D crustal budget. Terra Nova, 27(6): 416-425.

Duan Z H, Hu W H. 2001. The accumulation of potash in a continental basin: The example of the Qarhan Saline Lake, Qaidam Basin, West China. European Journal of Mineralogy, 13(6): 1223-1233.

Fan Q S, Ma H, Lai Z, et al. 2010. Origin and evolution of oilfield brines from Tertiary strata in western Qaidam Basin: Constraints from $^{87}Sr/^{86}Sr$, δD, $\delta^{18}O$, $\delta^{34}S$ and water chemistry. Chinese Journal of Geochemistry, 29: 446-454.

Fan Q S, Han G, Chen T, et al. 2024. Inheritance recharge of subsurface brine constrains on formation of K-bearing sand-gravel brine in the alluvial fan zone of mountain-basin system on the Qinghai-Tibet Plateau. Journal of Hydrology: 132029.

Foster G L, Lécuyer C, Marschall H R. 2016. Boron stable isotopes. In: White W. Encyclopedia of geochemistry, encyclopedia earth science series. Switerland: Springer: 1-6.

Furlong K P, Chapman D S. 1987. Thermal state of the lithosphere. Reviews of Geophysics, 25(6): 1255-1264.

Gao C L, Yu J Q, Min X Y, et al. 2016. A comparative study of the Salt L. Boron deposit in dachaidan and boron deposits at home and abroad. Salt L. study, 24(4): 1-11.

Gu J N, Chen A D, Song G, et al. 2022. Evaporite deposition since Marine Isotope Stage 7 in saline lakes of the western Qaidam Basin, NE Qinghai-Tibetan Plateau. Quaternary International, 613: 14-23.

He L J, Wang K L, Xiong L P, et al. 2001. Heat flow and thermal history of the South China Sea. Physics of the Earth and Planetary Interiors, 126(3-4): 211-220.

Ji J L, Zhang K X, Clift P D, et al. 2017. High-resolution magnetostratigraphic study of the Paleogene-Neogene strata in the Northern Qaidam Basin: Implications for the growth of the Northeastern Tibetan Plateau. Gondwana Research, 46: 141-155.

Lazar B, Holland H D. 1988. The analysis of fluid inclusions in halite. Geochimica et Cosmochimica Acta, 52(2): 485-490.

Li L L, Wu C D, Fan C F, et al. 2017. Carbon and oxygen isotopic constraints on paleoclimate and paleoelevation of the southwestern Qaidam basin, northern Tibetan Plateau. Geoscience Frontiers, 8(5): 1175-1186.

Liu S Q, Zhang G B, Zhang L F, et al. 2022. Boron isotopes of tourmalines from the central Himalaya: Implications for fluid activity and anatexis in the Himalayan orogen. Chemical Geology, 596: 120800.

Lowenstein T K, Risacher F. 2009. Closed basin brine evolution and the influence of Ca-Cl inflow waters: Death Valley and Bristol Dry Lake California, Qaidam Basin, China, and Salar de Atacama, Chile. Aquatic Geochemistry, 15: 71-94.

Lowenstein T K, Li J R, Brown C B. 1998. Paleotemperatures from fluid inclusions in halite: method verification and a 100,000 year paleotemperature record, Death Valley, CA. Chemical Geology, 150(3-4): 223-245.

Lu H J, Ye J C, Cuo L C, et al. 2019. Towards a clarification of the provenance of Cenozoic sediments in the northern Qaidam basin. Lithosphere, 1(12): 252-272.

Mao L G, Xiao A C, Wu L, et al. 2014. Cenozoic tectonic and sedimentary evolution of southern Qaidam Basin,

NE Tibetan Plateau and its implication for the rejuvenation of Eastern Kunlun Mountains. Science China (Earth Sciences), 57(11): 2726-2739.

Matthew S M, Ridley J, Lecumberri-Sanchez P, et al. 2016. Application of low-temperature microthermometric data for interpreting multicomponent fluid inclusion compositions. Earth-Science Reviews, 159: 14-35.

Meng Q R, Fang X. 2008. Cenozoic tectonic development of the Qaidam Basin in the northeastern Tibetan Plateau. 444: 1-12.

Miao Y F, Fang X M, Herrmann M, et al. 2011. Miocene pollen record of KC-1 core in the Qaidam Basin, NE Tibetan Plateau and implications for evolution of the East Asian monsoon. Palaeogeography, Palaeoclimatology, Palaeoecology, 299(1-2): 30-38.

Peryt T M, Tomassi-Morawiec H, Czapowski G, et al. 2005. Polyhalite occurrence in the Werra (Zechstein, Upper Permian) peribaltic basin of Poland and Russia: Evaporite facies constraints. Carbonates and Evaporites, 20: 182-194.

Petrichenko O I. 1979. Methods of study of inclusions in minerals of saline deposits. Fluid Inclusion Research, 12: 114-274.

Phillips F M, Zreda M G, Ku T L, et al. 1993. ^{230}Th/^{234}U and ^{36}Cl dating of evaporite deposits from the western Qaidam Basin, China: Implications for glacial-period dust export from Central Asia. Geological Society of America Bulletin, 105(12): 1606-1616.

Pollack H N, Hurter S J, Johnson J R. 1993. Heat flow from the Earth's interior: analysis of the global data set. Reviews of Geophysics, 31(3): 267-280.

Qiu N S. 2002. Tectono-thermal evolution of the Qaidam Basin, China: evidence from Ro and apatite fission track data. Petroleum Geoscience, 8(3): 279-285.

Qiu N S. 2003. Geothermal regine in the Qaidam Basin, northeast Qinghai-Tibet Plateau. Geological Magazine, 140(6): 707-719.

Ranali G, Rybach L. 2005. Heat flow, heat transfer and lithosphere rheology in geothermal areas: Features and examples. Journal of Volcanology and Geothermal Research, 148(1-2): 3-19.

Roberts S M, Spencer R J. 1995. Paleotemperatures preserved in fluid inclusions in halite. Geochimica et Cosmochimica Acta, 59(19): 3929-3942.

Rosasco G J, Roedder E. 1979. Application of a new Raman microprobe spectrometer to nondestructive analysis of sulfate and other ions in individual phases in fluid inclusions in minerals. Geochimica et Cosmochimica Acta, 43(12): 1907-1915.

Rutledge J T, Phillips W S, Mayerhofer M. 2004. Faulting induced by forced fluid injection and fluid flow forced by faulting: An interpretation of hydraulic-fracture microseismicity, Carthage Cotton Valley gas field, Texas. Bulletin of the Seismological Society of America, 94(5): 1817-1830.

Sclater J G, Jaupart C, Galson D. 1980. The heat flow through oceanic and continental crust and the heat loss of the Earth. Reviews of Geophysics, 18(1): 269-311.

Shackleton N. 1987. Oxygen isotopes, ice volume and sea level. Quaternary Science Reviews, 6(3-4): 183-190.

Shepherd T J, Chenery S R. 1995. Laser ablation ICP-MS elemental analysis of individual fluid inclusions: An evaluation study. Geochimica et Cosmochimica Acta, 59(19): 3997-4007.

Song C H, Hu S H, Han W X, et al. 2014. Middle Miocene to earliest Pliocene sedimentological and geochemical records of climate change in the western Qaidam Basin on the NE Tibetan Plateau. Palaeogeography, Palaeoclimatology, Palaeoecology, 395: 67-76.

Song H, Fan Q, Li Q, et al. 2023. Recharge processes limit the resource elements of Qarhan Salt Lake in western China and analogues in the evaporite basins. Journal of Oceanology and Limnology, 41(4): 1226-1242.

Song H L, Fan Q S, Li Q K, et al. 2024. Ca-high water recharge and mixing constrain on evolution and K enrichment of brine deposits in the evaporite basin: Case and analogue study in the Qaidam Basin, Qinghai-Tibet Plateau. Journal of Hydrology, 632: 130883.

Steele-MacInnis M, Ridley J, Lecumberri-Sanchez P, et al. 2016. Application of low-temperature microthermometric data for interpreting multicomponent fluid inclusion compositions. Earth-Science Reviews, 159: 14-35.

Sun X H, Hu M Y, Liu C L, et al. 2013. Composition determination of single fluid inclusions in salt minerals by laser ablation ICP-MS. Chinese Journal of Analytical Chemistry, 41(2): 235-241.

Sun Z M, Yang Z Y, Pei J L, et al. 2005. Magnetostratigraphy of Paleogene sediments from northern Qaidam Basin, China: Implications for tectonic uplift and block rotation in northern Tibetan plateau. Earth and Planetary Science Letters, 237: 635-646.

Tan H B, Rao W B, Ma H Z, et al. 2011. Hydrogen, oxygen, helium and strontium isotopic constraints on the formation of oilfield waters in the western Qaidam Basin, China. Journal of Asian Earth Sciences, 40(2): 651-660.

Timofeeff M N, Lowenstein T K, Blackburn W H. 2000. ESEM-EDS: an improved technique for major element chemical analysis of fluid inclusions. Chemical Geology, 164(3-4): 171-181.

Wang J Y, Fang X M, Appel E, et al. 2012. Pliocene–Pleistocene climate change at the NE Tibetan Plateau deduced from lithofacies variation in the drill core SG-1, western Qaidam Basin, China. Journal of Sedimentary Research, 82(12): 933-952.

Wang J Y, Fang X M, Appel E, et al. 2013. Magnetostratigraphic and radiometric constraints on salt formation in the Qaidam Basin, NE Tibetan Plateau. Quaternary Science Reviews, 78(11): 53-64.

Wardlaw N C, Reinson G E. 1971. Carbonate and evaporite deposition and diagenesis, Middle Devonian Winnipegosis and Prairie Evaporite Formations of south-central Saskatchewan. AAPG bulletin, 55(10): 1759-1786.

Wei H Z, Zhao Y, Liu X, et al. 2021. Evolution of paleo-climate and seawater pH from the late Permian to postindustrial periods recorded by boron isotopes and B/Ca in biogenic carbonates. Earth-Science Reviews, 215: 103546.

Weldeghebriel M F, Lowenstein T K, García-Veigas J, et al. 2020. Combined LA-ICP-MS and cryo-SEM-EDS: An improved technique for quantitative analysis of major, minor, and trace elements in fluid inclusions in halite. Chemical Geology, 551: 119762.

Xiang H L, Fan Q S, Li Q K, et al. 2024. Source and Formation of Boron Deposits in Mahai Basin on the Northern Qinghai-Tibet Plateau: Clues from Hydrochemistry and Boron Isotopes. Aquatic Geochemistry: 1-19.

Xiao Y, Swihart G, Xiao Y, et al. 2001. A preliminary experimental study of the boron concentration in vapor and the isotopic fractionation of boron between seawater and vapor during evaporation of seawater. Science in China Series B: Chemistry, 44: 540-551.

Yang S C, Hu S B, Cai D S, et al. 2004. Present-day heat flow, thermal history and tectonic subsidence of the East China Sea Basin. Marine and Petroleum Geology, 21(9): 1095-1105.

Yin A, Dang Y Q, Zhang M, et al. 2008. Cenozoic tectonic evolution of the Qaidam basin and its surrounding regions (Part 3): Structural geology, sedimentation, and regional tectonic reconstruction. Geological Society of America Bulletin, 120(7-8): 847-876.

Yu J Q, Gao C L, Cheng A Y, et al. 2013. Geomorphic, hydroclimatic and hydrothermal controls on the formation of lithium brine deposits in the Qaidam Basin, northern Tibetan Plateau, China. Ore Geology Reviews, 50: 171-183.

Yuan X L, Meng F W, Zhang X, et al. 2021. Ore-forming fluid evolution of shallow polyhalite deposits in the Kunteyi playa in the north Qaidam Basin. Frontiers in Earth Science, 9: 698347.

Zachos J, Pagani M, Sloan L, et al. 2001. Trends, rhythms, and aberrations in global climate 65 Ma to present. Science, 292(5517): 686-693.

Zhang H, Chen G, Zhu Y S, et al. 2018. Discovery of rare hydrothermal alterations of oligocene Dolomite reservoirs in the Yingxi area, Qaidam, West China. Carbonates and Evaporites, 33: 447-463.

Zhang K X, Wang G C, Ji J L, et al. 2010. Paleogene-Neogene stratigraphic realm and sedimentary sequence of the Qinghai-Tibet Plateau and their response to uplift of the plateau. Science China(Earth Sciences), 53(09): 1271-1294.

Zhang W L, Fang X M, Song C H, et al. 2013. Late Neogene magnetostratigraphy in the western Qaidam Basin (NE Tibetan Plateau) and its constraints on active tectonic uplift and progressive evolution of growth strata. Tectonophysics, 599: 107-116.

Zhang X R, Fan Q S, Wei H C, et al. 2017. Boron isotope geochemistry characteristics of carbonate in Qarhan Salt Lake. Acta Geologica Sinica, 91(10): 2299-2308.

Zhou J X, Xu F Y, Wang T C, et al. 2006. Cenozoic deformation history of the Qaidam Basin, NW China: Results from cross-section restoration and implications for Qinghai Tibet Plateau tectonics. Earth and Planetary Science Letters, 243(1-2): 195-210.

Zuo Y H, Qiu N S, Zhang Y, et al. 2011. Geothermal regime and hydrocarbon kitchen evolution of the offshore Bohai Bay Basin, North China. AAPG Bulletin, 95(5): 749-769.